精通
网页设计和网站制作

（视频教学版）

程振宏　谢 震　等编著

机械工业出版社
China Machine Press

图书在版编目（CIP）数据

精通网页设计和网站制作：视频教学版 / 程振宏等编著. —北京：机械工业出版社，2017.9

ISBN 978-7-111-57860-4

Ⅰ.①精…　Ⅱ.①程…　Ⅲ.①网页制作工具　Ⅳ.①TP393.092.2

中国版本图书馆CIP数据核字（2017）第213432号

本书全面、细致地剖析主流网页设计与网站制作技术，精心整合并详细介绍中文版 Dreamweaver CC、Photoshop CC 网页设计工具以及 HTML、JavaScript 在网站制作中的实际应用，在讲解基础知识的同时，以大量商业案例来讲解网页设计的方法，并在正文中穿插大量操作技巧与学习心得，能让读者迅速成为网页设计高手。

全书共 19 章，从认识网页设计与网站制作开始，一步步讲解 Dreamweaver CC 创建基本文本网页，用图像和多媒体美化网页，使用表格布局排版网页，使用模板和库批量制作风格统一的网页，使用 CSS+ DIV 布局网页，使用行为设计动感特效网页，动态网站设计基础，Photoshop CC 制作网页图像，网页切片输出与动画制作，Photoshop 网页图像设计，JavaScript 基础知识，JavaScript 程序核心语法，JavaScript 中的对象和事件，HTML 入门，HTML5 基础，设计企业宣传型网站，申请域名和空间，网站的测试、上传与维护等知识。

本书既可作为职业学校、电脑培训班的教材，又可作为大专院校相关专业师生的教学参考用书，更是广大网页设计、网页制作和网站制作爱好者首选的自学参考用书。

精通网页设计和网站制作（视频教学版）

出版发行：机械工业出版社（北京市西城区百万庄大街 22 号　邮政编码：100037）

责任编辑：夏非彼　迟振春　　　责任校对：刘雪连

印　　刷：中国电影出版社印刷厂　　　版　　次：2017 年 9 月第 1 版第 1 次印刷

开　　本：188mm × 260mm　1/16　　　印　　张：22.5

书　　号：ISBN 978-7-111-57860-4　　　定　　价：59.00 元

凡购本书，如有缺页、倒页、脱页，由本社发行部调换

客服热线：（010）88379426　88361066　　　投稿热线：（010）88379604

购书热线：（010）68326294　88379649　68995259　　　读者信箱：hzit@hzbook.com

版权所有•侵权必究

封底无防伪标均为盗版

本书法律顾问：北京大成律师事务所　韩光/邹晓东

前 言

随着网络信息技术的广泛应用，互联网作为重要的媒体使全球信息共享成为现实，它正逐渐改变人们的生活和工作方式。面对扑面而来的网络浪潮，个人、企业等纷纷建立自己的网站，利用网站来宣传自己，提高知名度，寻找新的商机。一个设计精美的网站，不仅能够带来视觉上的体验，还能够发掘潜在的网络客户，因而网站建设成为很多企业越来越重视的问题。网站建设涉及的技术繁多，而很多网站建设人员仅了解某方面的知识，没有全面了解网站建设必需的各种技术，从而缺乏全局意识，不具备综合的网站建设能力。

本书主要内容

网站制作工作包括网站策划、网页图像设计、网页页面排版、网页动画设计、动态网站开发、网站的推广运作等。能够系统掌握这些知识的网页设计师相对较少，市场上虽然有不少网页制作设计的图书，但是很多都是纯粹地讲解 Dreamweaver、Photoshop 等网页设计软件的使用方法，并没有讲述网站建设的全部过程和知识，基于这一需求，我们编写了本书。

本书以目前最受大众欢迎的 Dreamweaver、Photoshop 软件的 CC 版本为工具，详细介绍了网页设计与网站制作的原理和常用技巧，还介绍了 HTML5、JavaScript 语言。全书共分 19 章，主要内容包括：网页设计与网站制作基础，Dreamweaver CC 创建基本文本网页，用图像和多媒体美化网页，使用表格布局排版网页，使用模板和库批量制作风格统一的网页，使用 CSS+DIV 布局网页，使用行为设计动感特效网页，动态网站设计基础，Photoshop CC 制作网页图像，网页切片输出与动画制作，Photoshop 网页图像设计，JavaScript 基础知识，JavaScript 程序核心语法，JavaScript 中的对象和事件，HTML 入门，HTML5 基础，设计企业宣传型网站，申请域名和空间，网站的测试、上传与维护。

本书的特色和价值

- 系统全面：本书涵盖了网页设计与网站建设在实际工作中需要重点掌握的所有方面，包含 HTML 标记语言的应用、JavaScript 脚本编程、CSS 样式表语言、DIV+CSS 布局技术、Photoshop 图像处理软件的使用，同时详细介绍了 Dreamweaver 网站建设工具、申请域名和空间、网站的推广及网站的日常维护等知识点。
- 实战性强：采用 Step by Step 的制作流程进行讲解，全面剖析网页设计与网站建设的制作方法，使读者在短时间内轻松上手，举一反三。读者只需要根据这些操作步骤一步步地制作，完全可以制作出具有各种功能的动态网站。
- 实例丰富：全书由不同行业中的实例组成，各实例均经过精心设计，操作步骤清晰简明，技术分析深入浅出，完成效果精美实用。这些实例便于读者融会贯通地理解本书中所介绍的技术，并且稍加修改即可用于实际网站开发。

- HTML 5：讲述了最新一代 Web 标准 HTML 5 的使用。

云盘下载

本书配套的视频文件和素材文件下载地址如下：

http://pan.baidu.com/s/1nuCpY9j（注意字母大小写和数字）

本书配套的 PPT 文件下载地址如下：

http://pan.baidu.com/s/1i4YJtWh（注意字母大小写和数字）

如果下载有问题，请发邮件到电子邮箱 booksaga@126.com。

本书适合读者

本书主要由程振宏、谢震编写，另外参与写作的还有徐洪峰、孙雷杰、乔海丽、冯雷雷、孙鲁杰、何琛、吴秀红、孙文记、王东霞、邓仰伟、孙起云、倪庆军、何香连、吕志彬。由于作者水平有限，加之创作时间仓促，本书不足之处在所难免，欢迎广大读者批评指正。

本书既可作为职业学校、电脑培训班的教材，又可作为大专院校相关专业师生的教学参考用书，更是广大网页设计、网页制作和网站建设爱好者的自学参考用书。

目 录

第 1 章

网页设计与网站制作基础

为了能够使网页初学者对网页制作有个总体的认识，在创建网页前，介绍网页制作的基础知识。本章首先介绍网页的基本知识，接着介绍网页的基本构成元素，最后简单介绍网页制作常用工具 Dreamweaver、Flash 和 Photoshop。通过本章的学习，可以为后面制作更复杂的网页打下良好的基础。

本章重点

- 网页设计基础
- 常用网页设计软件
- 网站开发常用语言
- 网站的类型与特点
- 网站制作流程概述

1.1 关于网页设计基础

在学习网页制作之前，先来了解一下网页中的基本概念。

1.1.1 什么是网页

网页又称 HTML 文件，是一种可以在 WWW 上传输，能被浏览器认识和翻译，并用页面形式显示出来的文件。网页分为静态网页和动态网页。

静态网页是网站建设初期经常采用的一种形式。网站建设者把内容设计成静态网页，访问者只能被动地浏览网站建设者提供的网页内容。如图 1-1 所示为静态网页，用于展示内容。

图 1-1　静态的内容展示网页

静态网页特点如下。

- 网页内容不会发生变化，除非网页设计者修改了网页的内容。
- 不能和用户进行交互。信息流向是单向的，即从服务器到浏览器。服务器不能根据用户的选择调整返回更新的内容。

所谓动态网页是指网页文件里包含了程序代码，通过后台数据库与 Web 服务器的信息交互，由后台数据库提供实时数据更新和数据查询服务。这种网页的后缀名称一般根据不同的程序设计语言而不同，常见的有.asp、.jsp、.php、.perl、.cgi 等。动态网页能够根据不同时间和不同访问者而显示不同内容。如常见的新闻发布系统、聊天系统和购物系统通常用动态网页实现。如图 1-2 所示为动态网页。

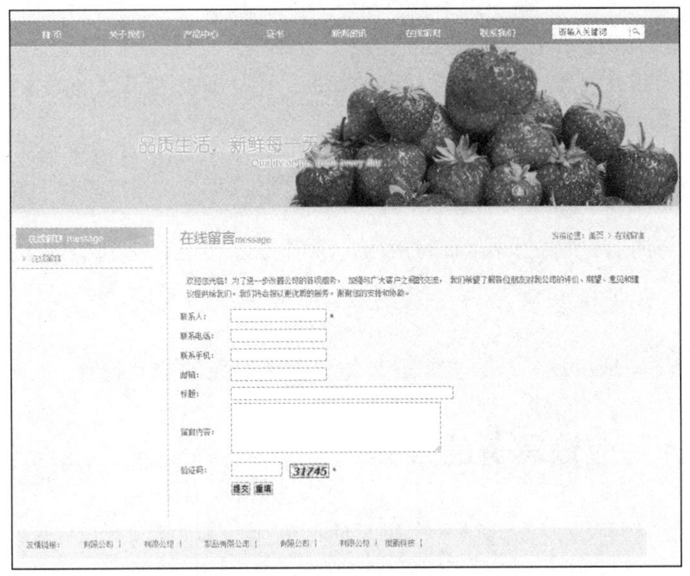

图 1-2 动态网页

动态网页制作比较复杂，需要用到 ASP、PHP、JSP 和 ASP.NET 等专门的动态网页设计语言。动态网页的一般特点如下。

- 动态网页以数据库技术为基础，可以大大降低网站维护的工作量。
- 采用动态网页技术的网站可以实现更多的功能，如用户注册、用户登录、搜索查询、用户管理、订单管理等。
- 动态网页并不是独立存在于服务器上的网页文件，只有当用户请求时服务器才返回一个完整的网页。

1.1.2 Web 标准的概念和特点

Web 标准是由 W3C 和其他标准化组织制定的一套规范集合，Web 标准的目的在于创建一个统一的用于 Web 表现层的技术标准，以便于通过不同浏览器或终端设备向最终用户展示信息内容。

Web 标准由一系列规范组成，目前的 Web 标准主要由 3 大部分组成：结构（Structure）、表现（Presentation）、行为（Behavior）。真正符合 Web 标准的网页设计是指能够灵活使用 Web 标准对 Web 内容进行结构、表现与行为的分离。

1. 结构（Structure）

结构用于对网页中用到的信息进行分类与整理。在结构中用到的技术主要包括 HTML、XML 和 XHTML。

2. 表现（Presentation）

表现用于对信息进行版式、颜色、大小等形式控制。在表现中用到的技术主要是 CSS 层叠样式表。

3．行为（Behavior）

行为是指文档内部的模型定义及交互行为的编写，用于编写交互式的文档。在行为中用到的技术主要包括 DOM 和 ECMAScript。

- DOM（Document Object Model）文档对象模型

DOM 是浏览器与内容结构之间沟通的接口，读者可以通过它访问页面上的标准组件。

- ECMAScript 脚本语言

ECMAScript 是标准脚本语言，用于实现具体界面上对象的交互操作。

1.1.3 网页设计师应该具备的素养

网页设计是一门新兴行业，在网络产生以后应运而生。网页如门面，小到个人，大到公司、政府部门以及国际组织等在网络上无不以网页作为自己的门面。当单击进入网站时，首先映入眼帘的是该网页的界面设计，如内容的介绍、按钮的摆放、文字的组合、色彩的应用等。这一切都是网页设计的范畴，都是网页设计师的工作。作为一个网页设计师应该具备哪些素养呢？

（1）作为一名网页设计师，首先要具备较强的审美能力和美术功底。

如果没有，那么一定想办法加强这两个方面的能力。如果确实没办法提高这两方面的能力，那就很难成为一名优秀网页设计师。

（2）优秀网页设计师应该是合理地利用技术，在尽量不影响美观的条件下，找到一个结合点做出美观而又实用的网页。

（3）作为一名优秀设计师应该时时关注软件新的发展，适应新的功能，以提高工作的效率，很多设计师只重视网页制作软件的使用，而忽视一些内部技术方面的知识。这也是不行的，例如，如果不掌握 ASP 技术，网页设计师的知识就是不完善的，就不能做一些动态系统，此外，还要掌握 HTML、JavaScript 和 CSS 等技术。

（4）作为合格的网页设计师，一定的文化素质是不可少的。好的文案，不仅仅让人对你所做的网页回味无穷，也可使自己的网页平添几分艺术特色。文化素质不仅仅包括文学修养，还有音乐和绘画等方面的修养。只有具备一定的这些方面的修养，才能够使自己网页达到一定的水准，才能够让浏览者欣赏到好的网页制作。

（5）作为一名从事网页设计的人来说，经常上网去看别人怎么做的，吸收一些好的经验，杜绝一些常犯的毛病。了解到网页风格的发展，跟上时代潮流。

1.2 常用网页设计软件

如果你对网页设计已经有了一定的基础，对 HTML 语言又有一定的了解，那么可以选择下面的几种软件来设计网页，它们一定会为你的网页添色不少。

1.2.1 网页编辑排版软件 Dreamweaver CC

近年来，随着网络信息技术的广泛应用，互联网正逐步改变着人们的生活和工作方式。越来越多的个人、企业纷纷建立自己的网站，利用网站来宣传和推广自己。这样，就出现了很多的网页制作软件，如 Adobe 公司的 Dreamweaver 无疑是其中使用最为广泛的一个，它以强大的功能和友好的操作界面受到了广大网页设计者的欢迎，成为设计者制作网页的首选软件。特别是最新版本的 Dreamweaver CC 软件新增了许多功能，可以帮助用户在更短的时间内完成更多的工作。如图 1-3 所示为网页制作软件 Dreamweaver CC 的操作界面。

1.2.2 网页动画制作软件 Flash CC

Flash 是一款非常流行的平面动画制作软件，被广泛应用于网站制作、游戏制作、影视广告、电子贺卡、电子杂志、MV 制作等领域。它的优点是体积小，可边下载边播放，这样就避免了用户长时间的等待。用户可以用其生成动画，还可在网页中加入声音，就能生成多媒体的图形和界面。Flash CC Professional 是目前 Flash 的新版本，如图 1-4 所示为网页动画制作软件 Flash CC 的操作界面。

图 1-3 网页制作软件 Dreamweaver CC

图 1-4 网页动画制作软件 Flash CC

1.2.3 网页图像设计软件 Photoshop CC

Photoshop 是被业界公认的图形图像处理专家，也是全球性的专业图像编辑行业标准。Photoshop CC 是 Adobe 公司的图像编辑软件，它提供了高效的图像编辑和处理功能、人性化的操作界面，深受美术设计人员的青睐。Photoshop CC 集图像设计、合成以及高品质输出等功能于一身，广泛应用于平面设计和网页美工、数码照片后期处理、建筑效果后期处理等诸多领域。该软件在网页前期设计中，无论是色彩的应用、版面的设计、文字特效、按钮的制作以及网页动画，均占有重要地位。如图 1-5 所示为网页图像设计软件 Photoshop CC 的操作界面。

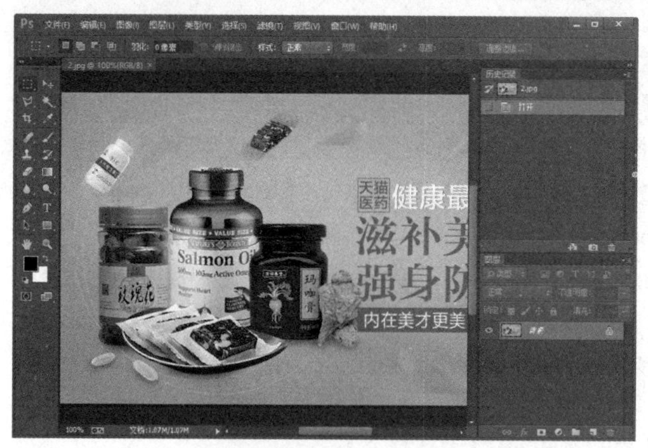

图 1-5　网页图像设计软件 Photoshop CC

1.3　网站开发常用语言

仅仅学会了网页制作工具，是不能制作出动态网站的，还需要了解网站开发语言，如网页标记语言 HTML、网页脚本语言 JavaScript 和 VBScript、动态网页编程语言 ASP 等。

1.3.1　网页标记语言 HTML

网页文档主要是由 HTML 构成。HTML 全名是 Hyper Text Markup Language，即超文本标记语言，是用来描述 WWW 上超文本文件的语言，用它编写的文件扩展名是.html 或.htm。

HTML 不是一种编程语言，而是一种页面描述性标记语言。它通过各种标记描述不同的内容，说明段落、标题、图像、字体等在浏览器中的显示效果。浏览器打开 HTML 文件时，将依据 HTML 标记去显示内容。

HTML 能够将 Internet 上不同服务器上的文件连接起来，可以将文字、声音、图像、动画、视频等媒体有机组织起来，展现给用户五彩缤纷的画面。此外，它还可以接受用户信息，与数据库相连，实现用户的查询请求等交互功能。

HTML 的任何标记都由“<”和“>”围起来，如<html>、<i>。在起始标记的标记名前加上符号“/”便是其终止标记，如</i>，夹在起始标记和终止标记之间的内容受标记的控制，例如<i>幸福永远</i>，夹在标记 i 之间的“幸福永远”将受标记 i 的控制。

下面讲述 HTML 的基本结构。

HTML 标记

<html>标记用于 HTML 文档的最前边，用来标识 HTML 文档的开始。而</html>标记恰恰相反，它放在 HTML 文档的最后边，用来标识 HTML 文档的结束，两个标记必须一起使用。

Head 标记

<head>和</head>构成 HTML 文档的开头部分，在此标记对之间可以使用<title></title>、<script></script>等标记对，这些标记对都是描述 HTML 文档相关信息的标记对，<head></head>

标记对之间的内容不会在浏览器的框内显示出来，两个标记必须一起使用。

Body 标记

<body></body>是 HTML 文档的主体部分，在此标记对之间可包含<p></p>、<h1></h1>、
</br>等众多的标记，它们所定义的文本、图像等将会在浏览器内显示出来，两个标记必须一起使用。

Title 标记

使用过浏览器的人可能都会注意到浏览器窗口最上边蓝色部分显示的文本信息，而这些信息一般是网页的“标题”，要将网页的标题显示到浏览器的顶部其实很简单，只要在<title></title>标记对之间加入要显示的文本即可。

1.3.2 网页样式表 CSS

CSS 是英语 Cascading Style Sheets（层叠样式表）的缩写，它可以与 HTML 或 XHTML 超文本标记语言配合来定义网页的外观。

在网页设计中通常需要统一网页的整体风格，统一的风格大部分涉及网页中文字属性、网页背景色以及链接文字属性等，如果我们应用 CSS 来控制这些属性，会大大提高网页设计速度，更加统一网页总体效果。例如图 1-6 和图 1-7 所示的网页分别为使用 CSS 前后的效果。

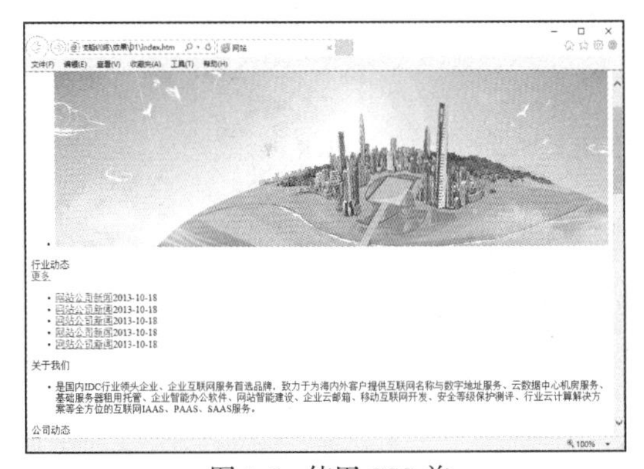

图 1-6 使用 CSS 前

图 1-7 使用 CSS 后

当熟练掌握了 Dreamweaver 的基本功能后，可能会发现制作的网页有些问题，例如文字不能添加在图片上，段落之间不能设置行距。有时即使懂得一些 HTML 标记，但是还不能随意改变网页元素的外观，无法随心所欲地编排网页。因此 W3C 协会颁布了一套 CSS 语法，用来扩展 HTML 语法的功能。CSS 是网页设计的一个突破，它解决了网页界面排版的难题。可以这么说，HTML 的标记主要是定义网页的内容，而 CSS 决定这些网页内容如何显示。

1.3.3 网页脚本语言 JavaScript

使用 JavaScript 等简单易懂的脚本语言，结合 HTML 代码可快速地完成网站的应用程序。脚本语言（JavaScript，VBScript 等）介于 HTML 和 C、C++、Java、C#等编程语言之间。脚本是使用一种特定的描述性语言，依据一定的格式编写的可执行文件，又称作宏或批处理文件。脚本通常可以由应用程序临时调用并执行。各类脚本目前被广泛地应用于网页设计中，因为脚本不仅可以减小网页的规模和提高网页浏览速度，而且可以丰富网页的表现，如动画、声音等。

脚本同 VB、C 语言的区别主要如下。

- 脚本语法比较简单，容易掌握。
- 脚本与应用程序密切相关，所以包括相对应用程序自身的功能。
- 脚本一般不具备通用性，所能处理的问题范围有限。
- 脚本多为解释执行。

下面通过一个简单的实例来熟悉 JavaScript 的基本使用方法。

```
<!doctype html>
<html>
<head>
<meta charset="utf-8">
<title>JavaScript</title>
</head>
<body>
<script language="javascript">
document.write("<font size=10 color=#fchfdm>JavaScript 的基本使用方法!</font>");
</script>
</body>
</html>
```

在代码中加粗部分的代码，就是 JavaScript 脚本的具体应用，如图 1-8 所示。

图 1-8　JavaScript 脚本

以上代码是简单的 JavaScript 脚本，它分为 3 部分，第一部分是 script language="JavaScript"，它告诉浏览器“下面的是 JavaScript 脚本”。开头使用<script>标记，表示这是一个脚本的开始，在<script>标记里使用 language 指明使用哪一种脚本，因为并不只存在 JavaScript 一种脚本，还有 VBScript 等脚本，所以这里就要用 language 属性指明使用的是 JavaScript 脚本。第二部分就是 JavaScript 脚本，用于创建对象，定义函数或是直接执行某一功能。第三部分是</script>，它用来告诉浏览器 JavaScript 脚本到此结束。

1.3.4 动态网页编程语言 ASP

ASP 是 Active Server Page 的缩写，意为“活动服务器网页”。ASP 是微软公司开发的代替 CGI 脚本程序的一种应用，它可以与数据库和其他程序进行交互，是一种简单、方便的编程工具。ASP 的网页文件的格式是.asp，常用于各种动态网站中。ASP 是一种服务器端脚本编写环境，可以用来创建和运行动态网页或 Web 应用程序。ASP 网页可以包含 HTML 标记、普通文本、脚本命令以及 COM 组件等。利用 ASP 可以向网页中添加交互式内容，也可以创建使用 HTML 网页作为用户界面的 Web 应用程序。如图 1-9 所示为动态 ASP 网页的工作原理。

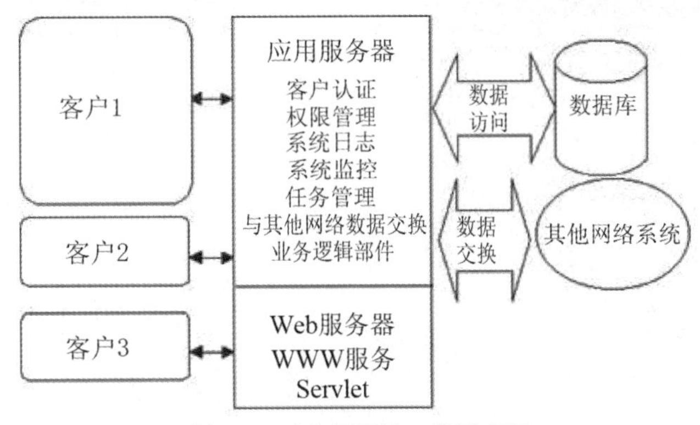

图 1-9 动态网页的工作原理图

与 HTML 相比，ASP 网页具有以下特点。

（1）利用 ASP 可以突破静态网页的一些功能限制，实现动态网页技术。

（2）ASP 文件是包含在 HTML 代码所组成的文件中的，易于修改和测试。

（3）服务器上的 ASP 解释程序会在服务器端制定 ASP 程序，并将结果以 HTML 格式传送到客户端浏览器上，因此使用各种浏览器都可以正常浏览 ASP 所产生的网页。

（4）ASP 提供了一些内置对象，使用这些对象可以使服务器端脚本功能更强。例如可以从 Web 浏览器中获取用户通过 HTML 表单提交的信息，并在脚本中对这些信息进行处理，然后向 Web 浏览器发送信息。

（5）ASP 可以使用服务器端 ActiveX 组件来执行各种各样的任务，例如访问数据库、收发 E-mail 或访问文件系统等。

（6）由于服务器是将 ASP 程序执行的结果以 HTML 格式传回客户端浏览器，因此用户不会看到 ASP 所编写的原始程序代码，可防止 ASP 程序代码被窃取。

1.4 网站的类型与特点

网站是多个网页的集合，目前没有一个严谨的网站分类方式，只是将网站按照主体性质不同分为门户网站、电子商务网站、娱乐网站、游戏网站、时尚网站、个人网站等。

1.4.1 资讯类网站

随着网络的发展，作为一个全新的媒体，新闻资讯网站受到越来越多的关注。它具有传播速度快、传播范围广、不受时间和空间限制等特点，因此新闻网站得到了飞速的发展。新闻资讯网站以其新闻传播领域的丰富网络资源，逐渐成为继传统媒体之后的第四新闻媒体，如图 1-10 所示。

图 1-10 新闻资讯类网站

1.4.2 电子商务类网站

电子商务网站为浏览者搭建起一个网络平台，浏览者和潜在客户在这个平台上可以进行整个交易/交流过程，电子商务型网站业务更依赖于互联网，是公开的信息仓库。

所谓电子商务是指利用当代计算机、网络通信等技术实现各种商务活动的信息化、数字化、无纸化和国际化。狭义上说，电子商务就是电子贸易，主要指利用在网上进行电子交易，买卖产品和提供服务，如图 1-11 所示为当当购物网站。广义上说，电子商务还包括企业内部的商务活动，如生产、管理、财务以及企业间的商务活动等。

图 1-11 当当购物网站

1.4.3 互动游戏类网站

随着互联网的飞速发展，不仅涌现出了很多个人网站和商业网站，也产生了很多的娱乐休闲类网站，如电影网站、音乐网站、游戏网站、交友网站、社区论坛、手机短信网站等。这些网站为广大网民提供了娱乐休闲的场所。

网络游戏是当今网络中热门的一个行业，许多门户网站也专门增加了游戏频道。网络游戏的网站与传统游戏的网站设计略有不同，一般情况下是以矢量风格的卡通插图为主体的，色彩对比鲜明。渐变的背景色彩使页面看起来十分明亮，少许立体感的游戏风格使页面看起来十分可爱，带有西方童话色彩的框架设计使网站看起来十分特别，如图 1-12 所示。

图 1-12　游戏网站

1.4.4 机构类网站

所谓机构类网站通常指政府机关、非营利性机构或相关社团组织建立的网站，网站的内容多以机构或社团的形象宣传和政府服务为主，网站的设计通常风格一致、功能明确，受众面也较为明确，内容上相对较为专一。如图 1-13 所示为机构类网站。

图 1-13　机构类网站

1.4.5 时尚类网站

追求流行是充满活力的年轻人秉持的生活态度。时尚则是各种流行文化和设计理念的交汇与碰撞。如图 1-14 所示的某时尚网，体现着时尚、潮流，融合最前沿的文化信息。

图 1-14　时尚网

1.4.6 门户类网站

门户类网站是互联网的巨人，它们拥有庞大的信息量和用户资源。门户网站将无数信息整合、分类，为上网访问者打开方便之门，绝大多数网民通过门户网站来寻找感兴趣的信息资源的，巨大的访问量给这类网站带来了无限的商机，如图 1-15 所示。

图 1-15　门户网站

1.5 网站制作流程概述

创建网站是一个系统工程，有一定的工作流程，按部就班才能设计出满意的网站。因此在制作网站前，先要了解网站制作的基本流程，这样才能制作出更好、更合理的网站。

1.5.1 了解客户的需求

网站的设计是展现企业形象、介绍产品和服务、体现企业发展战略的重要途径，因此必须明确设计网站的目的和用户需求，从而做出切实可行的设计计划。要根据消费者的需求、市场的状况、企业自身的情况等进行综合分析，牢记以“消费者”为中心，而不是以“美术”为中心进行设计规划。在设计规划之初要考虑以下内容：建设网站的目的是什么？为谁提供产品和服务？企业能提供什么样的产品和服务？企业产品和服务适合什么样的表现方式？

1.5.2 制作项目规划文案

与客户沟通并了解网站项目的需求后，便可着手制作项目规划文案，将项目制作规范化。项目规划文案包括项目可实施性报告、网站建设定位及目标、网站内容总策划书、技术解决方案、网站推广方案以及网站运营规划书等内容的文档。

- 项目可实施性报告：包括对相关行业的市场分析、竞争对手的网站分析和自身条件分析。通过市场分析可以找到合适的市场切入点，而通过对手网站和自身条件分析，可以借鉴对手的优点并找出对手的劣势，再结合自身条件制定出可行的网站设计方案。
- 网站建设定位及目标：定位网站的功能和作用，以及网站面向的用户群体。网站建设目标则包括建设初期的目标、中期目标以及长远目标等。
- 网站内容总策划书：包括网站内容规划、网站设计与功能规范，以及网站建设日程表。网站内容规划又包括网站名称、网站域名、网站概述、首页要求、网站效果和后台的具体内容，以及网站的参考资料；而网站设计与测试规范则是网站设计师、美术编辑人员以及测试人员的工作规范，包括质量要求以及设计时的注意事项；网站建设日程表则详细地规定了网站建设的每一个步骤所耗费的时间。
- 技术解决方案：包括建设和维护网站时的网络要求、硬件要求、软件要求以及网站程序开发的技术支持。网络要求主要指连接网站的网络带宽以及网络稳定性；硬件要求主要指网站服务器的硬件要求，包括数据处理能力、数据容量以及稳定性等；软件要求主要指服务器使用的操作系统以及服务器软件等；而网站程序开发的技术支持则指开发网站时使用的脚本技术、数据库技术等。
- 网站推广方案：包括网站初步推广计划以及网站深度推广计划。例如，可以在搜索引擎注册网站，申请友情链接，到各大论坛发布广告，以及在此基础上印制宣传品，如名片、文化衫、海报等。
- 网站运营规划书：可规定网站的建设和维护团队，团队成员的权力和责任，以及网站的运营方式。

1.5.3 规划网站内容

一个成功的网站一定要注重外观布局。外观是给用户的第一印象，给浏览者留下一个好的印象，那么他看下去或再次光顾的可能性才更大。但是一个网站要想留住更多的用户，最重要的还是网站的内容。网站内容是一个网站的灵魂，内容做得好，做到有自己的特色才会脱颖而出。网站内容，一定要做出自己的特点来。当然有一点需要注意的是，不要为了差异化而差异化，只有满足用户核心需求的差异化才是有效的，否则跟模仿其他网站功能没有实质的区别。

网站的内容是浏览者停留时间的决定要素，内容空泛的网站，访客会匆匆离去。只有内容充实丰富的网站，才能吸引访客细细阅读，深入了解网站的产品和服务，进而产生合作的意向。

1.5.4 设计网页图像

在确定好网站的风格和搜集完资料后就需要设计网页图像了，网页图像设计包括 Logo、标准色彩、导航条和首页布局等。可以使用 Photoshop 或 Fireworks 软件来具体设计网站的图像。有经验的网页设计者，通常会在进行网页制作之前，设计好网页的整体布局，这样在具体设计过程将会胸有成竹，大大节省工作时间。如图 1-16 所示为设计好的网页图像。

图 1-16　设计好的网页图像

1.5.5 制作网页

网页设计是一个复杂而细致的过程，一定要按照先大后小、先简单后复杂的顺序制作。所谓先大后小，就是说在制作网页时，先把大的结构设计好，然后逐步完善小的结构设计。所谓先简单后复杂，就是先设计出简单的内容，然后设计复杂的内容，以便出现问题时好修改。

根据站点目标和用户对象去设计网页的版式以及网页内容的安排。一般来说，至少应该对一些主要的页面设计好布局，以确定网页的风格。

在制作网页时要灵活运用模板和库，这样可以大大提高制作效率。如果很多网页都使用相同的版面设计，就应为这个版面设计一个模板，然后就可以以此模板为基础创建网页。以后如果想要改变所有网页的版面设计，只需简单改变模板即可。如图 1-17 所示为使用模板制作的网页。

图 1-17 制作的网页模板

1.5.6 开发动态网站模块

页面制作完成后，如果还需要动态功能的话，就需要开发动态功能模块，网站中常用的功能模块包括搜索功能、留言板、新闻发布、在线购物、论坛及聊天室等。如图 1-18 所示为开发的动态购物网站模块。

图 1-18 开发的动态购物网站模块

1.5.7 申请域名和服务器空间

域名是企业或事业单位在 Internet 上进行相互联络的网络地址。在网络时代，域名是企业和事业单位进入 Internet 必不可少的身份证明。

国际域名资源是十分有限的，为了满足更多企业、事业单位的申请要求，各个国家、地区在域名最后加上了国家标记段，由此形成了各个国家、地区的域名，如中国是 cn、日本是 jp 等，这样就扩大了域名的数量，满足了用户的要求。

注册域名前应该在域名查询系统中查询所希望注册的域名是否已经被注册。几乎每一个域名注册服务商在自己的网站上都提供查询服务。如图 1-19 所示为在阿里云申请注册域名。

图 1-19　在阿里云申请注册域名

网站是建立在网络服务器上的一组电脑文件，它需要占据一定的硬盘空间，这就是一个网站所需的空间。

1.5.8　网站的推广

互联网的应用和繁荣提供了广阔的电子商务市场和商机，但是互联网上大大小小的各种网站数以百万计，如何让更多的人都能迅速地访问到你的网站是一个十分重要的问题。企业网站建好以后，如果不进行推广，那么企业的产品与服务在网上就仍然不为人所知，起不到建立站点的作用，所以企业在建立网站后即应着手利用各种手段推广自己的网站。网站的宣传有很多种方式，关于网站推广的主要方法将在后面的章节中详细讲述。

第 2 章

Dreamweaver CC 创建基本文本网页

从本章开始，我们将正式接触到网页制作部分，学习的内容主要包括网页的创建、页面属性的设置、文本的输入和编辑以及各种超级链接的创建。本章所学的知识在一个网站中具有很重要的地位。

本章重点

- 了解 Dreamweaver CC 的操作界面
- 在 Dreamweaver 中搭建站点
- 添加文本元素
- 编辑文本格式
- 链接的设置
- 创建基本文本网页

2.1　了解 Dreamweaver CC 的操作界面

为了更好地使用 Dreamweaver CC，应了解其操作界面的基本元素。Dreamweaver CC 的操作界面是由菜单栏、插入栏、文档窗口、“属性”面板以及浮动面板组成，整体布局显得紧凑、合理。如图 2-1 所示为 Dreamweaver CC 的操作界面。

图 2-1　Dreamweaver CC 操作界面

1. 菜单栏

菜单栏包括“文件”“编辑”“查看”“插入”“修改”“格式”“命令”“站点”“窗口”和“帮助”10 个菜单项，如图 2-2 所示。

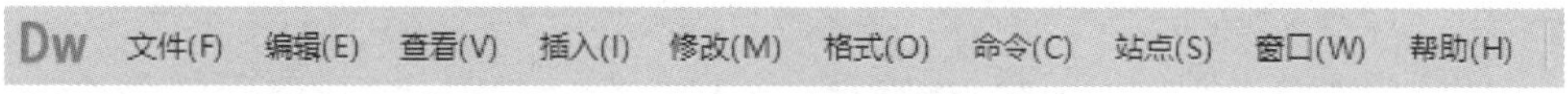

Dw　文件(F)　编辑(E)　查看(V)　插入(I)　修改(M)　格式(O)　命令(C)　站点(S)　窗口(W)　帮助(H)

图 2-2　菜单栏

2. 插入栏

插入栏包含用于创建和插入对象的按钮。当鼠标指针移到一个按钮上时，会出现一个工具提示，其中含有该按钮的名称，单击按钮即可插入相应的元素，如图 2-3 所示为“常用”插入栏。

3. 文档窗口

在文档窗口中，可以通过“代码”视图、“拆分”视图、“设计”视图、“实时视图”查看文档，如图 2-4 所示文档窗口。

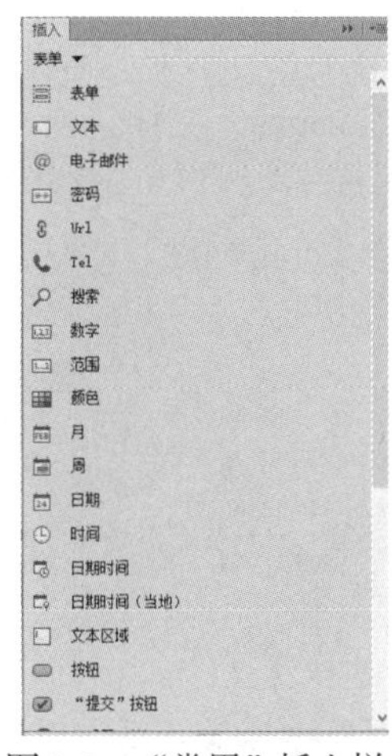

图 2-3 “常用”插入栏

图 2-4 文档窗口

4. “属性”面板

“属性”面板显示了文档窗口中选中的元素的属性，并允许用户在“属性”面板中对元素属性直接进行修改，选中的元素不同，“属性”面板中的内容就不同。在“属性”面板右上角有一个倒三角形标记，单击该标记，可以展开“属性”面板，显示更多的属性设置内容。当展开“属性”面板时，右下角的倒三角标记变为正三角标记，单击该标记，又可以重新折叠属性面板，恢复原先的样式，如图 2-5 所示。

图 2-5 展开的“属性”面板

5. 浮动面板

在 Dreamweaver CC 工作界面的右侧排列着一些浮动面板，这些面板集中了网页编辑和站点管理过程中最常用的一些工具按钮。这些面板被集合到面板组中，每个面板组都可以展开或折叠，并且可以和其他面板停靠在一起或取消停靠。面板组还可以停靠到集成的应用程序窗口中，不会使工作区变得混乱。面板组如图 2-6 所示。

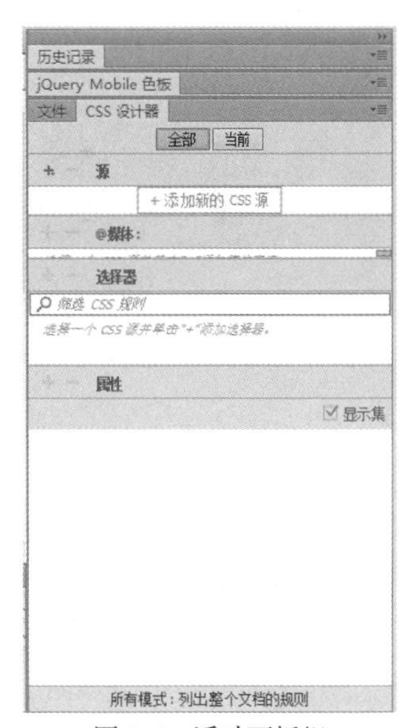

图 2-6 浮动面板组

2.2 在 Dreamweaver 中搭建站点

在制作网页前，应该首先在本地创建一个网站，用以实现整个站点。这是为了能更好地利用站点对文件进行管理，也可以尽可能地减少错误（如路径出错、链接出错等）。新手做网页，条理性、结构性需要加强，往往一个文件放这里，另一个文件放那里，或者所有文件都放在同一文件夹内，这样就显得很乱。建议建立一个文件夹，用于存放网站的所有文件，再在文件内建立几个子文件夹，将文件分类，如图片文件放在“images”文件夹内、HTML文件放在根目录下。如果站点比较大，文件比较多，可以先按栏目分类，在栏目里再分类。在站点制作完毕，通过测试，确保网站没有断链或其他问题的情况下，可以上传网站。

2.2.1 使用向导建立站点

利用Dreamweaver可以在本地计算机上创建出网站的框架，从整体上把握网站全局，完成网站文件的管理和测试。

可以使用“站点定义向导”创建本地站点，具体操作步骤如下。

01 启动Dreamweaver，选择菜单栏中的“站点”|“新建站点”命令，如图2-7所示。

02 弹出“站点设置对象”对话框，在对话框中单击“站点”选项卡，在“站点名称”文本框中输入名称，可以根据网站特点起一个名字，如图2-8所示。

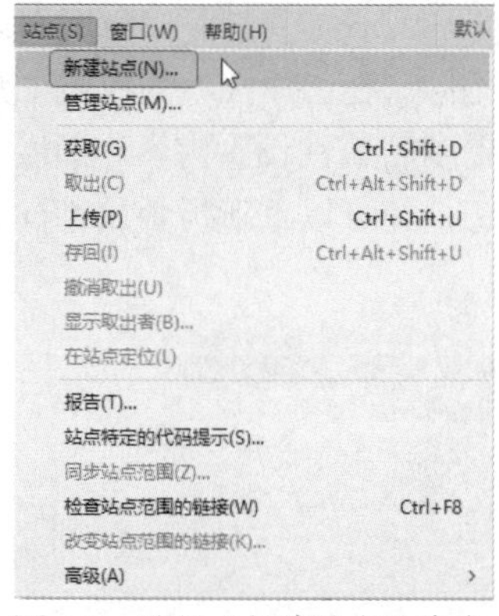

图2-7 选择“新建站点”命令

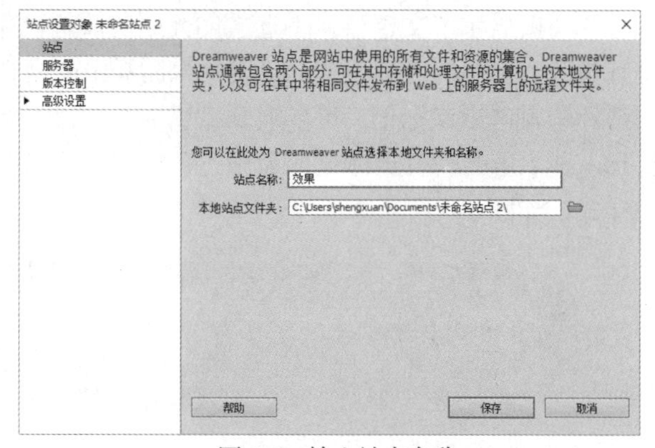

图2-8 输入站点名称

03 单击“本地站点文件夹”文本框右边的“浏览文件夹”按钮，弹出“选择根文件夹”对话框，选择站点文件，如图2-9所示，单击“选择文件夹”按钮。

04 返回“站点设置对象”对话框，选择站点文件夹后如图2-10所示。

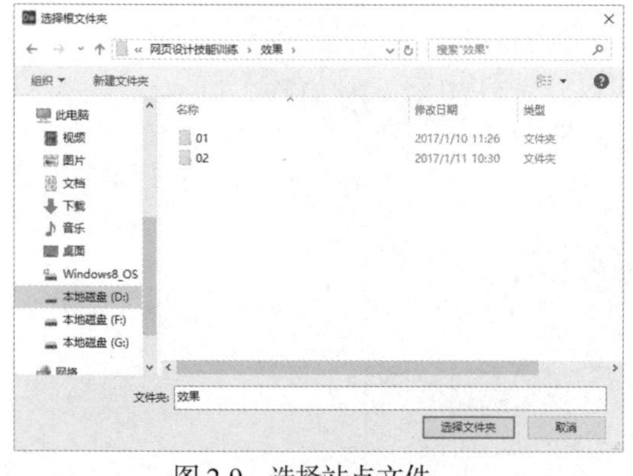

图2-9 选择站点文件

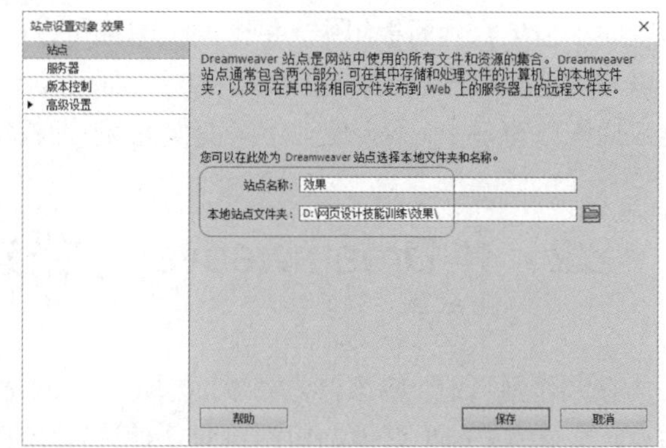

图2-10 指定站点文件夹位置后

05 单击“完成”按钮，此时在“文件”面板中可以看到创建的站点文件，如图2-11所示。

图 2-11 创建的站点

2.2.2 使用高级设置建立站点

还可以在“站点设置对象”对话框中选择“高级设置”选项卡，快速设置“本地信息”“遮盖”“设计备注”“文件视图列”“Contribute”“模板”“jQuery”“Web 字体”和“动画资源”中的参数来创建本地站点。

01 打开“站点设置对象”对话框，在对话框中的“高级设置”中选择“本地信息”选项，如图 2-12 所示。

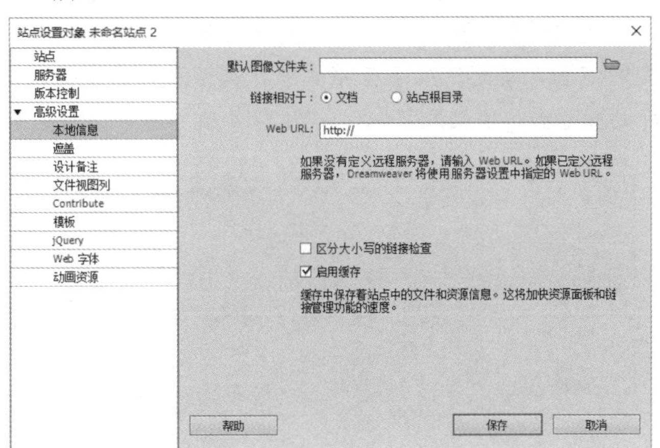

图 2-12 “本地信息”选项

在“本地信息”选项中可以设置以下参数。

- 在“默认图像文件夹”文本框中，输入此站点的默认图像文件夹的路径，或者单击文件夹按钮浏览到该文件夹。此文件夹是 Dreamweaver 上传到站点上的图像的位置。
- “链接相对于”在站点中创建指向其他资源或页面的链接时，指定 Dreamweaver 创建的链接类型。Dreamweaver 可以创建两种类型的链接：文档相对链接和站点根目录相对链接。
- 在 Web URL 文本框中，输入 Web 站点的 URL。Dreamweaver 使用 Web URL 创建站点根目录相对链接，并在使用链接检查器时验证这些链接。

- “区分大小写的链接检查”，在 Dreamweaver 检查链接时，将检查链接的大小写与文件名的大小写是否相匹配。此选项用于文件名区分大小写的 UNIX 系统。
- “启用缓存”复选框表示指定是否创建本地缓存以提高链接和站点管理任务的速度。

02 在对话框的“高级设置”中选择“遮盖”选项，如图 2-13 所示。

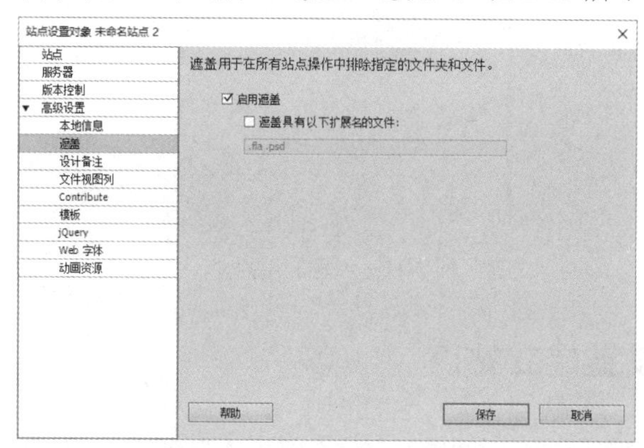

图 2-13 “遮盖”选项

在“遮盖”选项中可以设置以下参数。

- 启用遮盖：选中后激活文件遮盖。
- 遮盖具有以下扩展名的文件：勾选此复选框，可以对特定文件名结尾的文件使用遮盖。

03 在对话框中的“高级设置”中选择“设计备注”选项，在最初开发站点，需要记录一些开发过程中的信息、备忘。如果在团队中开发站点，需要记录一些与别人共享的信息，然后上传到服务器，供别人访问，如图 2-14 所示。

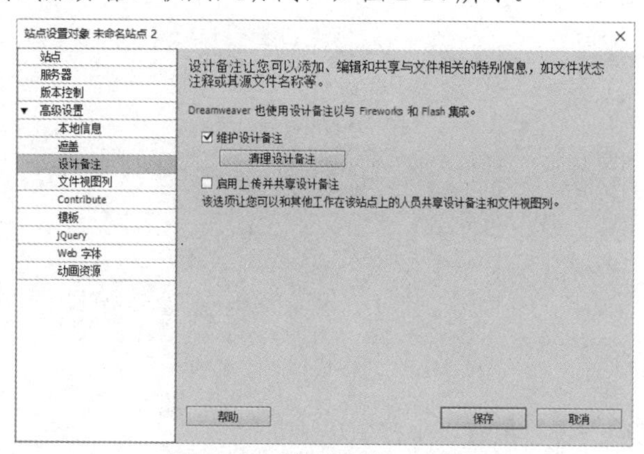

图 2-14 “设计备注”选项

在“设计备注”选项中可以进行如下设置。

- 维护设计备注：勾选后，可以保存设计备注。
- 清理设计备注：单击此按钮，删除过去保存的设计备注。
- 启用上传并共享设计备注：可以在上传或取出文件的时候，设计备注上传到“远程信息”中设置的远端服务器上。

04 在对话框的“高级设置”中选择“文件视图列”选项，用来设置站点管理器中的文件浏览器窗口所显示的内容，如图 2-15 所示。

05 在对话框的“高级设置”中选择 Contribute 选项，勾选“启用 Contribute 兼容性”复选框，则可以提高与 Contribute 用户的兼容性，如图 2-16 所示。

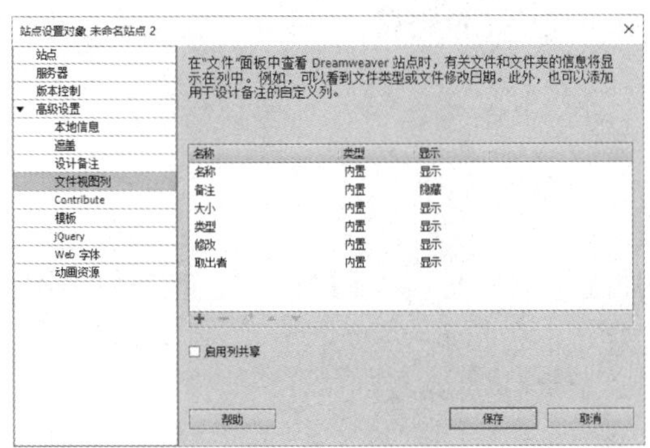
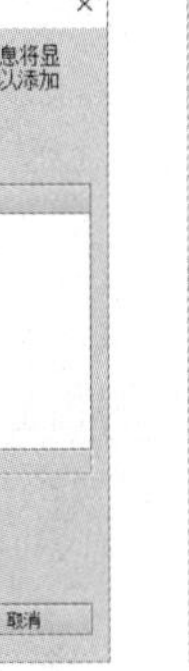

图 2-15 “文件视图列”选项

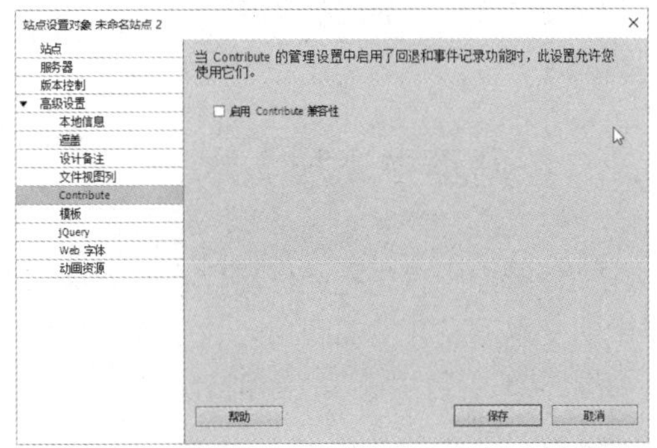

图 2-16 Contribute 选项

06 在对话框的“高级设置”中选择“模板”选项，可以决定是否改写文档相对路径，如图 2-17 所示。

07 在对话框的“高级设置”中选择 jQuery 选项，可以指定资源文件夹，如图 2-18 所示。

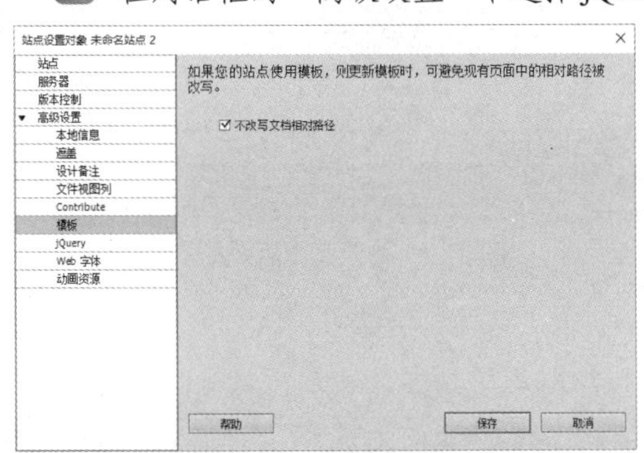

图 2-17 “模板”选项

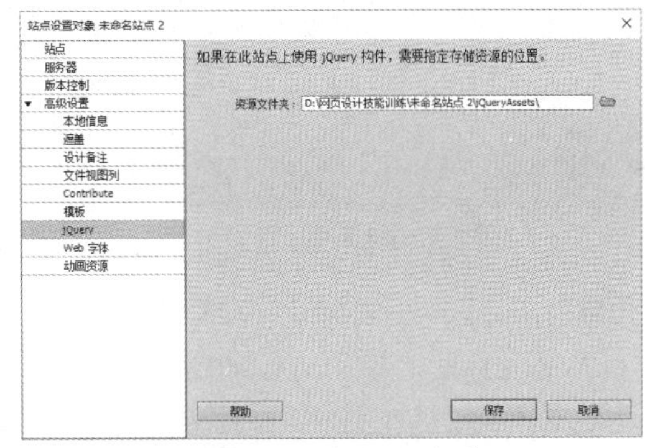

图 2-18 “jQuery”选项

08 在对话框的“高级设置”中选择“Web 字体”选项，如图 2-19 所示。

09 在对话框的“高级设置”中选择“动画资源”选项，如图 2-20 所示。

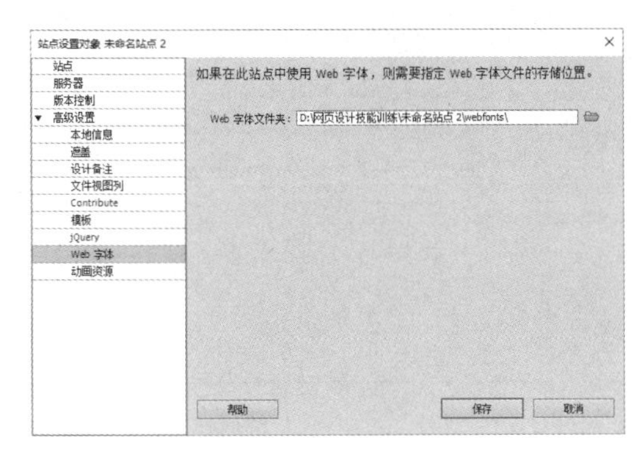

图 2-19 “Web 字体”选项

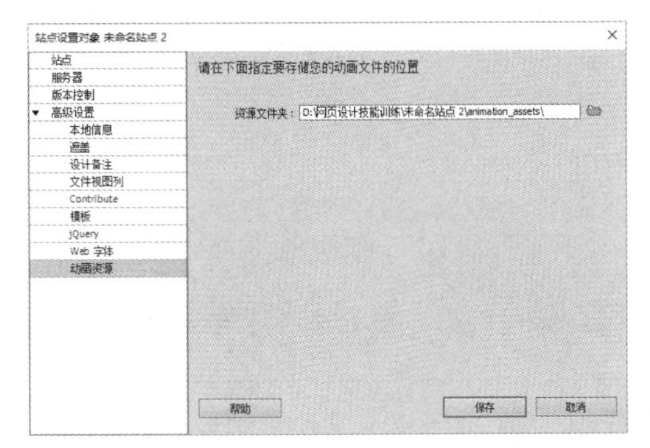

图 2-20 “动画资源”选项

2.3　添加文本元素

一般来说，网页中显示最多的是文本。所以对文本的控制以及布局在设计网页中占了很大的比重，能否对各种文本控制手段运用自如，是决定网页设计是否美观、是否富有创意及提高工作效率的关键。

2.3.1　在网页中添加文本

在文档窗口中首先将光标定位在要添加文本的位置，然后输入文本即可，也可以将其他应用程序中的文本复制并粘贴到相应的位置。下面通过实例讲述如何在网页中输入文字，输入文本前效果如图 2-21 所示，输入文本的效果如图 2-22 所示，具体操作步骤如下。

图 2-21　输入文本前效果

图 2-22　输入文本后效果

01 打开网页文档，如图 2-23 所示。

02 将光标置于要输入文本的位置，输入文本，如图 2-24 所示。

图 2-23　打开网页文档

图 2-24　输入文本

03 保存文档，按 F12 功能键进入浏览器中预览，效果如图 2-22 所示。

提示　也可以从别处复制文字，再粘贴到文档中。

2.3.2 插入日期

当需要在网页的指定位置插入准确的日期资料时，可以选择菜单栏中的“插入”|“日期”命令来实现。添加日期的好处是：既可以选用不同日期格式，规范而准确地表达日期，同时该命令还可以设置自动更新，让网页显示当前最新的日期和时间。

下面通过实例讲述如何在网页中插入时间效果，插入时间前效果如图 2-25 所示，插入时间后的效果如图 2-26 所示，具体操作步骤如下。

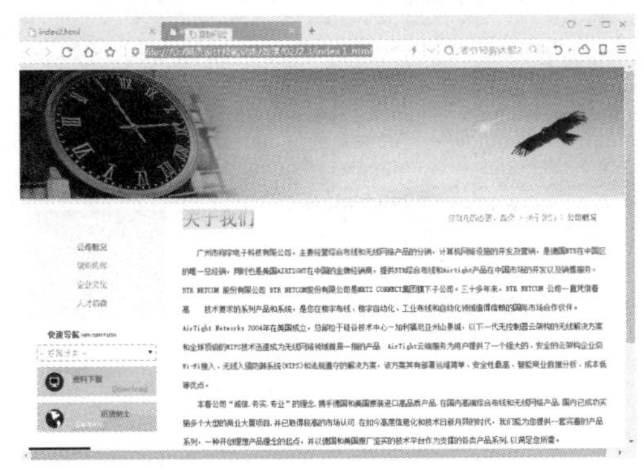

图 2-25　插入时间前效果

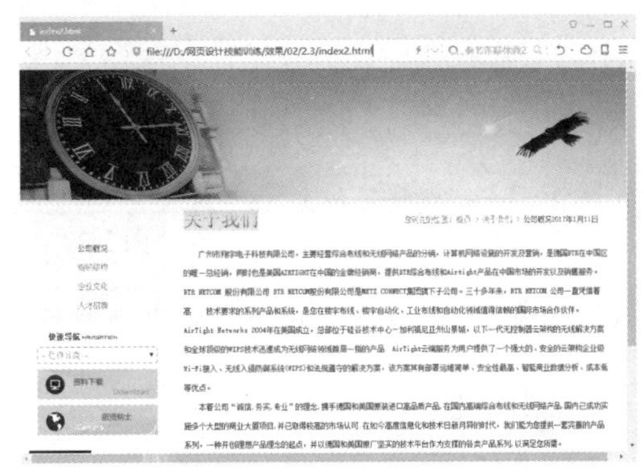

图 2-26　插入时间后效果

01 打开网页文档，如图 2-27 所示。

02 将光标置于要插入日期的位置，选择菜单栏中的“插入”|“日期”命令，选择命令后，弹出“插入日期”对话框，在对话框中设置相应的格式，如图 2-28 所示。

图 2-27　打开网页文档

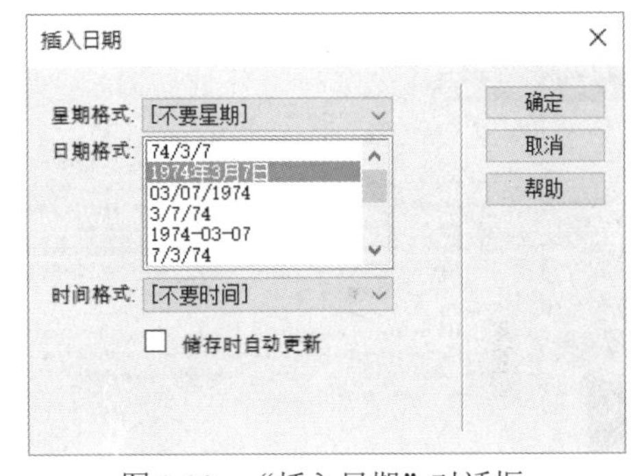

图 2-28　“插入日期”对话框

在“插入日期”对话框中主要有以下参数。

- 星期格式：设置星期的格式。
- 日期格式：设置日期的格式。
- 时间格式：设置时间的格式。
- 如果勾选“存储时自动更新”复选框，则每次存储文档都会自动更新文档中的日期。

单击“常用”插入栏中的“日期”按钮，弹出“插入日期”对话框，也可以插入日期。

03 单击“确定”按钮，插入日期，如图 2-29 所示。

图 2-29　插入的日期

04 保存文档，按 F12 功能键进入浏览器中预览，效果如图 2-26 所示。

2.3.3　插入特殊字符

字符包括换行符、不换行空格、版权信息、注册商标等，这些都是网页中经常用到的特殊符号，当在网页中插入特殊符号时，在“代码”视图中显示的是特殊字符的源代码，在“设计”视图中显示的则是一个标志。

下面通过实例讲述如何在网页中插入特殊字符，插入特殊字符前效果如图 2-30 所示，插入特殊字符后的效果如图 2-31 所示，具体操作步骤如下。

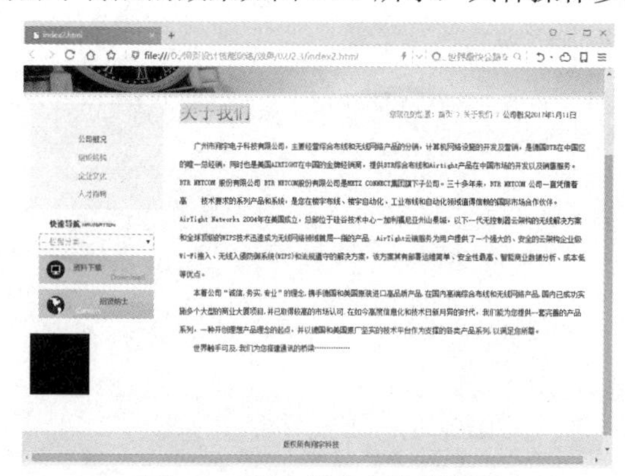

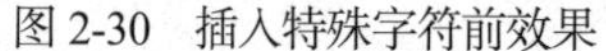

图 2-30　插入特殊字符前效果

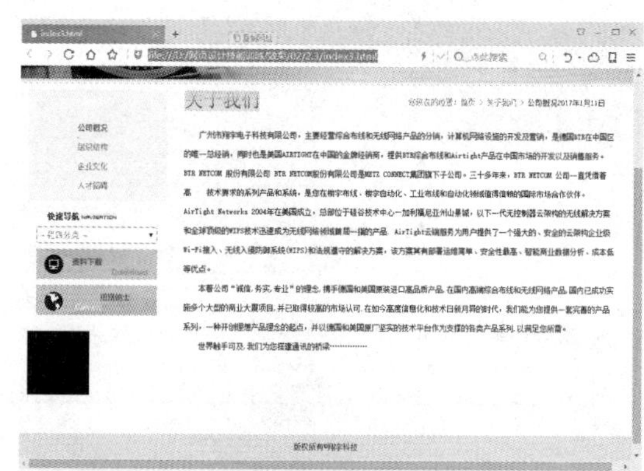

图 2-31　插入特殊字符后效果

01 打开网页文档，将光标置于要插入特殊符号的位置，选择菜单栏中的“插入”| HTML |“字符”|“版权”命令，如图 2-32 所示。

02 选择命令后，即可插入版权字符，如图 2-33 所示。

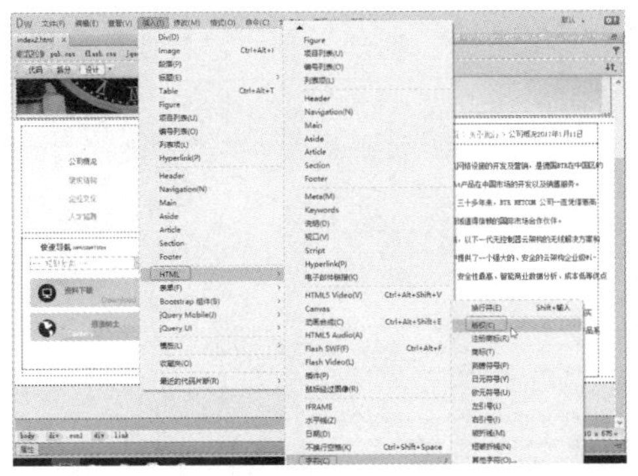

图 2-32 打开网页文档

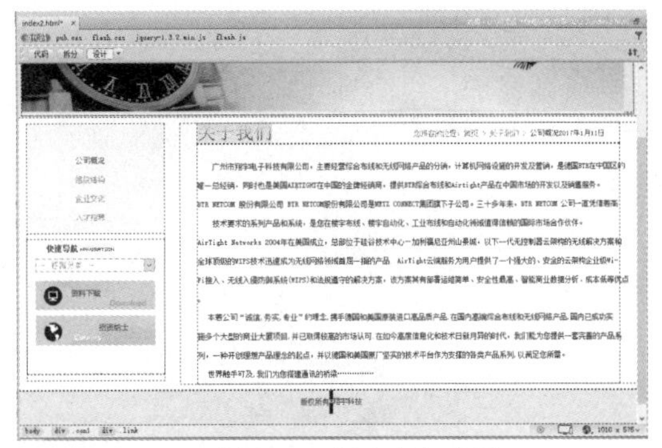

图 2-33 插入版权字符

03 保存文档，按 F12 功能键进入浏览器中预览，效果如图 2-31 所示。

2.3.4 插入水平线

很多网页在其下方会显示一条水平线，以分割网页主题内容和底端的版权声明等，根据设计的需要，也可以在网页任意位置加入水平线，达到区分网页中不同内容的目的。

下面通过实例讲述如何在网页中插入水平线，插入水平线前的效果如图 2-34 所示，插入水平线后的效果如图 2-35 所示，具体操作步骤如下。

图 2-34 插入水平线前效果

图 2-35 插入水平线后效果

01 打开网页文档，将光标置于要插入水平线的位置，如图 2-36 所示。

02 选择菜单栏中的“插入” |“水平线”命令，即可插入水平线，如图 2-37 所示。

图 2-36 打开网页文档

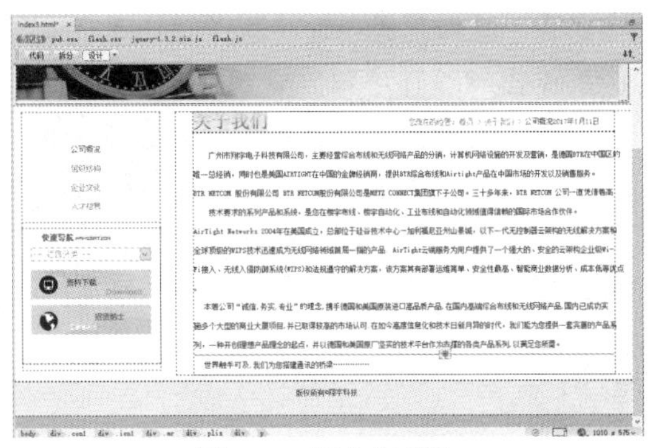

图 2-37 插入水平线

03 选中插入的水平线，选择菜单栏中的“窗口”|“属性”命令，打开“属性”面板，可以设置水平线的属性，如图 2-38 所示。

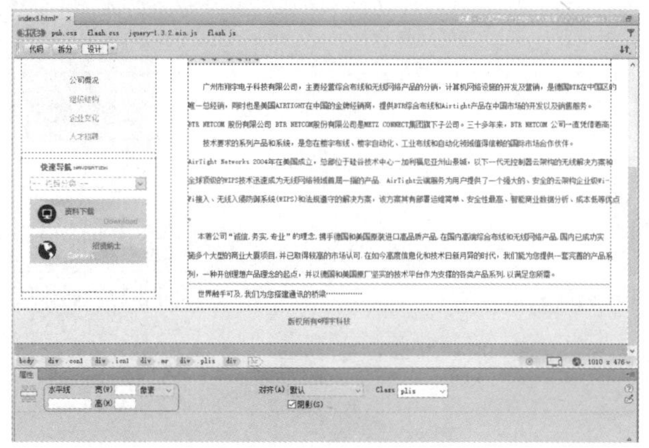

图 2-38 “属性”面板

04 保存文档，按 F12 功能键进入浏览器中预览，效果如图 2-35 所示。

在“属性”面板中并没有提供关于水平线颜色的设置选项，如果需要改变水平线的颜色，在源代码中更改（hr color=“对应颜色的代码”）即可。

2.4 编辑文本格式

Dreamweaver 提供了多种不同的尺寸、颜色和样式来格式化文本，使用文本“属性”面板可以改变大部分格式。

2.4.1 设置文本字体

字体对网页中的文本来说是非常重要的，Dreamweaver 中自带的字体比较少，可以在 Dreamweaver 的字体列表中添加更多的字体，添加新字体的具体操作步骤如下。

01 使用 Dreamweaver 打开网页文档，在“属性”面板中单击“字体”文本框右边的小三角，在弹出的列表中选择“管理字体”选项，如图 2-39 所示。

02 弹出“管理字体”对话框，在对话框中选择“自定义字体堆栈”选项中的“可用字体”列表框中选择要添加的字体，单击 << 按钮添加到左侧的“选择的字体”列表框中，在“字体列表”框中也会显示新添加的字体，如图 2-40 所示。重复以上操作即可添加多种字体，若要取消已添加的字体，可以选中该字体后单击 >> 按钮。

03 单击“完成”按钮，完成一个字体样式的编辑，选中该样式后如图 2-41 所示。

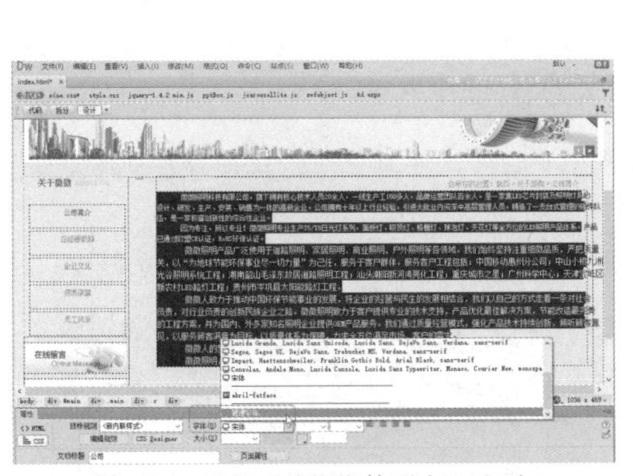

图 2-39 选择“编辑字体列表”选项

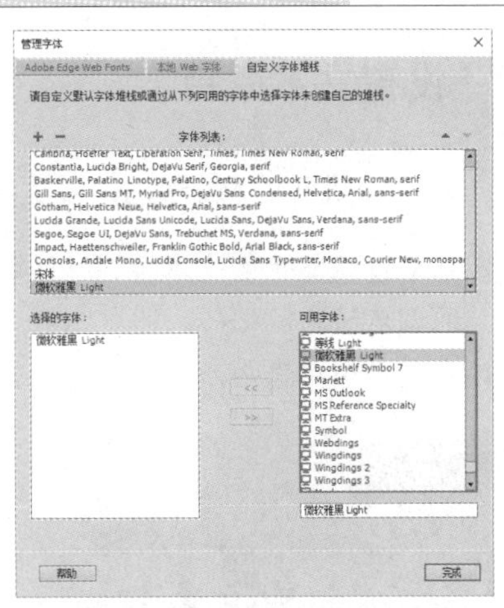

图 2-40 “编辑字体列表”对话框

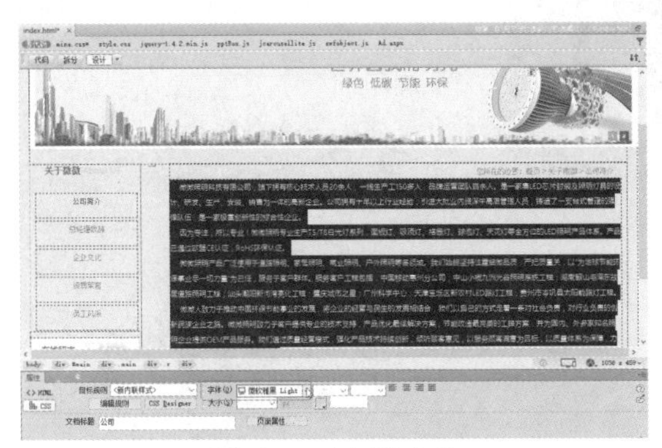

图 2-41 应用该字体

2.4.2 设置文本大小

选择一种合适的字号，是决定网页美观、布局合理的关键。在设置网页时，应对文本设置相应的字体字号，具体操作步骤如下。

01 选中要设置字号的文本，在“属性”面板的“大小”下拉列表中选择字号的大小，或者直接在文本框中输入相应大小的字号，如图 2-42 所示。

02 选择字号后即可完成设置字体大小，如图 2-43 所示。

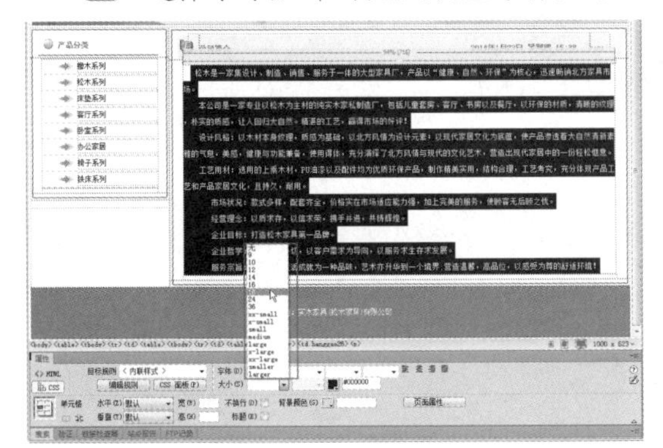

图 2-42 选择字号

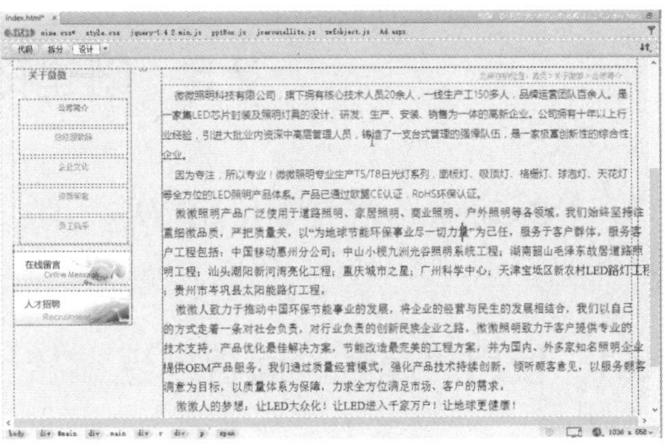

图 2-43 设置字体大小

2.4.3 设置文本颜色

还可以改变网页文本的颜色，设置文本颜色的具体操作步骤如下。

01 选中设置颜色的文本，在“属性”面板中单击“文本颜色”按钮，打开如图 2-44 所示的调色板。

02 在调色板中选中所需的颜色，即可设置文本颜色，如图 2-45 所示。

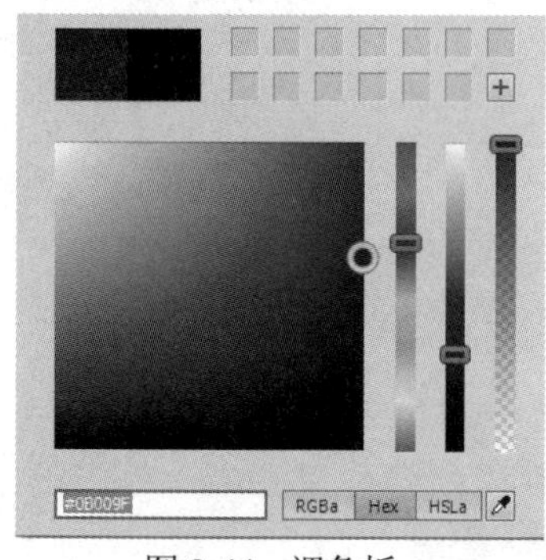

图 2-44 调色板

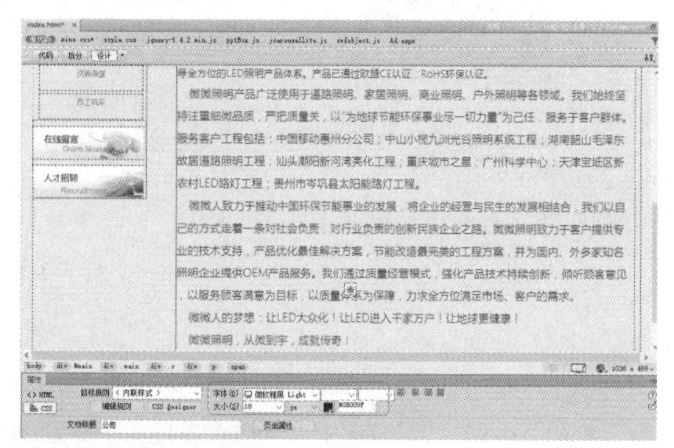

图 2-45 设置文本颜色

2.5 超链接的基本概念

超链接是由源地址文件和目标地址文件构成，当访问者单击超链接时，浏览器会从相应的目标地址检索网页并显示在浏览器中。网络中的一个个网页是通过超链接的形式关联在一起的。可以说超链接是网页中最重要、最根本的元素之一。超链接的作用，是在因特网上建立从一个位置到另一个位置的链接。如果目标地址不是网页而是其他类型的文件，浏览器会自动调用本机上的相关程序打开所用访问的文件。

在网页中按照链接路径的不同可以分为 2 种形式：绝对路径、相对路径。这些路径都是网页中的统一资源定位，只不过后者路径将 URL 的通信协议和主机名省略了。后者路径必须有参照物，一种是以文档为参照物，另一种是以站点的根目录为参照物。而第一种路径就不需要有参照物，是最完整的路径，也是标准的 URL。

2.6 创建链接的方法

使用 Dreamweaver 创建链接既简单又方便，只要选中要设置成超链接的文字或图像，然后应用以下几种方法添加相应的 URL 即可。

2.6.1 使用“属性”面板创建链接

利用“属性”面板创建链接的方法很简单，选择要创建链接的对象，选择菜单栏中的“窗口”

|“属性”命令，打开“属性”面板。在“链接”文本框中输入要链接的路径，即可创建链接，如图 2-46 所示。

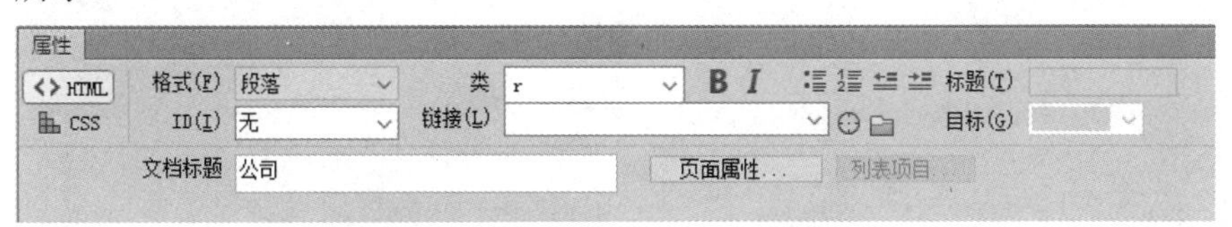

图 2-46 “属性”面板中设置链接

2.6.2 使用指向文件图标创建链接

利用直接拖动的方法创建链接时，要先建立一个站点，选择菜单栏中的“窗口”|“属性”命令，打开“属性”面板，选中要创建链接的对象，在面板中单击“指向文件”按钮，按住按钮不放拖动到站点窗口中的目标文件上，松开鼠标即可创建链接，如图 2-47 所示。

2.6.3 使用菜单命令创建链接

使用菜单命令创建链接也非常简单，选中创建超链接的文本，选择菜单栏中的“插入”|“Hyperlink”命令，弹出“Hyperlink”对话框，如图 2-48 所示。在“链接”文本框中输入链接的目标，或单击“链接”文本框右边的“浏览文件”按钮，选择相应的链接目标，单击“确定”按钮，即可创建链接。

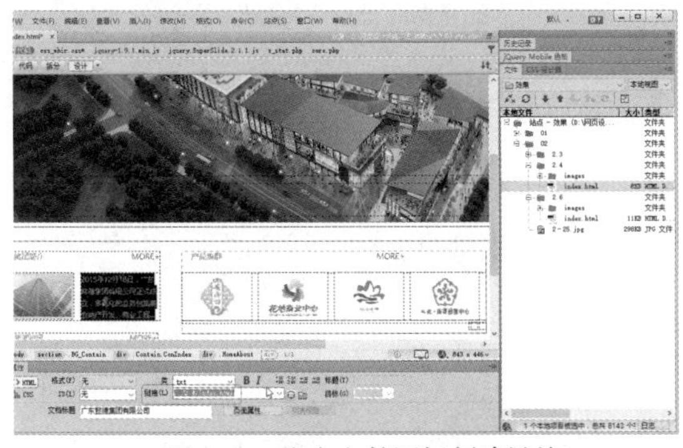

图 2-47 指向文件图标创建链接

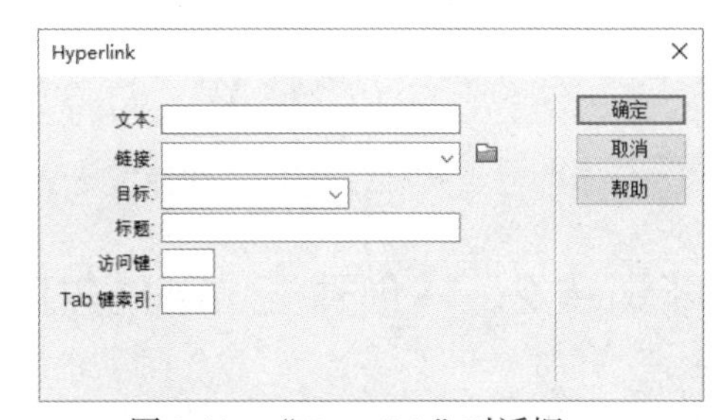

图 2-48 “Hyperlink”对话框

2.7 技能训练

本节通过几个实例来巩固所学的知识。

技能训练 1——创建外部链接

外部链接就是使用绝对路径，主要针对站点之间的链接，如友情链接、网址导航等，当单击创建链接的文本或图像，如图 2-49 链接前效果，链接后如图 2-50 所示。具体操作步骤如下。

图 2-49　创建外部链接前的效果

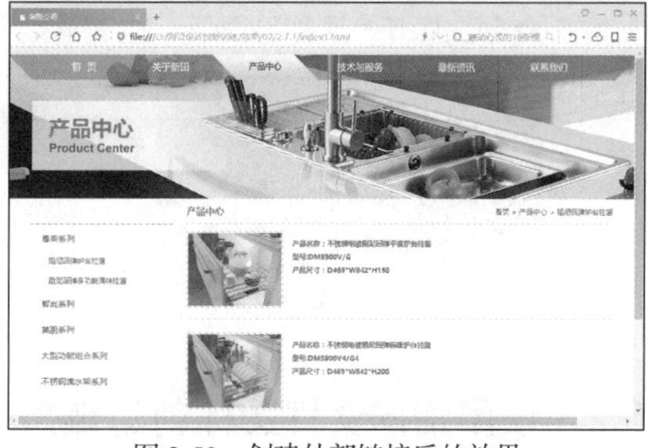

图 2-50　创建外部链接后的效果

01 打开网页文档，选中要创建链接的文本，如图 2-51 所示。

02 打开“属性”面板，在属性面板中的“链接”文本框中直接输入“indexl.html”，在“目标”下拉列表中选择_blank 选项，以便在新的浏览器窗口中显示网页，如图 2-52 所示。

图 2-51　打开网页文档

图 2-52　输入链接

03 保存网页文档，按 F12 功能键进入浏览器，效果如图 2-50 所示。

技能训练 2——创建 E-mail 链接

在网页上创建 E-mail 链接，可以使浏览者快速反馈自己的意见。当浏览者单击电子邮件链接时，可以立即打开浏览器默认的 E-mail 处理程序，收件人邮件地址被电子邮件链接中指定的地址自动更新，无须浏览者输入。下面通过实例介绍 E-mail 链接的创建方法。创建 E-mail 链接前的效果如图 2-53 所示，创建 E-mail 链接的效果后如图 2-54 所示，具体操作步骤如下。

单击电子邮件链接后，系统将自动启动电子邮件软件，并在收件人地址中自动填写上电子邮件链接所指定的邮箱地址。

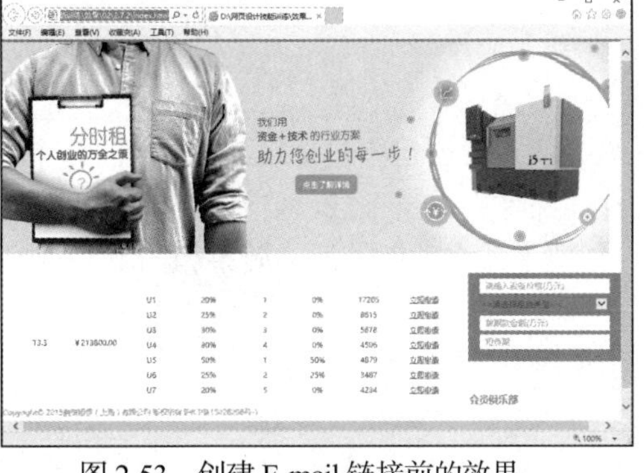

图 2-53 创建 E-mail 链接前的效果

图 2-54 创建 E-mail 链接后的效果

01 打开网页文档，将光标置于要创建电子邮件的位置，如图 2-55 所示。

02 选择菜单栏中的“插入”|“电子邮件链接”命令，弹出“电子邮件链接”对话框，在对话框中的“文本”文本框中输入“联系我们”，在“电子邮件”文本框中输入 sdhzgw@163.com，如图 2-56 所示。

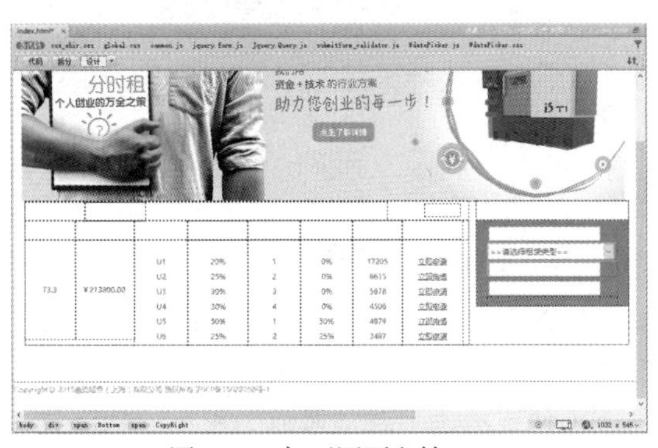

图 2-55 打开网页文档

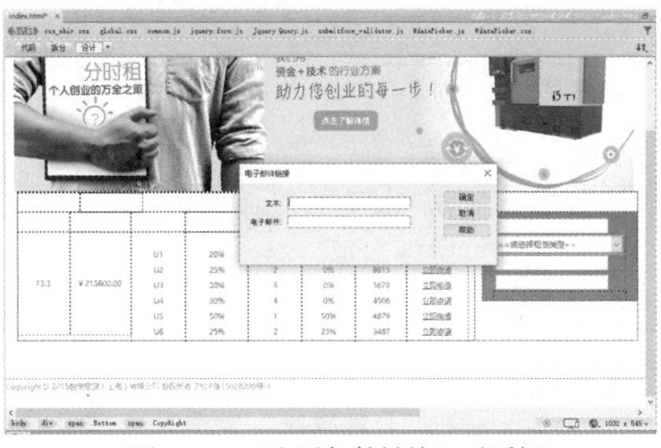

图 2-56 “电子邮件链接”对话框

03 单击“确定”按钮，创建 E-mail 链接，如图 2-57 所示。

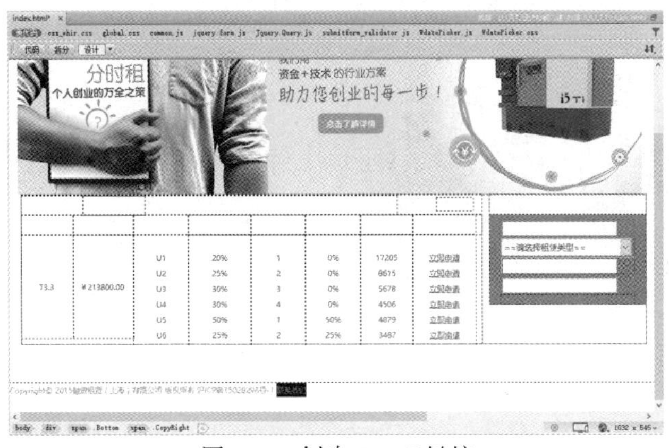

图 2-57 创建 E-mail 链接

04 保存文档，按 F12 功能键进入浏览器预览效果，单击创建的电子邮件链接，将弹出“新邮件”对话框，如图 2-55 所示。

技能训练 3——创建下载文件的链接

有的网站提供非常丰富的资料供浏览者下载，这时就需要创建下载链接。网站中的每个下载链接的文件对应一个下载链接。如果需要对多个文件或文件夹提供下载，必须将这些文件压缩为一个文件，创建文件下载前的效果如图 2-58 所示，创建下载文件链接后的效果如图 2-59 所示，具体操作步骤如下。

图 2-58　创建下载文件链接前的效果

图 2-59　创建下载文件链接后的效果

01 打开网页文档，选中要创建下载文件的文字，打开“属性”面板，单击“链接”文本框右边的“浏览”按钮，如图 2-60 所示。

02 弹出“选择文件”对话框，在对话框中选择文件，如图 2-61 所示。

网站中每个下载文件必须对应一个下载链接，而不能为多个文件或一个文件夹建立下载链接，如果需要对多个文件或文件夹提供下载，只能利用压缩软件将这些文件或文件夹压缩为一个文件。

图 2-60　打开网页文档

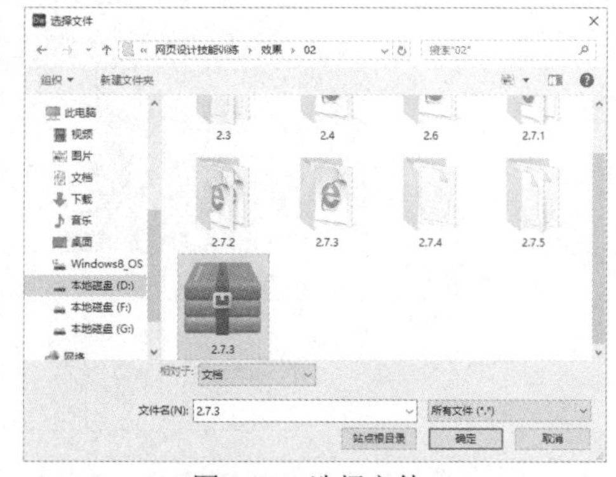

图 2-61　选择文件

03 单击“确定”按钮，在“目标”下拉列表中选择_parent，如图 2-62 所示。

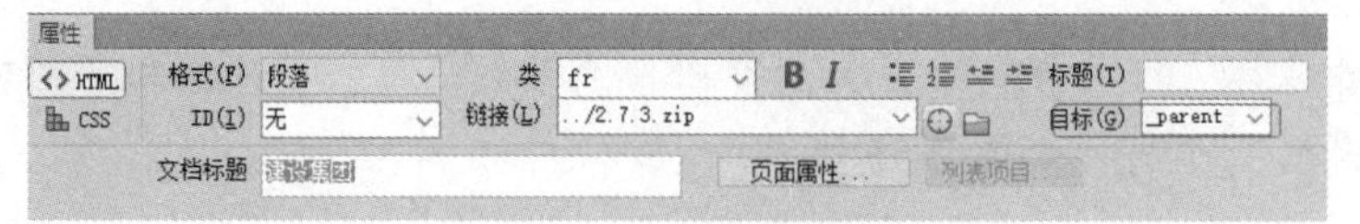

图 2-62　设置链接目标

04 保存文档，按 F12 功能键进入浏览器中预览，单击超链接将弹出“下载文件”对话框，提示打开或保存文件，效果如图 2-59 所示。

技能训练 4——创建图像热点链接

有些网页在一幅大图片上做了多个链接，这样访问者可以通过单击图片的不同位置进入不同的页面，这是应用了图像热点链接。下面通过实例创建图像热点链接。创建图像热点链接前的效果如图 2-63 所示，创建热点链接后的效果如图 2-64 所示，具体操作步骤如下。

图 2-63　创建图像热点链接前的效果

图 2-64　图像热点链接后的效果

当预览网页时，热点链接不会显示，当光标移至热点链接上时会变为手形，以提示浏览者该处为超链接。

01 打开网页文档，在文档中选中需要设置热点的图像，如图 2-65 所示。

02 打开“属性”面板，在“属性”面板中选择矩形热点工具，如图 2-66 所示。

图 2-65　打开网页文档

图 2-66　选择矩形热点工具

在“属性”面板中包括 3 种热点工具，分别是矩形热点工具、椭圆形热点工具和多边形热点工具，可以根据需要选择相应的热点工具。

03 按住鼠标左键在图像中绘制矩形热点，如图 2-67 所示。

04 在“属性”面板中“链接”文本框中单击后面的“浏览”按钮，弹出“选择文件”对话框，选择要链接的文件，如图 2-68 所示。

图 2-67　绘制热点

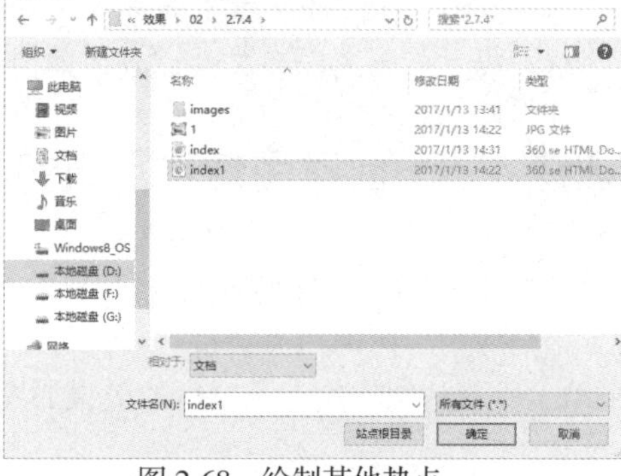
图 2-68　绘制其他热点

图像热点链接和图像链接有很多相似之处，有些情况下你在浏览器中甚至都分辨不出它们。虽然它们的最终效果基本相同，但两者实现的原理还是有很大差异的。读者在为自己的网页加入链接之前，应根据具体的实际情况，选择和使用适合的链接方式。

05 保存网页，按 F12 功能键进入浏览器预览效果，链接效果如图 2-64 所示。

技能训练 5——创建基本文本网页

本章主要讲述了创建网页文本的基本知识，下面通过实例讲述如何创建基本文本网页的效果，创建文本网页前效果如图 2-69 所示，创建基本文本网页后的效果如图 2-70 所示，具体操作步骤如下。

图 2-69　创建文本网页前效果

图 2-70　创建基本文本网页后效果

01 打开网页文档，如图 2-71 所示。

02 将光标置于要输入文字的位置，输入文字，如图 2-72 所示。

03 设置文本的大小，将光标置于文字开头，按住鼠标的左键向下拖动至文字结尾，选中所有的文字，在“属性”面板中单击“大小”右边的文本框，在弹出的菜单中选择文字的大小，如图 2-73 所示。

图 2-71　打开网页文档

图 2-72　输入文字

04 设置字体颜色，单击“文本颜色”按钮，在打开的调色板中设置文本的颜色为#0BC502，如图 2-74 所示。

图 2-73　设置文字的大小

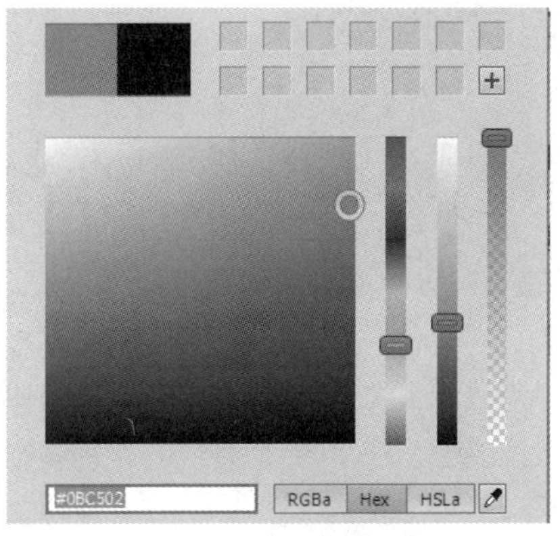

图 2-74　设置文本颜色

05 将光标置于要插入特殊字符的位置，选择菜单栏中的“插入”|“HTML”|“字符”|“版权”命令，插入版权字符，如图 2-75 所示。

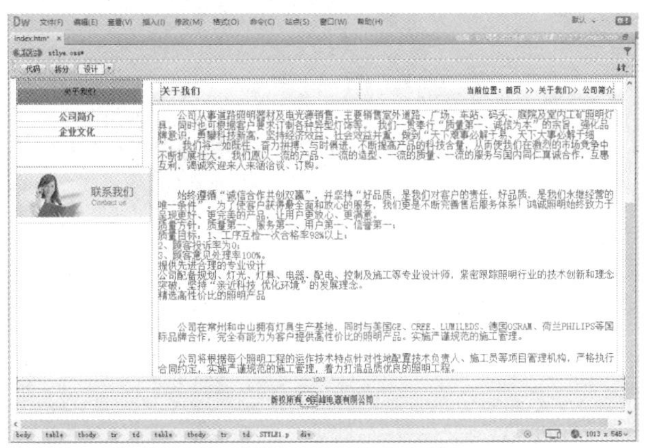
图 2-75　插入特殊字符

06 保存文档，按 F12 功能键进入浏览器中预览，效果如图 2-70 所示。

第3章 用图像和多媒体美化网页

图像和多媒体与文本一样，是网页中重要的元素，合理使用图像和多媒体可以增强网页的丰富性和美观性。它具有强大的视觉冲击力，吸引越来越多的眼球，制作精巧、设计合理的图像和多媒体能加深浏览者浏览网页的兴趣和动力。本章将详细讲述图像和多媒体在网页中的运用，学习如何在网页中插入图像、设置图像属性、插入其他图像元素和插入多媒体等。

本章重点

- 在网页中使用图像
- 插入其他的网页图像
- 添加背景音乐
- 插入其他的媒体对象
- 创建鼠标经过图像导航栏
- 制作图文并茂的网页

3.1　在网页中使用图像

图像是网页中不可缺少的素材，利用丰富多彩的图像可以使页面呈现绚丽多彩的效果。将图像插入到 Dreamweaver 文档时，Dreamweaver 自动在 HTML 源代码中生成对该图像文件的引用代码。为了确保此引用的正确性，该图像文件必须位于当前站点中。如果图像文件不在当前站点中，Dreamweaver 会询问是否将此文件复制到当前站点中。

3.1.1　插入图像

本节通过实例讲述如何在网页中插入图像，在网页中插入图像前的效果如图 3-1 所示，在网页中插入图像后的效果如图 3-2 所示，具体操作步骤如下。

图 3-1　在网页中插入图像前的效果

图 3-2　在网页中插入图像后的效果

01 打开网页文档，如图 3-3 所示。

02 将光标置于要插入图像的位置，选择菜单栏中的“插入”|“图像”|“图像”命令，弹出“选择图像源文件”对话框，在对话框中选择图像文件，如图 3-4 所示。

图 3-3　打开网页文档

图 3-4　“选择图像源文件”对话框

单击“常用”插入栏中的“图像”按钮，弹出“选择图像源文件”对话框，在对话框中选择相应的图像，也可以插入图像。

03 单击“确定”按钮，插入图像，如图 3-5 所示。

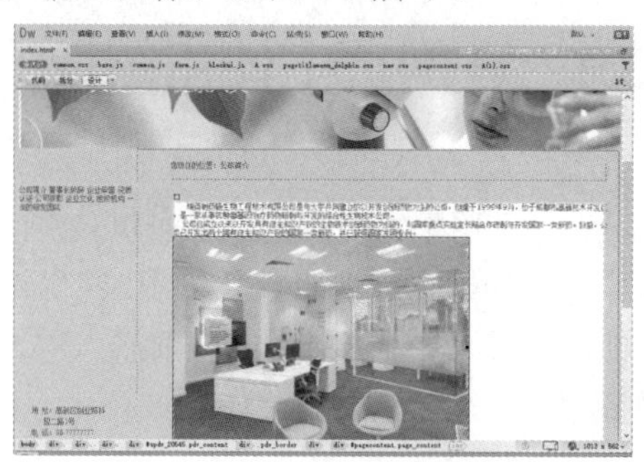

图 3-5　插入图像

04 保存文档，按 F12 功能键进入浏览器中预览，效果如图 3-2 所示。

3.1.2　设置图像属性

选择插入的图像，可以通过“属性”面板设置图像的名称、宽、高、链接、源文件位置和替换文字等。

本节通过实例讲述如何设置图像的属性。设置图像属性前效果如图 3-6 所示，设置图像属性后效果如图 3-7 所示，具体操作步骤如下。

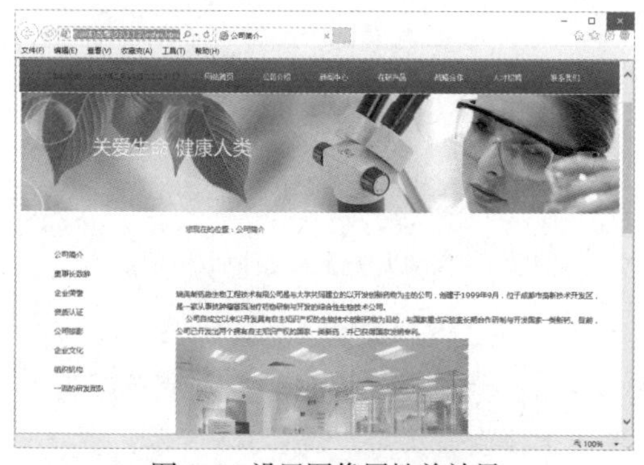

图 3-6　设置图像属性前效果

图 3-7　设置图像属性后效果

01 打开网页文档，选中插入的图像，如图 3-8 所示。

02 在“属性”面板中通过改变图像的“宽”和“高”来调整图像的大小，如图 3-9 所示。

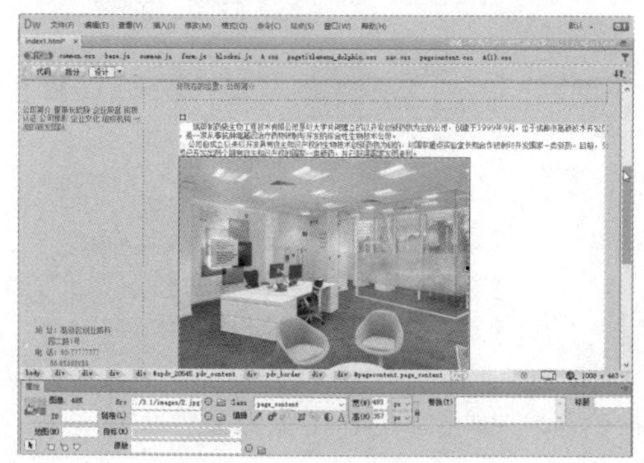

图 3-8　打开网页文档

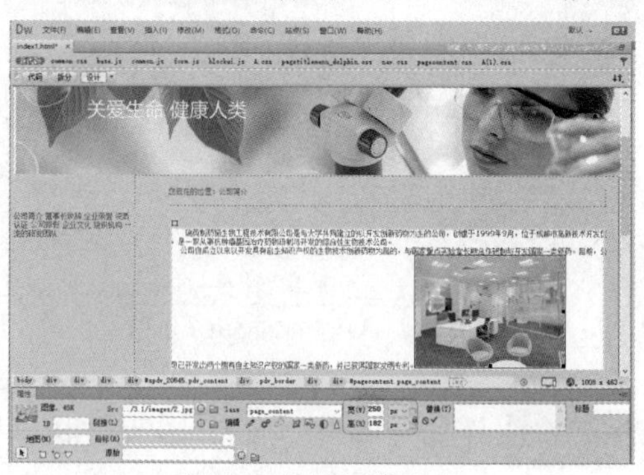

图 3-9　调整图像大小

03 在“替换”文本框中输入“瑞英制药”，即可为图像设置替换，如图 3-10 所示。

04 选中插入的图像，打开代码视图，设置图像对齐方式为“右对齐”，如图 3-11 所示。保存文档，在浏览器中预览效果如图 3-7 所示。

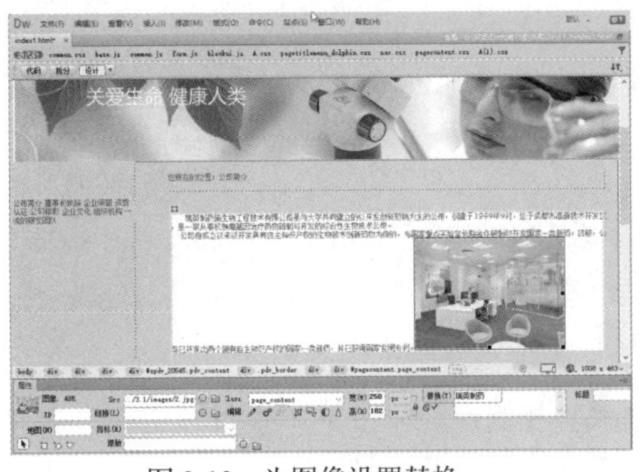

图 3-10　为图像设置替换

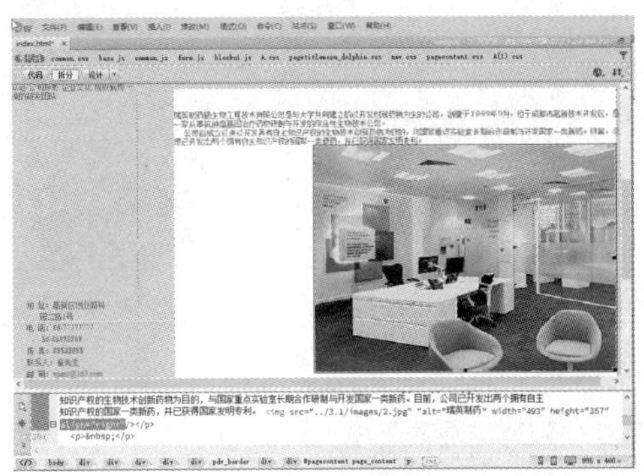

图 3-11　设置对齐方式

3.1.3　裁剪图像

Dreamweaver CC 提供基本图像编辑功能，无须使用外部图像编辑应用程序即可修改图像。使用 Dreamweaver CC 内置的基本图像编辑功能可以裁剪图像，以删除图像中不需要的部分。

本节通过实例讲述如何裁剪图像，裁剪图像前效果如图 3-12 所示，裁剪图像后效果如图 3-13 所示，具体操作步骤如下。

图 3-12　裁剪图像前效果

图 3-13　裁剪图像后效果

01 打开网页文档，选中要裁剪的图像，如图 3-14 所示。

02 选择菜单栏中的“修改”|“图像”|“裁剪”命令，或在“属性”面板中单击“裁剪”按钮，弹出 Dreamweaver 提示对话框，如图 3-15 所示。

> **提示**　使用 Dreamweaver CC 裁剪图像时，会更改磁盘上的源图像文件，因此需要事先备份图像文件，以备在需要恢复到原始图像时使用。

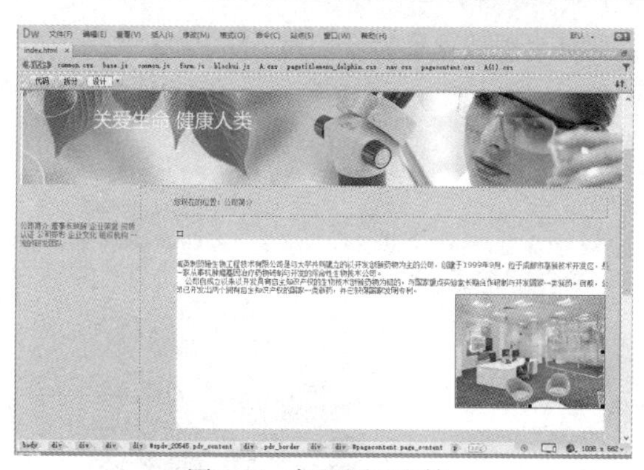

图 3-14　打开网页文档

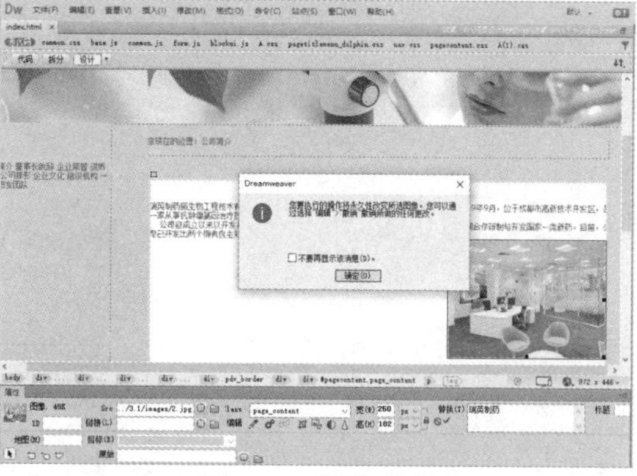

图 3-15　提示对话框

03 单击“确定”按钮，此时图像的周围出现裁剪控制点，如图 3-16 所示。

04 调整裁剪控制点至合适大小，在边界框内部双击或按 Enter 键裁剪所选区域，如图 3-17 所示。

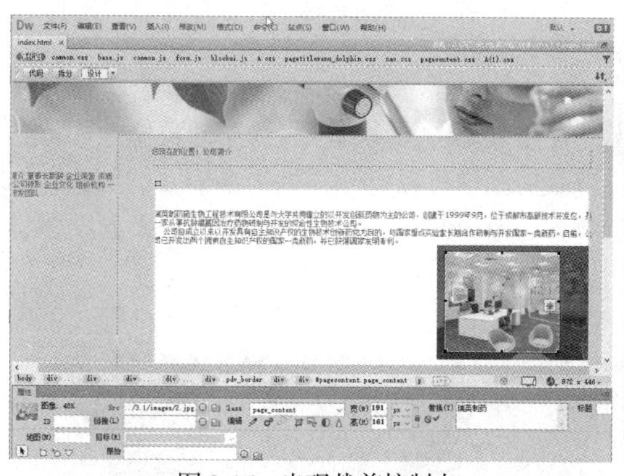

图 3-16　出现裁剪控制点

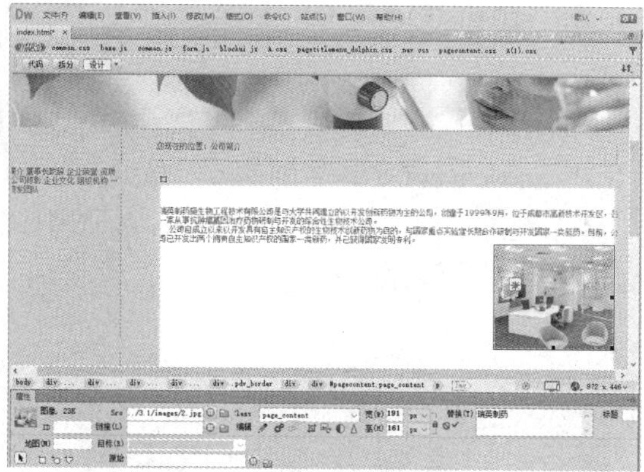

图 3-17　裁剪图像

05 保存文档，按 F12 功能键进入浏览器中预览，效果如图 3-13 所示。

3.1.4　调整图像亮度和对比度

可以直接在 Dreamweaver CC 中调整图像的亮度和对比度，对图像的高亮显示、阴影和中间色调进行简单的调整。

本节通过实例讲述如何调整图像亮度和对比度，具体操作步骤如下。

01 打开网页文档，选中要调整亮度和对比度的图像，如图 3-18 所示。

02 选择菜单栏中的“修改”|“图像”|“亮度/对比度”命令，或在“属性”面板中单击“亮度和对比度”按钮 ，弹出“亮度/对比度”对话框，如图 3-19 所示。

在对话框中拖动亮度和对比度的滑块，向左滑动为降低，向右滑动为增加，取值范围为-100～100，勾选“预览”复选框，可以在调整图像的同时预览到对该图像所做的修改。

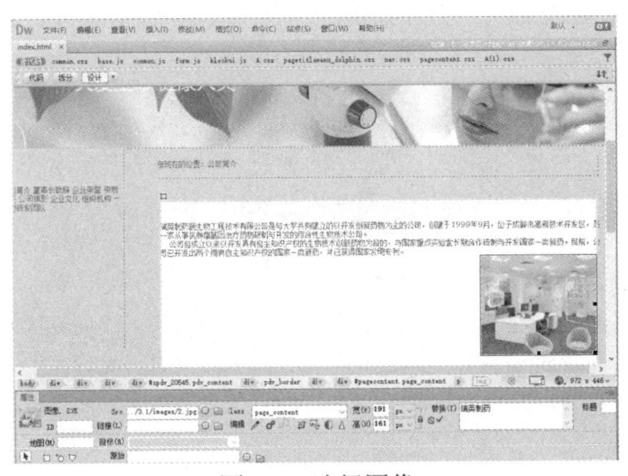

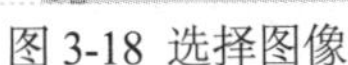

图 3-18 选择图像

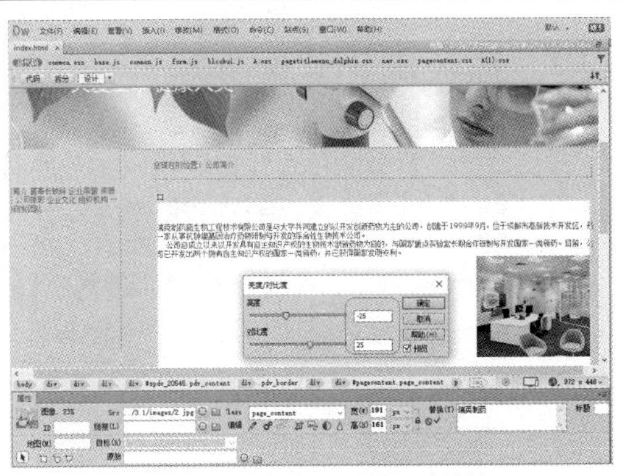

图 3-19 “亮度/对比度”对话框

03 在对话框中调整合适的亮度/对比度，单击“确定”按钮，调整图像亮度和对比度。

04 保存文档，按 F12 功能键进入浏览器中预览效果。

3.1.5 锐化图像

锐化图像可以通过增加图像中边缘的对比度来调整图像的焦点。本节通过实例讲述锐化图像的操作，具体操作步骤如下。

01 打开网页文档，选中要锐化的图像，如图 3-20 所示。

02 选择菜单栏中的“修改” | “图像” | “锐化”命令，或在“属性”面板中单击“锐化”按钮△，弹出“锐化”对话框，如图 3-21 所示。

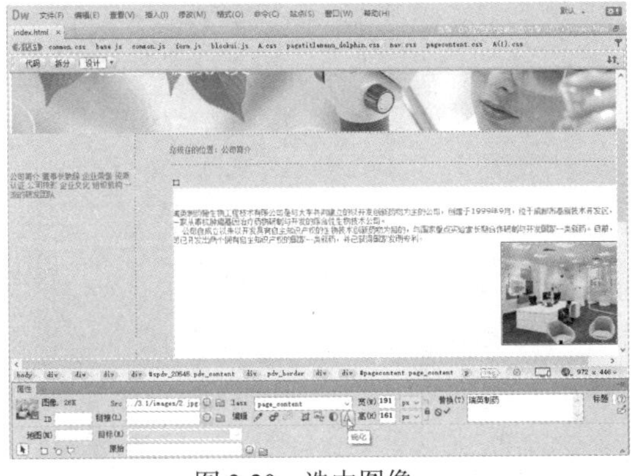

图 3-20　选中图像

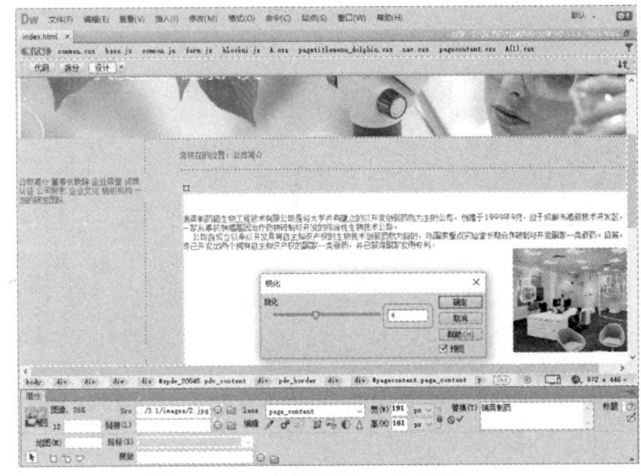

图 3-21　“锐化”对话框

03 在对话框中拖动锐化的滑块，调至合适的位置，单击“确定”按钮，调整图像锐化。

3.2　插入其他图像元素

在网页中不仅可以插入图像，还可以插入其他的图像元素，如插入背景图像和插入鼠标经过图像等，下面分别进行讲述。

3.2.1 插入背景图像

改变网页的背景颜色可以得到不同颜色的背景，但是背景颜色始终是一种单一的颜色，要使背景更丰富，可以设置网页的背景图像。设置网页的背景图像的具体操作步骤如下。

01 启动 Dreamweaver CC 软件，新建空白文档，如图 3-22 所示。

02 选择菜单栏中的“修改”|“页面属性”命令，弹出“页面属性”对话框，在对话框的“分类”选项中选择“外观”，如图 3-23 所示。

图 3-22 新建空白文档

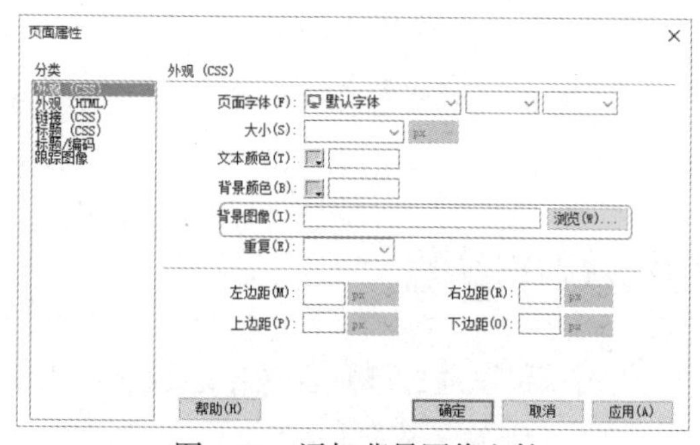

图 3-23 添加背景图像文件

03 单击“背景图像”文本框右边的“浏览”按钮，弹出“选择图像源文件”对话框，在对话框中选择背景图像 bj.jpg，如图 3-24 所示。

04 单击“确定”按钮，插入背景图像，如图 3-25 所示。

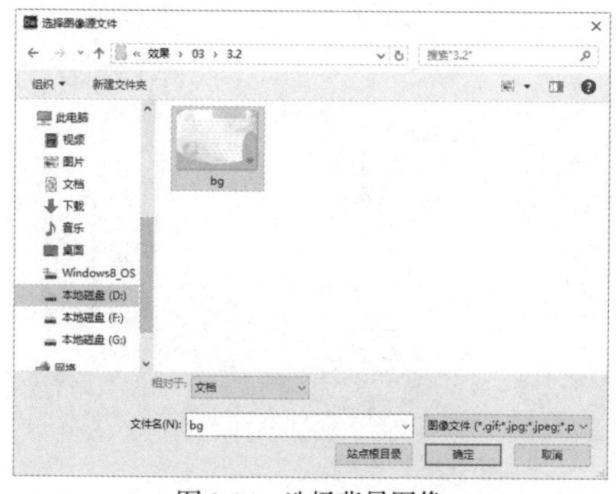

图 3-24 选择背景图像

图 3-25 插入背景图像

3.2.2 创建鼠标经过图像

鼠标经过图像是一种在浏览器中查看并当鼠标指针移过它时发生变化的图像。本节通过实例讲述鼠标经过图像的插入操作，如图 3-26 所示是鼠标经过前的效果，如图 3-27 所示是鼠标经过时的效果，具体操作步骤如下。

图 3-26　鼠标经过图像前的效果

图 3-27　鼠标经过图像时的效果

01 打开网页文档，如图 3-28 所示。

02 将光标置于插入鼠标经过图像的位置，选择菜单栏中的“插入”|“图像”|“鼠标经过图像”命令，弹出“插入鼠标经过图像”对话框，如图 3-29 所示。

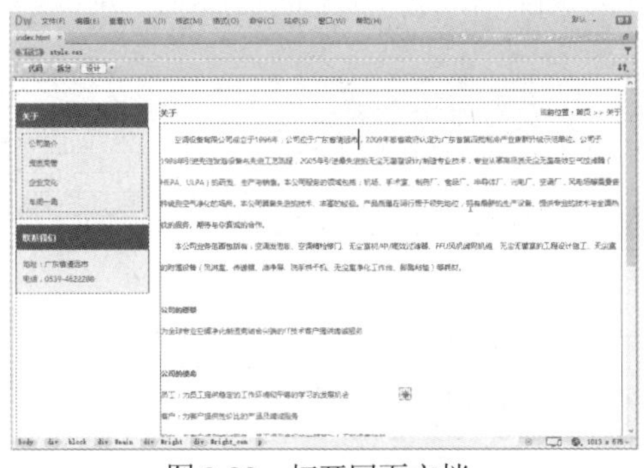

图 3-28　打开网页文档

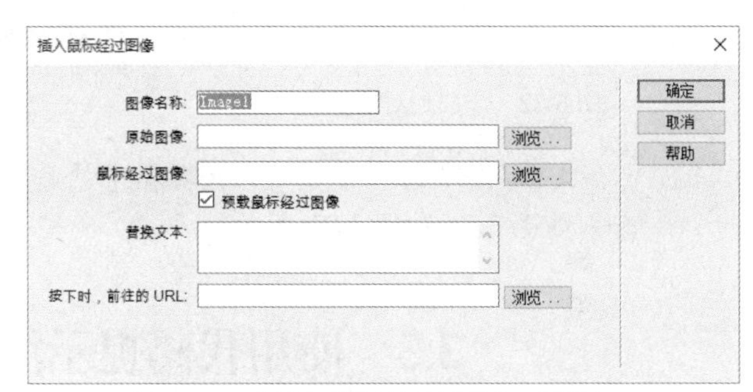

图 3-29　“插入鼠标经过图像”对话框

03 单击“原始图像”文本框右边的“浏览”按钮，弹出“原始图像：”对话框，如图 3-30 所示。在对话框中选择图像文件，单击“确定”按钮，添加到对话框。

04 在图 3-29 中单击“鼠标经过图像”文本框右边的“浏览”按钮，弹出“鼠标经过图像：”对话框，如图 3-31 所示，在对话框中选择图像文件。

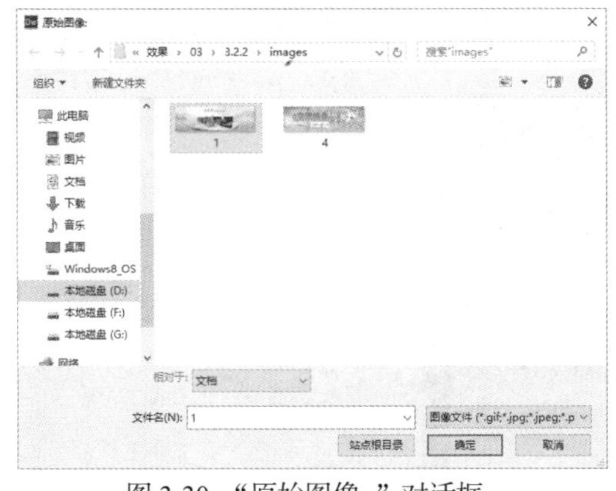

图 3-30　“原始图像：”对话框

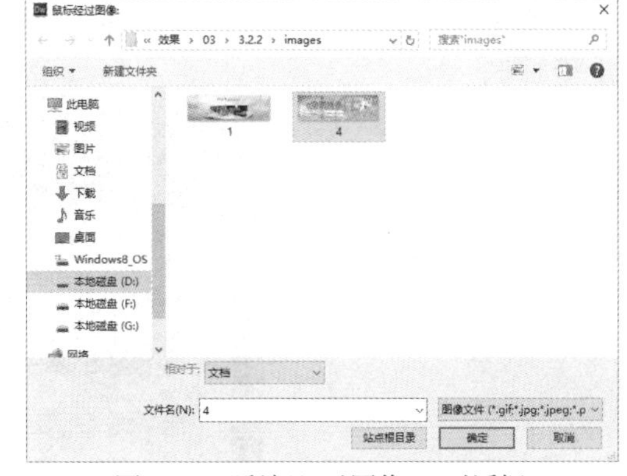

图 3-31　“鼠标经过图像：”对话框

05 单击“确定”按钮，添加图像到对话框中，如图 3-32 所示。

06 单击“确定”按钮，插入鼠标经过图像，如图 3-33 所示。

单击“常用”插入栏中的“鼠标经过图像”按钮，弹出“插入鼠标经过图像”对话框，也可以插入鼠标经过图像。将“常用”插入栏中的“鼠标经过图像”按钮拖曳到要插入鼠标经过图像的位置，弹出“插入鼠标经过图像”对话框，也可以插入鼠标经过图像。

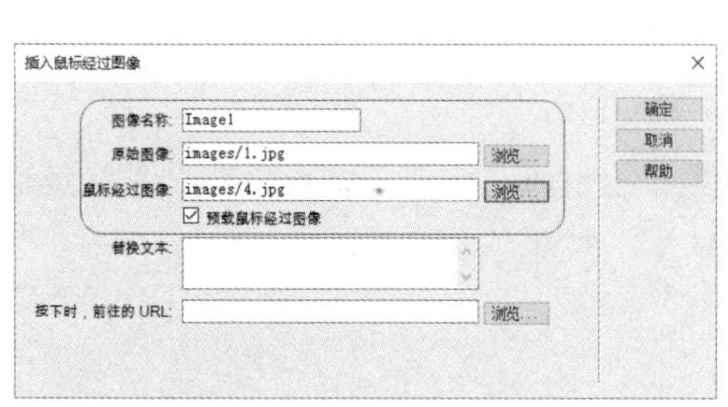

图 3-32　添加到对话框

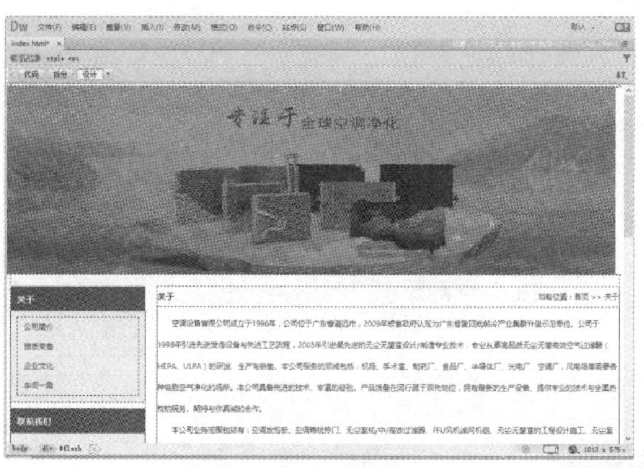

图 3-33　插入鼠标经过图像

07 保存文档，按 F12 功能键进入浏览器中预览，鼠标经过图像前与鼠标经过图像时的效果分别如图 3-26 和图 3-27 所示。

3.3　使用代码提示添加背景音乐

为网页加入背景音乐，使访问者一进入网站就能听到优美的音乐，可以大大增强网站的娱乐性。为网页添加背景音乐的方法很简单，既可以通过插件添加，也可以通过代码提示添加，下面分别进行讲述。

通过代码提示，可以在“代码”视图中插入代码。在输入某些字符时，将显示一个列表，列出完成条目所需要的选项。下面通过代码提示讲述背景音乐的插入，效果如图 3-34 所示，具体操作步骤如下。

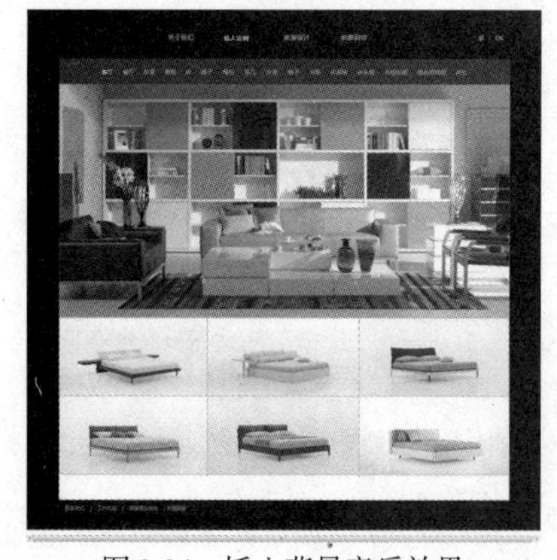

图 3-34　插入背景音乐效果

01 打开网页文档，如图 3-35 所示。

02 切换到“代码”视图，在“代码”视图中找到标签<body>，并在其后面输入“<”以显示标签列表，输入“<”时会自动弹出一个列表框，向下滚动该列表并选中标签 bgsound，如图 3-36 所示。

图 3-35 打开网页文档

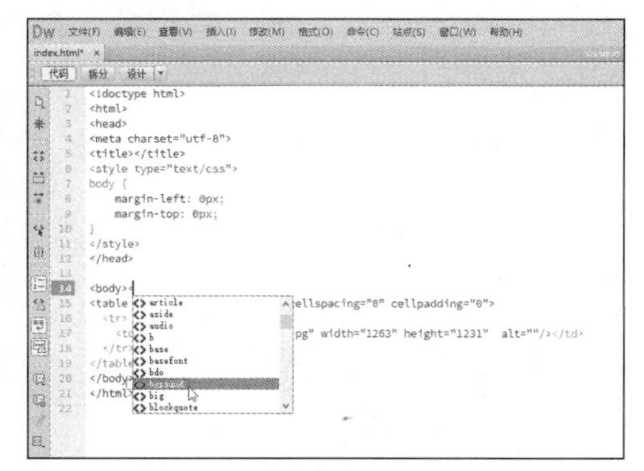

图 3-36 选中标签 bgsound

Bgsound 标签共有 5 个属性，其中 balance 用于设置音乐的左右均衡，delay 用于设置进行播放过程中的延时，loop 用于控制循环次数，src 用于存放音乐文件的路径，volume 用于调节音量。

03 双击插入该标签，如果该标签支持属性，则按空格键以显示该标签允许的属性列表，从中选择属性 src，如图 3-37 所示。这个属性用来设置背景音乐文件的路径。

04 按 Enter 键后，出现“浏览”字样，单击以弹出“选择文件”对话框，在对话框中选择音乐文件，如图 3-38 所示。

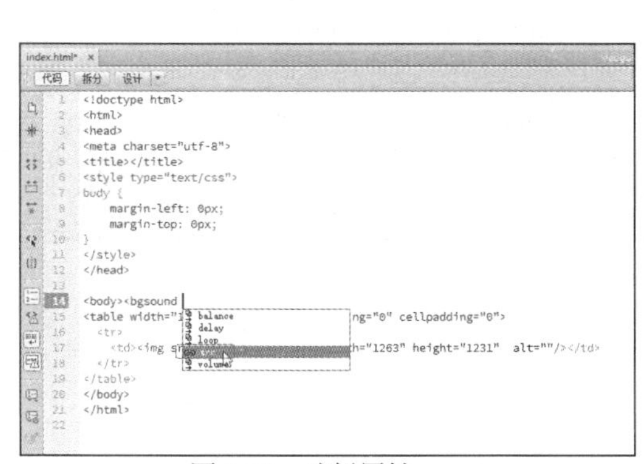

图 3-37 选择属性 src

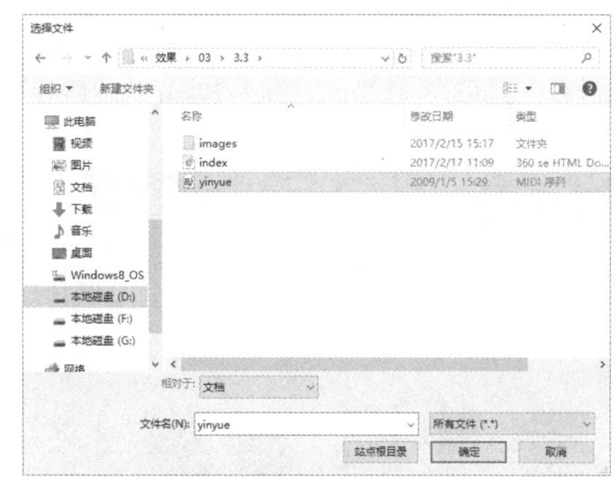

图 3-38 “选择文件”对话框

播放的背景音乐文件容量不要太大，否则很可能整个网页都浏览完了，声音却还没有下载完。在背景音乐格式方面，mid 格式是最好的选择，它不仅拥有不错的音质，最关键的是它的容量非常小，一般只有几十 KB。

05 选择音乐文件后，单击“确定”按钮。在新插入的代码后按空格键，在属性列表中选择属性 loop，如图 3-39 所示。

06 出现“-1”并选中。在最后的属性值后，为该标签输入“>”，如图 3-40 所示。

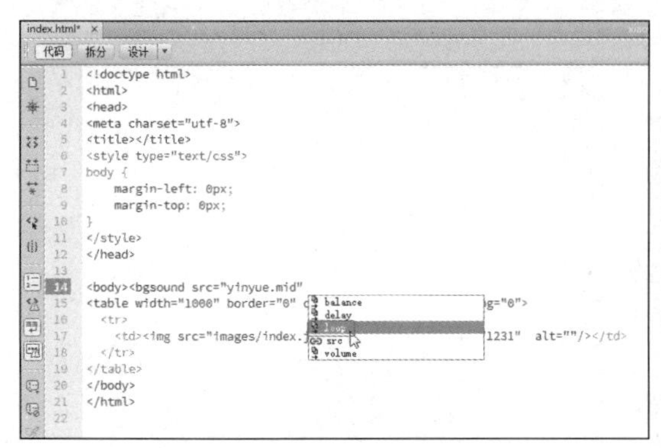

图 3-39 选择属性 loop

图 3-40 输入“>”

07 保存文档，按 F12 功能键进入浏览器中预览，效果如图 3-34 所示。

3.4 插入其他媒体对象

在网页中除了可以插入图像和背景音乐外，还可以插入 Flash 动画、Java 小程序等其他媒体对象。

3.4.1 插入 Flash 动画

在网页中可以很方便地插入 Flash 动画，下面通过实例讲述 Flash 动画的插入方法，插入 Flash 动画前效果如图 3-41 所示，插入 Flash 动画后效果如图 3-42 所示，具体操作步骤如下。

图 3-41 插入 Flash 动画前效果

图 3-42 插入 Flash 动画后效果

01 打开网页文档，如图 3-43 所示。

02 将光标置于相应的位置，选择菜单栏中的“插入”|“媒体”|“FlashSWF”命令，弹出“选择 SWF”对话框，在对话框中选择相应的 SWF 文件，如图 3-44 所示。

03 单击“确定”按钮，插入 Flash SWF 文件，如图 3-45 所示。

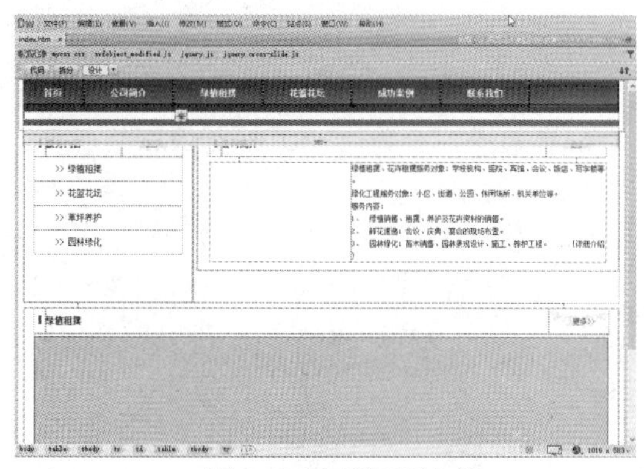

图 3-43　打开网页文档

图 3-44　“选择文件”对话框

04 选中插入的Flash SWF，打开“属性”面板，如图3-46所示，在面板中单击“播放”按钮，在文档窗口中预览插入的 Flash SWF 文件。

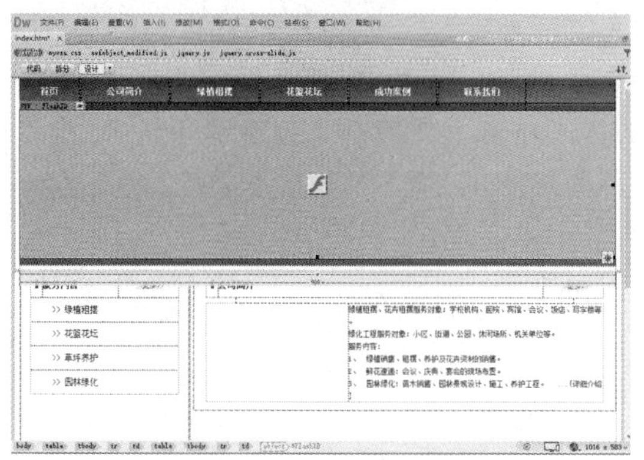

图 3-45　插入 Flash SWF

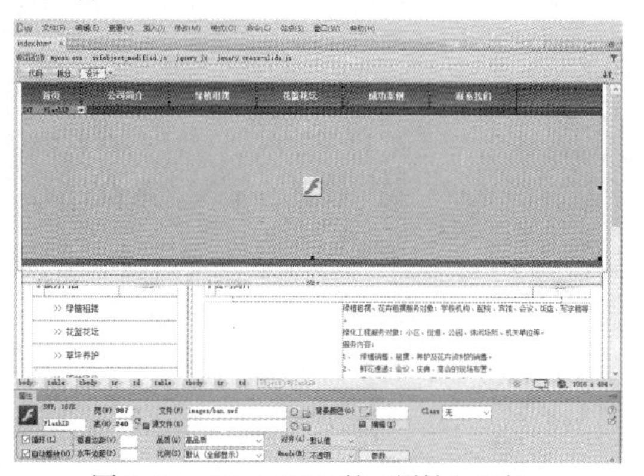

图 3-46　Flash SWF 的“属性”面板

05 保存文档，按 F12 功能键进入浏览器中预览，效果如图 3-42 所示。

3.4.2　插入 Flash Video

利用视频技术，在网上可以进行视频聊天、在线看电影等操作。在网页中插入 Flash Video 主要有两种方法，一种方法是利用 ActiveX 插入，另一种方法是利用插件插入，插入 Flash Video 文件前效果如图 3-47 所示，插入 Flash Video 文件后效果如图 3-48 所示，具体操作步骤如下。

图 3-47　插入 Flash Video 前效果

图 3-48　插入 Flash Video 后效果

01 打开网页文档，如图 3-49 所示。

02 将光标置于网页中插入 Flash Video 文件的位置，选择菜单栏中的“插入”|“媒体”|“Flash Video”命令，弹出“插入 FLV”对话框，单击“URL”文本框右侧的“浏览”，如图 3-50 所示。

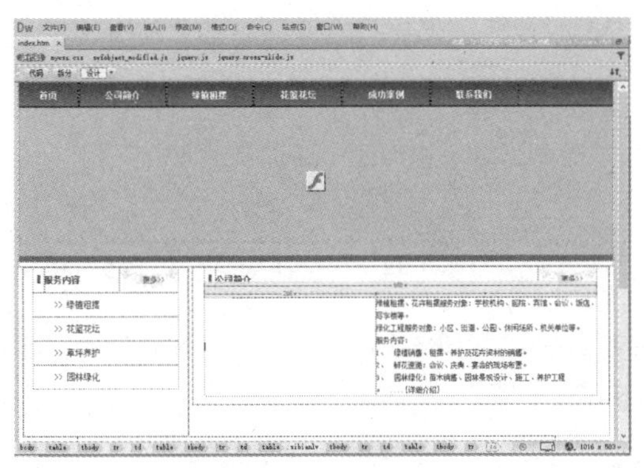

图 3-49　打开网页文档

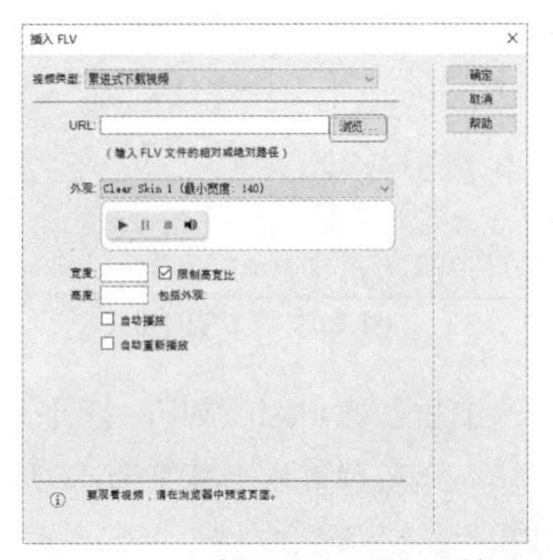

图 3-50　“插入 FLV”对话框

03 弹出“选择 FLV”对话框，在对话框中选择“shipin.flv”文件，如图 3-51 所示。

04 单击“确定”按钮，输入“shipin.flv”文件的路径，“宽度”设置为 280，“高度”设置为 250，如图 3-52 所示。

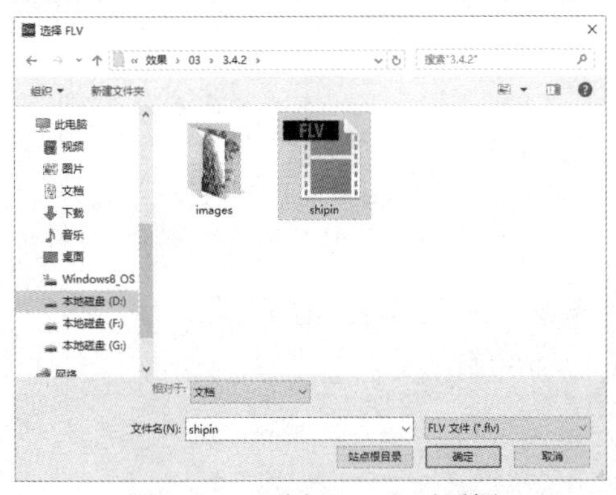

图 3-51　“选择 FLV”对话框

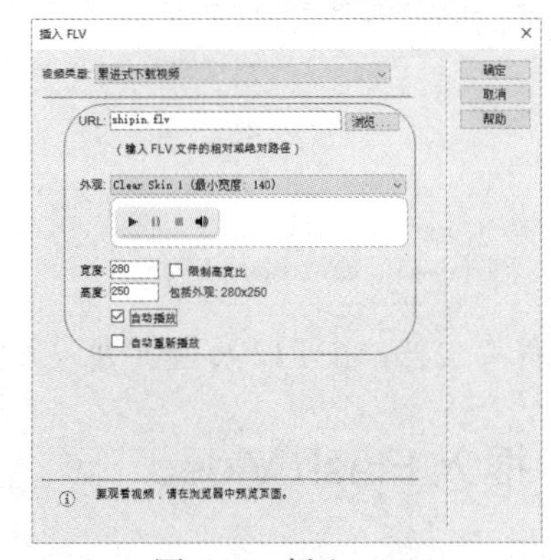

图 3-52　插入 FLV

05 单击“确定”按钮，即可插入 Flash Video，如图 3-53 所示。

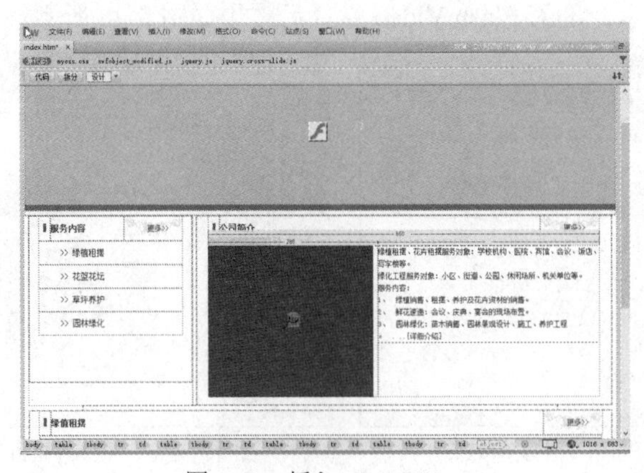

图 3-53　插入 Flash Video

06 保存文档，按 F12 功能键进入浏览器中预览，效果如图 3-48 所示。

3.5　技能训练

本章主要讲述了如何在网页中插入图像、设置图像属性、在网页中简单编辑图像和插入其他图像元素等，下面通过以上所学到的知识来具体讲述。

技能训练 1——创建鼠标经过图像导航栏

下面通过实例讲述创建鼠标经过图像导航的方法，鼠标未经过图像导航栏时的效果如图 3-54 所示，当鼠标经过图像导航栏时的效果如图 3-55 所示，具体操作步骤如下。

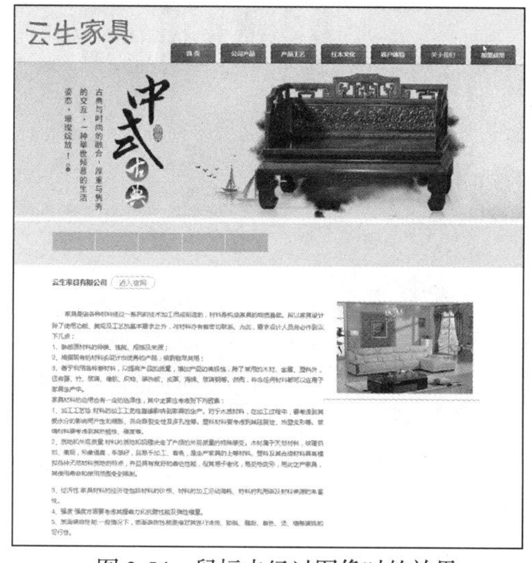

图 3-54　鼠标未经过图像时的效果

图 3-55　鼠标经过图像时的效果

01 打开网页文档，如图 3-56 所示。

02 将光标置于要插入鼠标经过图像的位置，选择菜单栏中的“插入”|“图像”|“鼠标经过图像”命令，弹出“插入鼠标经过图像”对话框，如图 3-57 所示。

图 3-56　打开网页文档

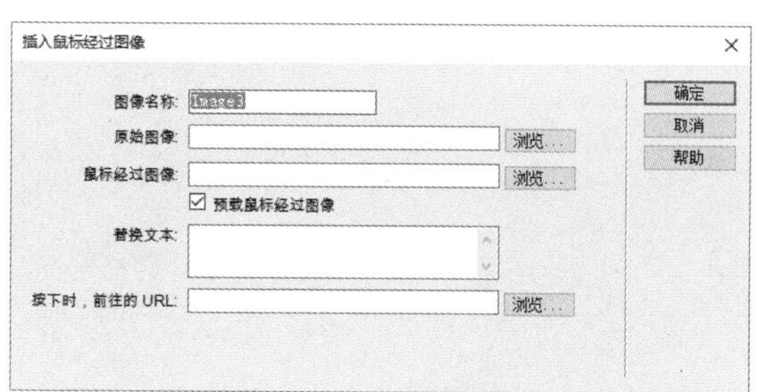

图 3-57　“插入鼠标经过图像”对话框

03 单击“原始图像”文本框右边的“浏览”按钮，在弹出的对话框中选择图像文件，如图 3-58 所示。单击“确定”按钮，添加到对话框。

04 单击“鼠标经过图像”文本框右边的“浏览”按钮，在弹出的如图 3-59 所示的对话框中选择图像文件。

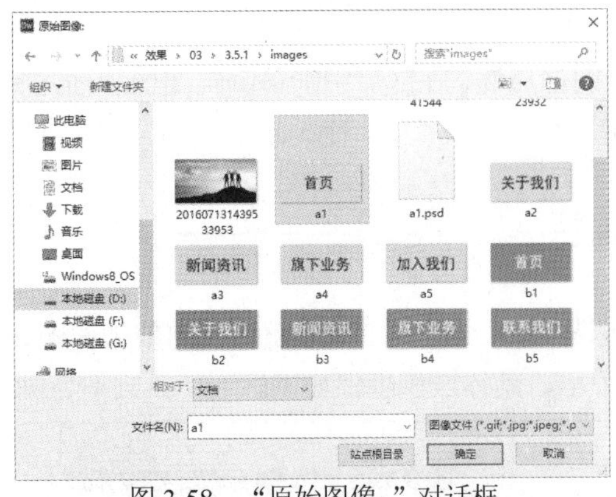

图 3-58 “原始图像:”对话框

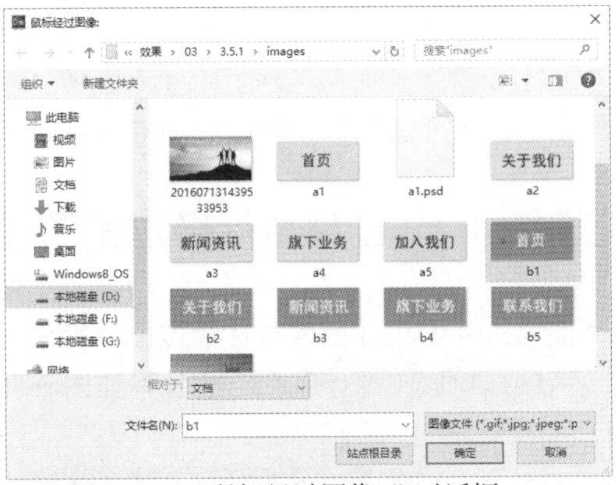

图 3-59 “鼠标经过图像:”对话框

05 单击“确定”按钮，将图像添加到对话框中，如图 3-60 所示。

06 单击“确定”按钮，插入鼠标经过图像，如图 3-61 所示。

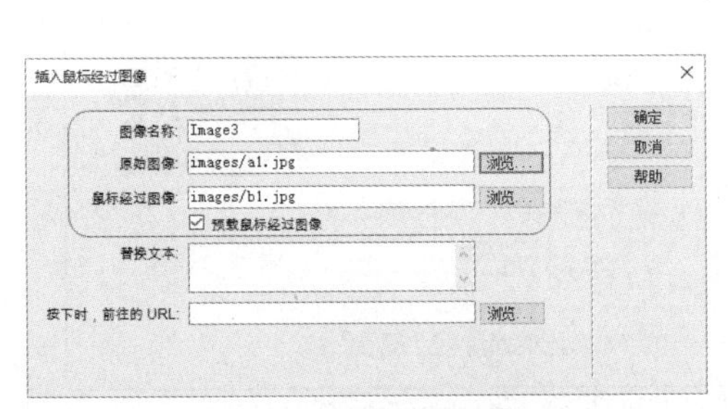

图 3-60 添加到对话框

图 3-61 插入鼠标经过图像

07 按照步骤（2）～步骤（6）的方法插入其他的导航翻转图像，如图 3-62 所示。

图 3-62 插入其他的导航翻转图像

08 保存文档，按 F12 功能键进入浏览器中预览，鼠标未经过图像导航栏与鼠标经过图像导航栏时的效果分别如图 3-54 和图 3-55 所示。

技能训练 2——创建图文并茂的网页

Dreamweaver CC 提供了强大的图文混排功能，为网页设计注入活力。下面通过实例讲述图文并茂的方法，插入图像前的效果如图 3-63 所示，插入图像混排后的网页效果如图 3-64 所示，具体操作步骤如下。

图 3-63　插入图像前的效果

图 3-64　图文混排的网页效果

01 打开网页文档，如图 3-65 所示。

02 将光标置于要插入图像的位置，选择菜单栏中的“插入”|“图像”|“图像”命令，弹出“选择图像源文件”对话框，在对话框中选择图像文件，如图 3-66 所示。

图 3-65　打开网页文档

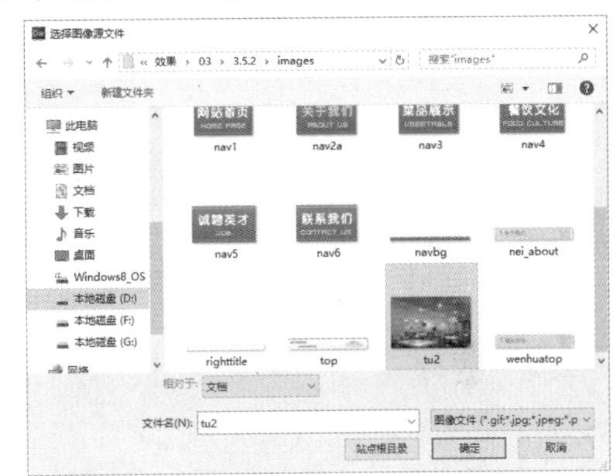

图 3-66　选择图像源文件”对话框

03 单击“确定”按钮，插入图像，如图 3-67 所示。

04 选中图像，右击，在弹出的菜单中选择“对齐”|“右对齐”选项，如图 3-68 所示。

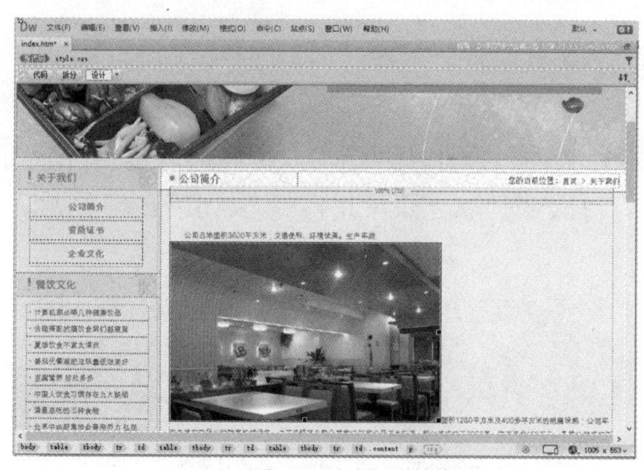

图 3-67　插入图像

图 3-68　设置对齐方式

05 保存文档，按 F12 功能键进入浏览器中预览，效果如图 3-64 所示。

第 4 章

使用表格布局排版网页

Dreamweaver CC 提供了多种方法来创建和控制网页布局，最常用的方法就是使用表格，使用表格可以简化页面布局的设计过程。本章主要讲述了如何插入表格、编辑表格、设置表格属性和整理表格内容。

本章重点

- 在网页中插入表格
- 设置表格属性
- 选择表格元素
- 表格的基本操作
- 创建细线表格
- 创建圆角表格

4.1 插入表格

在 Adobe Dreamweaver CC 中，表格可以用于制作简单的图表，还可以用于安排网页文档的整体布局，起着非常重要的作用。

4.1.1 表格的基本概念

在开始制作表格之前，先对表格的各部分名称做简单介绍。如图 4-1 所示为表格的各部分名称。

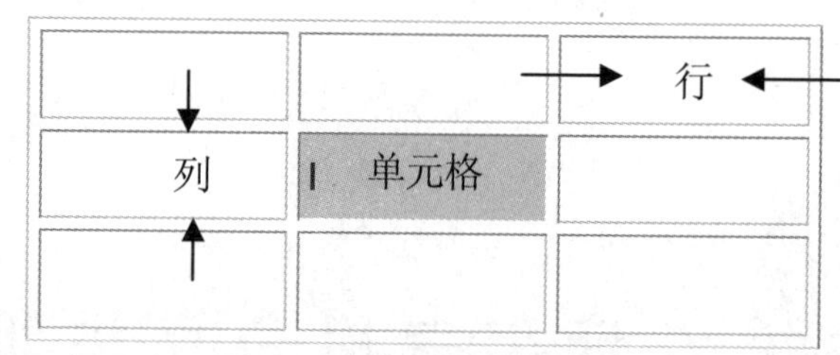

图 4-1 表格的各部分名称

- 一张表格横向叫行，纵向叫列。行列交叉部分就叫做单元格。
- 单元格中的内容和边框之间的距离叫边距。
- 单元格和单元格之间的距离叫间距。
- 整张表格的边缘叫做边框。

4.1.2 插入表格

在网页中插入表格的方法非常简单，具体操作步骤如下。

01 打开网页文档，如图 4-2 所示。

02 将光标置于要插入表格的位置，选择菜单栏中的“插入”|“表格”命令，弹出“表格”对话框，在对话框中将“行数”设置为 3，“列”设置为 3，“表格宽度”设置为 500 像素，如图 4-3 所示。

图 4-2 打开网页文档

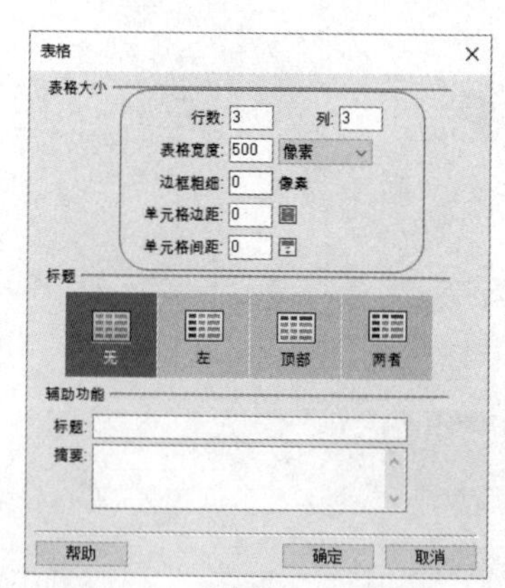

图 4-3 “表格”对话框

03 单击“确定”按钮，插入表格，如图 4-4 所示。

图 4-4　插入表格

在“常用”插入栏中单击表格按钮，可弹出“表格”对话框。

4.2　设置表格属性

为了使表格更具特色，需要在表格“属性”面板中对表格的背景和边框等进行设置。通过修改面板中的参数可以快速编辑表格的外观。如果窗口中没有显示“属性”面板，可执行“窗口”|“属性”命令，打开“属性”面板。

4.2.1　设置表格的属性

选中整个表格，可以在“属性”面板中设置表格的相关参数，将“Cellpad”设置为 5，“ellSpace”设置为 5，“Align”设置为“居中对齐”，如图 4-5 所示。

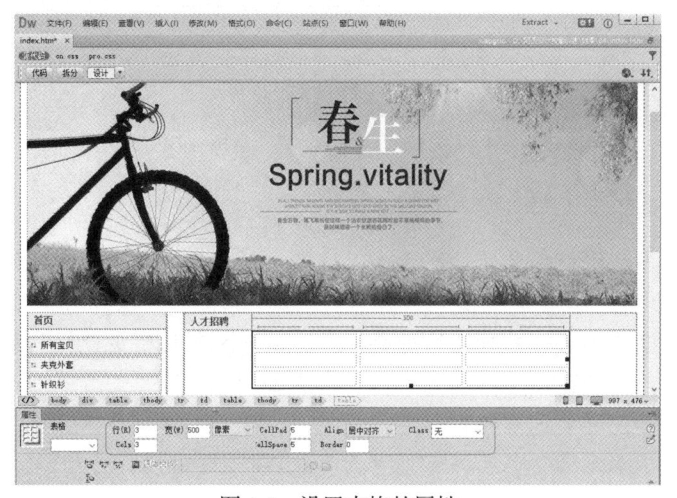

图 4-5　设置表格的属性

表格“属性”面板中主要有以下参数。

- 表格：设置表格的 ID。
- 行和 Cols：表格中行和列的数量。
- 宽：以像素为单位，表示为占浏览器窗口宽度的百分比。
- Cellpad：单元格内容和单元格边界之间的像素数。
- ellSpace：相邻的表格单元格间的像素数。
- Align：设置表格的对齐方式，该下拉列表框中共包含 4 个选项，即“默认”“左对齐”“居中对齐”和“右对齐”。
- Border：用来设置表格边框的宽度。
- class：对该表格设置一个 CSS 类。
- 用于清除列宽。
- 将表格宽度转换为像素。
- 将表格宽度转换为百分比。
- 用于清除行高。

4.2.2 设置单元格属性

对于表格的行、列、单元格的属性，可以通过“属性”面板来设置。选中需要设置属性的行、列或单元格，打开“属性”面板，如图 4-6 所示。

图 4-6 单元格“属性”面板

单元格“属性”面板中主要有以下参数。

- 水平：设置单元格中对象的对齐方式，该下拉列表框中包括“默认”“左对齐”“居中对齐”和“右对齐”4 个选项。
- 垂直：也是设置单元格中对象的对齐方式，该下拉列表框中包括“默认”“顶端”“居中”“底部”和“基线”5 个选项。
- 宽和高：用于设置单元格的宽和高。
- 不换行：表示单元格的宽度将随文字长度的不断增加而加长。
- 标题：将当前单元格设置为标题行。
- 背景颜色：单击按钮，在打开的颜色选择器中选择颜色。

4.3　选择表格元素

要想在文档中对一个元素进行编辑，那么首先要选择它；同样，要想对表格进行编辑，首先也要选中它。下面具体讲解如何选择表格。

4.3.1　选取表格

可以一次选择整个表格、行或列，也可以选择一个或多个单独的单元格。

主要有以下几种方法选取整个表格。

- 单击表格上任意一条边框线，可以选择整个表格，如图 4-7 所示。
- 将光标置于表格内的任意位置，选择菜单栏中的“修改”|“表格”|“选择表格”命令，如图 4-8 所示。

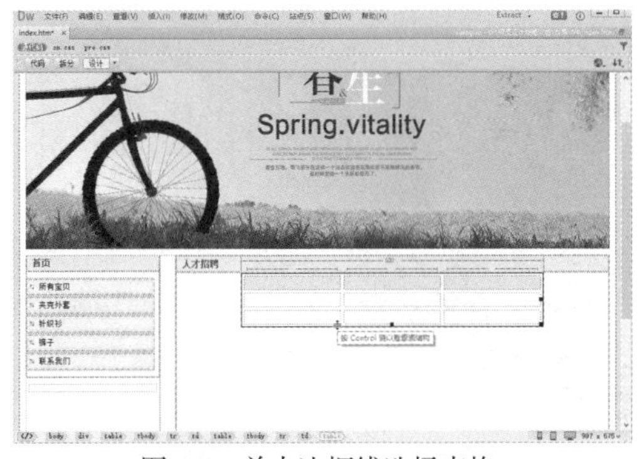

图 4-7　单击边框线选择表格

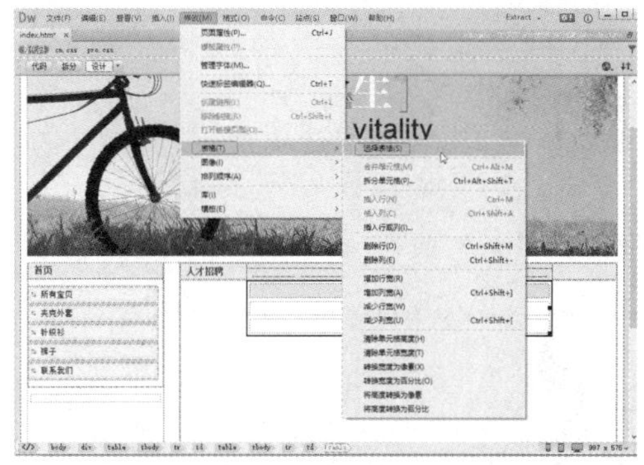

图 4-8　选择“选择表格”命令

- 将光标放置在表格的左上角，按住鼠标左键不放拖动到表格的右下角，右击，在弹出的快捷单中选择“表格”|“选择表格”命令，如图 4-9 所示。
- 将光标置于表格内任意位置，单击文档窗口左下角的<table>标记，如图 4-10 所示。

图 4-9　选择“选择表格”命令

图 4-10　单击<table>标记

4.3.2 选取行或列

选择表格的行与列也有两种不同的方法。

- 将鼠标指针位于要选择的列顶或行首时，当其形状变成了黑箭头时，单击即可选中列或行，如图 4-11 和图 4-12 所示。

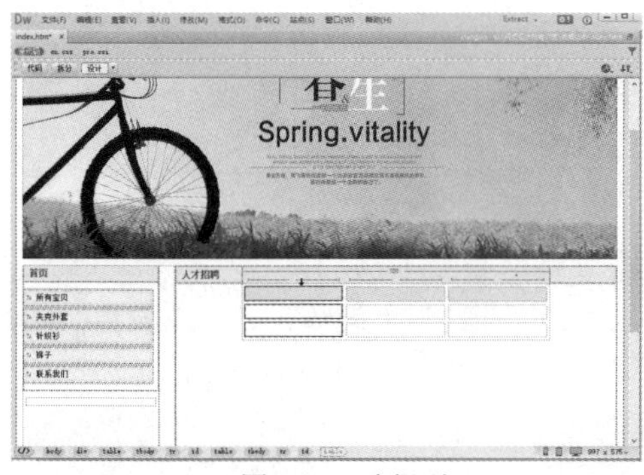

图 4-11　选择列　　　　图 4-12　选择行

- 按住鼠标左键不放从左至右或从上至下拖曳，即可选中列或行，如图 4-13 和图 4-14 所示。

图 4-13　选择列

图 4-14　选择行

还有一种方法只可以选中行，将光标置于要选择的行中，然后单击窗口左下角的<tr>标记，这种方法只能选择行，而不能选择列。

4.3.3 选取单元格

有以下几种方法可以选择单个单元格：

- 按住 Ctrl 键，然后单击要选中的单元格。
- 将光标置于要选择的单元格中，然后按住 Ctrl + A 组合键，即可选中该单元格。
- 将光标置于要选择的单元格中，选择菜单栏中的“编辑”|“全选”命令，即可选中该单元格。

- 将光标置于要选择的单元格中，然后单击文档窗口左下角的<td>标记，也可以选中单元格，如图4-15所示。

图 4-15　选中单元格

若要选择多个相邻的单元格，首先应该将光标移动到要选中的相邻单元格中的第一个单元格中，然后单击并拖动鼠标至最后一个单元格，即可选中该组相邻的单元格，如图4-16所示。另外，还可以先单击一个单元格，然后按住Shift键在最后一个单元格中单击，也可选中该相邻的单元格。

若要选中多个不相邻的单元格，则可以按住Ctrl键，然后依次单击想要选择的单元格即可，如图4-17所示。在按住Ctrl键的同时再次单击已选中的单元格，则可以取消对该单元格的选定。

图 4-16　选择多个相邻的单元格

图 4-17　选择多个不相邻的单元格

4.4　表格的基本操作

表格创建好以后可能达不到需要的效果，这时就需要对表格进行编辑操作，如调整表格高度和宽度、单元格的合并及拆分、行或列的删除等，下面具体讲解如何进行这些操作。

4.4.1　调整表格高度和宽度

用“属性”面板中的“宽”和“高”文本框能精确地调整表格的大小，而用鼠标拖动调整则更为方便快捷，调整表格大小的操作步骤如下。

01 调整列宽：把光标置于表格右边的边框上，当鼠标变成为 ⇹ 时，拖动鼠标即可调整单元格的宽度，如图 4-18 所示，同时也调整了表格的宽度，对行不产生影响。把光标置于表格中间列边框上，当鼠标变成 ⇹ 时，拖动鼠标可以调整其两边列单元格宽度，调整后的效果如图 4-19 所示。

图 4-18　调整列宽

图 4-19　调整列宽后

02 调整行高：把光标置于表格底部边框或者中间行线上，当光标变成 ⇳ 时，拖动鼠标即可调整行的高度，如图 4-20 所示，调整行高后如图 4-21 所示。

图 4-20　调整行高

图 4-21　调整行高后

03 调整表格宽：选中整个表格，将光标置于表格右边框控制点 ▪ 上，当光标变成双箭头 ⇹ 时，如图 4-22 所示，拖动鼠标即可调整表格整体宽度。调整后如图 4-23 所示。

图 4-22　调整表格宽

图 4-23　调整表格宽后

04 调整表格高：选中整个表格，将光标置于表格底部边框控制点 ▪ 上，当光标变成双箭头↕时，如图4-24所示，拖动鼠标即可调整表格整体高度，调整后如图4-25所示。

图4-24 调整表格高

图4-25 调整表格高后

05 同时调整表宽和表高：选中整个表格，将光标置于表格右下角控制点▟上，当光标变成双箭头↘时，如图4-26所示，拖动鼠标即可调整表格整体高度和宽度，各行各列都会被均匀调整，调整后如图4-27所示。

图4-26 调整表格的宽和高

图4-27 调整表格宽和高后

4.4.2 添加或删除行或列

在已创建的表格中添加行或列，要先将光标置于要添加行或列的单元格中，选择菜单栏中的“修改”|“表格”|“插入行”命令，则在光标所在单元格的上面增加了一行，如图4-28所示。

图4-28 插入行

将光标置于表格的第 1 列中，选择菜单栏中的“修改”|“表格”|“插入列”命令，则在光标所在单元格的左侧增加了一列，如图 4-29 所示。

选择菜单栏中的“修改”|“表格”|“插入行或列”命令，弹出“插入行或列”对话框，在对话框中进行相应的设置，如图 4-30 所示，单击“确定”按钮，即可插入行或列。

图 4-29　插入列

图 4-30　“插入行或列”对话框

提示　将光标置于要插入行或列的单元格内，右击，在弹出的快捷菜单中选择“表格”|“插入行”选项或“表格”|“插入列”选项，也可以插入行或列。

将光标置于要删除行中的任意一个单元格，选择菜单栏中的“修改”|“表格”|“删除行”命令，即可删除当前行，如图 4-31 所示为删除行后的效果。

将光标置于要删除列中的任意一个单元格，选择菜单栏中的“修改”|“表格”|“删除列”命令，即可删除当前列，如图 4-32 所示为删除列后的效果。

图 4-31　删除行后

图 4-32　删除列后

4.4.3　拆分单元格

拆分单元格的具体操作步骤如下。

01 如果要拆分单元格，选择菜单栏中的“修改”|“表格”|“拆分单元格”命令，弹出“拆分单元格”对话框，如图 4-33 所示。

02 在对话框中，如果选择“单元格拆分”为“行”，下边将出现“行数”，然后在文本框中输入要拆分多少行；如果选择“单元格拆分”为“列”，下边将出现“列数”，然后在文本框中输入要拆分多少列。如图 4-34 所示是把当前单元格拆分为 4 列后的效果。

图 4-33　“拆分单元格”对话框

图 4-34　拆分单元格

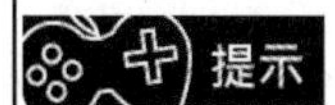

拆分单元格还有以下两种方法。

- 将光标置于要拆分的单元格中，右击，在弹出的快捷菜单中选择“表格”|“拆分单元格”选项，弹出“拆分单元格”对话框，也可以拆分单元格。
- 将光标置于要拆分的单元格中，在“属性”面板中单击“拆分单元格为行或列”按钮，弹出“拆分单元格”对话框，也可以拆分单元格。

4.4.4　合并单元格

如果要合并单元格，需先选中要合并的单元格，然后选择菜单栏中的“修改”|“表格”|“合并单元格”命令，如图 4-35 所示是合并单元格后的效果。

图 4-35　合并单元格后的效果

合并单元格还有以下两种方法。

- 选中要合并的单元格，右击，在弹出的快捷菜单中选择“表格”|“合并单元格”选项，也可以将单元格合并。
- 选中要合并的单元格，单击“属性”面板中的“合并所选单元格，使用跨度”按钮，也可以合并单元格。

4.4.5 剪切、复制、粘贴单元格

选中表格后，选择菜单栏中的“编辑”|“拷贝”命令，或者按 Ctrl＋C 组合键，即可将选中的表格复制。而选择菜单栏中的“编辑”|“剪切”命令，或者按 Ctrl＋X 组合键，即可将选中的表格剪切，如图 4-36 所示。

选择菜单栏中的“编辑”|“粘贴”命令，或者按 Ctrl＋V 组合键，即可粘贴表格，如图 4-37 所示。

图 4-36　拷贝表格

图 4-37　粘贴表格

4.5 技能训练

前面主要介绍了表格的基本操作方法，下面通过一些实例来介绍表格在网页排版布局中的应用。

技能训练 1——创建细线表格

合理利用表格可以方便地美化页面，下面利用设置表格和单元格的背景颜色来制作细线表格。制作细线表格前效果如图 4-38 所示，制作细线表格后效果如图 4-39 所示，具体操作步骤如下。

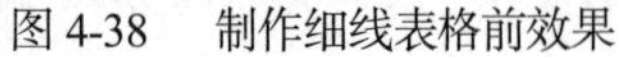
图 4-38　制作细线表格前效果

图 4-39　细线表格后效果

有些读者可能会说，这不就是加了边框颜色的表格，把边框宽度设成最小的值1吗，有什么新鲜的？没关系，你可以试一下，就算你把边框宽度设成最小的值 1，可以说它也不是真正的细线表格。真正的细线表格不是通过设置边框来制作的。边框为1的表格在浏览器中看起来还是有些蠢笨，虽然它已经是最小值了，但在实际应用中基本上没有人会去使用这种表格。

01 打开网页文档，如图 4-40 所示。

图 4-40　打开网页文档

02 将光标置于要插入表格的位置，选择菜单栏中的“插入”|“表格”命令，弹出“表格”对话框，将“行数”设置为 4，“列”设置为 4，“表格宽度”设置为 600 像素，如图 4-41 所示。

03 单击“确定”按钮，插入表格，如图 4-42 所示。

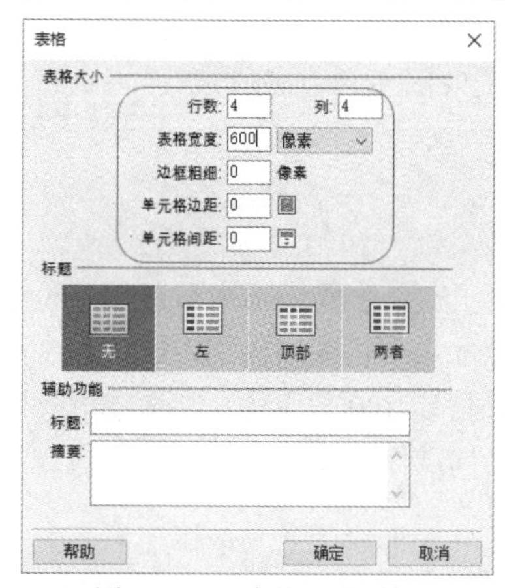

图 4-41　“表格”对话框

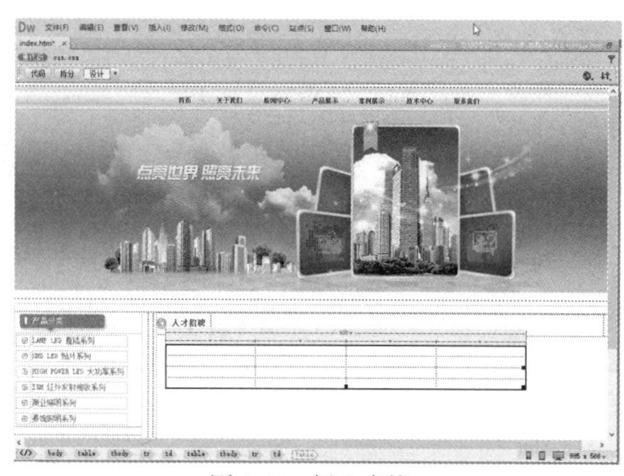

图 4-42　插入表格

04 选中插入的表格，打开“属性”面板，将“Cellpad”设置为4，“ellSpace”设置为0，“boder”设置为 1 ，“Align”设置为“居中对齐”，如图 4-43 所示。

05 打开“代码”视图，在表格的代码中输入颜色代码 bordercolor="#25BBF9"，设置表格边框颜色，如图 4-44 所示。

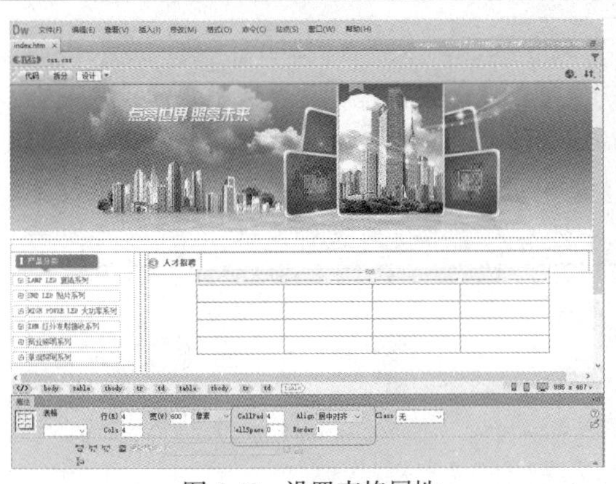

图 4-43 设置表格属性

图 4-44 设置边框颜色

06 将光标置于表格的第1行第1列单元格中，向下拖动鼠标，选中所有的单元格，将单元格的“背景颜色”设置为#D3FF88，如图 4-45 所示。

07 在单元格中输入相应的文字和内容，如图 4-46 所示。

图 4-45 设置单元格的颜色

图 4-46 设置单元格的颜色

08 保存文档，按 F12 功能键进入浏览器中预览，效果如图 4-39 所示。

技能训练 2——制作圆角表格

表格是网页制作中最为重要的一个对象，因为通常的网页都是依靠表格来布局版面和组织各元素的，它直接决定了网页是否美观、内容组织是否清晰。如果表格的四周加上圆角，这样可以避免直接使用直角表格，而显得呆板，下面通过实例讲述如何制作圆角表格，制作圆角表格前效果如图 4-47 所示，制作圆角表格后效果如图 4-48 所示，具体操作步骤如下。

01 打开网页文档，如图 4-49 所示。将光标置于要插入表格的位置，选择菜单栏中的“插入”|“表格”命令，弹出“表格”对话框，将“行数”设置为 2，“列”设置为 1，如图 4-50 所示。

图 4-47 制作圆角表格前效果

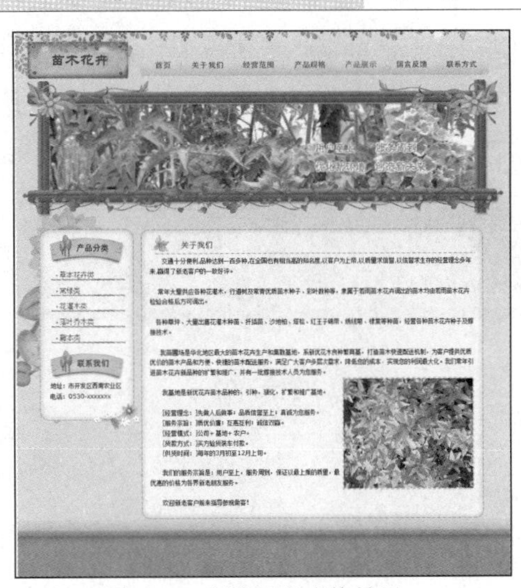

图 4-48 制作圆角表格效果

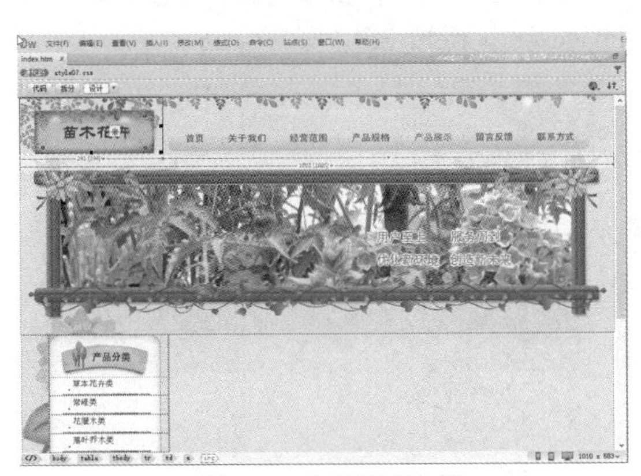

图 4-49 打开网页文档

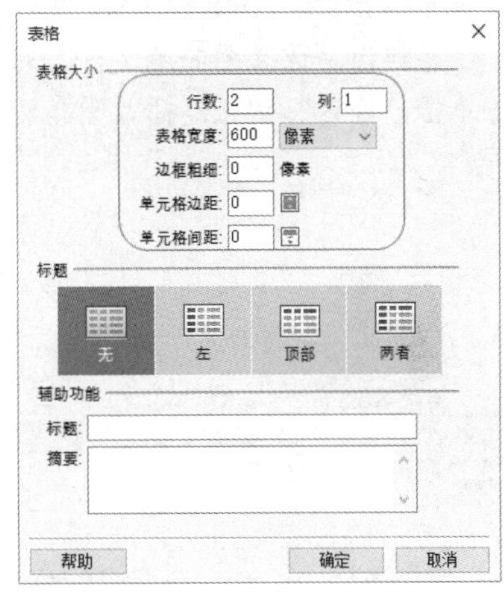

图 4-50 “表格”对话框

02 单击“确定”按钮，插入表格，此表格记为表格 1，如图 4-51 所示。

03 将光标置于表格 1 的第 1 行单元格中，打开代码视图，在代码中输入背景图像代码 background=images/bg03.gif，如图 4-52 所示。

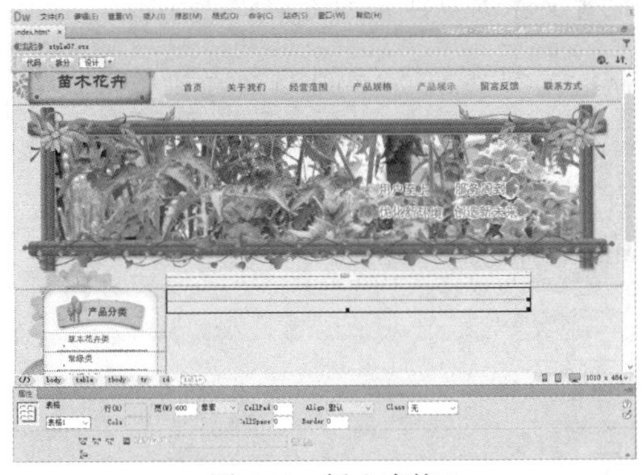

图 4-51 插入表格 1

图 4-52 输入代码

04 返回设计视图，可以看到插入的背景图像，如图 4-53 所示。

05 将光标置于背景图像上，选择菜单栏中的“插入”|“表格”命令，插入 2 行 1 列的表格，此表格记为表格 2，表格 4-54 所示。

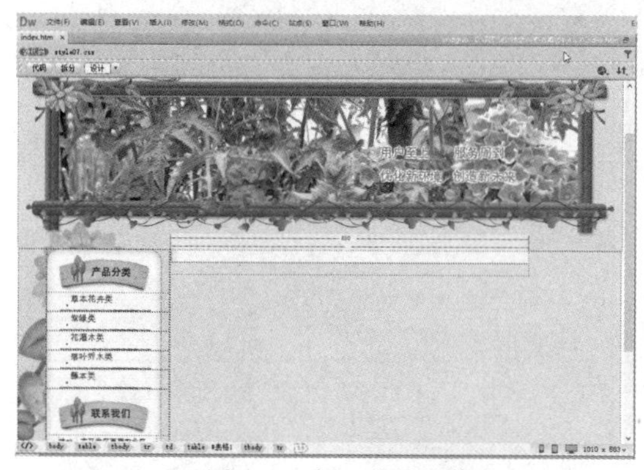

图 4-53 插入背景图像

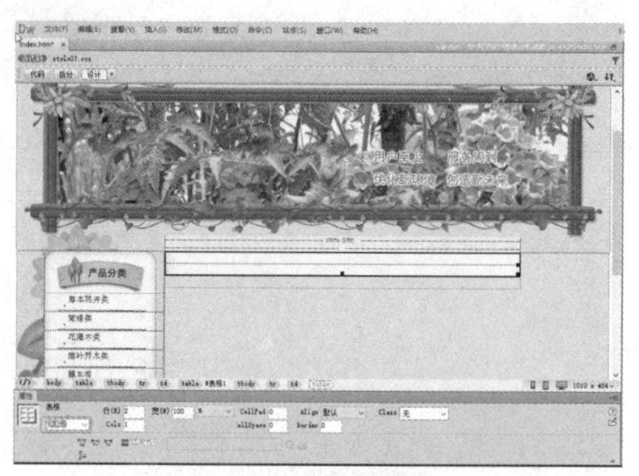

图 4-54 插入表格 2

06 将光标置于表格 2 的第 1 行单元格中，选择菜单中的“插入”|“图像” |“图像”命令，弹出“选择图像源文件”对话框，在对话框中选择图像文件，如图 4-55 所示。

07 单击“确定”按钮，插入圆角图像 images/info_right1.gif，如图 4-56 所示。

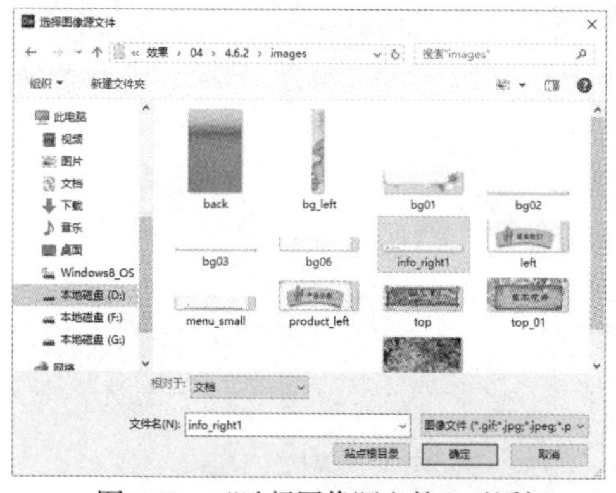

图 4-55 “选择图像源文件”对话框

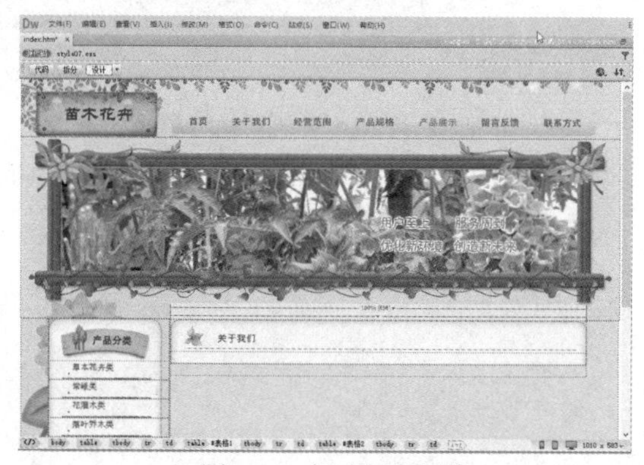

图 4-56 插入圆角图像

08 将光标置于表格 2 的第 2 行单元格中，选择菜单栏中的“插入”|“表格”命令，插入 1 行 1 列的表格，此表格记为表格 3，如图 4-57 所示。

09 在表格 3 的单元格中输入相应的文字，并设置文字的属性，如图 4-58 所示。

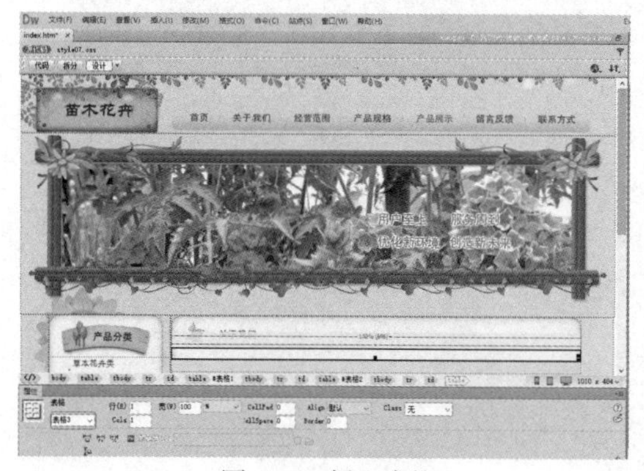

图 4-57 插入表格 3

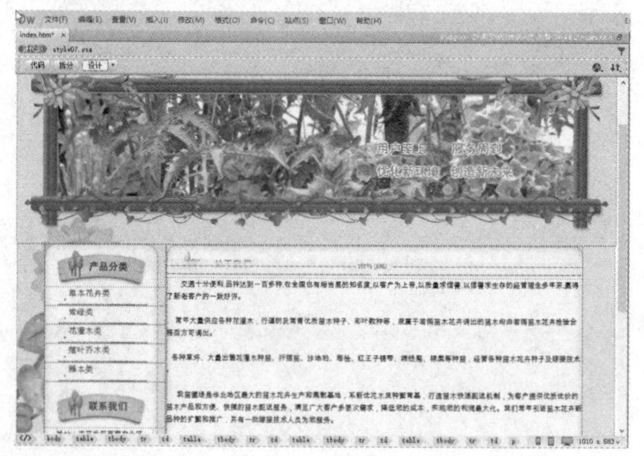

图 4-58 输入文字

10 将光标置于文字中，选择菜单中的“插入”|“图像” |“图像”命令，在弹出的对话框中选择图像文件，插入图像 images/tu1.jpg，如图 4-59 所示。

11 选中插入的图像，右击，在弹出的菜单中选择“对齐”|“右对齐”命令，如图 4-60 所示。

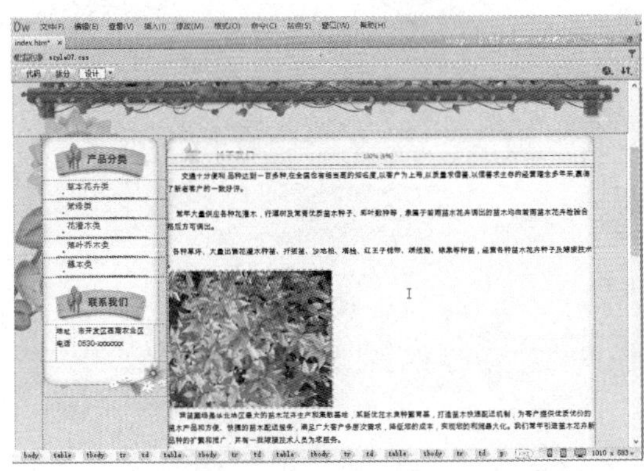

图 4-59 插入图像

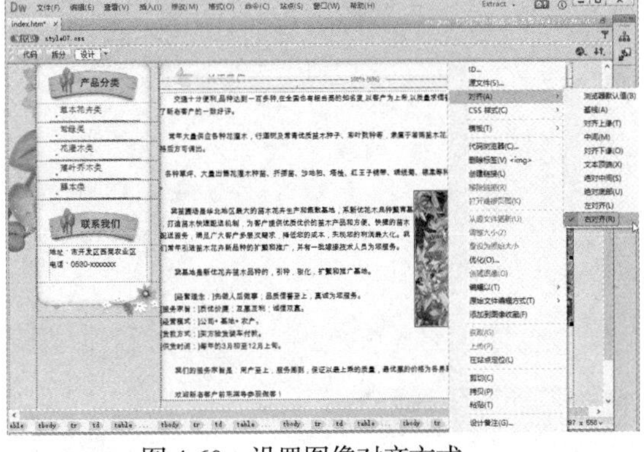

图 4-60 设置图像对齐方式

12 将光标置于表格 1 的第 2 行单元格中，选择菜单栏中的“插入”|“图像” |“图像”命令，插入圆角图像 images/bg02.gif，如图 4-61 所示。

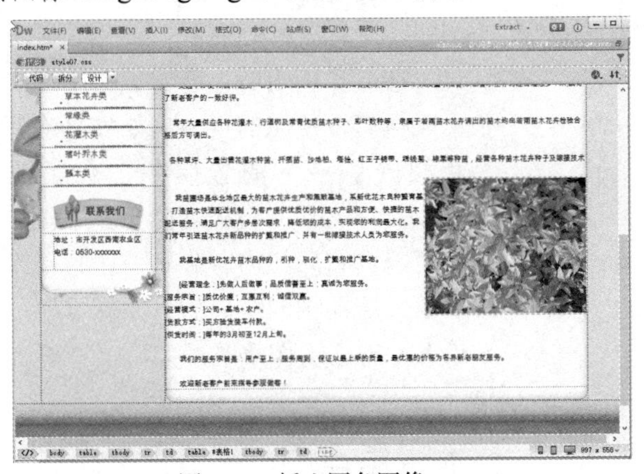

图 4-61 插入圆角图像

13 保存文档，完成网页的制作，如图 4-48 所示。

第 5 章

使用模板和库批量制作风格统一的网页

在制作网页时，通常在一个网站中会有几十甚至几百个风格基本相似的页面。如果每次都重新设定网页结构以及相同栏目下的导航条、各类图标就会非常麻烦，Dreamweaver 的模板功能简化了操作。其实模板的功能就是把网页布局和内容分离，在布局设计好之后将其存储为模板，这样相同布局的页面可以通过模板创建，因此能够极大地提高工作效率。

本章重点

- 创建模板
- 创建可编辑区域
- 使用模板创建网页
- 管理站点中的模板
- 创建与应用库项目

5.1　创建模板

网站内页的设计大部分是类似的，当制作完许多内页后，如果想要更新网站，一个一个地修改文件显然十分麻烦。这时，只要引用模板，就可以轻松构建和更新网站。模板是一种特殊的文档，按照模板可以创建新的网页。模板中有些区域是不能编辑的，称为锁定区；有些区域则是可以编辑的，称为可编辑区。通过编辑可编辑区的内容，可以得到与模板相似但又有所不同的新网页。

5.1.1　新建模板

模板一般保存在本地站点根文件夹下的 Templates 文件夹中。如果站点中没有 Templates 文件夹，则在创建新模板时将自动创建该文件夹。创建模板有两种方法：一种是以现有的文档创建模板，一种是从空白文档创建。

制作模板和制作一个普通的页面完全相同，但不需要把页面的所有部分都制作完成，仅仅需要制作出导航条、标题栏等各个页面的公有部分，中间区域用页面的具体内容来填充。创建模板的具体操作步骤如下。

01 选择菜单栏中的“文件”|“新建”命令，弹出“新建文档”对话框，在对话框中选择“空百页”|“HTML 模板”|“无”选项，如图 5-1 所示。

02 单击“创建”按钮，即可创建一个空白模板网页，如图 5-2 所示。

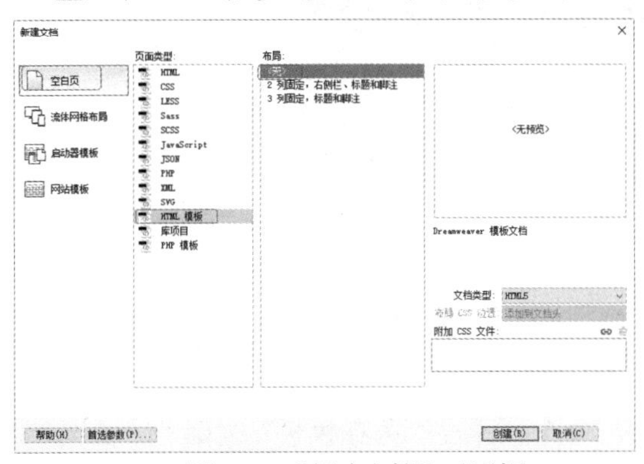

图 5-1　“新建文档”对话框

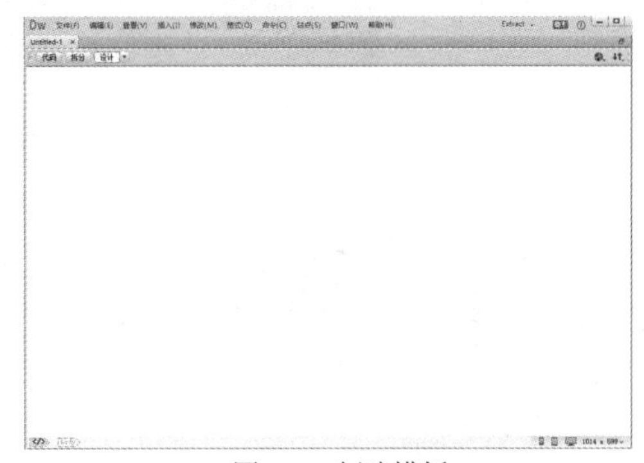

图 5-2　创建模板

03 选择菜单栏中的“文件”|“另存为”命令，弹出 Dreamweaver 提示对话框，如图 5-3 所示。

04 单击“确定”按钮，弹出“另存模板”对话框，在对话框中的“另存为”文本框中输入 moban.dwt，如图 5-4 所示。单击“保存”按钮，即可完成模板的创建。

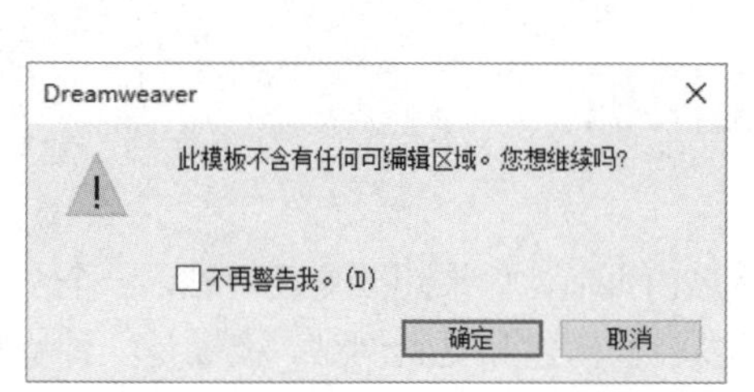

图 5-3　Dreamweaver 提示对话框

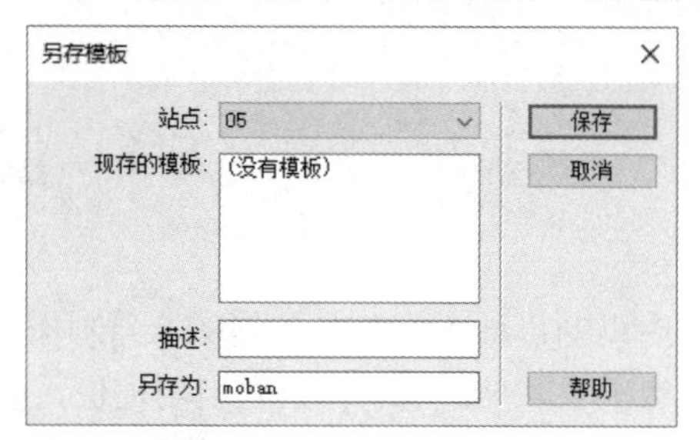

图 5-4　“另存为”对话框

不要随意移动模板到Templates文件夹之外的文件夹或者将任何非模板文件放在Templates文件夹中。此外，不要将Templates文件夹移动到本地根文件夹之外，以免引用模板时路径出错。

5.1.2　从现有文档创建模板

如果要创建的模板文档和现有的网页文档相同，则可以将现有文档保存成模板文件，具体操作步骤如下。

01 打开要创建模板的网页文档，如图 5-5 所示。

图 5-5　打开网页文档

02 选择菜单栏中的“文件”|“另存为模板”命令，弹出“另存模板”对话框，在对话框中的“另存为”文本框中输入模板的名称，在“站点”下拉列表中选择保存的站点，如图 5-6 所示。

03 单击“保存”按钮，弹出如图 5-7 所示的提示对话框。

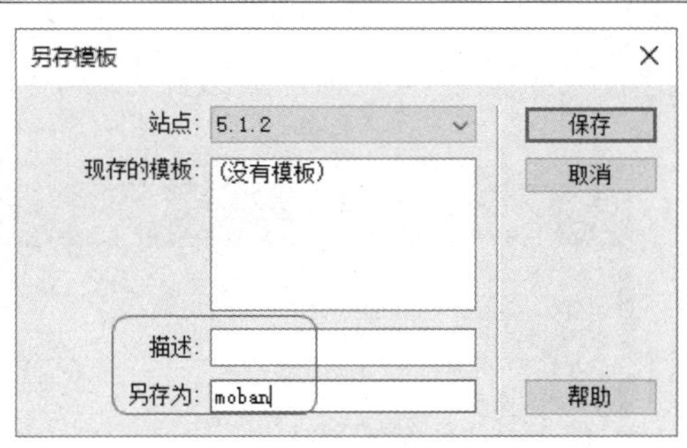

图 5-6 “另存为模板”对话框

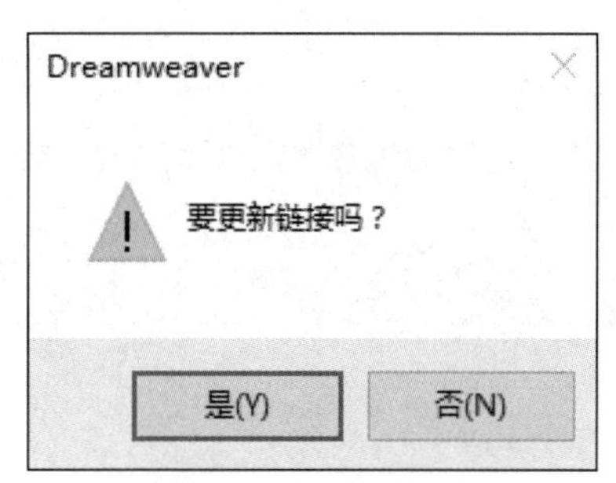

图 5-7 提示对话框

04 单击“是”按钮，即可在站点的 Templates 文件夹中创建一个模板文件，如图 5-8 所示。

图 5-8 创建模板文件

5.2 创建可编辑区域

可编辑区域就是基于模板文档的未锁定区域，是网页套用模板后可以编辑的区域。在创建模板后，模板的布局就固定了。如果要在模板中针对某些内容进行修改，即可为该内容创建可编辑区。

5.2.1 插入可编辑区域

创建可编辑区域的具体操作步骤如下。

01 打开创建的模板，如图 5-9 所示。

02 将光标置于页面中，选择菜单栏中的“插入”|“模板对象”|“可编辑区域”命令，弹出“新建可编辑区域”对话框，在“名称”文本框中输入可编辑区域的名称，如图 5-10 所示。

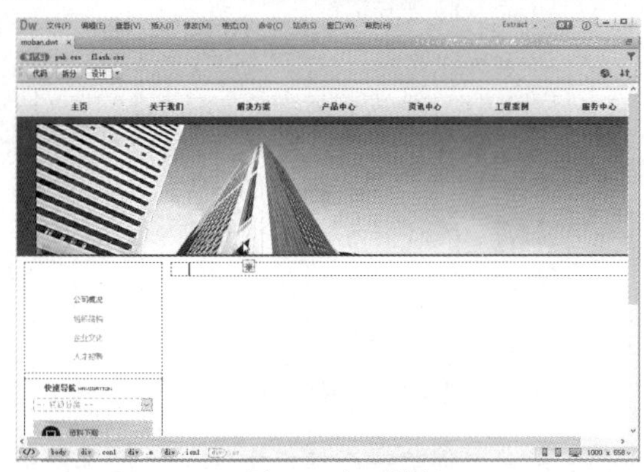

图 5-9　打开模板

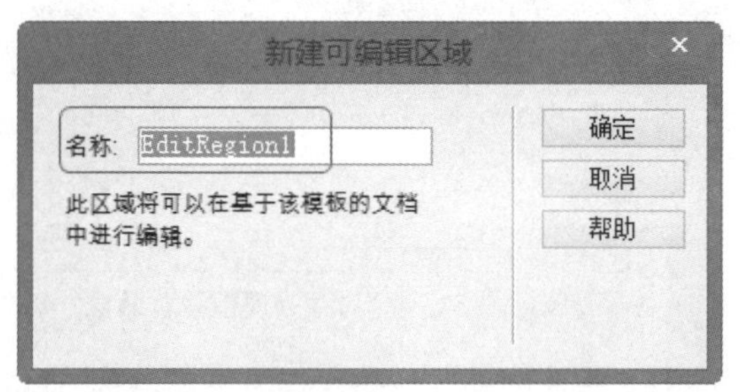

图 5-10　“新建可编辑区域”对话框

03 单击“确定”按钮，即可插入可编辑区域，如图 5-11 所示。

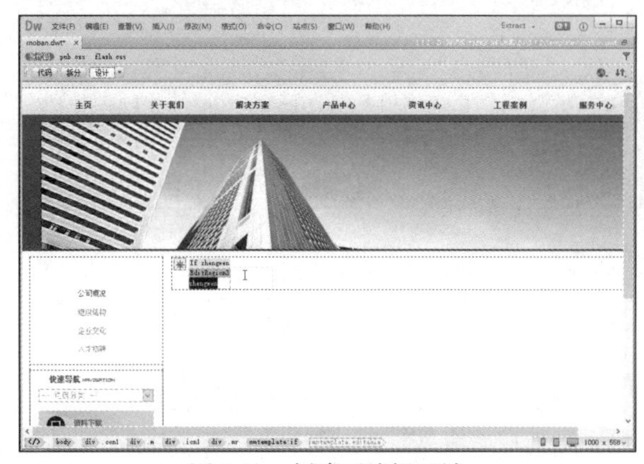

图 5-11　创建可编辑区域

> **提示** 创建一个站点，保持统一的风格很重要。风格主要从视觉方面来辨别，不能这个页面采用黑色，另一个页面采用黄色；还有网页的布局结构，也不能这个页面结构是上下的，那个页面结构是左右的，这样不便于网站的导航。

5.2.2　删除可编辑区域

删除可编辑区域的操作步骤如下：选中要删除的可编辑区域，然后选择菜单栏中的“修改”|“模板”|“删除模板标记”命令，被选中的可编辑区域即被删除，如图 5-12 所示。

图 5-12　选择“删除模板标记”命令

5.2.3 更改可编辑区域

在使用了模板的文档窗口或打开的模板窗口中单击，即可选中该可编辑区域。

另外，选择菜单栏中的“修改”|“模板”命令，在其子菜单中选择某个可编辑区域名称，如图5-13所示，也可选中某个可编辑区域，被选中的可编辑区域所在的位置将被边框包围。

图5-13　选择可编辑区域

5.3 使用模板创建网页

模板创建好之后，就可以应用模板快速、高效地设计风格一致的网页，下面通过如图5-14所示的效果讲述应用模板创建网页，具体操作步骤如下。

图5-14　应用模板创建网页效果

01 选择菜单栏中的“文件”|“新建”命令，弹出“新建文档”对话框，在对话框中选择“网站模板”|“5.1.2”|“moban”，如图5-15所示。

02 单击“创建”按钮，利用模板创建网页，如图5-16所示。

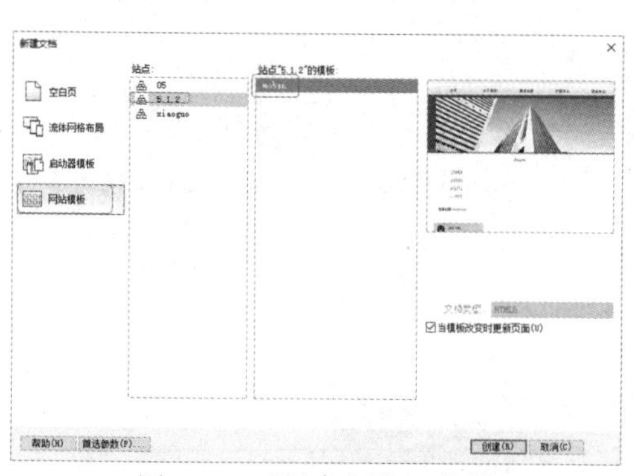

图 5-15 “新建文档”对话框

图 5-16 利用模板创建网页

03 选择菜单栏中的“文件”|“保存”命令，弹出“另存为”对话框，在对话框中选择保存的位置，在“文件名”文本框中输入 index1.htm，如图 5-17 所示。

04 单击“保存”按钮，保存文档，将光标置于可编辑区域中，选择菜单栏中的“插入”|“DIV”命令，弹出“插入 DIV”对话框，如图 5-18 所示。

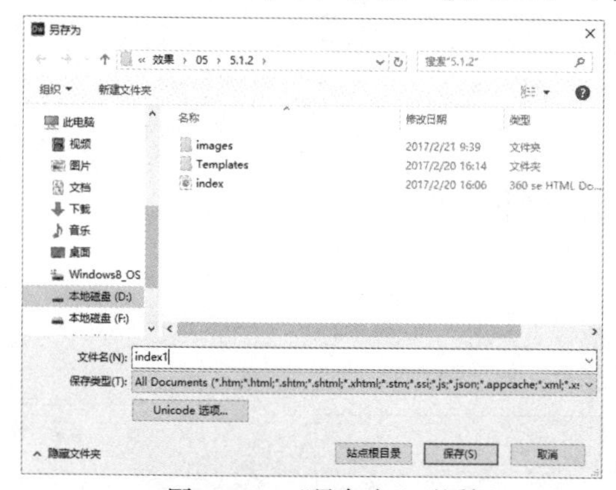

图 5-17 “另存为”对话框

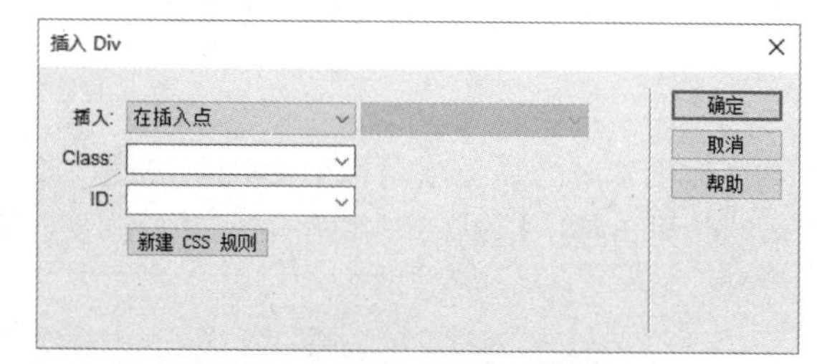

图 5-18 “插入 DIV”对话框

05 单击“确定”按钮，插入 DIV 标签，如图 5-19 所示。

06 在标签中输入文字“公司简介”，将字体大小设置为 18，字体设置为“宋体”，如图 5-20 所示。

图 5-19 插入 DIV 标签

图 5-20 输入文字

07 在标签的后面插入 DIV 标签，在标签处输入文本，如图 5-21 所示。

08 将光标置于文字中，选择菜单栏中的“插入”|“图像”|“图像”命令，弹出“选择图像源文件”对话框，在对话框中选择图像文件，如图 5-22 所示。

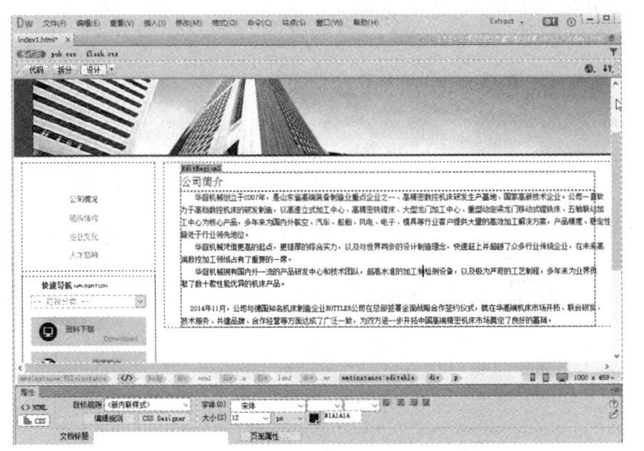

图 5-21　输入文字

图 5-22　“选择图像源文件”对话框

09 单击“确定”按钮，插入图像，如图 5-23 所示。

10 将插入的图像设置为“右对齐”，并调整图像大小，如图 5-24 所示。

图 5-23　插入图像

图 5-24　设置对齐方式

11 单击“保存”按钮，保存文档，在浏览器中预览，效果如图 5-14 所示。

5.4　管理站点中的模板

在 Dreamweaver 中，用户可以对模板文件进行各种管理和操作，例如删除模板和更改模板。

5.4.1　删除模板

如果想将站点中不用的模板删除，具体操作步骤如下。

01 在“资源”面板中，选中要删除的模板文件。

02 单击“资源”面板右下角的“删除”按钮或右击，在弹出的快捷菜单中选择“删除”

选项，如图 5-25 所示。

03 弹出对话框提示是否要删除文件，如图 5-26 所示，单击“是”按钮，即可将模板从站点中删除。

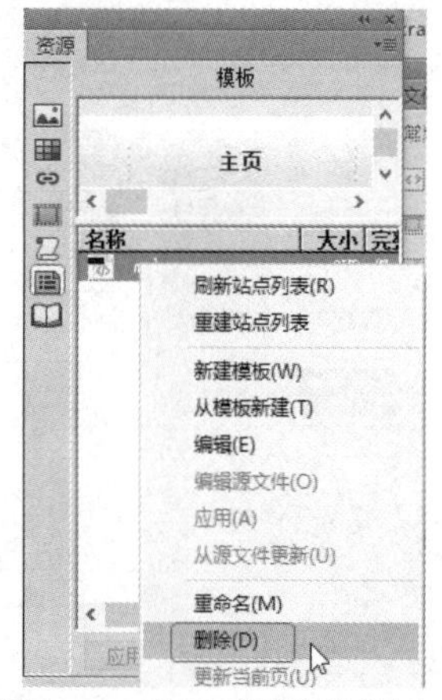

图 5-25　选择要删除的模板

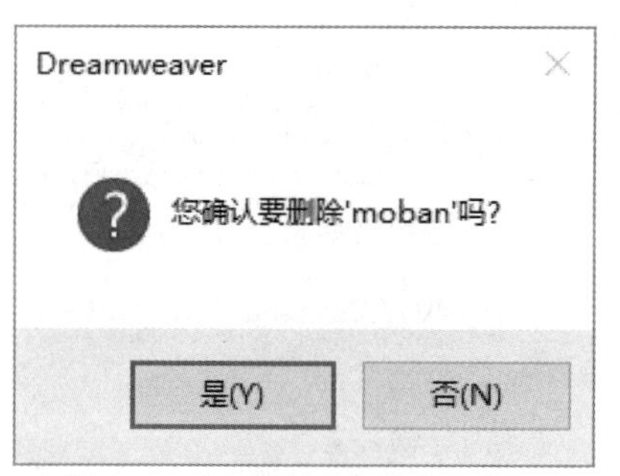

图 5-26　提示是否要删除文件

删除模板的操作实际上就是从本地站点的 Templates 文件夹中删除相应的模板文件，因此，也可以直接在站点窗口中找到要删除的模板文件，然后将之删除。这种删除操作应该慎重，因为文件被删除后，就无法恢复了。

5.4.2　修改模板

有时候，设计者需要对模板的不可编辑区域进行编辑，例如添加网页的样式或者要创建不同形式的网页外观。模板修改完毕之后保存时，会提示是否对应用了该模板的所有网页进行更新。下面用实例讲述修改模板并更新网页，具体操作步骤如下。

01 打开模板网页，如图 5-27 所示。

02 选择图像，打开“属性”面板，在“属性”面板选择矩形热点工具，如图 5-28 所示。

图 5-27　打开模板网页

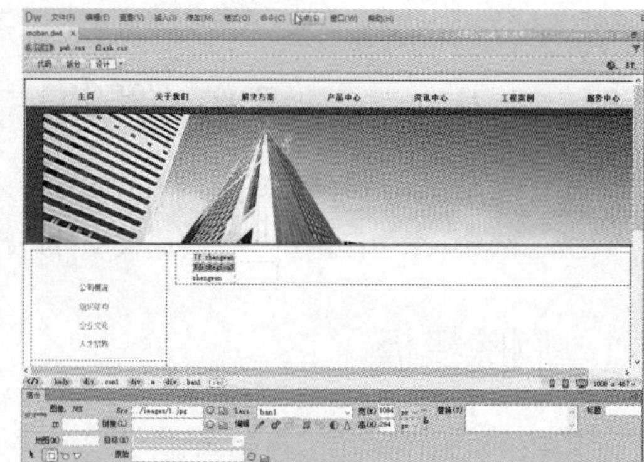

图 5-28　选择矩形热点工具

03 在图像上绘制热点区域并创建链接，如图 5-29 所示。

图 5-29　创建热点链接

04 同步骤 3 可以绘制其余热点，选择菜单栏中的“文件”|“保存”命令，弹出“更新模板文件”对话框，提示是否更新，如图 5-30 所示。

05 单击“更新”按钮，弹出“更新页面”对话框，如图 5-31 所示。

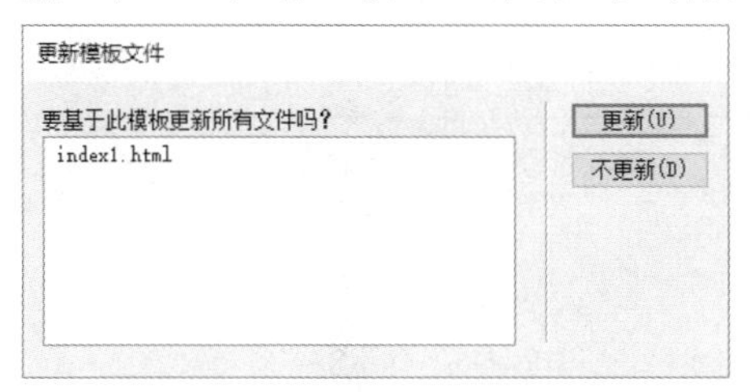

图 5-30　“更新模板文件”对话框

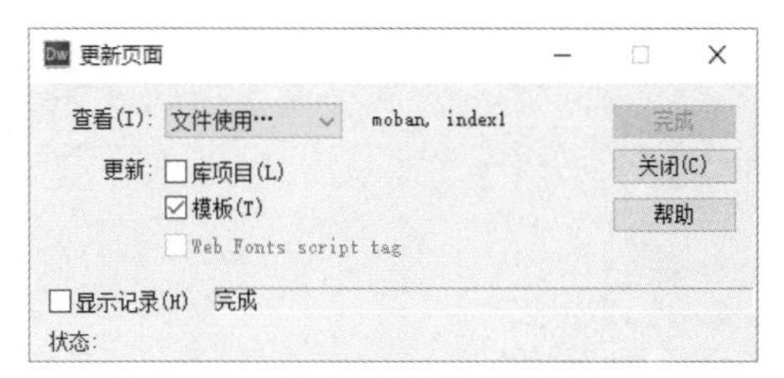

图 5-31　“更新页面”对话框

06 打开利用模板创建的网页，可以看到更新后的效果如图 5-32 所示。

图 5-32　更新后效果

5.5　创建与应用库项目

使用 Dreamweaver 的库，就可以通过改动库更新所有采用库的网页，不用一个一个地修改网页元素或者重新制作网页。使用库比使用模板具有更大的灵活性。

5.5.1 创建库项目

可以先创建新的库项目，然后再编辑其中的内容，也可以将文档中选中的内容作为库项目保存。创建库项目的效果如图 5-33 所示，具体操作步骤如下。

图 5-33　库项目

01 选择菜单栏中的“文件”|“新建”命令，弹出“新建文档”对话框，在对话框中选择“空白页”|“库项目”选项，如图 5-34 所示。

02 单击“创建”按钮，创建一个空白的文档，如图 5-35 所示。

图 5-34　“新建文档”对话框

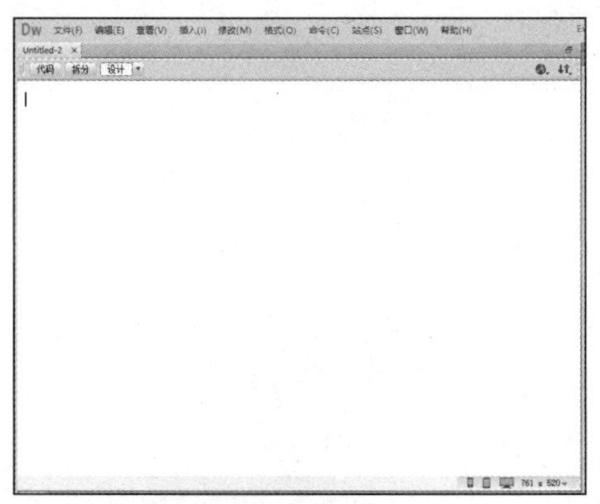

图 5-35　新建文档

03 将光标置于页面中，选择菜单栏中的“插入”|“表格”命令，弹出“表格”对话框，在对话框中将“行数”设置为 2，“列”设置为 1，“表格宽度”设置为 1000 像素，如图 5-36 所示。

04 单击“确定”按钮，插入表格，如图 5-37 所示。

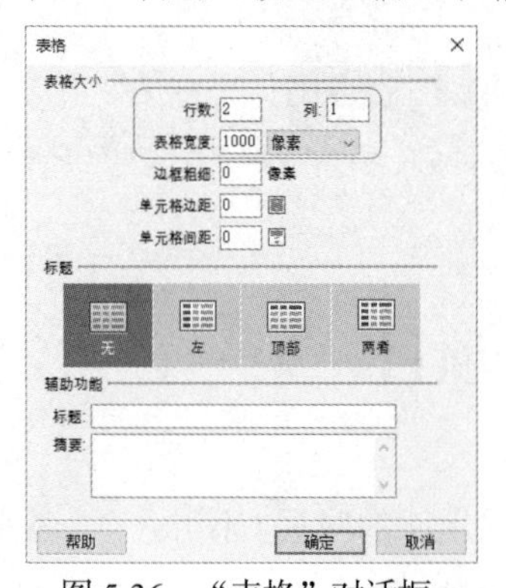

图 5-36　“表格”对话框

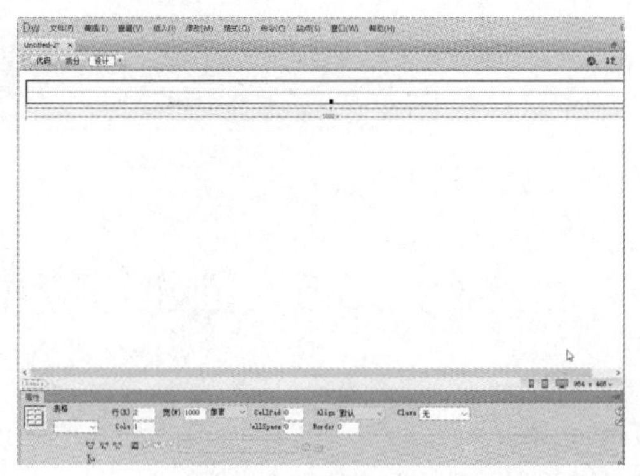

图 5-37　插入表格

05 将光标置于第1行单元格中，选择菜单栏中的“插入”|“图像” |“图像”命令，弹出“选择图像源文件”对话框，在对话框中选择图像文件，图5-38所示。

06 单击“确定”按钮，在网页中插入图像，如图5-39所示。

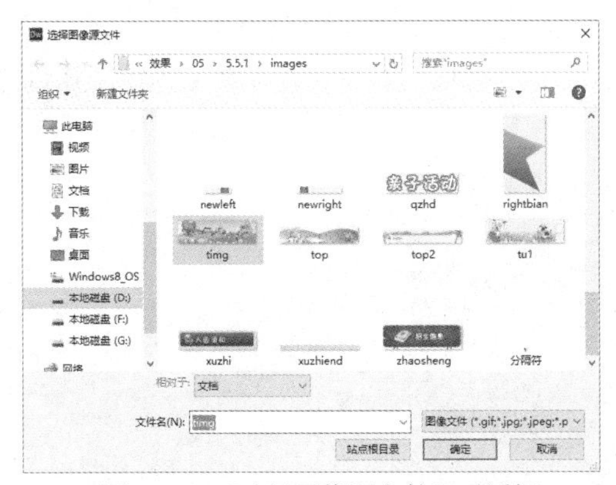

图5-38 “选择图像源文件”对话框

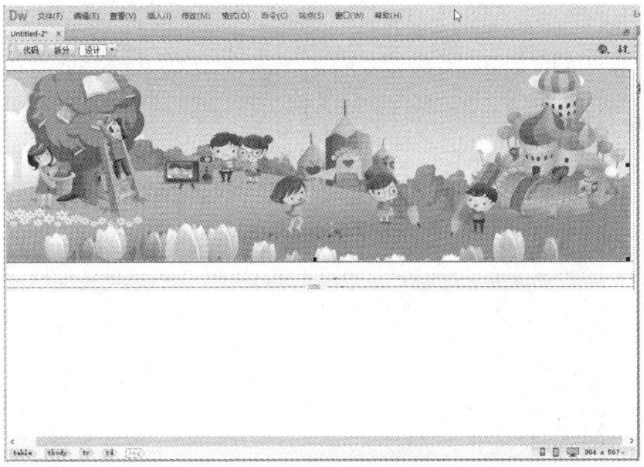

图5-39 插入图像

07 将光标置于表格第2行的单元格中，插入1行11列的表格，如图5-40所示。

08 在刚插入的表格中，分别插入相应的图像，如图5-41所示。

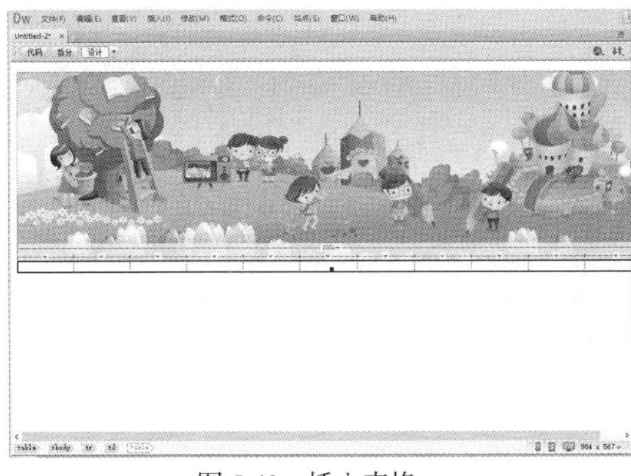

图5-40 插入表格

图5-41 插入图像

09 选择菜单栏中的“文件”|“保存”命令，弹出“另存为”对话框，在对话框中的“文件名”文本框中输入top，将“保存类型”设置为*lib，如图5-42所示。

10 单击“保存”按钮，创建库，如图5-43所示。

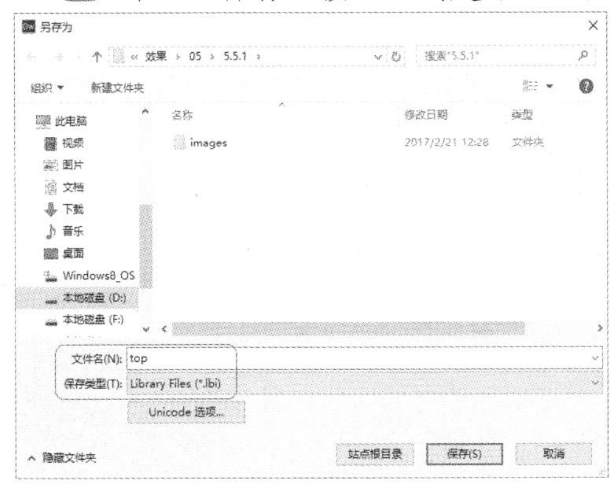

图5-42 “另存为”对话框

图5-43 创建库项目

11 保存库项目，在浏览器中预览，效果如图 5-33 所示。

5.5.2 应用库项目

将库项目应用到文档，实际内容以及对项目的引用就会被插入到文档中。在文档中应用库项目的前后效果如图 5-44 和图 5-45 所示，具体操作步骤如下。

图 5-44 插入库项目前效果

图 5-45 插入库项目后效果

01 打开网页文档，如图 5-46 所示。

02 打开“资源”面板，在该面板中选择创建好的库文件，单击 插入 按钮，如图 5-47 所示。

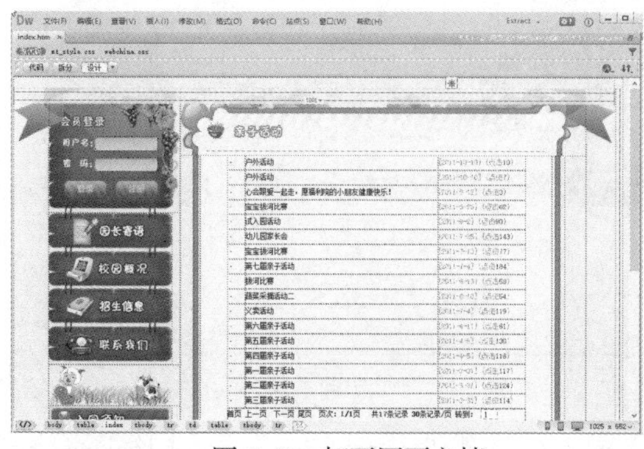

图 5-46 打开网页文档

图 5-47 选择库文件

03 库文件即被插入到文档中，如图 5-48 所示。

04 保存文档，按 F12 功能键进入浏览器中预览，效果如图 5-45 所示。

图 5-48 插入库文件

如果只想添加库项目内容对应的代码，而不希望它作为库项目出现，则可以按住 Ctrl 键，再将相应的库项目从“资源”面板中拖到文档窗口。这样插入的内容就以普通文档的形式出现。

5.5.3 修改库项目

创建库项目后，就可以将其插入到其他网页中，具体操作步骤如下。

01 打开网页库文档，选中图像首页，在“属性”面板中“链接”文本框中输入 shouye.html，如图 5-49 所示。

图 5-49 打开文件

02 选择菜单栏中的“修改”|“库”|“更新页面”命令，打开“更新页面”对话框，如图 5-50 所示。

03 单击“开始”按钮，即可按照提示更新文件，如图 5-51 所示。

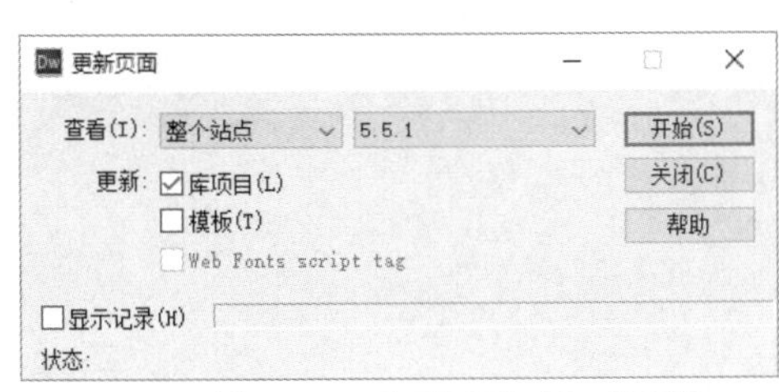

图 5-50 “更新页面”对话框

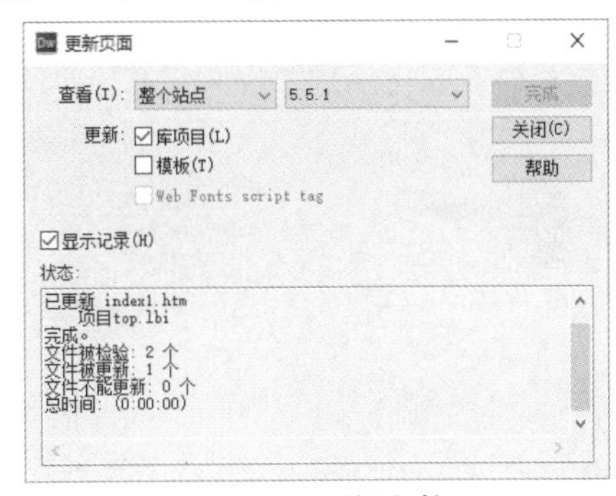

图 5-51 更新文件

5.6 技能训练

本章主要讲述了模板和库的创建、管理和应用，通过本章的学习，读者基本可以学会创建模板和库。下面通过两个实例来具体讲述创建完整的模板网页。

技能训练 1——创建模板

可以使用 Dreamweaver 提供的“模板”功能，将具有相同的整体布局结构的页面制作成模板。这样，当再次制作拥有模板内容的网页时，就不需要进行重复的操作，只需直接使用它们就可以了。下面通过如图 5-52 所示的实例讲述模板的创建，具体操作步骤如下。

图 5-52　创建模板

1. 创建模板

01 选择菜单栏中的“文件”|“新建”命令，弹出“新建文档”对话框，在对话框中选择“空白页”|“HTML 模板”|“无”选项，如图 5-53 所示。

02 单击“创建”按钮，创建空白文档，如图 5-54 所示。

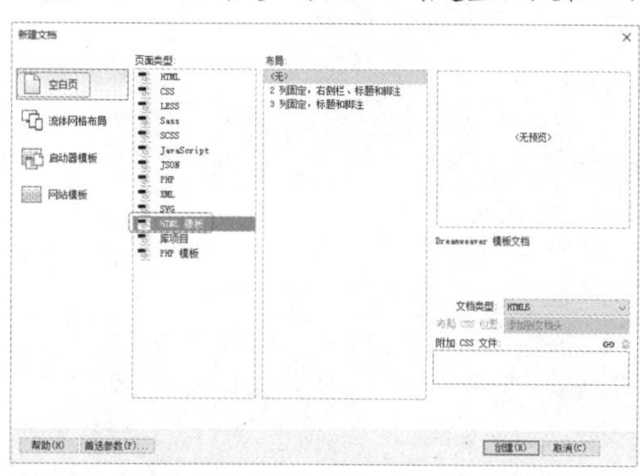

图 5-53　“新建文档”对话框

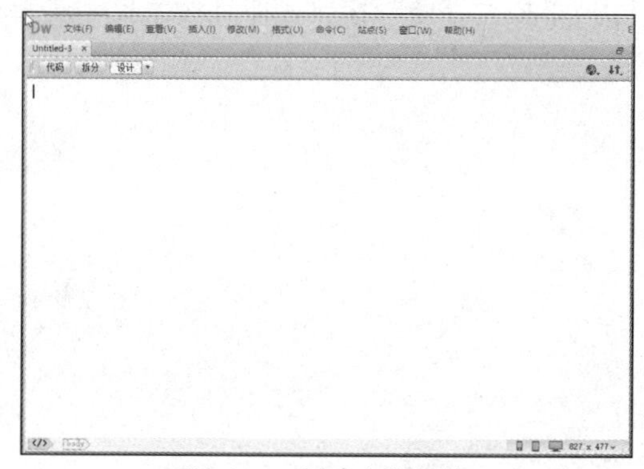

图 5-54　创建空白文档

03 选择菜单栏中的“文件”|“保存”命令，弹出 Dreamweaver 提示对话框，如图 5-55 所示。

04 单击“确定”按钮，弹出“另存模板”对话框，在对话框的“另存为” 文本框中输入 moban.dwt，如图 5-56 所示。单击“保存”按钮，将文件保存为模板。

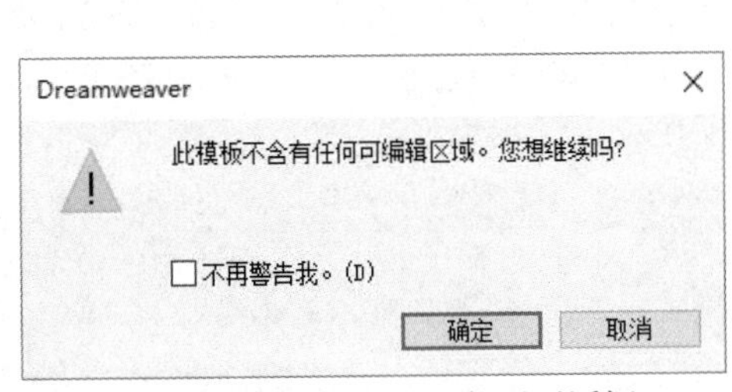

图 5-55　Dreamweaver 提示对话框

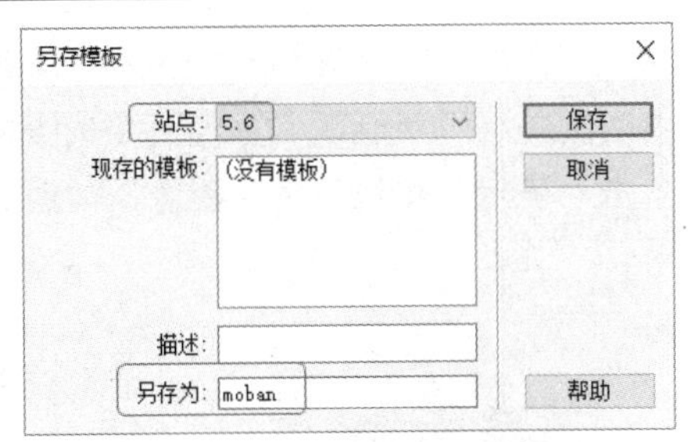

图 5-56　“另存为”对话框

2. 制作顶部导航

01 选择菜单栏中的“修改”|“页面属性”命令，弹出“页面属性”对话框，在对话框中将“上边距”“下边距”“左边距”和“右边距”设置为 0，单击“确定”按钮，修改页面属性，如图 5-57 所示。

02 将光标置于页面中，选择菜单栏中的“插入”|“表格”命令，弹出“表格”对话框，将“行数”设置为 3，“列”设置为 1，“表格宽度”设置为 1000 像素，如图 5-58 所示。

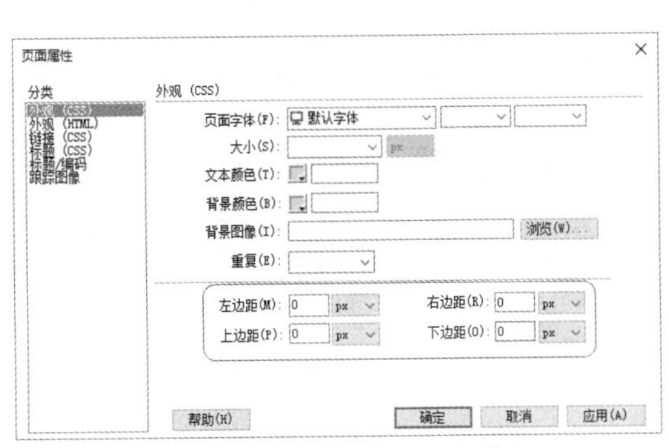

图 5-57　“页面属性”对话框

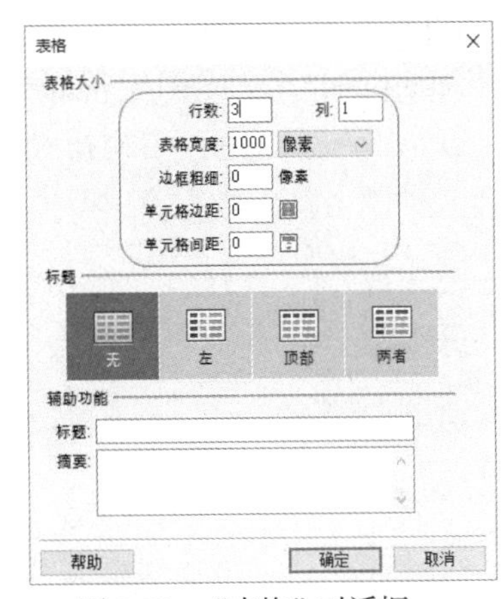

图 5-58　“表格”对话框

03 单击“确定”按钮，插入表格，此表格记为表格 1，如图 5-59 所示。

04 将光标置于表格 1 的第 1 行单元格中，将单元格的“背景颜色”设置为#CEBC73，如图 5-60 所示。

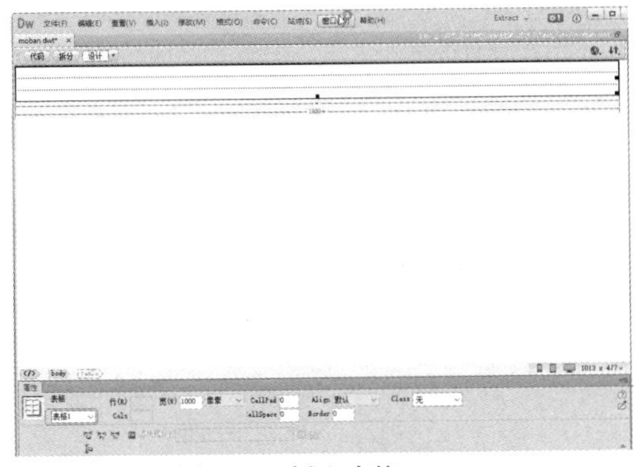

图 5-59　插入表格 1

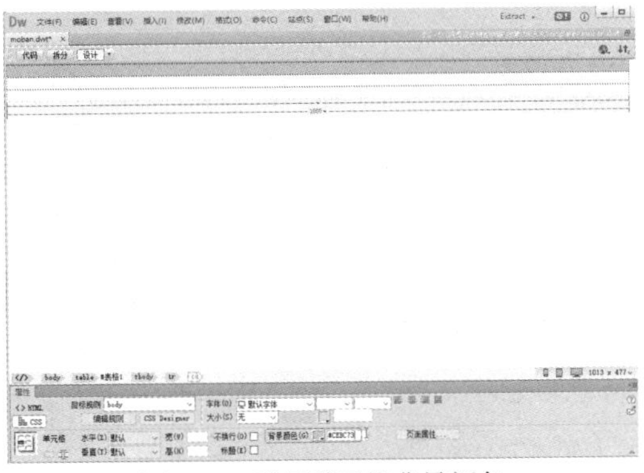

图 5-60　设置单元格背景颜色

05 将光标置于表格1的第1行单元格中，选择菜单栏中的“插入”|“图像” |“图像”命令，弹出“选择图像源文件”对话框，在对话框中选择图像文件./images/banner.jpg，如图5-61所示。

06 单击“确定”按钮，插入图像，如图5-62所示。

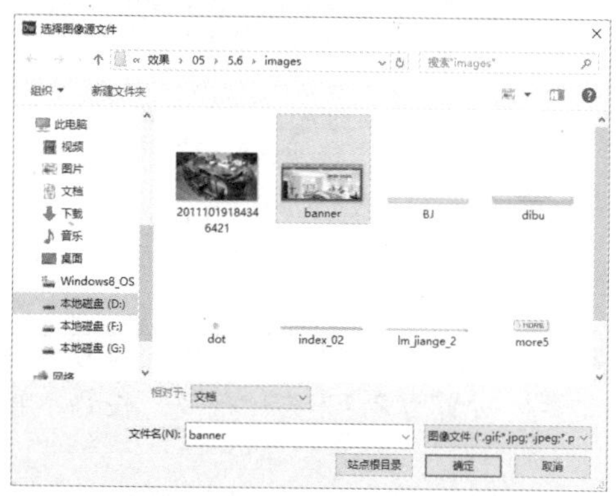

图5-61 “选择图像源文件”对话框

图5-62 插入图像

3. 制作左侧产品分类

01 将光标置于表格 1 的第 2 行单元格中，打开代码视图，在代码中输入背景图像代码background=../images/lm_jiange_2.gif，如图5-63所示。

02 返回设计视图，可以看到插入的背景图像，如图5-64示。

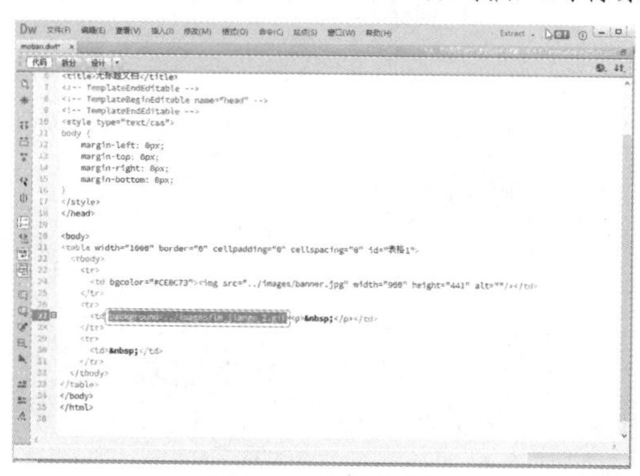

图5-63 输入代码

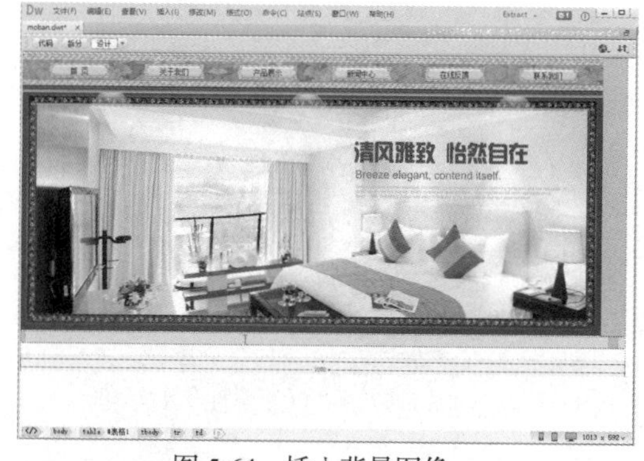

图5-64 插入背景图像

03 将光标置于背景图像上，插入1行2列的表格2，如图5-65所示。

04 将光标置于表格2的第1列单元格中，插入2行1列的表格3，如图5-66所示。

图5-65 插入表格2

图5-66 插入表格3

05 将光标置于表格 3 的第 1 行单元格中，选择菜单栏中的“插入”|“表格”命令，插入 3 行 1 列的表格，此表格记为表格 4，如图 5-67 所示。

06 光标置于表格 4 的第 1 行单元格中，选择菜单栏中的“插入”|“表格”命令，插入 1 行 3 列的表格，此表格记为表格 5，如图 5-68 所示。

图 5-67　插入表格 4

图 5-68　插入表格 5

07 将光标置于表格 5 的第 1 列单元格中，选择菜单栏中的“插入”|“图像”　|“图像”命令，插入图像../images/roy_1.gif，如图 5-69 所示。

08 将光标置于表格 5 的第 2 列单元格中，输入相应的文字，“大小”设置为 18 像素，“颜色”设置为#462300，如图 5-70 所示。

图 5-69　插入图像

图 5-70　输入文字

09 将光标置于表格 5 的第 3 列单元格中，选择菜单栏中的“插入”|“图像”命令，插入图像../images/more5.gif，如图 5-71 所示。

10 将光标置于表格 4 的第 2 行单元格，打开代码视图，在代码中输入背景图像代码 background=../images/index_02.jpg，如图 5-72 所示。

11 返回“设计”视图，可以看到插入的背景图像，在属性面板中的“高”设置为 9，如图 5-73 所示。

12 将光标置于表格 4 的第 3 行单元格中，选择菜单中的“插入”|“表格”命令，插入 8 行 1 列的表格，此表格记为表格 6，如图 5-74 所示。

图 5-71 插入图像

图 5-72 输入代码

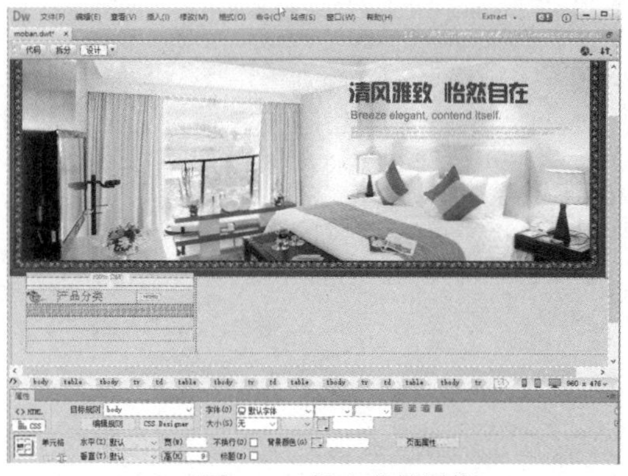

图 5-73 插入背景图像

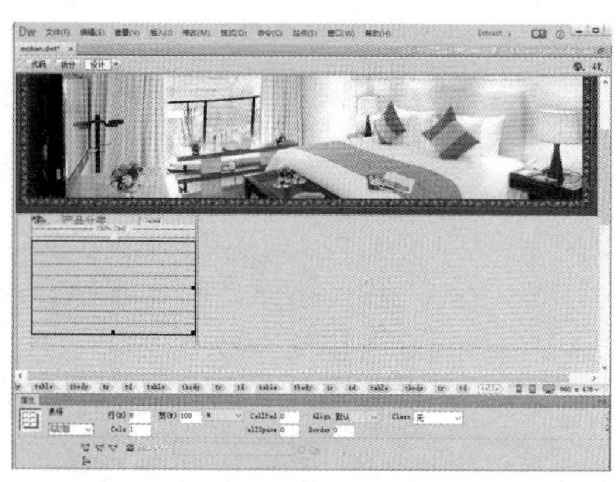

图 5-74 插入表格 6

13 将光标置于表格 6 的第 1 行单元格中，选择菜单栏中的“插入”|“图像”|“图像”命令，插入图像../images/dot.gif，如图 5-75 所示。

14 将光标置于文字的右边，输入相应的文字，并设置字体大小和颜色，如图 5-76 所示。

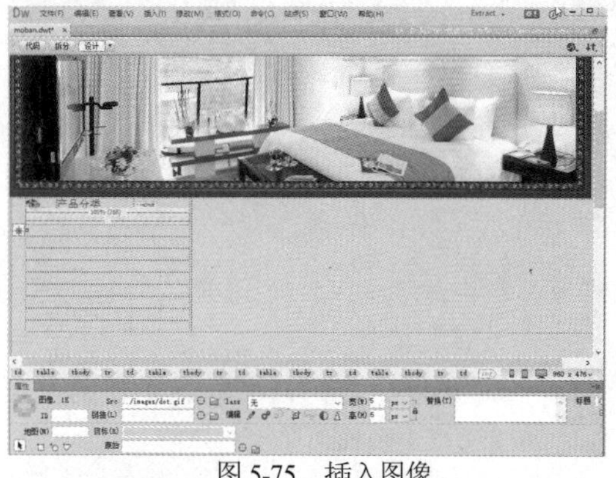

图 5-75 插入图像

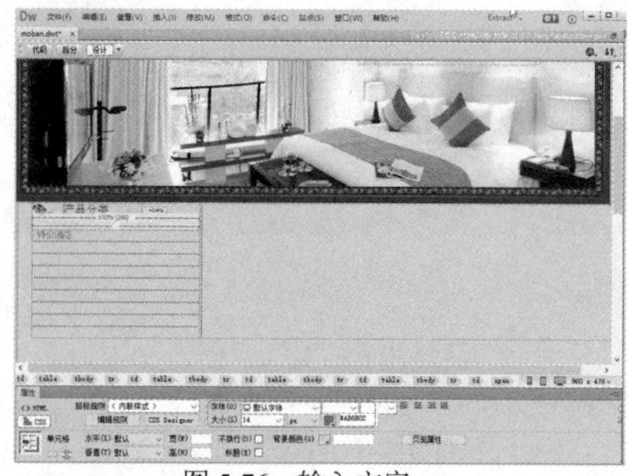

图 5-76 输入文字

15 将光标置于表格 6 的第 2 行单元格中，选择菜单栏中的“插入”|“图像”|“图像”命令，插入图像../images/BJ.jpg，如图 5-77 所示。

16 在表格 6 的其他单元格中也分别输入相应的文字，并插入图像，如图 5-78 所示。

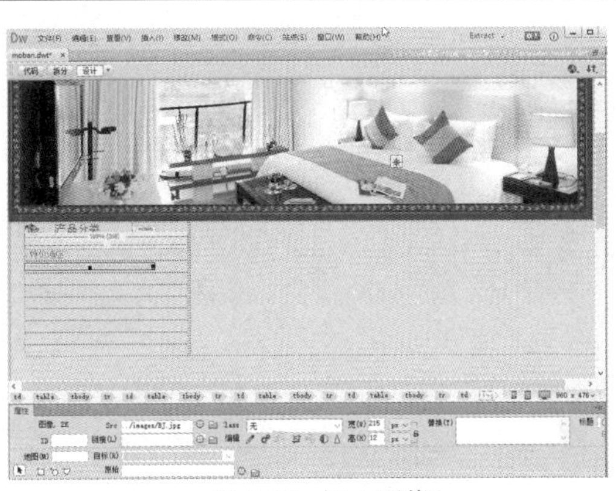

图 5-77　插入图像

图 5-78　输入内容

4．制作左侧滚动公告

01 将光标置于表格 3 的第 2 行单元格中，选择菜单栏中的“插入”|“表格”命令，插入 3 行 1 列的表格，此表格记为表格 7，如图 5-79 所示。

02 将光标置于表格 7 的第 1 行单元格中，选择菜单栏中的“插入”|“表格”命令，插入 1 行 3 列的表格，此表格记为表格 8，如图 5-80 所示。

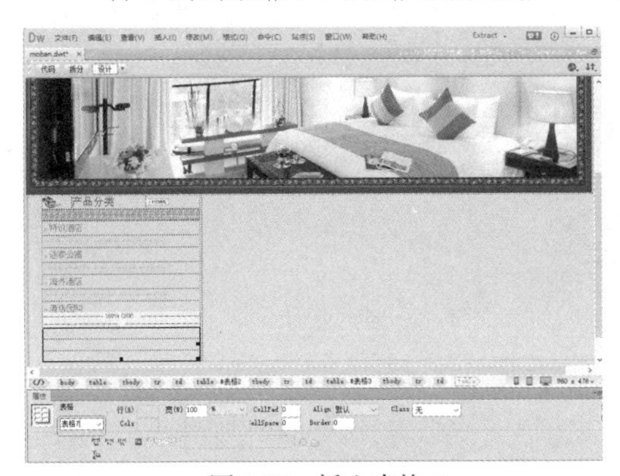

图 5-79　插入表格 7

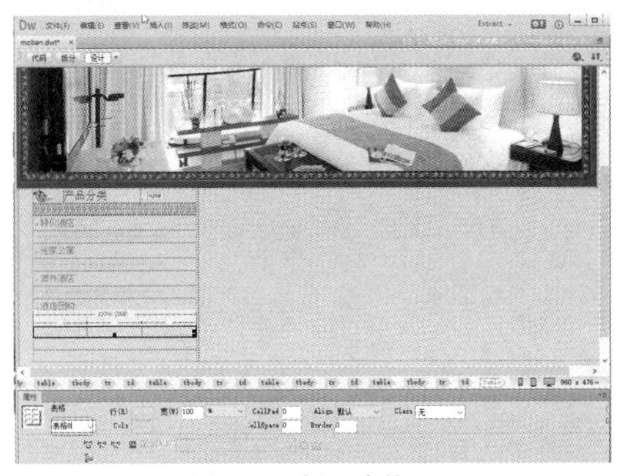

图 5-80　插入表格 8

03 将光标置于表格 1 的第 1 列单元格中，选择菜单栏中的“插入”|“图像”　|“图像”命令，插入图像../images/roy_1.gif，如图 5-81 所示。

04 将光标置于表格 5 的第 2 列单元格中，输入相应的文字，如图 5-82 所示。

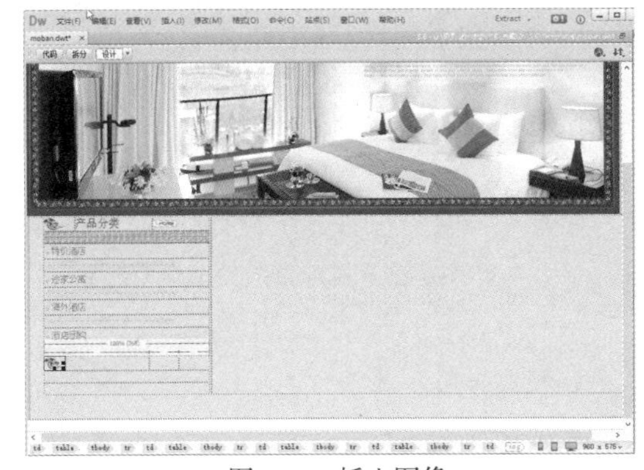

图 5-81　插入图像

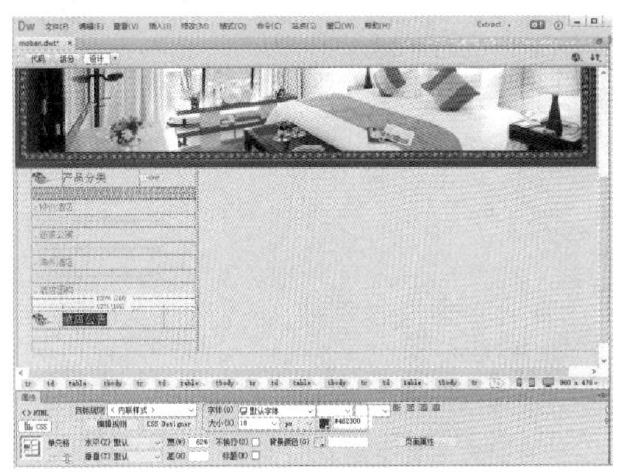

图 5-82　输入文字

05 将光标置于表格5的第3列单元格中，选择菜单栏中的“插入”|“图像” |“图像”命令，插入图像../images/more5.gif，如图5-83所示。

06 将光标置于表格7的第2行单元格中，打开代码视图，在代码中输入背景图像代码background=../images/index_02.jpg，如图5-84所示。

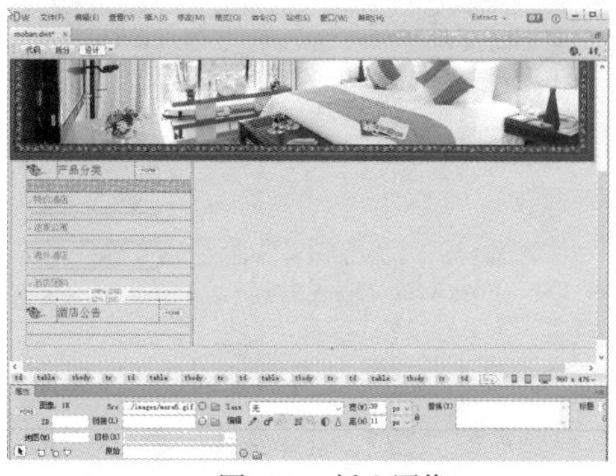

图5-83 插入图像

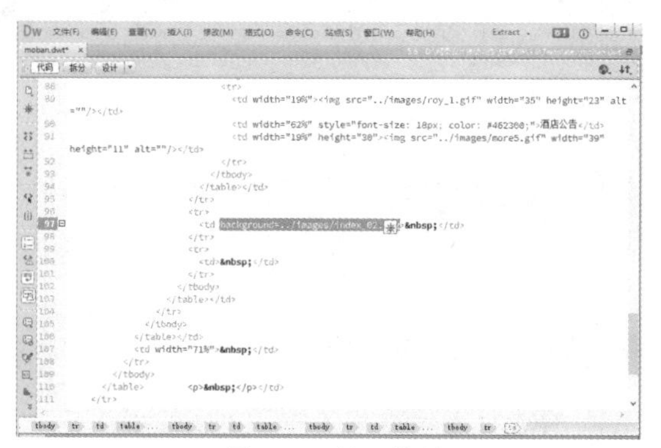

图5-84 输入代码

07 返回设计视图，可以看到插入的背景图像，如图5-85所示。

08 将光标置于表格7的第3行单元格中，插入1行1列的表格9，如图5-86所示。

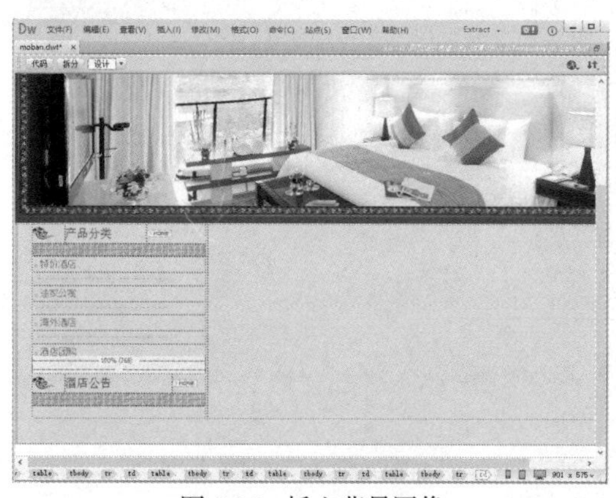

图5-85 插入背景图像

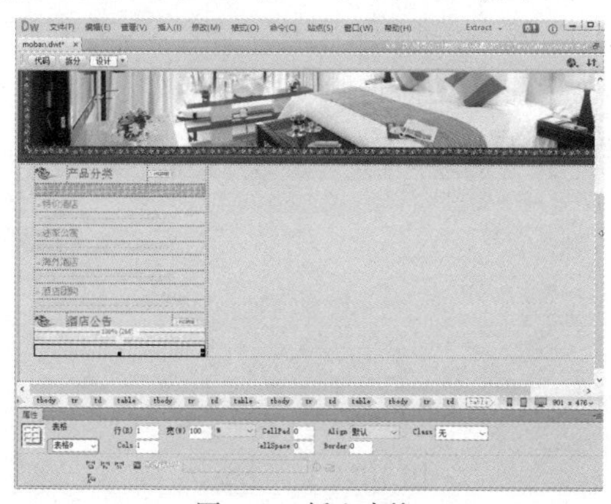

图5-86 插入表格9

09 将光标置于表格9的单元格中，输入相应的文字，如图5-87所示。

10 打开代码视图，在文字前输入代码，如图5-88所示。

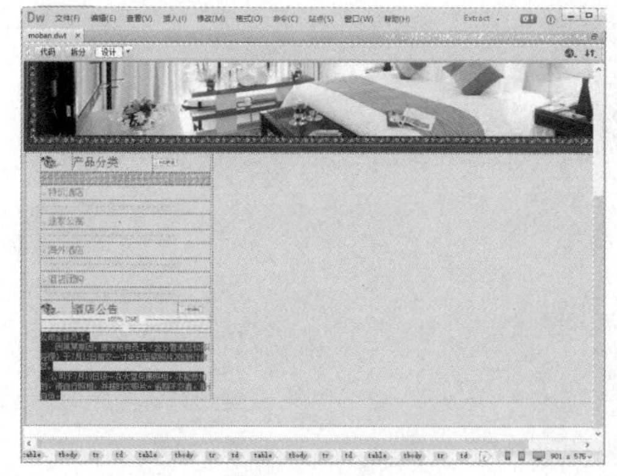

图5-87 输入文字

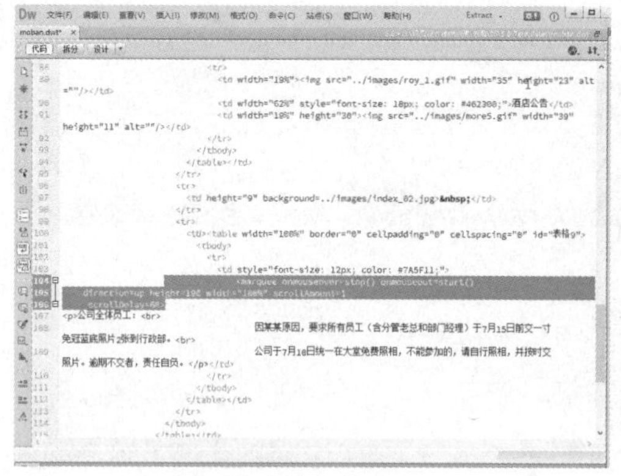

图5-88 输入代码

```
<marquee onmouseover=stop() onmouseout=start()
 direction=up height=190 width="100%" scrollAmount=1
  scrollDelay=60>
```

11 将光标置于文字后面，输入代码</marquee>，如图 5-89 所示。

图 5-89 输入代码

5．创建可编辑区和底部内容

01 将光标置于表格 2 的第 2 列单元格中，选择菜单栏中的“插入”|“模板对象”|“可编辑区域”命令，弹出“新建可编辑区域”对话框，如图 5-90 所示。

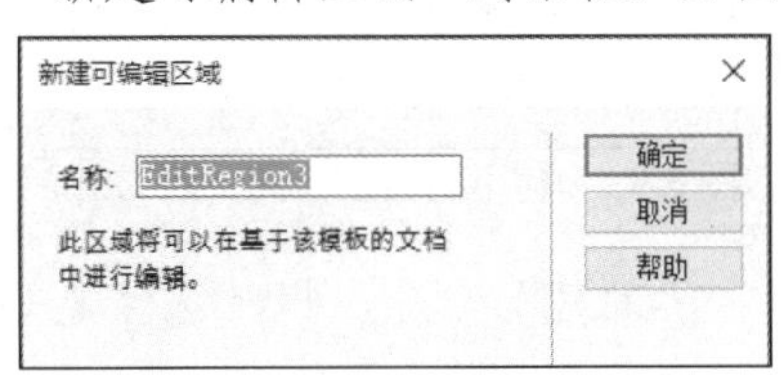

图 5-90 “新建可编辑区域”对话框

提示 在给可编辑区域命名时，可以使用单引号、双引号、尖括号和&。

02 单击“确定”按钮，创建可编辑区域，如图 5-91 所示。

03 将光标置于表格 1 的第 3 行单元格中，选择菜单栏中的“插入”|“图像” |“图像”命令，插入图像，如图 5-92 所示。

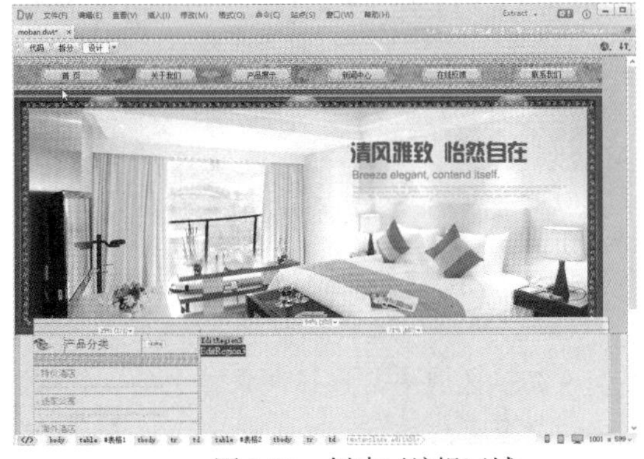

图 5-91 创建可编辑区域

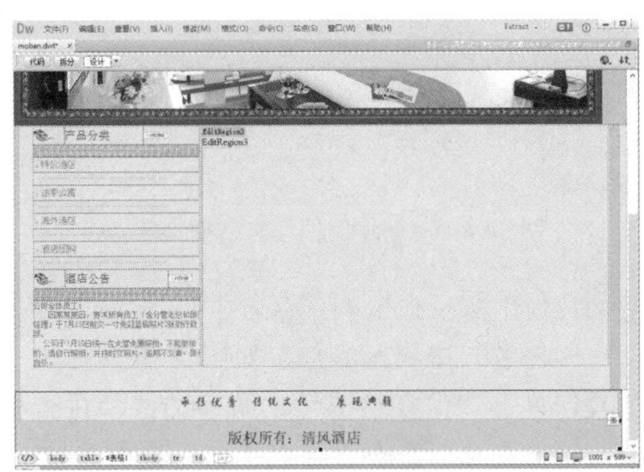

图 5-92 插入图像

04 保存文档，完成模板的创建，效果如图 5-52 所示。

技能训练 2——利用模板创建网页

利用模板创建网页效果如图 5-93 所示，具体操作步骤如下。

创建基于模板的新文档有很多种方法，如可以使用“资源”浮动面板，或者使用菜单“文件”|“新建”命令。

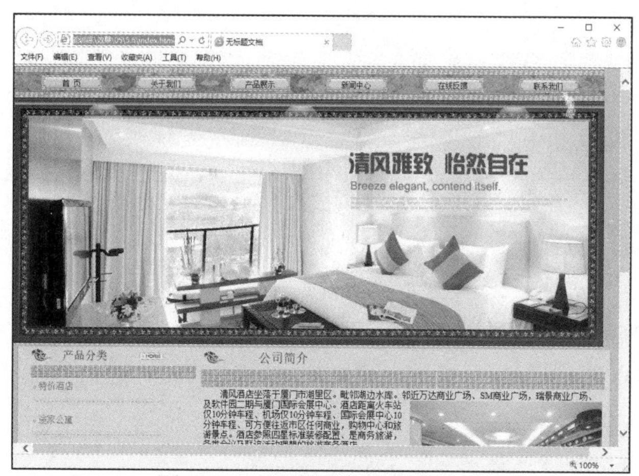

图 5-93 利用模板创建网页效果

01 选择菜单栏中的“文件”|“新建”命令，弹出“新建文档”对话框，在对话框中选择“网站模板”|“站点”|“5.6”|moban 选项，如图 5-94 所示。

02 单击“创建”按钮，利用模板创建网页，如图 5-95 所示。

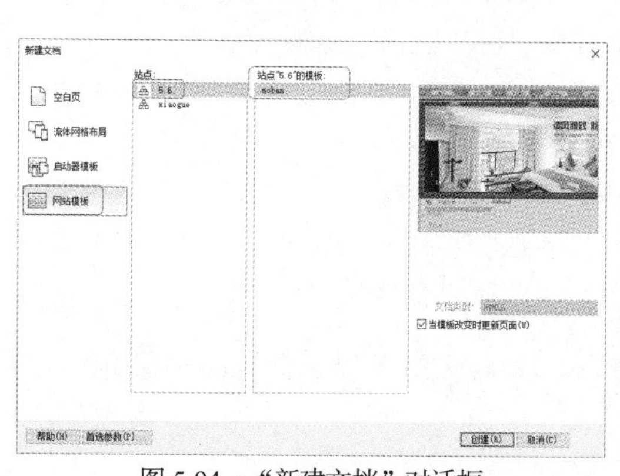

图 5-94 “新建文档”对话框

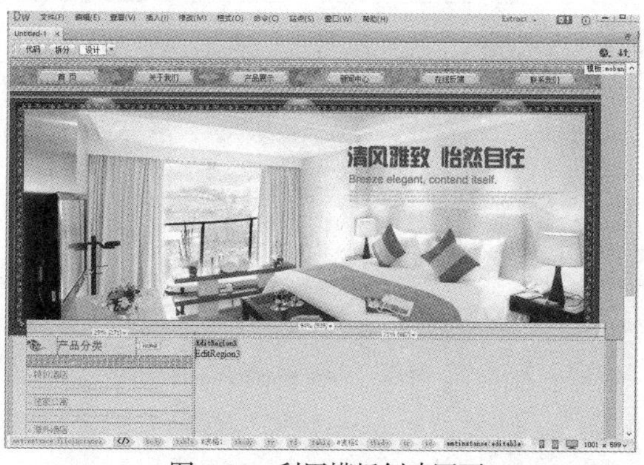

图 5-95 利用模板创建网页

03 选择菜单栏中的“文件”|“保存”命令，弹出“另存为”对话框，在对话框中的“文件名”中输入名称，如图 5-96 所示。

04 单击“保存”按钮，保存文档，将光标置于可编辑区域中，选择菜单栏中的“插入”|“表格”命令，插入 3 行 1 列的表格，如图 5-97 所示。

图 5-96 “另存为”对话框

图 5-97 插入表格

05 将光标置于第1行表格中，选择菜单栏中的“插入”|“表格”命令，插入1行2列的表格，如图5-98所示。

06 将光标置于表格2的第1列单元格中，选择菜单栏中的“插入”|“图像”命令，弹出“选择图像源文件”对话框，在对话框中选择图像文件images/roy_1.gif，如图5-99所示。

图 5-98 插入表格

图 5-99 插入图像

07 将光标置于表格的第2列单元格，输入相应的文字，在“属性”面板中将“大小”设置为20像素，“文本颜色”设置为#462300，如图5-100所示。

08 将光标置于表格的第2行单元格中，打开代码视图，在代码中输入背景图像background=images/index_02.jpg，如图5-101所示。

图 5-100 输入文字

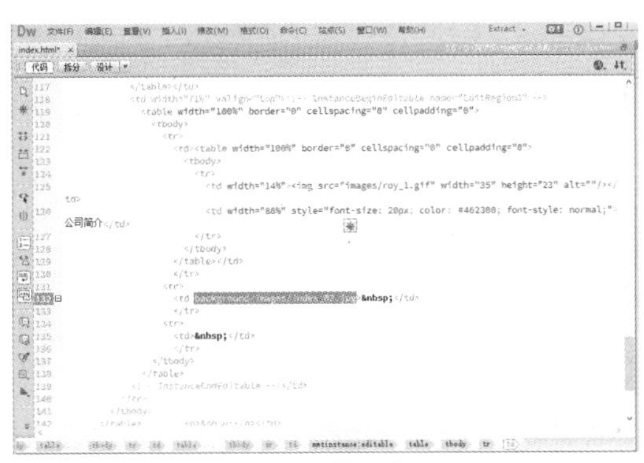

图 5-101 输入代码

09 返回设计视图，可以看到插入的背景图像，如图 5-102 所示。

10 将光标置于第 3 行单元格中，输入文字，如图 5-103 所示。

图 5-102 插入背景图像

图 5-103 输入文字

11 将光标置于相应的位置，选择菜单栏中的“插入”|“图像” |“图像”命令，插入图像 images/tu.gif，如图 5-104 所示。

12 选择图像文件，将图像对齐方式设置为“右对齐”，如图 5-105 所示。

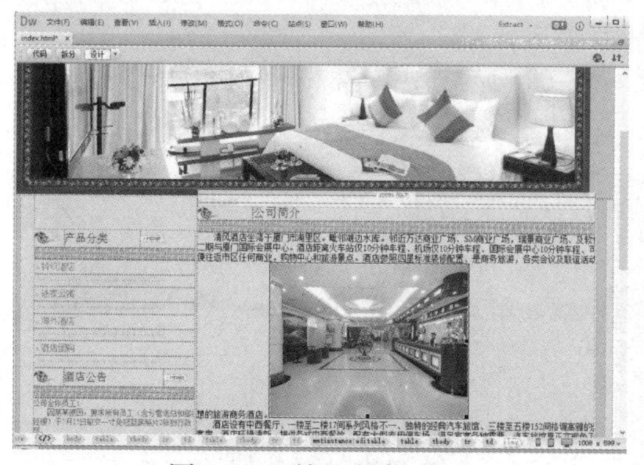

图 5-104 输入文字

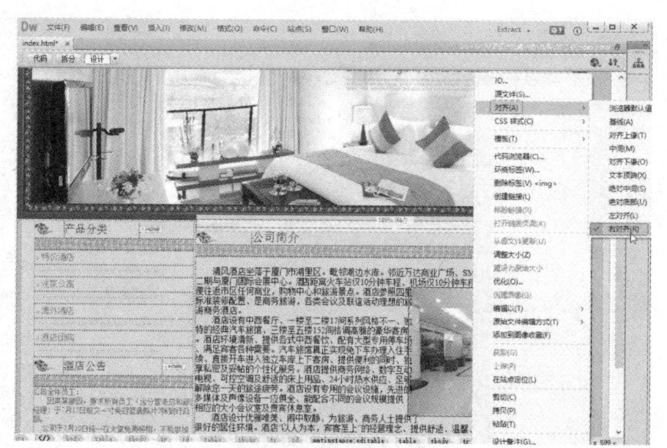

图 5-105 设置图像对齐方式

13 保存文档，按 F12 功能键进入浏览器中预览，效果如图 5-93 所示。

第 6 章

使用 CSS+DIV 布局网页

设计网页的第一步是设计布局，好的网页布局会令访问者耳目一新，同样也可以使访问者比较容易在站点上找到他们所需要的信息。CSS＋DIV 是网站标准中常用的术语之一，CSS 和 DIV 的结构被越来越多的人采用，很多人都抛弃了表格而使用 CSS 来布局页面，它可以使结构简洁，定位更灵活，CSS 布局的最终目的是搭建完善的页面架构。利用 CSS 排版的页面，更新起来十分容易，甚至连页面的结构都可以通过修改 CSS 属性来重新定位。

本章重点

- DIV 概述
- 为什么使用 CSS+DIV 布局
- CSS 布局方法
- 常见的布局类型

6.1 初识DIV

在CSS布局的网页中，<div>与<Span>都是常用的标记，利用这两个标记，加上CSS对其样式的控制，可以很方便地实现网页的布局。

6.1.1 什么是Web标准

Web标准是由W3C和其他标准化组织制定的一套规范集合，Web标准的目的在于创建一个统一的用于 Web 表现层的技术标准，以便于通过不同浏览器或终端设备向最终用户展示信息内容。

网页主要由三部分组成：结构（Structure）、表现（Presentation）和行为（Behavior）。对应的网站标准也分三方面：结构化标准语言，主要包括XHTML和XML；表现标准语言主要包括CSS；行为标准主要包括对象模型（如W3C DOM）、ECMAScript等。

1．结构（Structure）

结构是对网页中用到的信息进行分类与整理，在结构中用到的技术主要包括 HTML、XML和XHTML。

2．表现（Presentation）

表现用于对信息进行版式、颜色、大小等形式控制，在表现中用到的技术主要是 CSS 层叠样式表。

3．行为（Behavior）

行为是指文档内部的模型定义及交互行为的编写，用于编写交互式的文档。在行为中用到的技术主要包括DOM和ECMAScript。

- DOM(Document Object Model)文档对象模型

DOM是浏览器与内容结构之间的沟通接口，使你可以访问页面上的标准组件。

- ECMAScript脚本语言

ECMAScript是标准脚本语言，用于实现具体的界面上对象的交互操作。

6.1.2 DIV概述

过去最常用的网页布局工具是<table>标签，它本是用来创建电子数据表的，由于<table>标签本来不是用于布局的，因此设计师们不得不经常以各种不寻常的方式来使用这个标签，如把一个表格放在另一个表格的单元里面。这种方法的工作量很大，增加了大量额外的 HTML 代码，并使得后面要修改设计很难。

而 CSS 的出现使得网页布局有了新的曙光。利用 CSS 属性，可以精确地设定元素的位置，还能将定位的元素叠放在彼此之上。当使用CSS布局时，主要把它用在DIV标签上，<div>与</div>之间相当于一个容器，可以放置段落、表格、图片等各种 HTML 元素。

DIV 是用来为 HTML 文档内大块的内容提供结构和背景的元素。DIV 的起始标签和结束标签之间的所有内容都是用来构成这个块的，其中所包含元素的特性由 DIV 标签的属性，或通过使用 CSS 来控制。

下面列出一个简单的实例讲述 DIV 的使用。

实例代码：

```
<!doctype html>
<html>
<head>
<meta charset="utf-8">
<title>DIV 的简单使用</title>
<style type="text/css">
<!--
div{
    font-size:26px;                     // 字号大小
    font-weight:bold;                   // 字体粗细
    font-family:Arial;                  // 字体
    color:#330000;                      // 颜色
    background-color:#66CC00;           // 背景颜色
    text-align:center;                  // 对齐方式
    width:400px;                        // 块宽度
    height:80px;                        // 块高度
}
-->
</style>
  </head>
<body>
    <div>这是一个 DIV 的简单使用</div>
</body>
</html>
```

在上面的实例中，通过 CSS 对 DIV 的控制，制作了一个宽 400 像素和高 80 像素的绿色块，并设置了文字的颜色、字号和文字的对齐方式，在 IE 中浏览时的效果如图 6-1 所示。

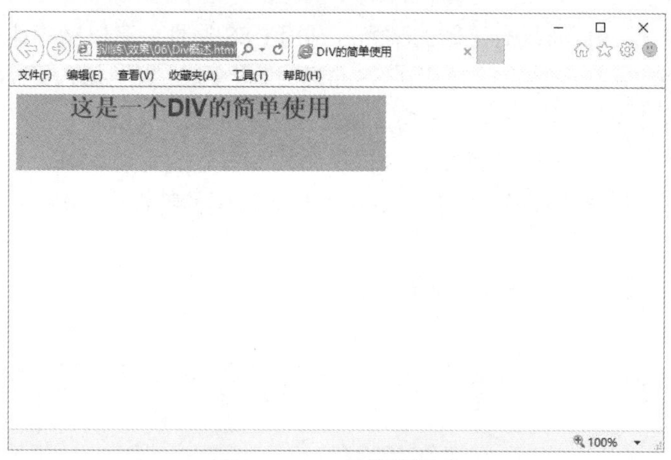

图 6-1　DIV 的简单使用

6.1.3　CSS+DIV 布局优点

掌握基于 CSS 的网页布局方式，是实现 Web 标准的基础。在网页制作时采用 CSS 技术，可以有效地对页面的布局、字体、颜色、背景和其他效果进行控制。只要对相应的代码做一些简单的修改，就可以改变网页的外观和格式。采用 CSS 有以下优点：

- 大大缩减了页面代码，提高页面浏览速度，缩减带宽成本。
- 结构清晰，容易被搜索引擎搜索到。
- 缩短改版时间，只要简单地修改几个 CSS 文件就可以重新设计一个有成百上千页面的站点。
- 强大的字体控制和排版能力，使页面的字体变得更漂亮，且便于编排。
- 提高易用性，使用 CSS 可以结构化 HTML，如<p>标记只用来控制段落，<heading>标记只用来控制标题，table 标记只用来表现格式化的数据等。
- 表现和内容相分离，将设计部分分离出来放在一个独立样式文件中。
- <table>布局灵活性不大，只能遵循<table>、<tr>、<td>的格式，而 DIV 可以有各种格式。
- 在<table>中布局，垃圾代码会很多，一些修饰的样式及布局的代码混合一起，很不直观。DIV 更能体现样式和结构相分离，结构的重构性强。
- 以前必须要通过图片转换才能实现的功能，现在只要用 CSS 就可以轻松实现，从而更快地下载页面。
- 可以将许多网页的风格格式同时更新。可以将站点上所有的网页风格都使用一个 CSS 文件进行控制，只要修改这个 CSS 文件中相应的行，整个站点的所有页面都会随之发生变动。

6.2　CSS 布局方法

无论使用表格还是 CSS，网页布局都是把大块的内容放进网页的不同区域里面。有了 CSS，最常用来组织内容的元素就是<div>标签。CSS 排版是一种很新的排版理念，首先要使用<div>将页面整体划分几个板块，然后对各个板块进行 CSS 定位，最后在各个板块中添加相应的内容。

6.2.1　将页面用 DIV 分块

在利用 CSS 布局页面时，首先要有一个整体的规划，包括将整个页面分成哪些模块，各个模块之间的父子级关系等。以最简单的框架为例，页面由导航条（Banner）、主体内容（content）、菜单导航（links）和脚注（footer）几个部分组成，各个部分用各自的 id 来标识，如图 6-2 所示。

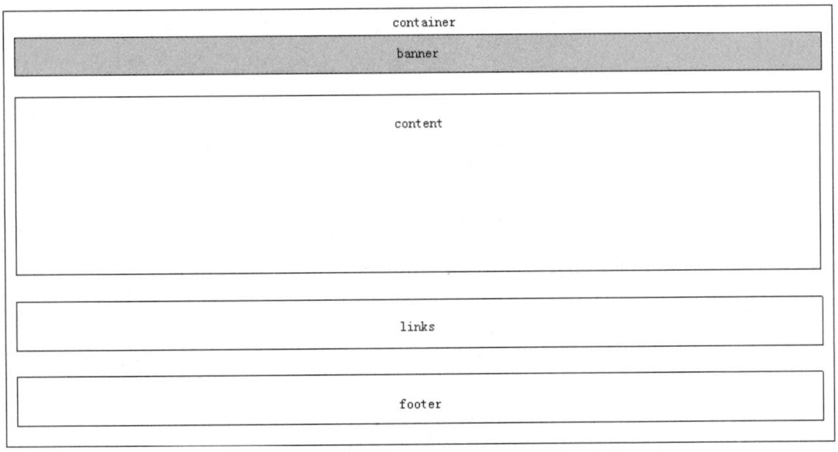

图 6-2　页面内容框架

其页面中的 HTML 框架代码如下所示。

```
<div id="container">container
<div id="banner">banner</div>
<div id="content">content</div>
<div id="links">links</div>
<div id="footer">footer</div>
</div>
```

实例中每个板块都是一个<div>，这里直接使用 CSS 中的 id 来表示各个板块，页面的所有 DIV 块都属于 container，一般的 DIV 排版都会在最外面加上这个父 DIV，便于对页面的整体进行调整。对于每个 DIV 块，还可以再加入各种元素或行内元素。

6.2.2　用 CSS 定位各块的位置

当页面的内容已经确定后，则需要根据内容本身考虑整体的页面布局类型，如是单栏、双栏还是三栏等，这里采用的布局如图 6-3 所示。

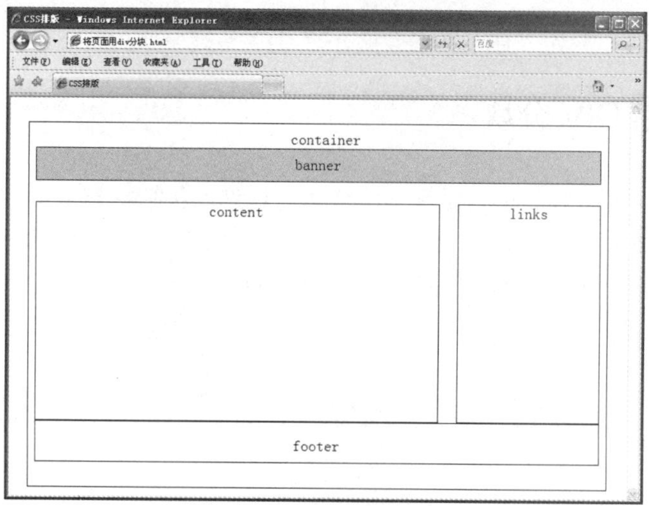

图 6-3　简单的页面框架

由图 6-3 可以看出，在页面外部有一个整体的框架 container，banner 位于页面整体框架中的最上方，content 与 links 位于页面的中部，其中 content 占据着页面的绝大部分，最下面是页面的脚注 footer。

整理好页面的框架后，就可以利用 CSS 对各个板块进行定位，实现对页面的整体规划，然后再往各个板块中添加内容。

下面首先对 body 标记与 container 父块进行设置，CSS 代码如下所示：

```
body {
    margin:10px;
    text-align:center;
}
#container{
    width:800px;
    border:1px solid #000000;
    padding:10px;
}
```

上面代码设置了页面的边界、页面文本的对齐方式，以及父块的宽度为 800 像素。下面来设置 banner 板块，其 CSS 代码如下所示：

```
#banner{
    margin-bottom:5px;
    padding:10px;
    background-color:#a2d9ff;
    border:1px solid #000000;
    text-align:center;
}
```

这里设置了 banner 板块的边界、填充、背景颜色等。

下面利用 float 方法将 content 移动到左侧，links 移动到页面右侧，这里分别设置了这两个板块的宽度和高度，读者可以根据需要自己调整。

```
#content{
    float:left;
    width:560px;
    height:300px;
    border:1px solid #000000;
    text-align:center;
}
#links{
    float:right;
    width:200px;
    height:300px;
    border:1px solid #000000;
    text-align:center;
}
```

由于 content 和 links 对象都设置了浮动属性，因此，footer 需要设置 clear 属性，使其不受浮动的影响，代码如下所示。

```
#footer{
    clear:both;  /* 不受 float 影响 */
    padding:10px;
    border:1px solid #000000;
    text-align:center;
}
-->
```

这样，页面的整体框架便搭建好了。需要注意的是，content 块中不能放宽度太长的元素，如很长的图片或不折行的英文等，否则 links 将再次被挤到 content 下方。

特别提出的是，如果后期维护时希望 content 的位置与 links 对调，仅仅只需要将 content 和 links 属性中的 left 和 right 改变。这是传统的排版方式所不可能简单实现的，也正是 CSS 排版的魅力之一。

另外，如果 links 的内容比 content 的长，在 IE 浏览器上 footer 就会贴在 content 下方而与 links 出现重合。

6.3　常见的布局类型

DIV+CSS 是现在最流行的一种网页布局格式，以前常用表格来布局，而现在比较知名的网页设计全部采用的是 DIV+CSS 来排版布局。DIV+CSS 的好处可以使 HTML 代码更整齐、更容易被人理解，而且在浏览时的速度也比传统的布局方式快，最重要的是它的可控性要比表格强得多。下面介绍常见的布局类型。

6.3.1 单行单列固定宽度

单行单列固定宽度也就是一列固定宽度布局，它是所有布局的基础，也是最简单的布局形式。一列固定宽度中，宽度的属性值是固定像素。下面举例说明单行单列固定宽度的布局方法，具体步骤如下。

01 在 HTML 文档的<head>与</head>之间相应的位置输入定义的 CSS 样式代码，如下所示:

```
<style>
#content{
    background-color:#ffcc33;
    border:5px solid #ff3399;
    width:500px;
    height:350px;
}
</style>
```

使用 background-color:# ffcc33 将 DIV 设定为黄色背景，并使用 border:5px solid #ff3399 将 DIV 设置了粉红色的 5px 宽度的边框，使用 width:500px 设置宽度为 500 像素固定宽度，使用 height:350px 设置高度为 350 像素。

02 在 HTML 文档<body>与</body>之间的正文中输入以下代码，给 DIV 使用了 layer 作为 id 名称。

```
<div id="content ">1 列固定宽度</div>
```

03 在浏览器中浏览，由于是固定宽度，无论怎么改变浏览器窗口大小，DIV 的宽度都不改变，如图 6-4 和图 6-5 所示。

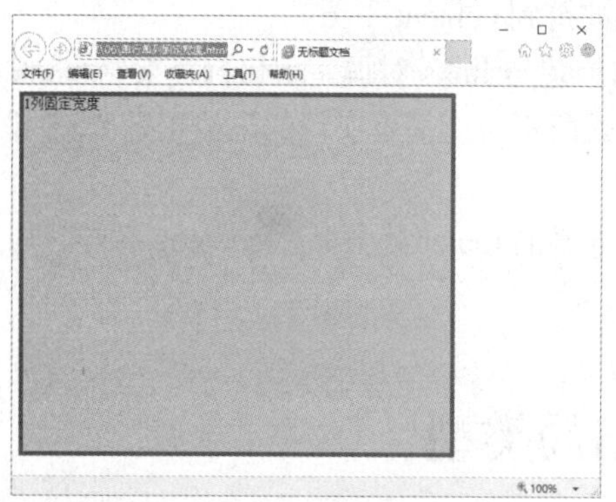

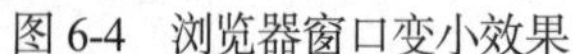
图 6-4　浏览器窗口变小效果

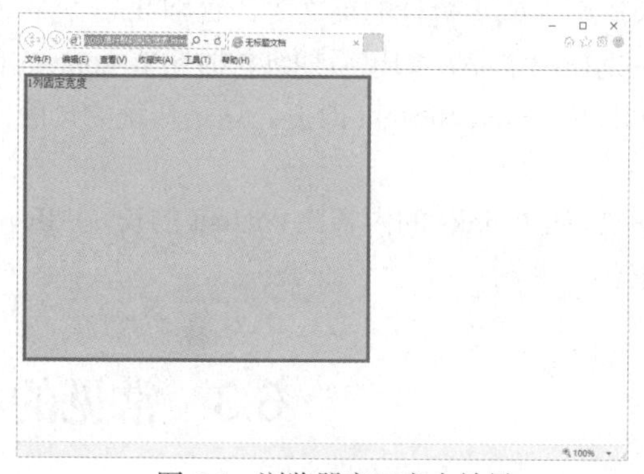

图 6-5　浏览器窗口变大效果

页面居中是常用的网页设计表现形式之一。在传统的表格式布局中，用 align="center"属性来实现表格居中显示。DIV 本身也支持 align="center"属性，同样可以实现居中，但是在 Web 标准化时代，这个不是我们想要的结果，因为不能实现表现与内容的分离。

6.3.2　一列自适应

自适应布局是在网页设计中常见的一种布局形式，自适应的布局能够根据浏览器窗口的大小，自动改变其宽度或高度值，是一种非常灵活的布局形式，良好的自适应布局网站对不同分辨率的显示器都能提供最好的显示效果。自适应布局需要将宽度由固定值改为百分比。下面是一列自适应布局的 CSS 代码：

```
<html xmlns="http://www.w3.org/1999/xhtml">
<head>
<meta http-equiv="content-type" content="text/html; charset=gb2312"/>
<title>1 列自适应</title>
<style>
#Layer{
    background-color:#00cc33;
    border:3px solid #ff3399;
    width:60%;
    height:60%;
}
</style>
</head>
<body>
<div id="Layer">1 列自适应</div>
</body>
</html>
```

这里将宽度和高度值都设置为 60%，从浏览效果中可以看到，DIV 的宽度已经变为了浏览器宽度 60%的值，当扩大或缩小浏览器窗口大小时，其宽度和高度还将维持在与浏览器当前宽度比例的 60%，如图 6-6 和图 6-7 所示。

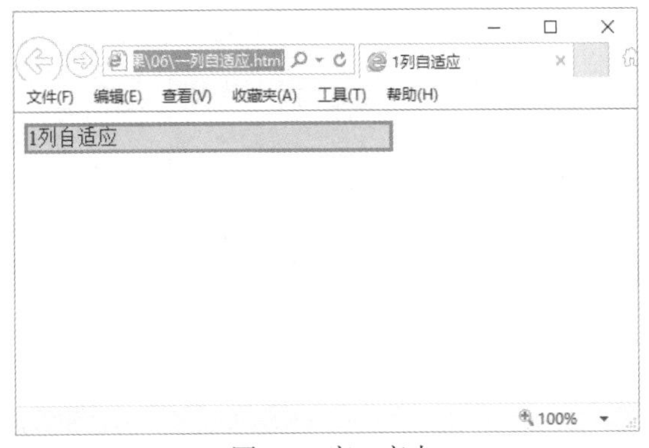

图 6-6　窗口变小

图 6-7　窗口变大

自适应布局是比较常见的网页布局方式，如图 6-8 所示的网页采用的就是自适应布局。

图 6-8　自适应布局

6.3.3　两列固定宽度

有了一列固定宽度作为基础，两列固定宽度就非常简单。我们知道 DIV 是用于对某一个区域的标识，因此，列的布局自然需要用到两个 DIV。

两列固定宽度非常简单，两列的布局需要用到两个 DIV，分别把两个 DIV 的 id 设置为 left 与 right，表示两个 DIV 的名称。首先为它们设置宽度，然后让两个 DIV 在水平线中并排显示，从而形成两列式布局，具体步骤如下。

01 在 HTML 文档的<head>与</head>之间相应的位置输入定义的 CSS 样式代码，如下所示：

```
<style>
#left{
    background-color:#00cc33;
    border:1px solid #ff3399;
    width:250px;
    height:250px;
    float:left;
    }
#right{
    background-color:#ffcc33;
    border:1px solid #ff3399;
    width:250px;
    height:250px;
    float:left;
}
</style>
```

left 与 right 两个 DIV 的代码与前面类似，两个 DIV 使用相同宽度实现两列式布局。float 属性是 CSS 布局中非常重要的属性，用于控制对象的浮动布局方式，大部分 DIV 布局基本上都通过 float 的控制来实现的。float 使用 none 值时表示对象不浮动，而使用 left 时，对象将向左浮动，例如本例中的 DIV 使用了 float:left; 之后，DIV 对象将向左浮动。

02 在 HTML 文档的<body>与</body>之间的正文中输入以下代码，给 DIV 使用 left 和 right 作为 id 名称。

```
<div id="left">左列</div>
<div id="right">右列</div>
```

03 在使用了简单的 float 属性之后，两列固定宽度就能够完整地显示出来了。在浏览器中浏览，如图 6-9 所示为两列固定宽度布局。

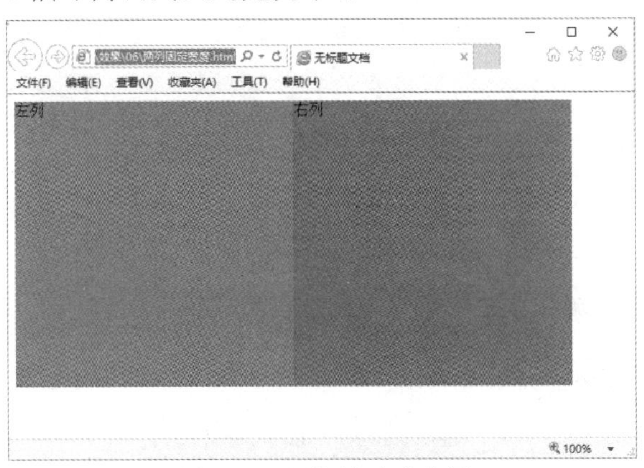

图 6-9　两列固定宽度布局

6.3.4　两列宽度自适应

下面使用两列宽度自适应布局，来实现左右栏宽度能够做到自动适应，设置自适应主要通过宽度的百分比值设置。CSS 代码修改为如下：

```
<style>
#left{   background-color:#00cc33;border:1px solid #ff3399; width:60%;
    height:250px; float:left;   }
#right{background-color:#ffcc33;border:1px solid #ff3399; width:30%;
    height:250px; float:left;   }
</style>
```

这里主要修改了左栏宽度为 60%，右栏宽度为 30%。在浏览器中浏览效果如图 6-10 和图 6-11 所示，无论怎样改变浏览器窗口大小，左右两栏的宽度与浏览器窗口的百分比都不改变。

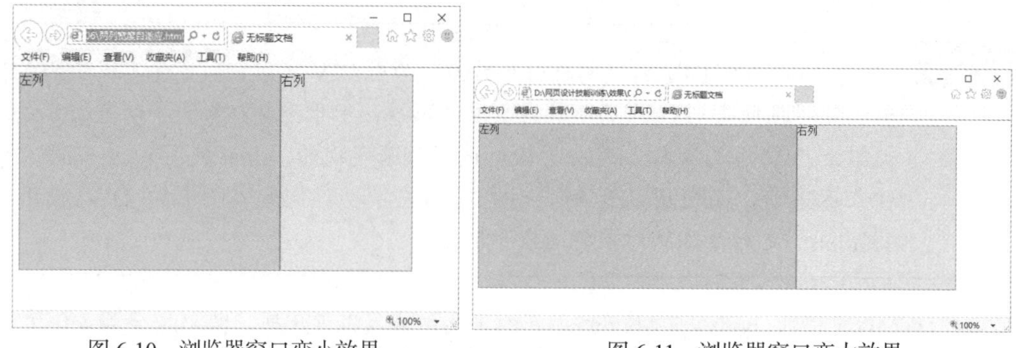

图 6-10　浏览器窗口变小效果　　　　图 6-11　浏览器窗口变大效果

6.3.5　三列浮动中间宽度自适应

使用浮动定位方式，从一列到多列的固定宽度及自适应，基本上可以简单完成，包括三列的固定宽度。这里给我们提出了一个新的要求，希望有一个三列式布局，其中左栏要求固定宽度，并居左显示，右栏要求固定宽度并居右显示，而中间栏需要在左栏和右栏的中间，根据左右栏的间距变化自动适应。

在开始这样的三列布局之前，有必要了解一个新的定位方式——绝对定位。前面的浮动定位方式主要由浏览器根据对象的内容自动进行浮动方向的调整，但是这种方式不能满足定位需求时，就需要新的方法来实现，CSS 提供的除去浮动定位之外的另一种定位方式就是绝对定位，绝对定位使用 position 属性来实现。

下面讲述三列浮动中间宽度自适应布局的创建，具体操作步骤如下。

01 在 HTML 文档的<head>与</head>之间相应的位置输入定义的 CSS 样式代码，如下所示：

```
<style>
body{ margin:0px; }
#left{ background-color:#ffcc00;  border:3px solid #333333; width:100px;
   height:250px; position:absolute; top:0px; left:0px;
}
#center{ background-color:#ccffcc; border:3px solid #333333; height:250px;
   margin-left:100px; margin-right:100px; }
#right{ background-color:#ffcc00; border:3px solid #333333; width:100px;
   height:250px; position:absolute; right:0px; top:0px; }
</style>
```

02 在 HTML 文档<body>与</body>之间的正文中输入以下代码，给 DIV 使用 left、right 和 center 作为 id 名称。

```
<div id="left">左列</div>
<div id="center">中间列</div>
<div id="right">右列</div>
```

03 进入浏览器中浏览，效果如图 6-12 和图 6-13 所示。

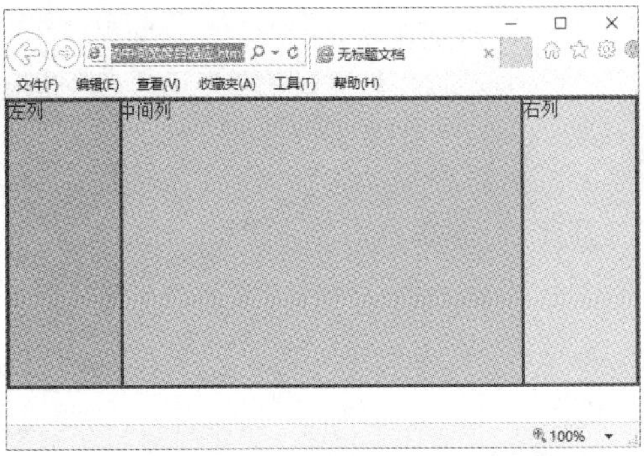

图 6-12　中间宽度自适应 1

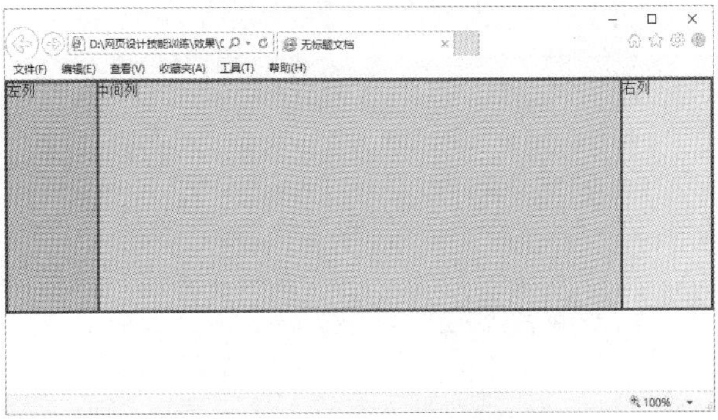

图 6-13　中间宽度自适应 2

第 7 章 使用行为设计动感特效网页

行为是 Dreamweaver 中制作绚丽网页的利器，它功能强大，颇受网页设计者的喜爱。行为是一系列使用 JavaScript 程序预定义的页面特效工具，是 JavaScript 在 Dreamweaver 中内置的程序库。在 Dreamweaver 中，利用行为可以为页面制作出各种各样的特殊效果，如打开浏览器窗口、弹出信息、交换图像等网页特殊效果。

本章重点

- 了解动作和事件
- 行为的添加与编辑
- 使用 Dreamweaver 内置行为

7.1　了解动作和事件

在 Dreamweaver 中，行为是事件和动作的组合。事件是特定的时间或是用户在某时所发出的指令后紧接着发生的，而动作是事件发生后，网页所要做出的反应。

7.1.1　动作

所谓的动作就是设置交换图像、弹出信息等特殊的 JavaScript 效果。在设定的事件发生时运行动作。表 7-1 是 Dreamweaver 中默认提供的动作种类。

表 7-1　Dreamweaver 中常见的动作

弹出消息	设置的事件发生之后，显示警告信息
交换图像	发生设置的事件后，用其他图片来取代选定的图片
恢复交换图像	在运用交换图像动作之后，显示原来的图片
打开浏览器窗口	在新窗口中打开
拖动 AP 元素	允许在浏览器中自由拖动 AP 元素
转到 URL	可以转到特定的站点或者网页文档上
检查表单	检查表单文档有效性的时候使用
调用 JavaScript	调用 JavaScript 特定函数
改变属性	改变选定元素的属性
跳转菜单	可以建立若干个链接的跳转菜单
跳转菜单开始	在跳转菜单中选定要移动的站点之后，只有单击按钮才可以移动到链接的站点上
预先载入图像	为了在浏览器中快速显示图片，事先下载图片之后显示出来
设置框架文本	在选定的框架上显示指定的内容
设置文本域文字	在文本字段区域显示指定的内容
设置容器中的文本	在选定的容器上显示指定的内容
设置状态栏文本	在状态栏中显示指定的内容

7.1.2　事件

事件就是选择在特定情况下发生选定行为动作的功能。例如，运用了单击图片之后转移到特定站点上的行为，是因为事件被指定了 onClick，所以执行了在单击图片的一瞬间转移到其他站点。表 7-2 所示为 Dreamweaver 中常见的事件。

表 7-2　Dreamweaver 中常见的事件

onAbort	在浏览器窗口中停止加载网页文档的操作时发生的事件
onMove	移动窗口或者框架时发生的事件
onLoad	选定的对象出现在浏览器上时发生的事件

（续表）

onResize	访问者改变窗口或帧的大小时发生的事件
onUnLoad	访问者退出网页文档时发生的事件
onClick	用鼠标单击选定元素的一瞬间发生的事件
onBlur	鼠标指针移动到窗口或帧外部，即在这种非激活状态下发生的事件
onDragDrop	拖动并放置选定元素的那一瞬间发生的事件
onDragStart	拖动选定元素的那一瞬间发生的事件
onFocus	鼠标指针移动到窗口或帧上，即激活之后发生的事件
onMouseDown	单击鼠标右键一瞬间发生的事件
onMouseMove	鼠标指针指向字段并在字段内移动
onMouseOut	鼠标指针经过选定元素之外时发生的事件
onMouseOver	鼠标指针经过选定元素上方时发生的事件
onMouseUp	单击鼠标右键，然后释放时发生的事件
onScroll	访问者在浏览器上移动滚动条的时候发生的事件
onKeyDown	当访问者按下任意键时产生
onKeyPress	当访问者按下和释放任意键时产生
onKeyUp	在键盘上按下特定键并释放时发生的事件
onAfterUpdate	更新表单文档内容时发生的事件
onBeforeUpdate	改变表单文档项目时发生的事件
onChange	访问者修改表单文档的初始值时发生的事件
onReset	将表单文档重设置为初始值时发生的事件
onSubmit	访问者传送表单文档时发生的事件
onSelect	访问者选定文本字段中的内容时发生的事件
onError	在加载文档的过程中，发生错误时发生的事件
onFilterChange	运用于选定元素的字段发生变化时发生的事件
Onfinish Marquee	用功能来显示的内容结束时发生的事件
Onstart Marquee	开始应用功能时发生的事件

7.2　行为的添加与编辑

通过行为的应用，可在网页设计中加入具有互动性质的效果。本节介绍网页行为的添加、修改等操作方法。

7.2.1　行为的添加

在网页中选取所需的内容，例如文本、图像、AP 元素等，然后打开“行为”面板，即可为所选的网页内容添加行为，最后通过设置事件，即可让行为的动作因为事件的触发而产生相应的效果。

添加行为的具体操作步骤如下。

01 在编辑窗口中，选择要增加行为的对象元素，在编辑窗口中选择元素，或者在编辑窗口底部的标签选择器中单击相应的页面元素标签，例如<body>。

02 单击“行为”面板中的添加行为按钮+，在打开的行为菜单中选择一种行为。

03 选择行为后，一般会打开一个参数设置对话框，根据需要设置完成。

04 单击“确定”按钮，在“行为”面板的列表中显示添加的事件及对应的动作。

05 如果要设置其他的触发事件，可单击事件列表右边的下拉箭头，打开事件下拉菜单，从中选择一个需要的事件。

7.2.2 行为的修改

在附加了行为之后，可以更改触发动作的事件、添加或删除动作以及更改动作的参数。其步骤如下。

01 选择一个附加有行为的对象。

02 选择菜单栏中的“窗口”|“行为”命令，打开“行为”面板，若要编辑动作的参数，双击动作的名称或将其选中并按 Enter（Windows）或 Return（Mac）键；然后更改对话框中的参数并单击“确定”按钮。

7.3 使用 Dreamweaver 内置行为

在 Dreamweaver CC 中，无须编写触发事件及动作脚本代码，直接利用 Dreamweaver CC“行为”面板中的各项设置，就可以轻松实现丰富的动态页面效果，达到用户与页面交互的目的。

7.3.1 交换图像

下面通过实例讲述“交换图像”行为的使用方法，当鼠标未经过图像时的效果如图 7-1 所示，当鼠标经过图像时的效果如图 7-2 所示，具体操作步骤如下。

图 7-1 鼠标未经过图像时的效果

图 7-2 鼠标经过图像时的效果

01 打开网页文档，选中图像，如图 7-3 所示。

02 选择菜单栏中的“窗口”|“行为”命令，打开“行为”面板，在“行为”面板中单击“添加行为”按钮 +，在弹出的菜单中选择“交换图像”选项，如图 7-4 所示。

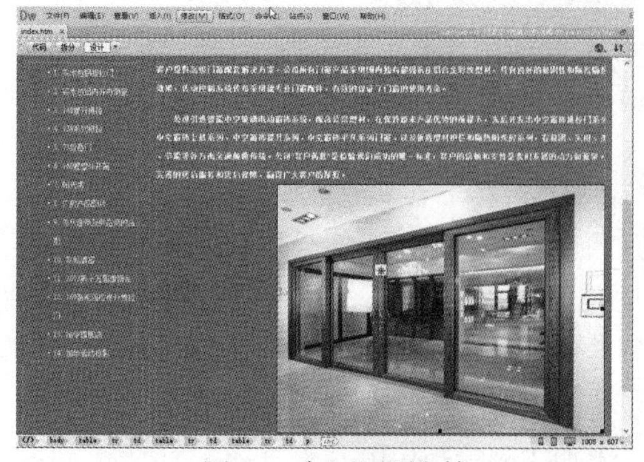

图 7-3　打开网页文档

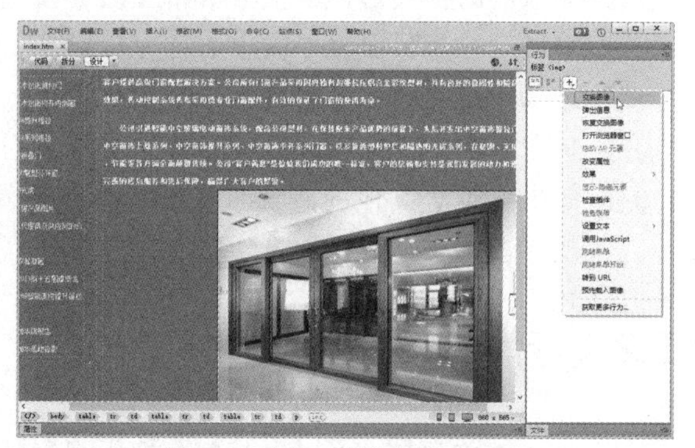

图 7-4　选择“交换图像”选项

03 弹出“交换图像”对话框，在对话框中单击“设定原始档为”文本框右边的“浏览”按钮，弹出如图 7-5 所示的对话框，在对话框中选择图像。

04 单击“确定”按钮，图像添加到文本框中，勾选“预先载入图像”复选框，在载入页时将新图像载入到浏览器的缓存中，如图 7-6 所示，这样可以防止当图像该出现时由于下载而导致的延迟。

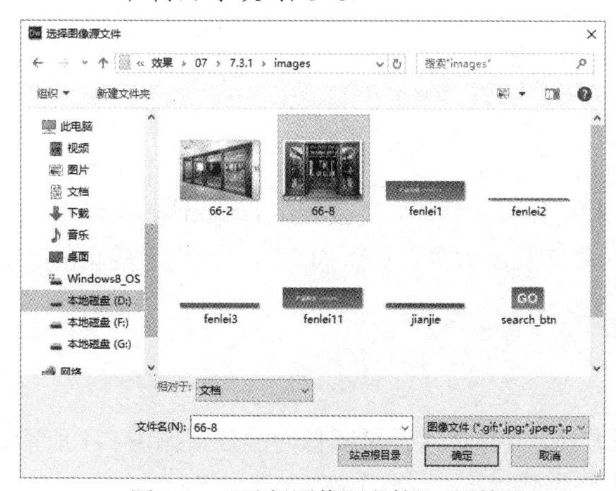

图 7-5　“选择图像源文件”对话框

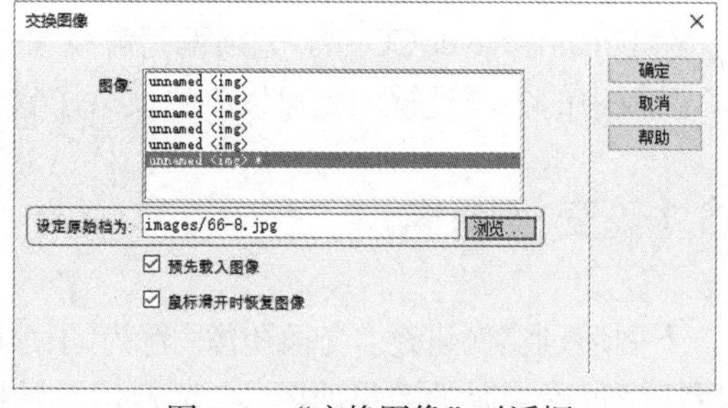

图 7-6　“交换图像”对话框

“交换图像”对话框中可以进行如下设置。

- 图像：在列表中选择要更改其来源的图像。
- 设定原始档为：单击“浏览”按钮选择新图像文件，文本框中显示新图像的路径和文件名。
- 预先载入图像：勾选该复选框，这样在载入网页时，新图像将载入到浏览器的缓冲中，防止当图像该出现时由于下载而导致的延迟。

05 单击“确定”按钮，添加到“行为”面板中，如图 7-7 所示。

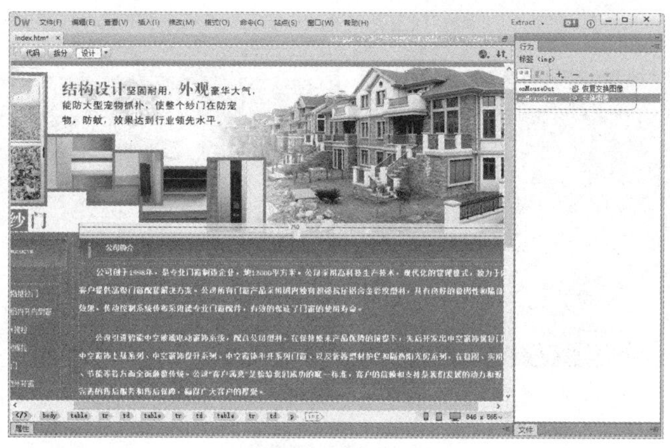

图 7-7　添加行为

06 保存文档。按 F12 功能键进入浏览器中预览，当鼠标指针未接近图像时的效果如图 7-1 所示，鼠标指针接近图像时的效果如图 7-2 所示。

7.3.2　弹出信息

“弹出信息”行为显示一个带有指定消息的 JavaScript 警告框，因为 JavaScript 警告只有一个“确定”按钮，所以使用此行为可以提供信息，而不能为浏览者提供选择。

下面通过实例讲述“弹出信息”行为的使用方法，其前、后效果如图 7-8 和图 7-9 所示，具体操作步骤如下。

图 7-8　弹出信息前的效果

图 7-9　弹出信息后的效果

01 打开网页文档，如图 7-10 所示。

02 在文档窗口中选择<body>标签，选择菜单栏中的“窗口”|“行为”命令，打开“行为”面板，在面板中单击“添加行为”按钮 +，在弹出的菜单中选择“弹出信息”，如图 7-11 所示。

03 弹出如图 7-12 所示的“弹出信息”对话框，在对话框中输入内容。

04 单击“确定”按钮，添加行为，如图 7-13 所示。

图 7-10　打开网页文档

图 7-11　选择“弹出信息”选项

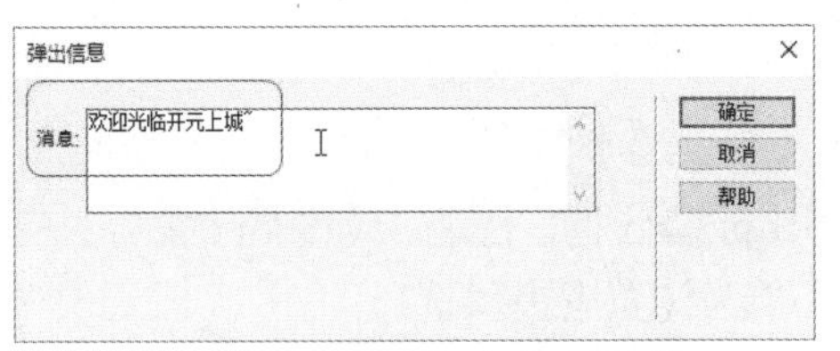

图 7-12　“弹出信息”对话框

图 7-13　添加行为

05 保存文档，按 F12 功能键进入浏览器中预览，效果如图 7-9 所示。

7.3.3　打开浏览器窗口

使用“打开浏览器窗口”行为可以在一个新窗口中打开 URL，可以指定新窗口的属性，如窗口的大小、属性和名称。下面通过实例讲述“打开浏览器窗口”的使用方法，其前、后效果如图 7-14 和图 7-15 所示，具体操作步骤如下。

图 7-14　打开浏览器窗口前的效果

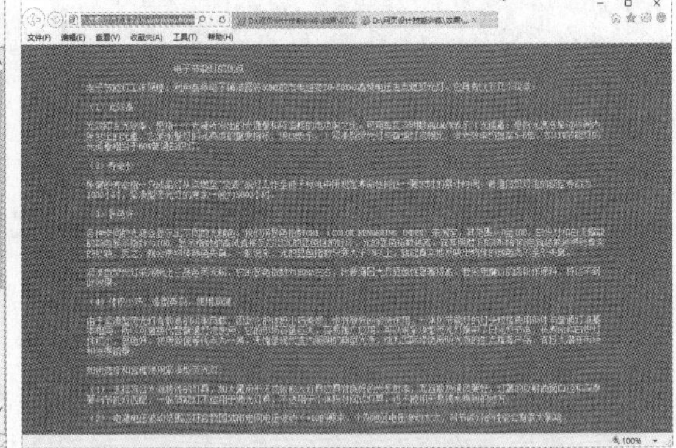

图 7-15　打开浏览器窗口后的效果

01 打开网页文档，如图 7-16 所示。

02 在文档窗口中选择<body>标签，选择菜单栏中的“窗口”|“行为”命令，打开“行

为”面板，在面板中单击“添加行为”按钮 +，在弹出的菜单中选择“打开浏览器窗口”命令，如图 7-17 所示。

图 7-16　打开网页文档

图 7-17　选择“打开浏览器窗口”

03 弹出“打开浏览器窗口”对话框，在对话框中单击“要显示的 URL”文本框右边的“浏览”按钮，弹出“选择文件”对话框，在对话框中选择文件，如图 7-18 所示。

04 单击“确定”按钮，添加到文本框中，如图 7-19 所示，并在“窗口名称”文本框中输入名称。

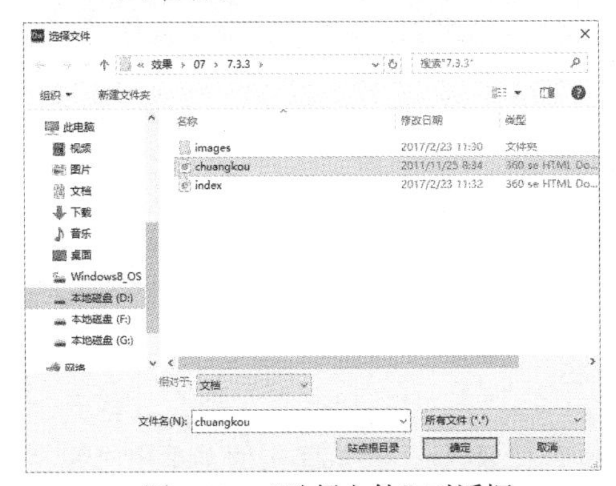

图 7-18　“选择文件”对话框

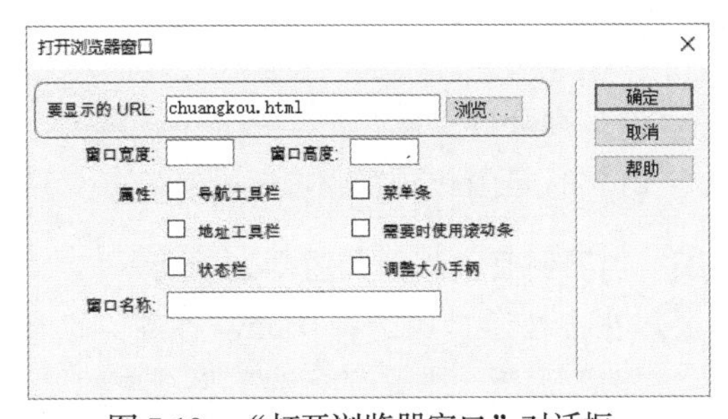

图 7-19　“打开浏览器窗口”对话框

05 单击“确定”按钮，添加行为，如图 7-20 所示。

图 7-20　添加行为

06 保存文档，按 F12 功能键进入浏览器中预览，效果如图 7-15 所示。

如果不调整要打开的浏览器窗口大小，在打开时它的大小与打开它的窗口相同。实际中会遇到很多网页在打开时同时弹出一些信息窗口（如招聘启事）或广告窗口，它们使用的都是Dreamweaver行为中的“打开浏览器窗口”动作。

7.3.4 设置状态栏文本

“设置状态栏文本”行为在浏览器窗口底部左侧的状态栏中显示消息，如可以使用此行为在状态栏中说明链接的目标而不是显示与其关联的URL。

下面通过实例讲述“设置状态栏文本”行为的使用方法，使用“设置状态栏文本”行为的前、后效果如图7-21和图7-22所示，具体操作步骤如下。

图7-21 设置状态栏文本前的效果

图7-22 设置状态栏文本后的效果

01 打开网页文档，如图7-23所示。

02 在文档窗口中选择<body>标签，选择菜单栏中的“窗口”|“行为”命令，打开“行为”面板，单击“行为”面板中的“添加行为”按钮 +，在从弹出的菜单中选择“设置文本”|“设置状态栏文本”命令，如图7-24所示。

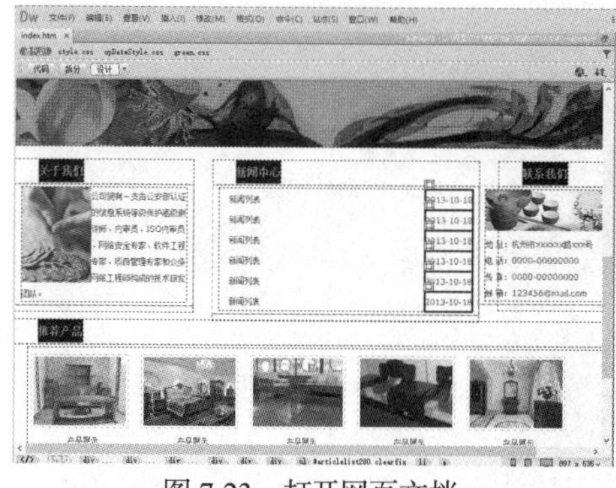

图7-23 打开网页文档

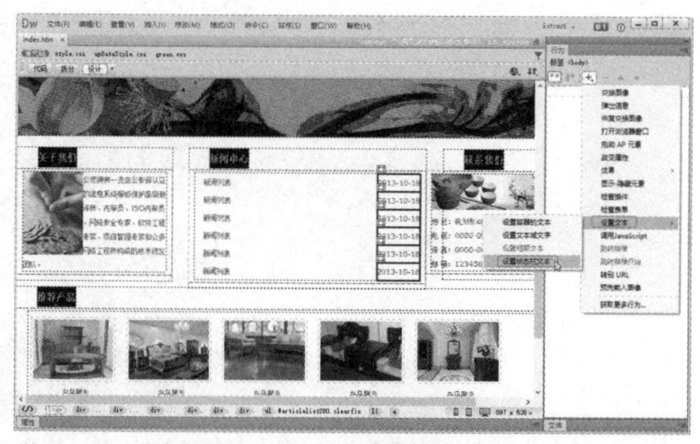

图7-24 选择“设置状态栏文本”命令

03 弹出“设置状态栏文本”对话框，在对话框中的“消息”文本框中输入消息，如图7-25所示。

04 单击“确定”按钮，添加行为，如图7-26所示。

05 保存文档，按F12功能键进入浏览器中预览，效果如图7-22所示。

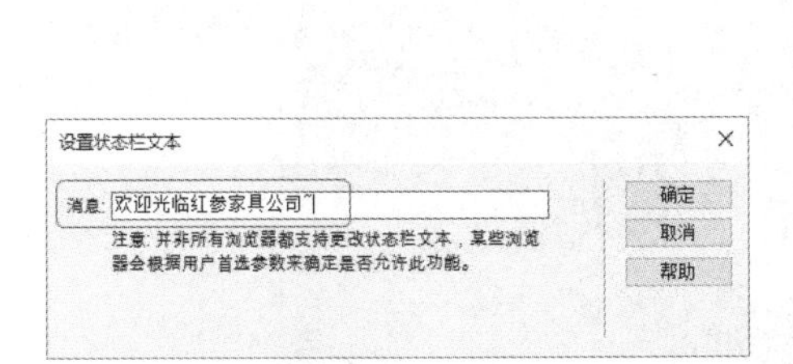

图 7-25 “设置状态栏文本”对话框

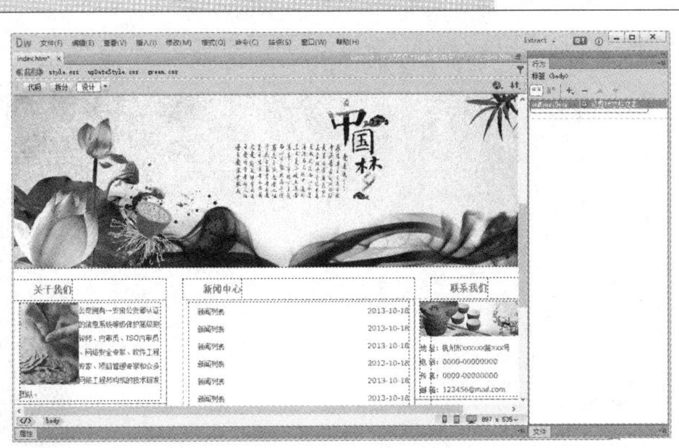

图 7-26 添加行为

7.3.5 调用 JavaScript

下面利用“调用 JavaScript”行为创建一个自动关闭的网页，其前、后效果如图 7-27 和图 7-28 所示，具体操作步骤如下。

图 7-27 调用 JavaScript 前的效果

图 7-28 调用 JavaScript 后的效果

01 打开网页文档，如图 7-29 所示。

02 在文档窗口中选择<body>标签，选择菜单栏中的“窗口”|“行为”命令，打开“行为”面板，在面板中单击“添加行为”按钮 +，在菜单中选择“调用 JavaScript”命令，如图 7-30 所示。

图 7-29 打开网页文档

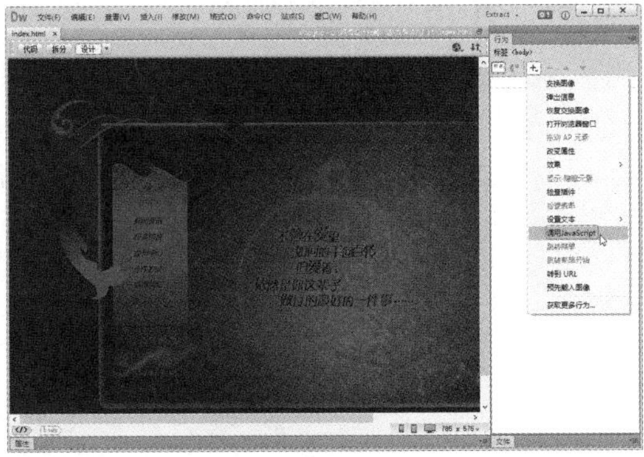

图 7-30 选择“调用 JavaScript”命令

03 弹出“调用 JavaScript”对话框，在对话框中输入 window.close()，如图 7-31 所示。

04 单击“确定”按钮，添加到“行为”面板，将事件设置为 onLoad，如图 7-32 所示。

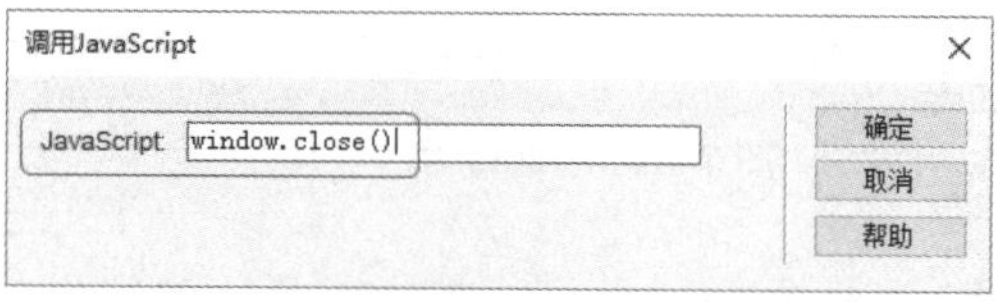

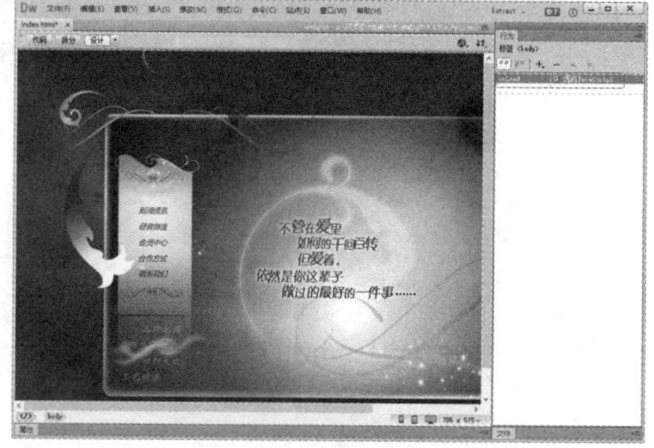

图 7-31 “调用 JavaScript”对话框

图 7-32 添加行为

05 保存文档。按 F12 功能键进入浏览器中预览，效果如图 7-28 所示。

7.3.6 转到 URL

“转到 URL”动作在当前窗口或指定的框架中打开一个新网页，此行为对通过一次单击更改两个或多个框架的内容特别有用。

下面通过实例讲述“转到 URL”的使用方法，跳转前的效果如图 7-33 所示，跳转后的效果如图 7-34 所示，具体操作步骤如下。

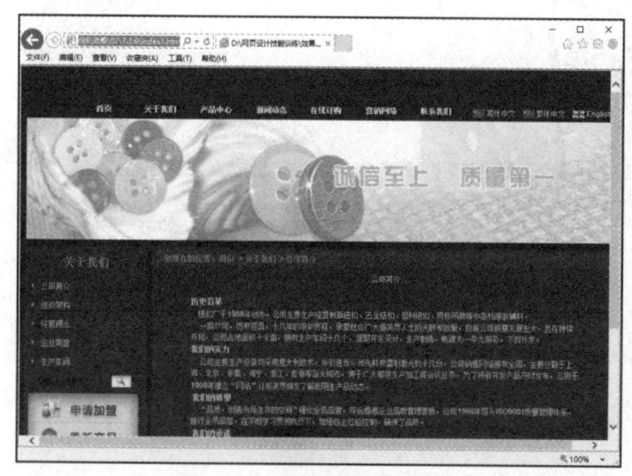

图 7-33 跳转前的效果

图 7-34 跳转后的效果

01 打开网页文档，如图 7-35 所示。

02 选择菜单栏中的“窗口”|“行为”命令，打开“行为”面板。在面板中单击“添加行为”按钮 +，在弹出的菜单中选择“转到 URL”命令，如图 7-36 所示。

03 弹出“转到 URL”对话框，在对话框中单击 URL 文本框右边的“浏览”按钮，在“选择文件”对话框中选择文件，如图 7-37 所示，或在 URL 文本框中直接输入该文档的路径和文件名。

04 单击“确定”按钮，添加到对话框中，如图 7-38 所示。

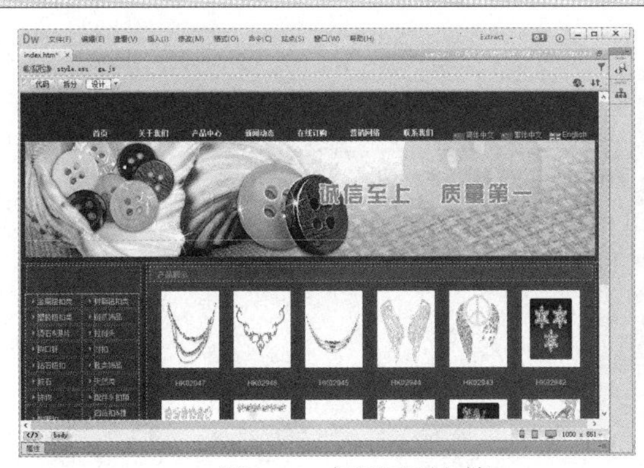

图 7-35　打开网页文档

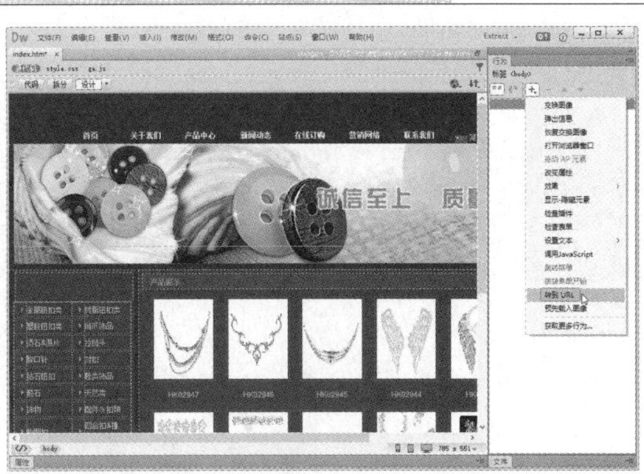

图 7-36　选择“转到 URL”命令

图 7-37　“选择文件”对话框

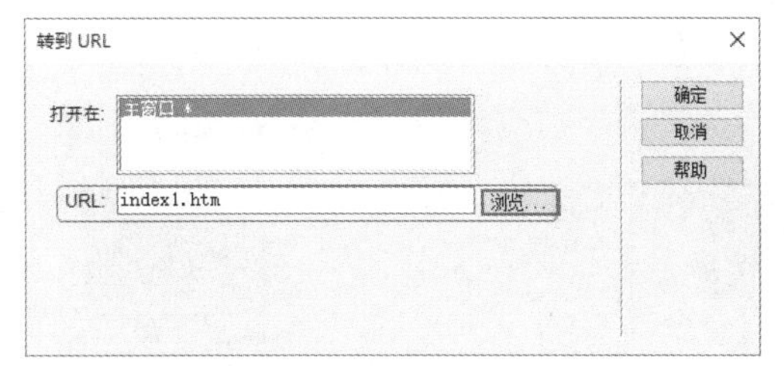

图 7-38　“转到 URL”对话框

05 单击“确定”按钮，添加行为，如图 7-39 所示。

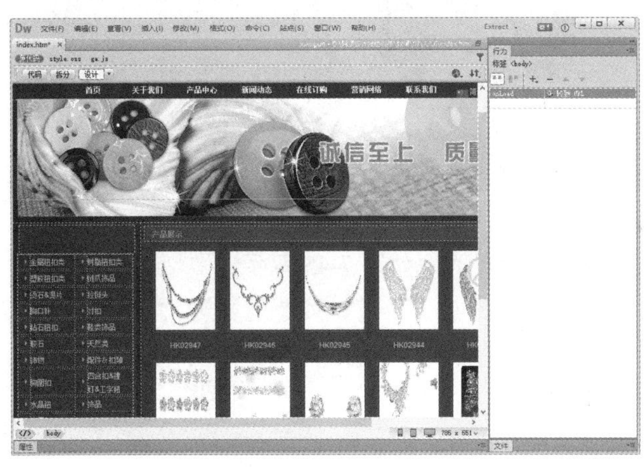

图 7-39　添加行为

06 保存文档。按 F12 功能键进入浏览器中预览效果，跳转前的效果如图 7-33 所示，跳转后的效果如图 7-34 所示。

7.3.7　blind 效果

使用 blind 效果可以使元素变大或变小，使用 blind 前、后的效果如图 7-40 和图 7-41 所示，具体操作步骤如下。

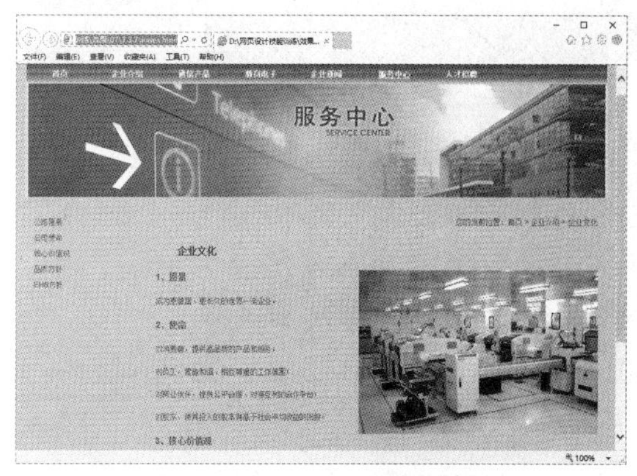

图 7-40　使用 blind 前的效果

图 7-41　使用 blind 后的效果

01 打开网页文档，选择要应用效果的内容或布局对象，如图 7-42 所示。

02 在“行为”面板中单击“添加行为”按钮 +，在弹出的菜单中选择“效果”| blind 命令，如图 7-43 所示。

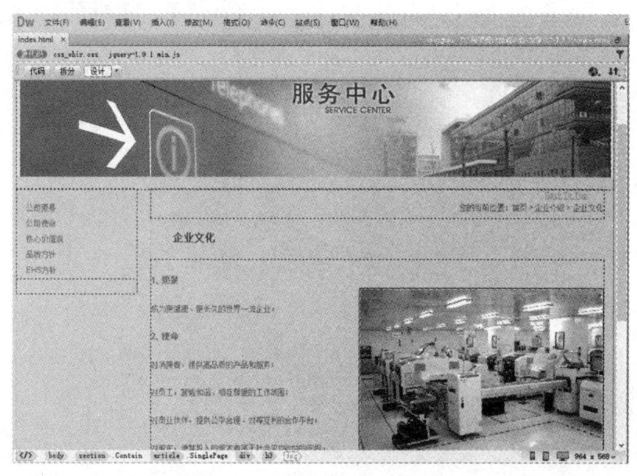

图 7-42　打开网页文档

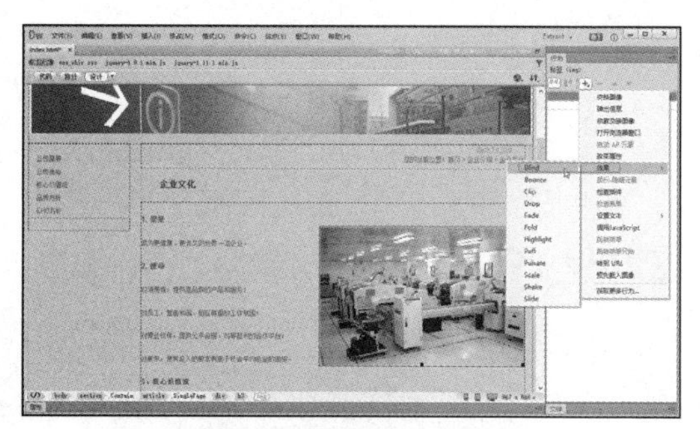

图 7-43　选择 blind 命令

03 弹出 blind 对话框，在对话框的“目标元素”中选择“<当前选定内容>”选项，“效果持续时间”设置为“1000”，“可见性”中设置 hide，“方向”选择 up，如图 7-44 所示。

04 单击“确定”按钮，添加行为，如图 7-45 所示。

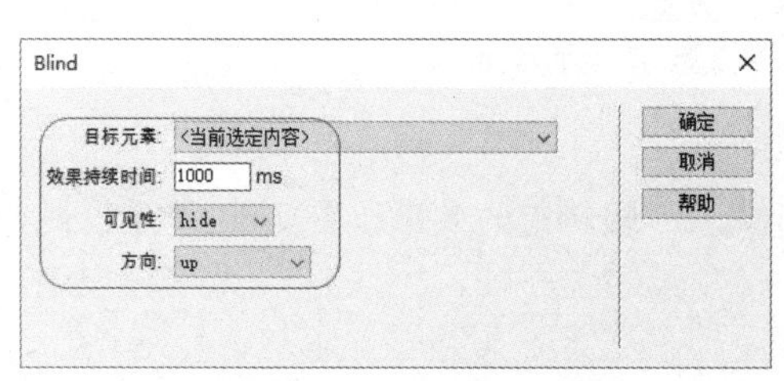

图 7-44　“blind”对话框

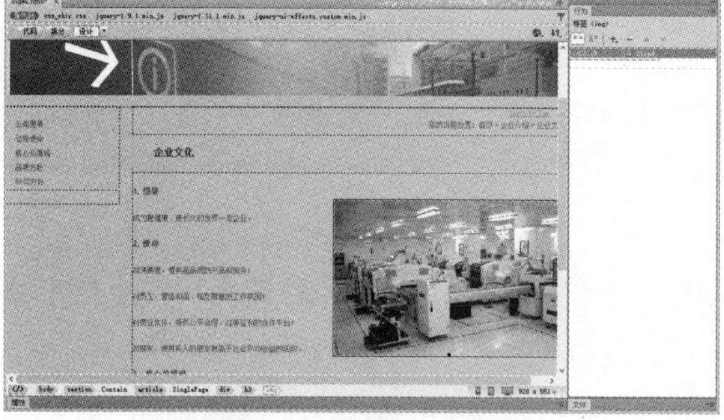

图 7-45　添加行为

“blind”对话框中主要有以下参数。

- 目标元素：选择某个对象的 ID。如果已经选择了一个对象，则选择“<当前选定内容>”选项。
- 效果持续时间：定义出现此效果的时间，用毫秒表示。
- 可见性：有三中选项即 hide、show、toggle。
- 方向：在此设置图像的变化方向，即 up、down、left、right、vertical、horizontal。

05 保存文档。按 F12 功能键进入浏览器中预览效果，如图 7-41 所示。

7.3.8　Fold 效果

使用 Fold 效果可以使元素从页面下消失，然后向右消失，使用 Fold 前、后的效果如图 7-46 和图 7-47 所示，具体操作步骤如下。

图 7-46　使用 Fold 前的效果

图 7-47　使用 Fold 后的效果

01 打开网页文档，选择要应用效果的内容或布局对象，如图 7-48 所示。

02 在“行为”面板中单击“添加行为”按钮 +，在弹出菜单中选择“效果”| Fold 命令，如图 7-49 所示。

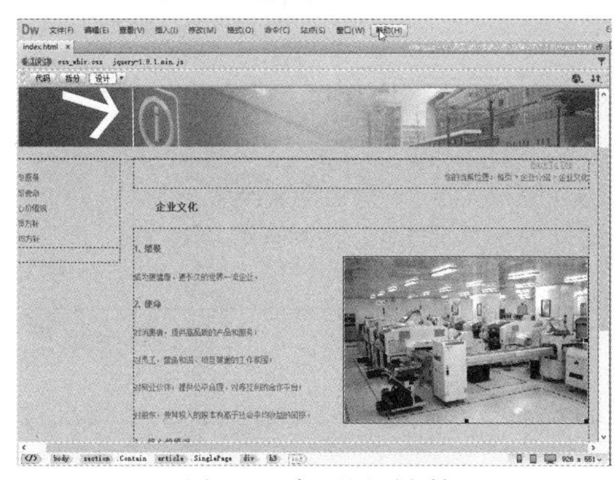

图 7-48　打开网页文档

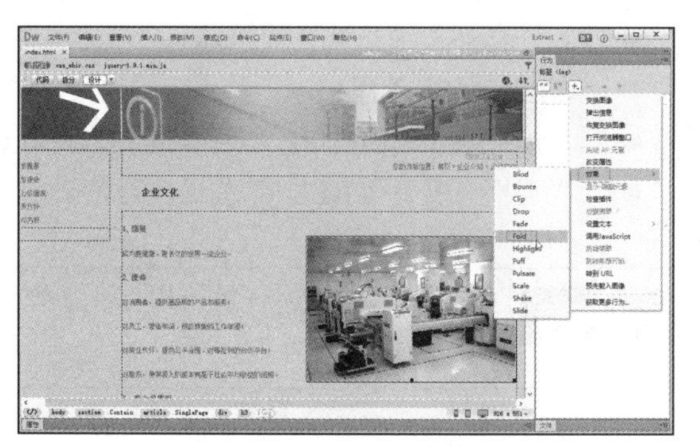

图 7-49　选择 Fold 命令

03 弹出 Fold 对话框，在对话框中的“目标元素”中选择“<当前选定内容>”选项，“效果持续时间”设置为“1000”，“可见性”设置的 hide，“水平优先”选择 false，“大小”设置为 15 像素，如图 7-50 所示。

04 单击“确定”按钮，添加行为。如图 7-51 所示。

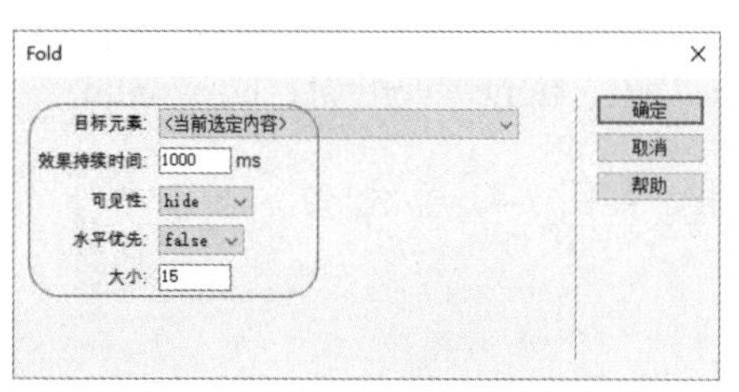

图 7-50　Fold 对话框

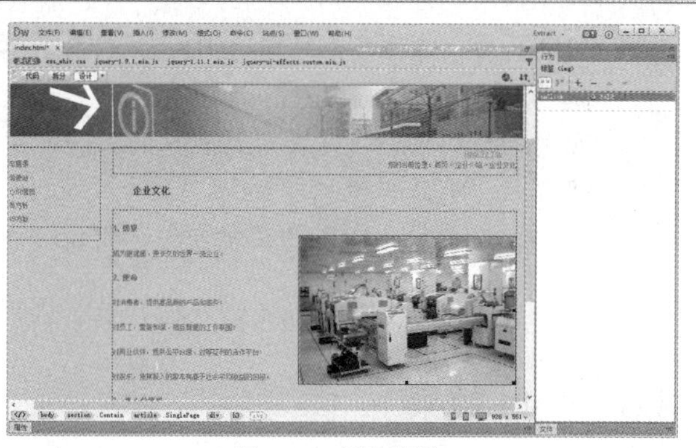
图 7-51　添加行为

05 保存网页。按 F12 功能键进入浏览器中预览，效果如图 7-47 所示。

7.3.9　检查插件

“检查插件”动作用来检查访问者的计算机中是否安装了特定的插件，从而决定将访问者带到不同的页面，“检查插件”动作具体使用方法如下。

打开“行为”面板，单击“行为”面板中的“添加行为”按钮 +，在弹出的菜单中选择“检查插件”命令，弹出“检查插件”对话框，如图 7-52 所示。设置完成后，单击“确定”按钮。

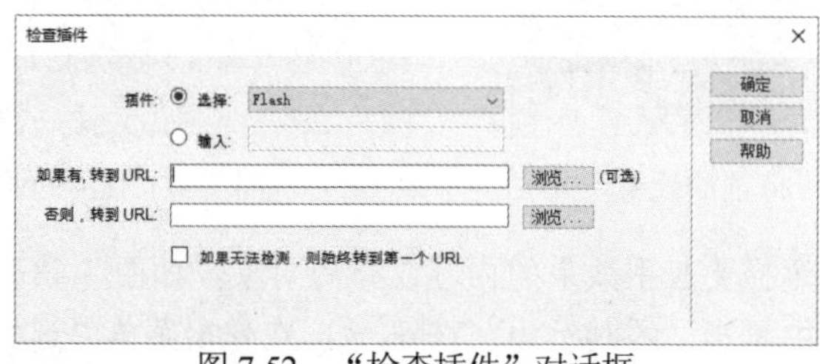

图 7-52　“检查插件”对话框

在“检查插件”对话框中可以设置以下参数。

- 在“插件”下拉列表中选择一个插件，或选择“输入”单选按钮并在右边的文本框中输入插件的名称。
- “如果有，转到 URL”文本框：为具有该插件的访问者指定一个 URL。
- “否则，转到 URL”文本框：为不具有该插件的访问者指定一个替代 URL。

提示　如果指定一个远程的 URL，则必须在地址中包括前缀 http://；若要让具有该插件的访问者留在同一页上，此文本框不必填写任何内容。

7.3.10　检查表单

“检查表单”行为检查指定文本域的内容以确保输入了正确的数据类型。使用 onBlur 事件将此动作分别附加到各文本域，在用户填写表单时对文本域进行检查；或使用 onSubmit 事件将其附加到表单，再单击“提交”按钮，同时对多个文本域进行检查。将此行为附加到表单以防止表单提交到服务器后指定的文本域包含无效的数据。

下面通过实例讲述“检查表单”行为的使用方法，使用“检查表单”前的效果如图 7-53 所示，使用“检查表单”后的效果如图 7-54 所示，具体操作步骤如下。

图 7-53　检查表单前效果

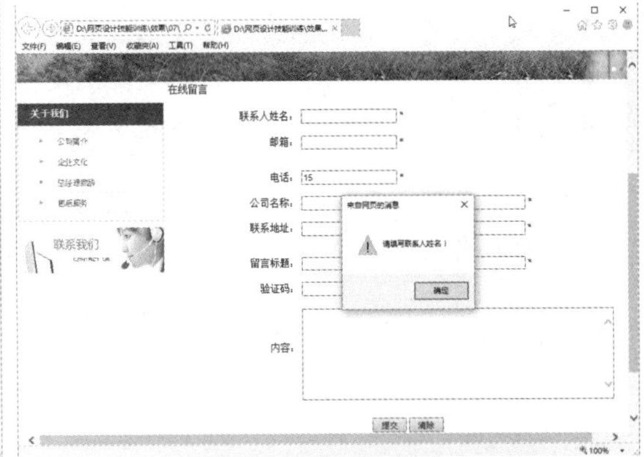

图 7-54　检查表单后效果

01 打开网页文档，如图 7-55 所示。

02 选中表单中的文本域，单击“行为”面板中的“添加行为”按钮 +，在弹出的菜单中选择“检查表单”命令，如图 7-56 所示。

图 7-55　打开网页文档

图 7-56　选择“检查表单”命令

03 弹出“检查表单”对话框，在对话框中进行相应的设置，如图 7-57 所示。

04 单击“确定”按钮，添加行为，如图 7-58 所示。

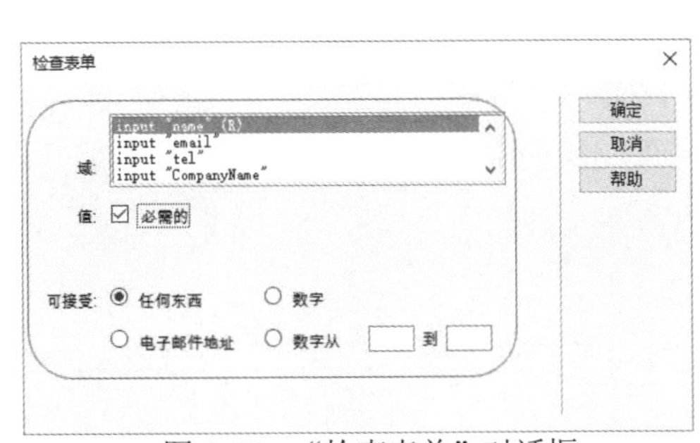

图 7-57　“检查表单”对话框

图 7-58　添加行为

“可接受”选项中主要有以下参数。

- 任何东西：如果该文本域是必需的，但不需要包含任何特定类型的数据，则单击选中“任何东西”单选按钮。
- 电子邮件地址：单击选中“电子邮件地址”单选按钮检查该域是否包含一个@符号。
- 数字：使用“数字”检查该文本域是否只包含数字。
- 数字从：使用“数字从”检查该文本域是否包含特定范围内的数字。

05 保存文档，按 F12 功能键进入浏览器中预览效果。当在文本域中输入不规则密码时，表单将无法正常提交到后台服务器，这时会出现提示信息框，并要求重新输入，如图 7-54 所示。

第 8 章

动态网站设计基础

动态网页技术的出现使得网站从展示平台变成了网络交互平台。Dreamweaver 的可视化工具可以开发动态站点，而不必编写复杂的代码。动态网页以数据库技术为基础，可以大大降低网站维护的工作量。本章主要学习动态网页平台的搭建、数据库连接的创建。

重点内容

- 熟悉动态网页的特点与制作过程
- 了解搭建本地服务器
- 掌握创建数据库连接

8.1 动态网页的特点与制作过程

数据库是创建动态网页的基础。对于网站来说一般都要准备一个用于存储、管理和获取客户信息的数据库。利用数据库制作的网站，一方面，在前台访问者可以利用查询功能很快地找到自己要的资料；另一方面，在后台，网站管理者通过后台管理系统很方便地管理网站，而且后台管理系统界面直观，即使不懂计算机的人也很容易学会使用。

8.1.1 动态网页的特点

动态网页是与静态网页相对应的，也就是说，网页 URL 的后缀不是.htm、.html、.shtml、.xml 等静态网页的常见形式，而是以.asp、.jsp、.php、.perl、.cgi 等形式为后缀，并且在动态网页网址中有一个标志性的符号——“？”。

这里说的动态网页，与网页上的各种动画、滚动字幕等视觉上的“动态效果”没有直接关系，动态网页也可以是纯文字内容的，也可以是包含各种动画的内容，这些只是网页具体内容的表现形式，无论网页是否具有动态效果，采用动态网站技术生成的网页都称为动态网页。

从网站浏览者的角度来看，无论是动态网页还是静态网页，都可以展示基本的文字和图片信息，但从网站开发、管理、维护的角度来看就有很大的差别。将动态网页的一般特点简要归纳如下：

（1）动态网页以数据库技术为基础，可以大大降低网站维护的工作量。

（2）采用动态网页技术的网站可以实现更多的功能，如用户注册、用户登录、在线调查、用户管理、订单管理等。

（3）动态网页实际上并不是独立存在于服务器上的网页文件，只有当用户请求服务器时才返回一个完整的网页。

（4）动态网页中的“？”对搜索引擎检索存在一定的问题，搜索引擎一般不可能从一个网站的数据库中访问全部网页，或者出于技术方面的考虑，搜索蜘蛛不去抓取网址中“？”后面的内容，因此采用动态网页的网站在进行搜索引擎推广时需要做一定的技术处理才能适应搜索引擎的要求。

8.1.2 动态网页工作原理

动态网页技术的工作原理：使用不同技术编写的动态页面保存在 Web 服务器内，当客户端用户向 Web 服务器发出访问动态页面的请求时，Web 服务器将根据用户所访问页面的后缀名确定该页面所使用的网络编程技术，然后把该页面提交给相应的解释引擎；解释引擎扫描整个页面找到特定的定界符，并执行位于定界符内的脚本代码以实现不同的功能，如访问数据库，发送电子邮件，执行算术或逻辑运算等，最后把执行结果返回 Web 服务器；最终，Web 服务器把解释引擎的执行结果连同页面上的 HTML 内容以及各种客户端脚本一同传送到客户端。如图 8-1 所示为动态网页的工作原理图。

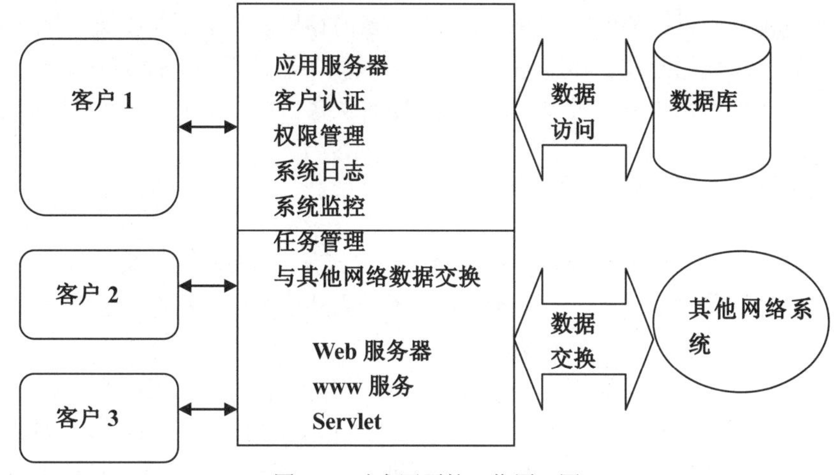

图 8-1 动态网页的工作原理图

8.1.3 动态网站技术核心

动态网站的工作方式其实很简单，那么是不是动态网页学习和开发就轻松了呢？显然不是这样的。要使动态网站动起来，其中会需要多种技术进行支撑。简单概括就是：数据传输、数据存储和服务管理。

1. 数据传输

有的读者可能会想到，HTTP 不是专门负责数据传输的吗？是的。但是 HTTP 仅是一个应用层的自然协议。如何获取 HTTP 请求消息？还必须使用一种技术来实现。

可以选用一种编程语言（如 C、Java 等）来设置和接收 HTTP 请求和响应消息的构成，但是这种过程是非常费时、费力，也是易错的劳动，对于广大初学者来说简直望尘莫及。

如果能够提供现成的技术，封装对 HTTP 请求和响应消息的控制，岂不是简化了开发、降低了学习的门槛；而服务器技术的一个核心功能就是负责对 HTTP 请求和响应消息的控制。例如，在 ASP 中，我们直接调用 Request 和 Response 这两个对象，然后利用它们包含的属性和方法就可以完成 HTTP 请求和响应的控制。在其他服务器技术中，也都提供这些基本功能，但是所使用的对象和方法可能略有不同。

2. 数据存储

数据传输是动态网站的基础，但是如何存储数据也是动态网站必须解决的核心技术之一。也许你可能想到利用 HTTP 协议实现在不同页面之间传输信息。是的，但是这仅解决了信息传输的基本途径，不是最佳方式。试想，在会员管理网站中，为了保证每一位登录会员都能够通过每个页面的验证，我们可能需要在 HTTP 中不断附加每位登录会员的信息，这本身就是件很麻烦的事情。如果登录会员很多，无疑会增加 HTTP 传输的负担，甚至造成网络的堵塞，更为要命的是这很容易造成整个网络传输的混乱。

显然如果使用 HTTP 来完成所有信息的共享和传输问题是很不现实的，也是行不通的。最理想的方法是服务器能够提供一种技术来存储不同类型的数据。例如，根据信息的应用范围可以分为：应用程序级变量（存储的信息为所有人共享）和会话级变量（存储的信息仅为某个用户使用）。

一般服务器技术都能够提供服务器内存管理，在服务器内存里划分出不同区域，专门负责存储不同类型的变量，以实现数据的共享和传递。另外，一般服务器技术都会提供 Cookie 技术，以便把用户信息保存到用户本地的计算机中，使用时再随时从客户端调出来，从而实现信息的长久保存和再利用。

3. 服务管理

如果解决了动态网站的数据传输和存储这两个基本问题，动态网站的条件就基本成立了。但是要希望动态网站能够稳健地运行，还需要一套技术来维持这种运行状态。这套技术就是服务器管理，实际上这也是服务器技术中最复杂的功能。

当然，我们这里所说的服务管理仅仅是狭义的管理概念，它仅包括服务器参数设置、动态网站环境设置，以及网站内不同功能模块之间的协同管理。例如，网站物理路径和相对路径的管理、服务器安全管理、网站默认值管理、扩展功能管理和辅助功能管理，以及一些管理工具支持等。

你可以想象一下，如果没有服务器管理技术的支持，整个服务器可能只能运行一个网站（或一个 Web 应用程序），动态网页也无法准确定位自己的位置。整个网站处于一片混乱、混沌状态。例如，在 ASP 服务器技术中，我们可以利用 Server 对象来管理各种功能，如网页定位、环境参数设置、安装扩展插件等。

8.2 动态网站技术类型

实际上目前常用的三类服务器技术就是 ASP（Active Server Pages，活动服务器网页）、JSP（Java Server Pages，Java 服务器网页）、PHP（Hypertext Preprocessor，超文本预处理程序）。这些技术的核心功能都是相同的，但是它们基于的开发语言不同，实现功能的途径也存在差异。如果当你掌握了一种服务器技术，再学习另一种服务器技术，就会发现简单多了。这些服务器技术都可以设计出常用动态网页功能，对于一些特殊功能，虽然不同服务器技术支持程度不同，操作的难易程度也略有差别，甚至还有些功能必须借助各种外部扩展才可以实现。

8.2.1 ASP

ASP 是 Active Server Page 的缩写，意为“动态服务器页面”。ASP 是微软公司开发的代替 CGI 脚本程序的一种应用，它可以与数据库和其他程序进行交互，是一种简单、方便的编程工具。ASP 的网页文件的格式是.asp，现在常用于各种动态网站中。ASP 是一种服务器端脚本编写环境，可以用来创建和运行动态网页或 Web 应用程序。ASP 采用 VB Script 和 JavaScript 脚本语言作为开发语言，当然也可以嵌入其他脚本语言。ASP 服务器技术只能在 Windows 系统中使用。

ASP 网页具有以下特点：

（1）利用 ASP 可以实现突破静态网页的一些功能限制，实现动态网页技术。

（2）ASP 文件是包含在 HTML 代码所组成的文件中的，易于修改和测试。

（3）服务器上的 ASP 解释程序会在服务器端执行 ASP 程序，并将结果以 HTML 格式传送到客户端浏览器上，因此使用各种浏览器都可以正常浏览 ASP 所产生的网页。

（4）ASP 提供了一些内置对象，使用这些对象可以使服务器端脚本功能更强。例如可以从 Web 浏览器中获取用户通过 HTML 表单提交的信息，并在脚本中对这些信息进行处理，然后向 Web 浏览器发送信息。

（5）ASP 可以使用服务器端 ActiveX 组件来执行各种各样的任务，例如存取数据库、发送 Email 或访问文件系统等。

（6）由于服务器是将 ASP 程序执行的结果以 HTML 格式传回客户端浏览器，因此使用者不会看到 ASP 所编写的原始程序代码，可防止 ASP 程序代码被窃取。

（7）方便连接 Access 与 SQL 数据库。

（8）开发需要有丰富的经验，否则会留出漏洞，让黑客进行注入攻击。

8.2.2 PHP

PHP 也是一种比较流行的服务器技术，它最大的优势就是开放性和免费服务。你不用花费一分钱，就可以从 PHP 官方站点（http://www.php.net）下载 PHP 服务软件，并不受限制地获得源码，甚至可以从中加进自己的功能。PHP 服务器技术能够兼容不同的操作系统。PHP 页面的扩展名为.php。

PHP 有以下特性：

（1）开放的源代码：所有的 PHP 源代码事实上都可以得到。

（2）PHP 是免费的：和其他技术相比，PHP 本身免费且是开源代码。

（3）PHP 的快捷性：程序开发快，运行快，技术本身学习快。因为 PHP 可以被嵌入于 HTML 语言，它相对于其他语言，编辑简单，实用性强，更适合初学者。

（4）跨平台性强：由于 PHP 是运行在服务器端的脚本，可以运行在 UNIX、Linux、Windows 下。

（5）效率高：PHP 消耗相当少的系统资源。

（6）图像处理：用 PHP 动态创建图像。

（7）面向对象：在 PHP4、PHP5 中，面向对象方面都有了很大的改进，现在 PHP 完全可以用来开发大型商业程序。

（8）专业专注：PHP 支持脚本语言为主，同为类 C 语言。

8.2.3 JSP

JSP 是 Sun 公司倡导、许多公司参与一起建立的一种动态网页技术标准。JSP 可以在 Serverlet 和 JavaBean 技术的支持下，完成功能强大的 Web 应用开发。另外，JSP 也是一种跨多个平台的服务器技术，几乎可以执行于所有平台。

JSP 技术是用 Java 语言作为脚本语言的，JSP 网页为整个服务器端的 Java 库单元提供了一个接口来服务于 HTTP 的应用程序。

在传统的网页 HTML 文件(*.htm,*.html)中加入 Java 程序片段和 JSP 标记(tag)，就构成了 JSP 网页(*.jsp)。Web 服务器在遇到访问 JSP 网页的请求时，首先执行其中的程序片段，然后将执行结果以 HTML 格式返回给客户。程序片段可以操作数据库、重新定向网页以及发送 Email 等，这就是建立动态网站所需要的功能。

JSP 的优点：

（1）对于用户界面的更新，其实就是由 Web 服务器进行的，所以给人的感觉更新很快。

（2）所有的应用都是基于服务器的，所以它们可以时刻保持最新版本。

（3）客户端的接口不是很烦琐，对于各种应用易于部署、维护和修改。

8.2.4 ASP、PHP 和 JSP 比较

ASP、PHP 和 JSP 这三大服务器技术具有很多共同的特点：

（1）都是在 HTML 源代码中混合其他脚本语言或程序代码，其中 HTML 源代码主要负责描述信息的显示结构和样式，而脚本语言或程序代码则通常用于向机器发出一系列复杂的指令。

（2）程序代码都是在服务器端经过专门的语言引擎解释执行之后，然后把执行结果嵌入到 HTML 文档中，最后再一起发送给客户端浏览器。

（3）ASP、PHP 和 JSP 都是面向 Web 服务器的技术，客户端浏览器不需要任何附加的软件支持。

当然，它们也存在很多不同，例如：

（1）JSP 代码被编译成 Servlet，并由 Java 虚拟机解释执行，这种编译操作仅在对 JSP 页面的第一次请求时发生，以后就不再需要编译。而 ASP 和 PHP 则每次请求都需要进行编译。因此，从执行速度上来说，JSP 的效率当然最高。

（2）目前国内的 PHP 和 ASP 应用最为广泛。由于 JSP 是一种较新的技术，国内使用较少。但是在国外，JSP 已经是比较流行的一种技术，尤其电子商务类网站多采用 JSP。

（3）由于免费的 PHP 缺乏规模支持，使得它不适合应用于大型电子商务站点，而更适合一些小型商业站点。ASP 和 JSP 则没有 PHP 的这个缺陷。ASP 可以通过微软的 COM 技术获得 ActiveX 扩展支持，JSP 可以通过 Java Class 和 EJB 获得扩展支持。同时升级后的 ASP.NET 更是获得.NET 类库的强大支持，编译方式也采用了 JSP 的模式，功能可以与 JSP 相抗衡。

总之，ASP、PHP 和 JSP 三者都有自己的用户群，它们各有所长，读者可以根据三者的特点选择一种适合自己的语言。

8.3 搭建本地服务器

要建立具有动态的 Web 应用程序，必须建立一个 Web 服务器，选择一门 Web 应用程序开发语言，为了应用的深入还需要选择一款数据库管理软件。同时，因为是在 Dreamweaver 中开发的，还需要建立一个 Dreamweaver 站点，该站点能够随时调试动态页面。因此创建一个这样的动态站点，需要 Web 服务器+Web 开发程序语言+数据库管理软件+Dreamweaver 动态站点。

8.3.1 安装 IIS

IIS（Internet Information Server，互联网信息服务）是一种 Web 服务组件，它提供的服务包括 Web 服务器、FTP 服务器、NNTP 服务器和 SMTP 服务器，这些服务分别用于网页浏览、文

件传输、新闻服务和邮件发送等方面。使用这个组件提供的功能，使得在网络（包括互联网和局域网）上发布信息成了一件很简单的事情。

安装 IIS 的具体操作步骤如下。

01 在 Windows 7 系统下，执行“开始”|“控制面板”|“程序”命令，弹出如图 8-2 所示的页面。

02 弹出“Windows 功能”对话框，可以看到有些事需要手动选择的，勾选需要安装的功能复选框，如图 8-3 所示。

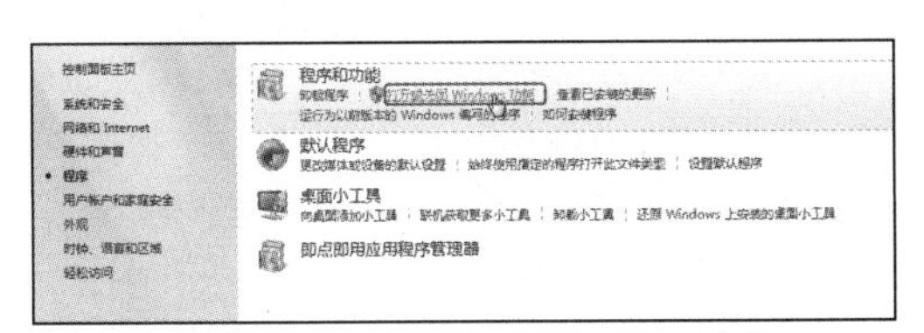

图 8-2　打开或关闭 Windows 功能

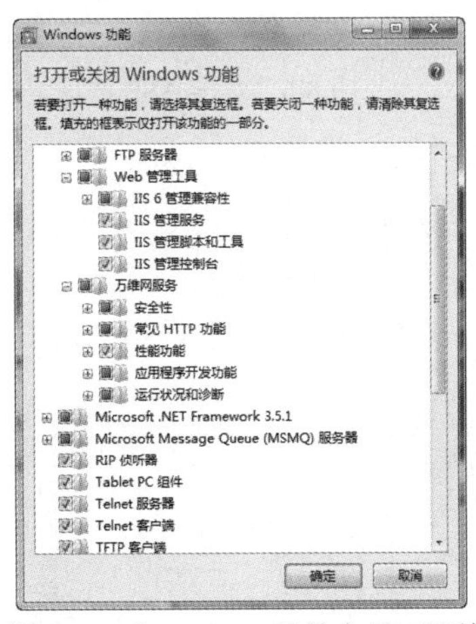

图 8-3　“Windows 组件向导”对话框

03 单击“确定”按钮，弹出如图 8-4 所示的“Microsoft Windows”对话框。

04 安装完成后，再次进入“控制面板”，选择“管理工具”，双击“Internet 信息服务(IIS)管理器”选项，如图 8-5 所示，进入 IIS 设置。

Microsoft Windows

Windows 正在更改功能，请稍候。这可能需要几分钟。

取消

图 8-4　IIS 子组件的选择画面

图 8-5　“Windows 组件向导”

05 选择 Default Web Site，并双击 ASP 的选项，如图 8-6 所示。

06 IIS7 中 ASP 父路径是没有启用的，要选择 True，即可开启父路径，如图 8-7 所示。

图 8-6　双击 ASP 选项

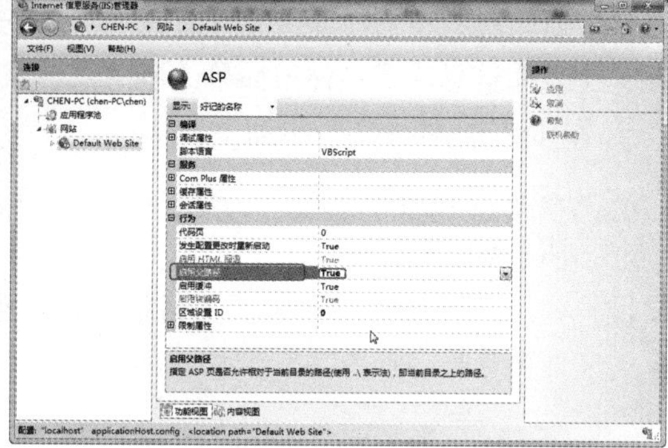

图 8-7　可开启父路径

07 单击右侧的“高级设置”超链接，弹出“高级设置”对话框，设置“物理路径”，如图 8-8 所示。

08 单击“编辑网站”下面的“编辑”按钮，弹出“网站绑定”对话框，单击右侧的“编辑”按钮，设置网站的端口，如图 8-9 所示。

图 8-8　设置“物理路径”

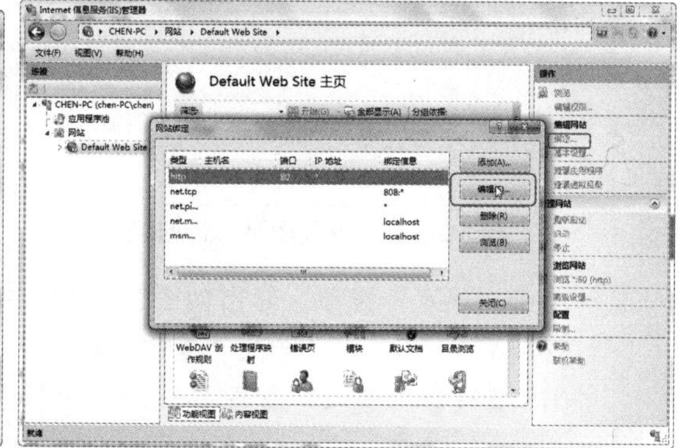

图 8-9　“网站绑定”对话框

8.3.2　配置 Web 服务器

01 单击“Internet 信息服务（IIS）管理器”对话框中的“默认文档”按钮，如图 8-10 所示。

02 在打开的页面中单击右侧的“添加”超链接，如图 8-11 所示。

图 8-10　单击“默认文档”按钮

图 8-11　单击右侧的“添加”超链接

03 弹出“添加默认文档”对话框，在“名称”文本框中输入名称，单击“确定”按钮即可，如图 8-12 所示。

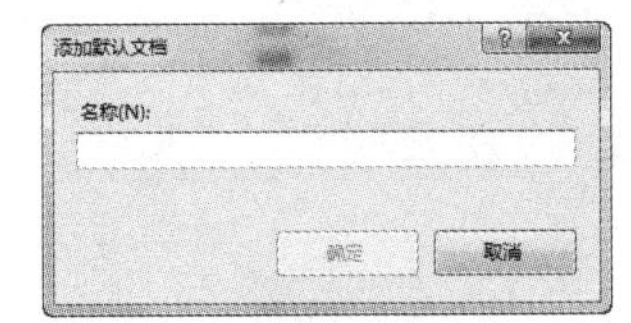

图 8-12　“添加默认文档”对话框

8.4　创建数据库连接

动态页面最主要的就是结合后台数据库，自动更新网页，所以离开数据库的网页也就谈不上什么动态页面。任何内容的添加、删除、修改、检索都是建立在连接基础上进行的，可以想象连接的重要性了。

要在 ASP 中使用 ADO 对象来操作数据库，首先要创建一个指向该数据库的 ODBC 连接。在 Windows 系统中，ODBC 的连接主要通过 ODBC 数据源管理器来完成。下面就以 Windows 7 为例讲述 ODBC 数据源的创建过程，具体操作步骤如下。

01 执行“控制面板”|“系统和安全”|“管理工具”|“数据源（ODBC）”命令，弹出“ODBC 数据源管理器”对话框，在对话框中切换到“系统 DSN”选项卡，如图 8-13 所示。

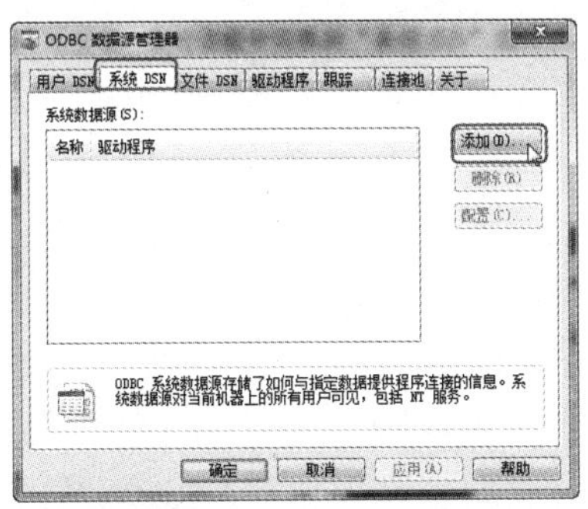

图 8-13　“系统 DSN”选项

02 单击“添加”按钮，弹出“创建新数据源”对话框，选择如图 8-14 所示的设置后，单击“完成”按钮。

图 8-14　“创建新数据源”对话框

64位Windows 7的操作系统里ODBC无法添加"修改"配置，添加数据源时只有SQL Server可选，如图8-15所示。

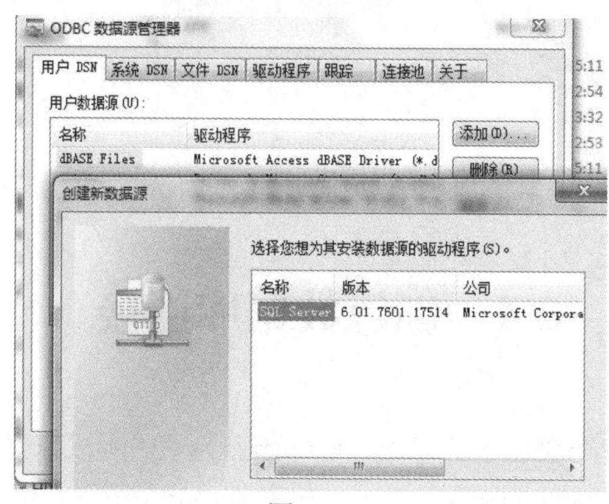

图 8-15

解决方法是：

通过C:/Windows/SysWOW64/odbcad32.exe启动32位版本ODBC管理工具，便可解决，效果如图8-16所示。

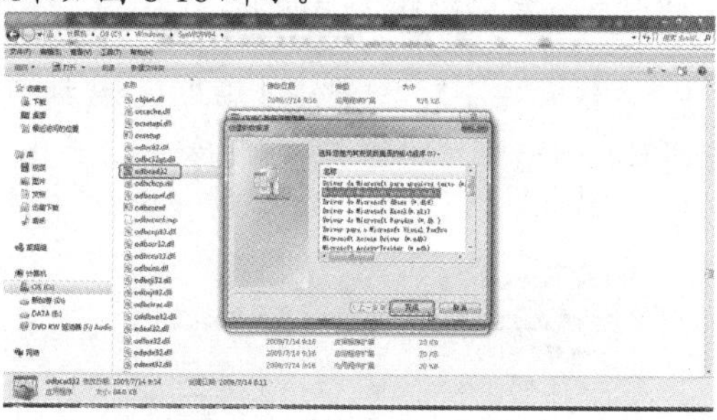

图 8-16

03 弹出如图8-17所示的"ODBC Microsoft Access 安装"对话框，选择数据库的路径，在"数据源名"文本框中输入数据源的名称，单击"确定"按钮，在如图8-18所示的对话框中可以看到创建的数据源mdb。

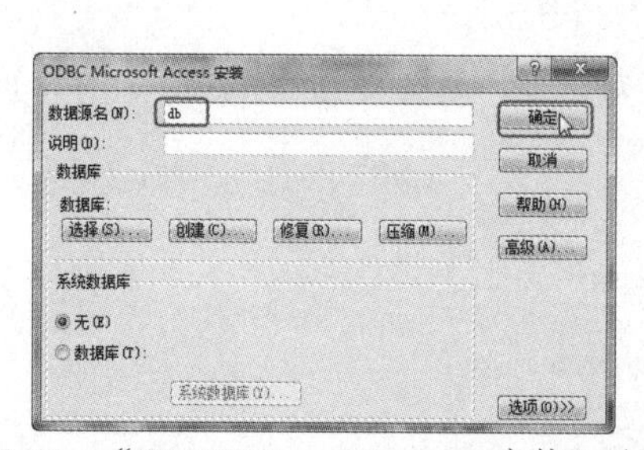

图 8-17　"ODBC Microsoft Access 安装"对话框

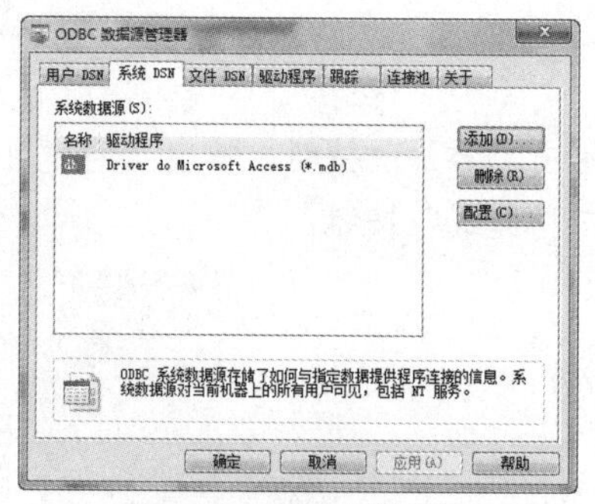

图 8-18　创建的数据源

第 9 章

Photoshop CC 制作网页图像

Adobe Photoshop 是当今世界上最为流行的图像处理软件，其强大的功能和友好的界面深受广大用户的喜爱。在网页设计领域里 Photoshop 是不可缺少的一个设计软件，一个好的网页创意不会离开图片，只要涉及图像，就会用到图像处理软件，Photoshop 理所当然就会成为网页设计中的一员。使用 Photoshop 不仅可以将图像进行精确地加工，还可以将图像制作成动画上传到网页中。

本章重点

- 编辑图像文件
- 使用页面布局工具
- 设置前景色和背景色
- 创建选择区域
- 基本绘图工具

9.1 编辑图像文件

下面学习新建、打开、保存等基本的文件处理功能，它是经常使用的菜单之一。因为这些功能与其他一些应用程序非常类似。

9.1.1 新建与保存网页图像文件

选择菜单栏中的“文件”|“新建”命令，弹出新建对话框，如图 9-1 所示。

（1）名称：新建文件的名字“未标题-1”是 Photoshop 默认的名称。

（2）预设：预置文档的大小，如图 9-2 所示的选择。

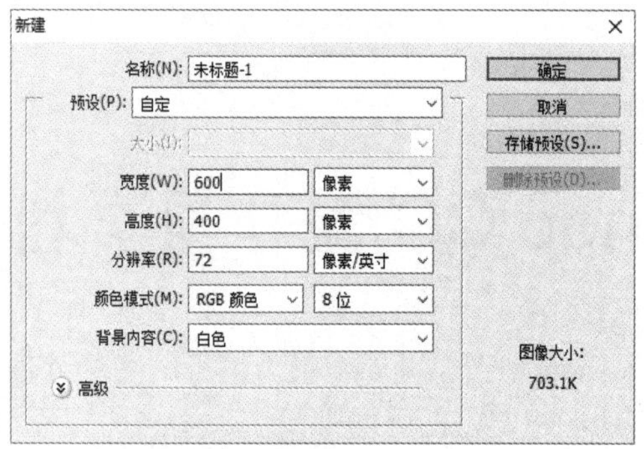

图 9-1 “新建文件”对话框

图 9-2 预设选项

- 宽度：新建文件的宽度：其中的“像素”为宽度单位，也可以选择英寸、厘米、点、磅、栏为单位。
- 高度：新建文件的高度，单位同上。
- 分辨率：新建文件的分辨率，其中“像素/英寸”为分辨率的单位，也可以选择“像素/厘米”为单位。
- 颜色模式：新建文件的模式，其中包括位图、灰度、RGB 颜色、CMYK 颜色、Lab 颜色等几种模式。
- 背景内容：新建文件的背景，包括白色、背景色、透明三种。

（3）高级设置：包括色彩配置文件和像素纵横比。

完成图片的处理后，如果希望再次使用这个文件进行工作的话，存盘是必不可少的步骤，否则之前的操作也是白费。

01 选择菜单栏中的“文件”|“存储为”命令，如果是第一次保存此文件则出现“存储为”对话框，如图 9-3 所示。

02 在“文件名”文本框中会出现“未标题-1”（除非在创建文件时已经为它命了名）。可以输入想要的文件名来代替它。

03 “保存类型”框中显示的是文件要保存的格式，通过单击这个弹出式菜单，可以使其成为另一文件格式，如图 9-4 所示。

图 9-3　“存储为”对话框

图 9-4　Photoshop 保存格式

9.1.2　打开网页图像文件

打开某种格式的文件一般情况下文件类型默认为“所有格式”，也可以选择某种特殊文件格式，以在大量的文件中进行选择。选择菜单栏中的“文件”|“打开”命令，弹出如图 9-5 所示的“打开”对话框，如图 9-6 所示的是 Photoshop 所支持的图像格式。

图 9-5　“打开”对话框

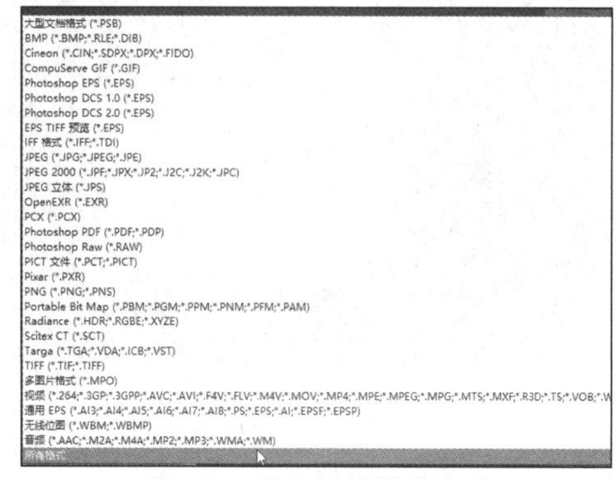

图 9-6　所支持的图像格式

选择好要打开的图像文件，单击“打开”按钮，即可打开图像文件，如图 9-7 所示。

图 9-7　打开图像文件

9.2 使用页面布局工具

大家平常在画图的时候，肯定经常会遇到目标准确定位的问题，使用 Photoshop 中的参考线和标尺工具可以很好地解决布局定位的问题。

9.2.1 使用标尺

不论当前工作在多大的放大率环境下，使用 Photoshop 的标尺都不失为一个好主意。这样就不会看不到文件或图像的大小。如果屏幕还没有显示标尺，而又想显示它，选择菜单栏中的“视图”|“标尺”命令，如图 9-8 所示。

选择以后标尺就会显示在图像文档窗口中，标尺是显示在图像文档窗口顶部与左边缘处的两条刻度线，前者称为水平标尺，后者称为垂直标尺。水平标尺的正方向指向屏幕的右方，垂直标尺的正方向指向屏幕的下方，其原点位于左上角，由此组成的是一个二维坐标系统，如图 9-9 所示。

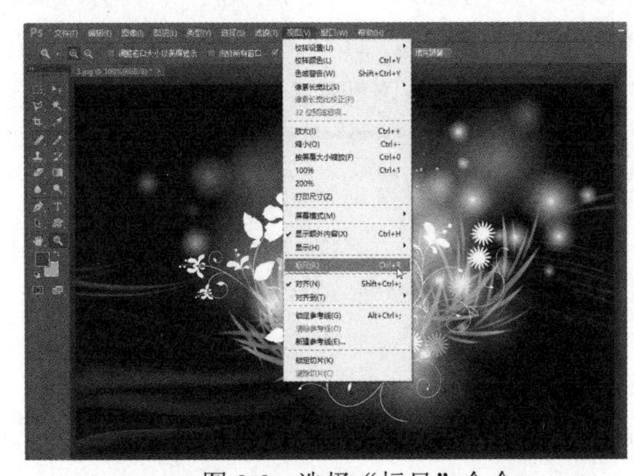

图 9-8 选择“标尺”命令

图 9-9 显示标尺

将光标对准标尺的原点标记，然后向图像文档窗口中拖动它。拖动时，一条表示水平标尺的虚线，与一条表示垂直标尺的虚线将随光标移动，而光标的形状将是一个小十字架，其交叉点即为坐标原点。结束拖动后，标尺的原点就会移至新的位置，如图 9-10 所示。

图 9-10 向图像文档窗口中拖动光标

9.2.2　使用参考线

参考线是浮动在图像上的一些直线，利用它可以将坐标点定位在某些操作的指定处，如当选取图像后，被选取的图像四周会有一条边框线，移动时就可将它定位在捕捉的辅助线上，从而大大地提高操作效率。

如果想让参考线暂时消失，选择菜单栏中的“视图”|“显示”|“参考线”命令。再一次选择菜单栏中的“视图”|“显示”|“参考线”命令便可以使参考线重新出现，如图 9-11 所示。

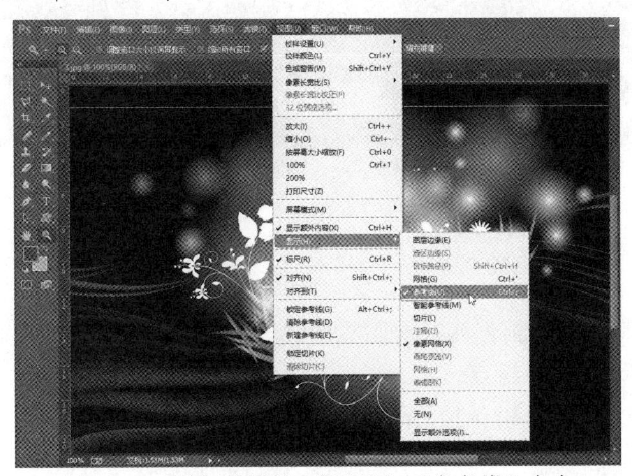

图 9-11　选择“视图”|“显示”|“参考线”命令

如果要移动图像或对齐屏幕上的多个对象，可以拖动标尺。通过执行“视图”|“锁定参考线”命令可移动或锁定参考线。要想建立一个参考线，只需将鼠标放置在水平标尺上面一点或垂直标尺左边一点的位置即可。按住鼠标按钮不放并拖动鼠标，将发现鼠标指针变成双箭头图标，当拖动时，参考线便会出现，此时便可将参考线拖到想在屏幕上放置的位置。

9.2.3　使用矩形工具

使用矩形工具绘制矩形，只需选中矩形工具后，在画布上单击后拖拉光标即可绘出所需矩形。在拖拉时如果按住 Shift 键，则会绘制出正方形。

单击矩形工具会出现如图 9-12 所示的工具选项栏，其包括“形状图层”“路径”“填充像素”和选择多边形工具种类等。

图 9-12　矩形工具选项栏

在舞台中按住鼠标左键拖动即可绘制矩形，如图 9-13 所示。

图 9-13　绘制矩形

9.2.4　使用直线工具

使用“直线工具”可以绘制直线或有箭头的线段，使用方法同前，光标拖拉的起始点为线段起点，拖拉的终点为线段的终点。

直线工具的工具选项栏如图 9-14 所示。

图 9-14　直线工具的工具选项栏

- “粗细”：为直线的宽度。
- “箭头”：包括“起点”“终点”“宽度”“长度”和“凹度”，如图 9-15 所示。

在舞台中按住鼠标左键拖动即可绘制直线，如图 9-16 所示。

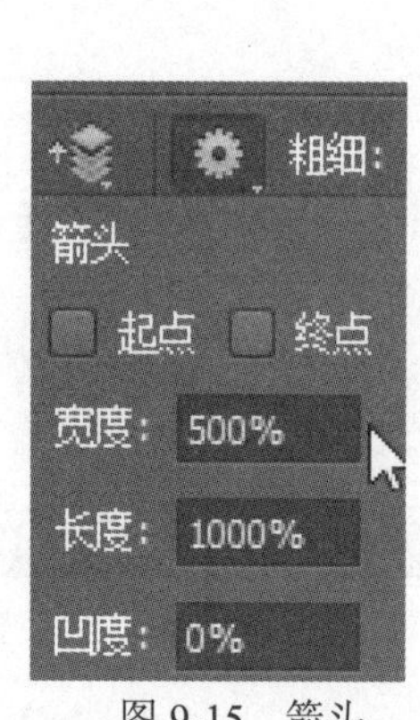

图 9-15　箭头

图 9-16　绘制直线

9.2.5　使用单行（列）选框工具

使用单行或单列选框工具，在图像中确认要选择的范围，单击鼠标即可选出 1 像素宽的选区。对于单行或单列选框工具，在要选择的区域旁边单击，然后将选框拖移到确切的位置。如果看不见选框，则增加图像视图的放大倍数。

选中单行选择工具可以用鼠标在图层上拉出一个像素高的选框，其实就是像素高为 1 的水平线选择框，如图 9-17 所示，其任务栏中同矩形选框工具选择方式相同，羽化只能为 0px，样式不可选。

选中单列选框工具可以用鼠标在图层上拉出一个像素宽的选框，其实就是像素宽为 1 的垂直线选择框，如图 9-18 所示，其任务栏内容与用法与单行选择工具的完全相同。

图 9-17 单行选框

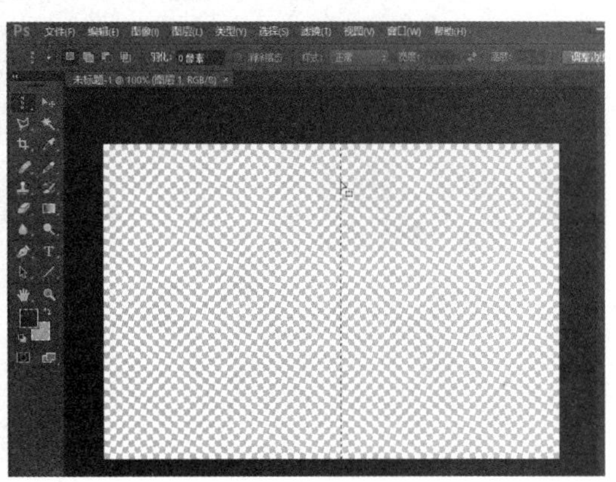

图 9-18 单列选框

9.3 设置前景色和背景色

在 Photoshop 中选取颜色主要是通过工具箱中的“前景色”和“背景色”按钮来完成的。Photoshop 使用前景色绘图、填充和描边选区，而背景色是图层的底色。一些与背景色有关的工具执行的结果就得到背景色，例如使用橡皮擦工具时得到的就是背景色，具体操作步骤如下。

01 打开一幅图像文件，如图 9-19 所示。

02 在工具箱中选择魔棒工具，在舞台中单击选中舞台中的桌子和柜子，如图 9-20 所示。

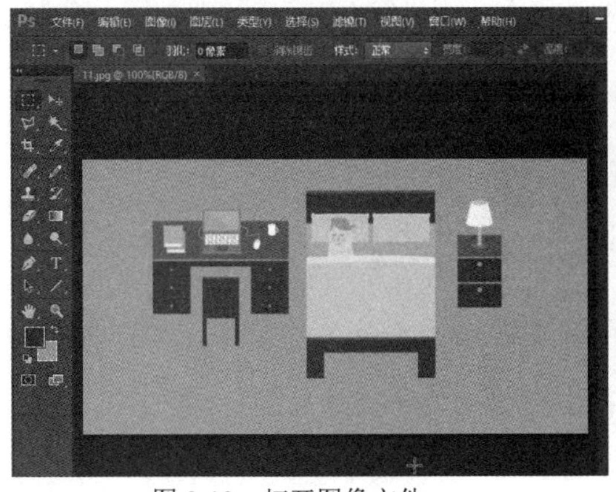

图 9-19 打开图像文件

图 9-20 选中桌子和柜子

03 在工具箱中单击背景色按钮，打开“拾色器”对话框，选择设置的背景色，如图 9-21 所示。

04 单击“确定”按钮，选取背景色。按 Ctrl+Delete 键即可填充背景，如图 9-22 所示。单击按钮可以切换前景色和背景色。

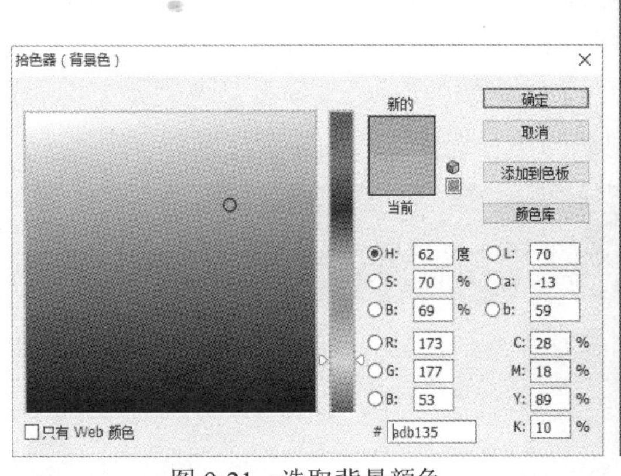

图 9-21　选取背景颜色

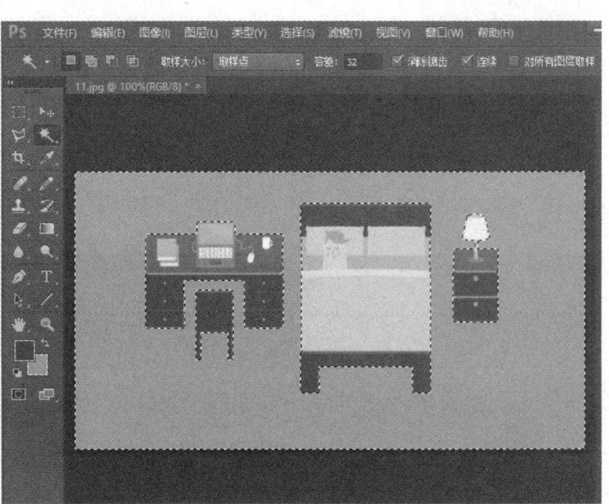

图 9-22　更改背景色

9.4　创建选择区域

运行 Photoshop 后，初次使用的工具应该就是选择工具了。要想应用 Photoshop 的功能，首先要选择应用的范围。

9.4.1　选框工具

Photoshop 的选框工具内含 4 个工具，分别是矩形选框工具、椭圆选框工具、单行选框工具、单列选框工具。在默认情况下，从选框的一角拖移选框。这个工具的快捷键是字母 M，如图 9-23 所示的选框工具。

使用矩形选框工具，在图像中确认要选择的范围，按住鼠标左键不放拖动鼠标，即可选出要选取的选区，如图 9-24 所示。椭圆选框工具的使用方法与矩形选框工具的使用方法相同，如图 9-25 所示。

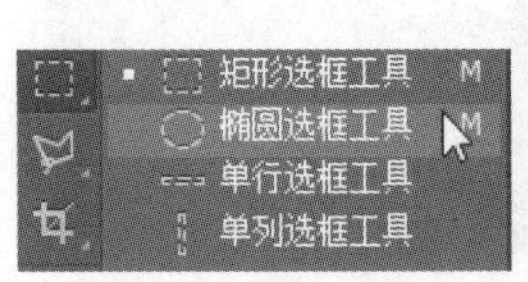

图 9-23　选框工具

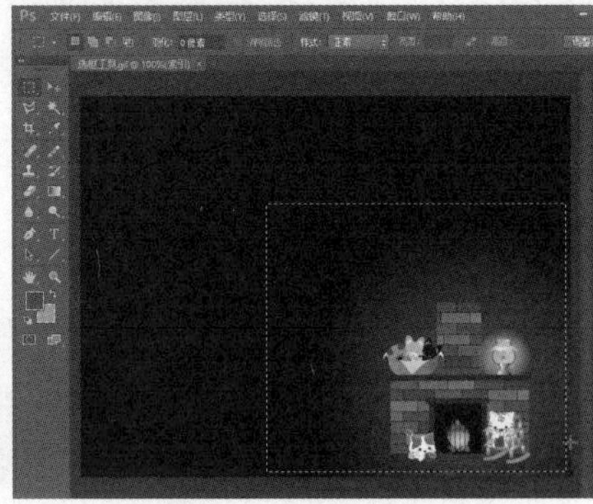

图 9-24　矩形选框工具

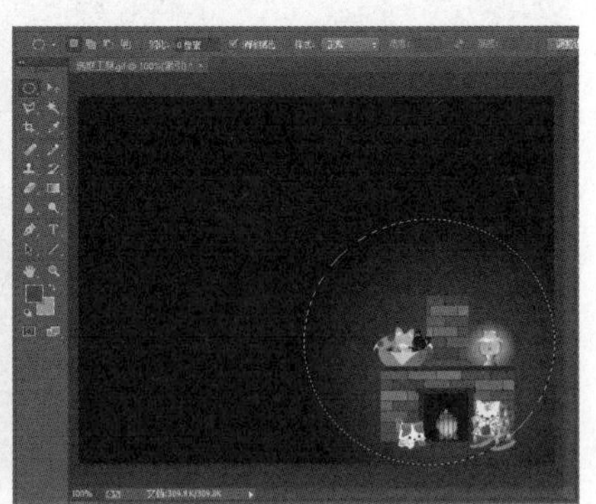

图 9-25　椭圆选框工具

9.4.2　套索工具

Photoshop 的套索工具内含 3 个工具，分别是套索工具、多边形套索工具、磁性套索工具。套索工具是最基本的选区工具，在处理图像中起着很重要的作用。套索工具的快捷键是字母 L，如图 9-26 所示为套索工具。

套索工具组里的第一个套索工具用于绘制任意不规则选区，套索工具组里的多边形套索工具用于绘制有一定规则的选区，而套索工具组里的磁性套索工具是制作边缘比较清晰，且与背景颜色相差比较大的图片的选区。在使用的时候注意其属性栏的设置，如图 9-27 所示为套索工具选项栏。

图 9-26　套索工具　　　　图 9-27　套索工具选项栏

- “羽化”：取值范围为 0~250 像素，可羽化选区的边缘，数值越大，羽化的边缘越大。
- “消除锯齿”：该功能是让选区更平滑。

9.4.3　魔棒工具

Photoshop 的魔棒工具，是一个选区工具，其选择范围的多少取决于其工具选项栏中容差值的高低。容差值高，选择的范围就大；容差值低，选择的范围就小。魔棒工具的快捷键是字母 W，如图 9-28 所示为魔棒工具。魔棒工具选项栏，如图 9-29 所示。

图 9-28　魔棒工具　　　　图 9-29　魔棒工具选项栏

- 新选区：可以创建一个新的选区。
- 添加到选区：在原有选区的基础上，继续增加一个选区，也就是将原选区扩大。
- 从选区减去：在原选区的基础上剪掉一部分选区。
- 与选区交叉：执行的结果，就是得到两个选区相交的部分。
- 容差：确定魔棒工具的选择范围，数值越高，选择的范围就越大；反之，选择的范围就小。
- 消除锯齿：消除边缘的锯齿，使选择范围边缘光滑。
- 连续：只选择使用相同颜色的邻近区域。
- 对所有图层取样：使用所有可见图层中的数据选择颜色。否则，魔棒工具将只从现有图层中选择颜色。

9.4.4　制作透明图像

在网页和多媒体课件的制作中，透明背景的图片被广泛应用。利用选择工具抠取透明图像效果如图 9-30 所示，具体操作步骤如下。

图 9-30 透明图像

01 打开图像文件，如图 9-31 所示。

02 在工具箱中选择魔棒工具，如图 9-32 所示。

图 9-31 打开图像文件

图 9-32 选择魔棒工具

03 在图像上单击选择区域，按住 Shift 键单击选择剩余的区域，如图 9-33 所示。

04 选择完毕后，按 Delete 键删除，抠取透明图像效果如图 9-34 所示。

图 9-33 选择区域

图 9-34 抠取透明图像

05 选择菜单栏中的“文件”|“存储为Web所用格式”命令，打开“存储为Web所用格式”对话框，在文件格式下拉列表中选择GIF选项，选中“透明度”复选框，如图9-35所示。

06 单击“存储”按钮，打开“将优化结果存储为”对话框，“格式”选择“仅限图像”，如图9-36所示。单击“保存”按钮，即可将图像输出为背景透明的GIF图像，如图9-36所示。

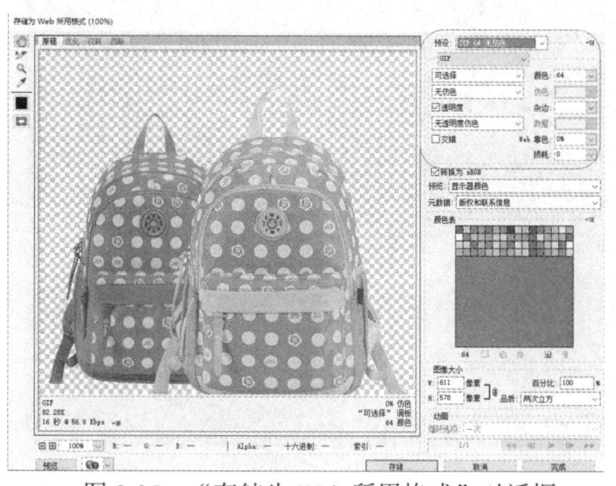
图 9-35 “存储为 Web 所用格式”对话框

图 9-36 “将优化结果存储为”对话框

9.5 基本绘图工具

在处理网页图像过程中，绘图是最基本的操作。Photoshop CC 提供了非常简捷的绘图功能。下面就来讲述在 Photoshop 中，画笔、铅笔、加深和减淡工具的应用。

9.5.1 画笔工具

画笔工具是绘图工具中最为常用的工具之一，只要设置好所需要的颜色、笔刷大小、形状、压力参数，就可以直接使用鼠标在页面中进行绘画。

01 打开一个图像文件，如图 9-37 所示。

02 在工具箱中选择画笔工具，如图 9-38 所示。

图 9-37 打开图像文件

图 9-38 选择画笔工具

03 在工具选项栏中单击画笔右侧的下拉按钮，在弹出的“画笔预设”选择器列表中选择“星形”选项，如图 9-39 所示。

04 在图像中进行绘制，最终效果如图 9-40 所示。

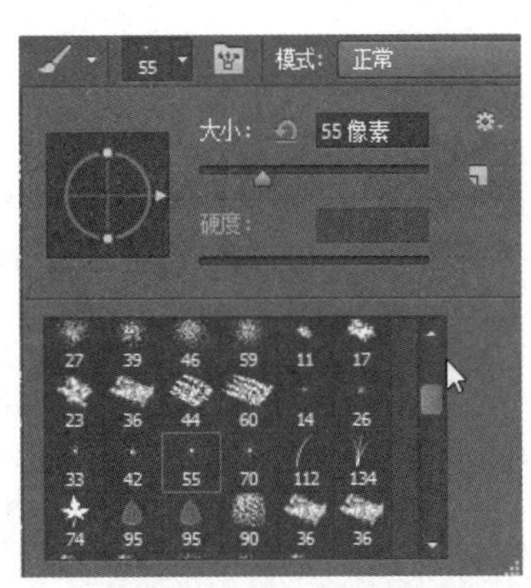

图 9-39 选择“星形”选项

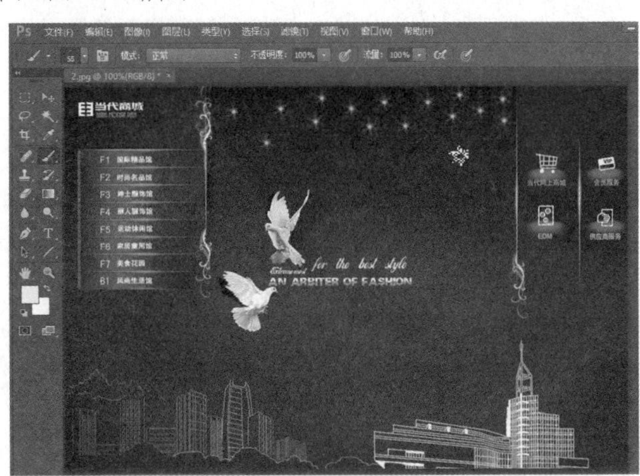

图 9-40 绘制效果

9.5.2 铅笔工具

本节内容讲述铅笔工具的使用，使用铅笔工具可以绘制出硬的、有棱角的线条，它的设置与画笔工具基本相同，在这里就不再重复讲述。本节将重点讲述仅限于铅笔工具的自动涂抹功能。具体步骤如下。

01 打开图像文件，在工具箱中选择铅笔工具，如图 9-41 所示。

02 在工具选项栏中单击画笔右侧的下拉按钮，在弹出的“画笔预设”选择器列表中选择“散布干画笔”选项，如图 9-42 所示。

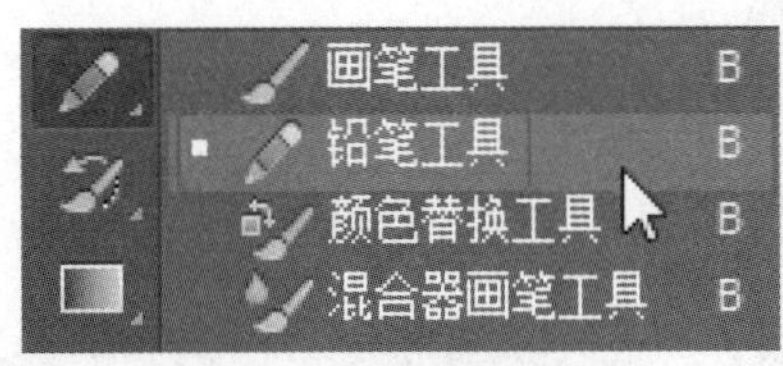

图 9-41 选择铅笔工具

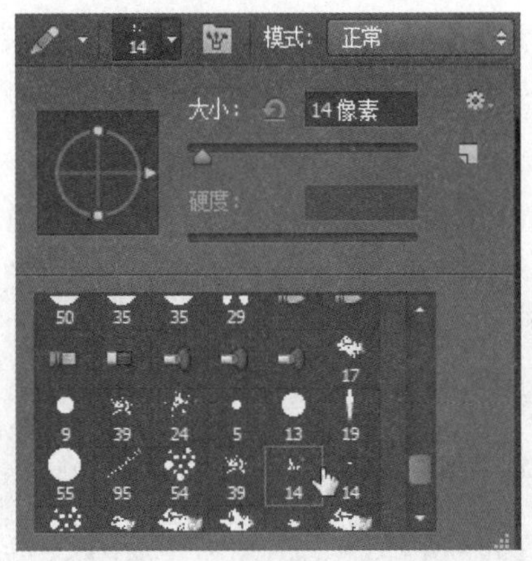

图 9-42 选择“散布干画笔”选项

03 在图像中进行绘制，最终效果如图 9-43 所示。

图 9-43　绘制效果

9.5.3　减淡和加深工具

减淡工具的主要作用是改变图像的曝光度，对图像中局部曝光不足的区域，使用减淡工具后，可对该局部区域的图像增加明亮度（稍微变白），使很多图像的细节可显现出来，如图 9-44 所示为减淡工具。

加深工具的主要作用也是改变图像的曝光度，对图像中局部曝光过度的区域，使用加深工具后，可使该局部区域的图像变暗（稍微变黑）。

减淡工具和加深工具的工具选项栏相同，如图 9-45 所示，包括画笔、范围、曝光度。

图 9-44　减淡工具

图 9-45　减淡工具选项栏

01 打开一个图像文件，如图 9-46 所示。

02 在工具箱中选择加深工具，如图 9-47 所示。

图 9-46　打开图像文件

图 9-47　选择“加深”工具

03 在图像上单击即可加深图像，如图 9-48 所示。

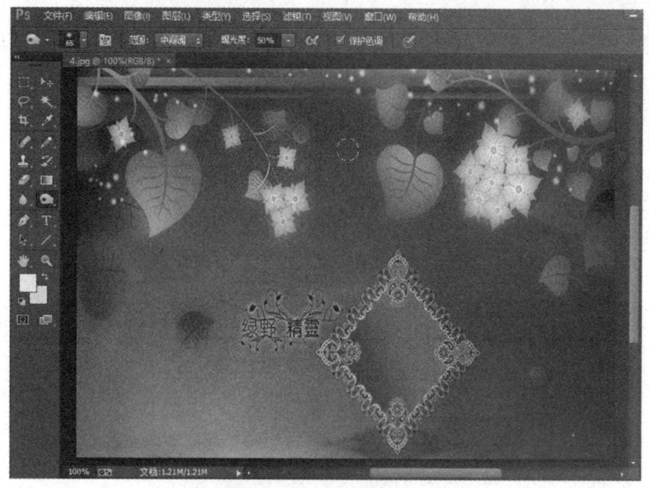

图 9-48　加深图像

9.6　技能训练——绘制网站标志

前面介绍了 Photoshop CC 的基础知识，下面就使用 Photoshop 绘制一个网站标志，具体操作步骤如下。

01 启动 Photoshop，选择菜单栏中的“文件”|“新建”命令，弹出“新建”对话框，将“宽度”设置为 600 像素，“高度”设置为 400 像素，如图 9-49 所示。

02 单击“确定”按钮，新建空白文档，如图 9-50 所示。

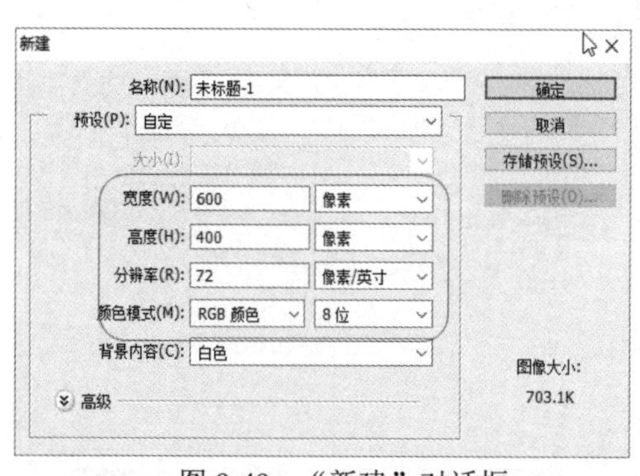

图 9-49　“新建”对话框

图 9-50　空白文档

03 选择工具箱中的“自定义形状”工具，在选项栏中单击“形状”按钮，在弹出的列表框中选择合适的形状，如图 9-51 所示。

04 在舞台中按住鼠标左键绘制形状，如图 9-52 所示。

图 9-51　选择形状

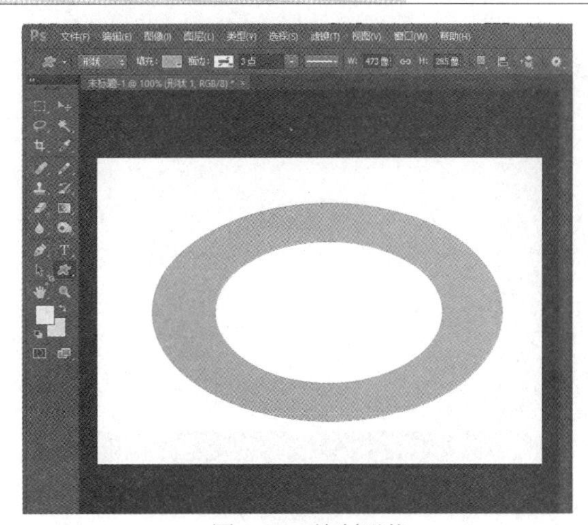

图 9-52　绘制形状

05 选择菜单栏中的“图层”|“图层样式”|“投影”命令，打开“图层样式”对话框，在弹出的列表中设置图层样式，如图 9-53 所示。

06 单击“确定”按钮，设置图层样式，效果如图 9-54 所示。

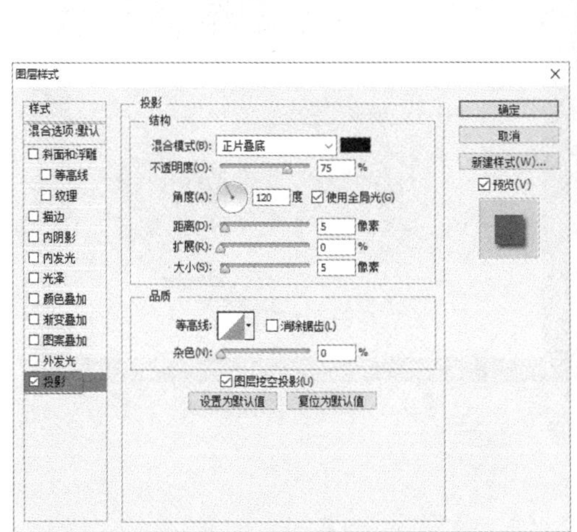

图 9-53　设置图层样式

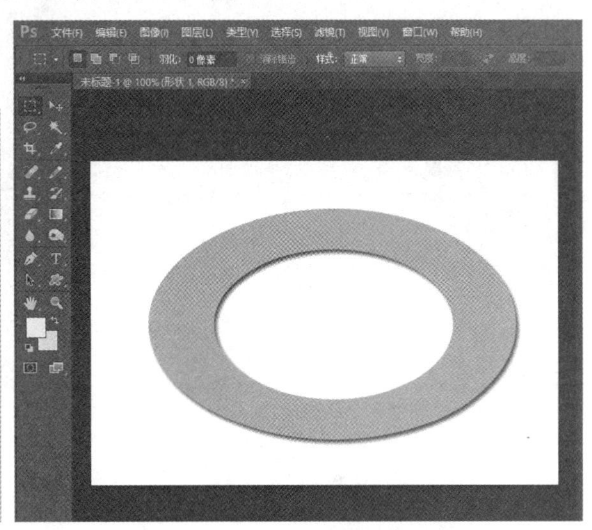

图 9-54　绘制椭圆

07 选择工具箱中的椭圆工具，在选项栏中将填充颜色设置为白色，在舞台中绘制一白色椭圆，如图 9-55 所示。

08 选择工具箱中的横排文字工具，在选项栏中将字体大小设置为 80，字体颜色设置为 # 473bed，在舞台中输入文字“宇阳科技”，如图 9-56 所示。

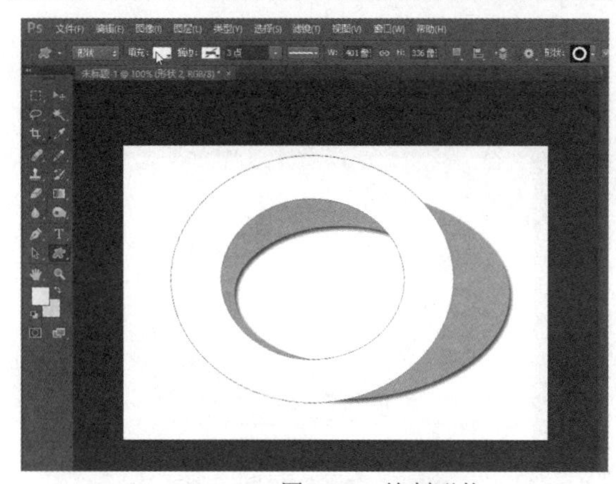

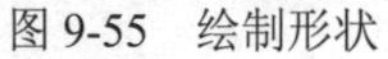
图 9-55　绘制形状

图 9-56　输入文本

09 选择菜单栏中的“图层”|“图层样式”|“描边”命令，打开“图层样式”对话框，设置描边选项，如图 9-57 所示。

10 单击“确定”按钮，设置图层样式，最终效果如图 9-58 所示。

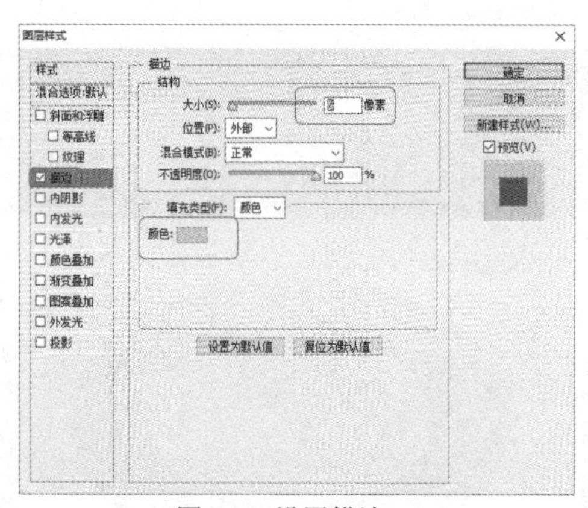

图 9-57 设置描边

图 9-58　设置图层样式

第10章 网页切片输出与动画制作

如果网页上的图像较大，浏览器下载整个图像需要花很长的时间。切片的使用，使得整个图像可以分为多个不同的小图像分开下载，这样下载的时间就大大缩短了。在目前互联网带宽还受到条件限制的情况下，运用切片来减少网页下载时间而又不影响图像的效果。另外，使用Photoshop还可以轻松制作出GIF动画。

本章重点

- 创建与编辑切片
- 保存输出网页图像
- 创建GIF动画

10.1 创建与编辑切片

切片就是将一幅大图分割为一些小的图像，然后在网页中通过没有间距和宽度的表格重新将这些小的图像没有缝隙地拼接起来，成为一幅完整的图像。这样做可以缩小图像的大小，减少网页的下载时间，还能将图像的一些区域用 HTML 来代替。

10.1.1 切片方法

切片工具是 Photoshop 软件自带的一个平面图像切割工具。使用切片工具可以将一个完整的网页切割许多小图像，以便于网络上的下载。利用切片工具可以快速地进行网页的制作，具体操作步骤如下。

01 打开原始文件下的图像文件，选择工具箱中的切片工具，如图 10-1 所示。

02 将光标置于要创建切片的位置，按住鼠标左键拖动，拖动到合适的切片大小绘制切片，如图 10-2 所示。

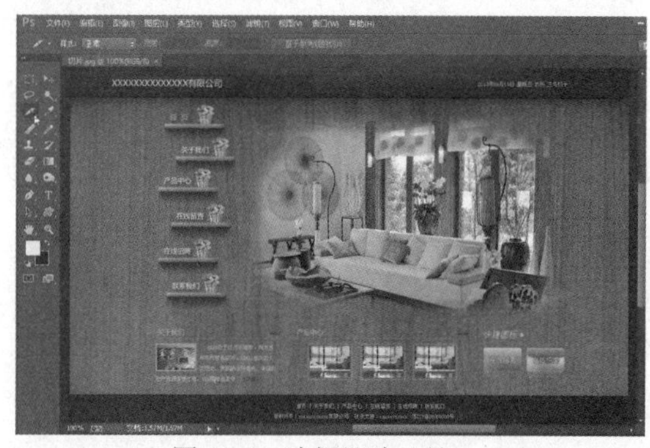

图 10-1 选择切片工具

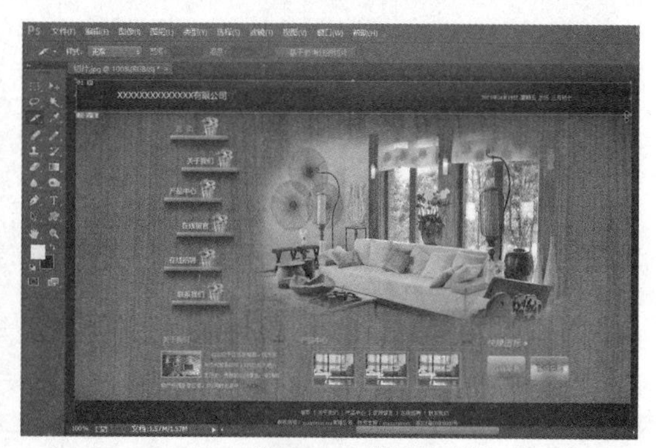

图 10-2 绘制切片

03 还可以在工具选项栏中设置切片工具的样式，如图 10-3 所示。使用的是固定长宽比的切割效果。

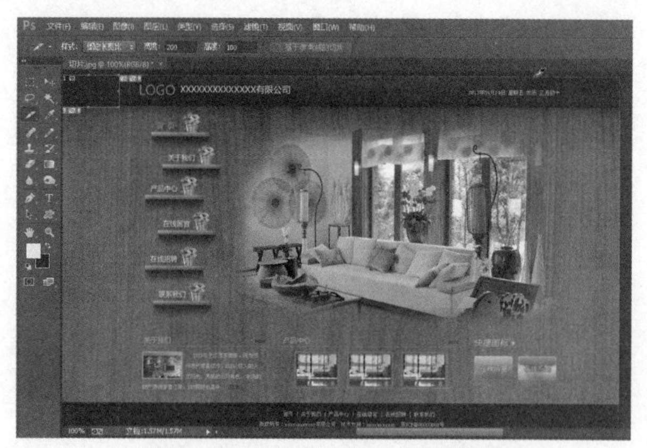

图 10-3 固定长宽比的切割效果

10.1.2 编辑切片选项

如果切片大小不合适，还可以调整和编辑切片，具体操作步骤如下。

01 打开创建好切片的图像文件，右击，在弹出的快捷菜单中选择“划分切片”命令，如图 10-4 所示。

02 弹出“划分切片”对话框，这里假定将这部分切片分为 5 张小图，在“垂直划分为”选项中输入 5 个横向切片，设置好后出现 5 个等分的小图像，如图 10-5 所示。

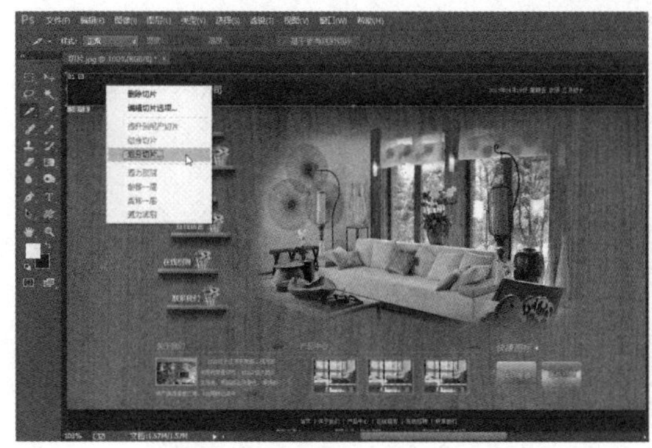

图 10-4 选择“划分切片”选项

图 10-5 划分切片

03 在图像上右击，在弹出的快捷菜单中选择“编辑切片选项”命令，弹出“切片选项”对话框，在对话框中可以设置切片的 URL、目标、信息文本等，如图 10-6 所示。

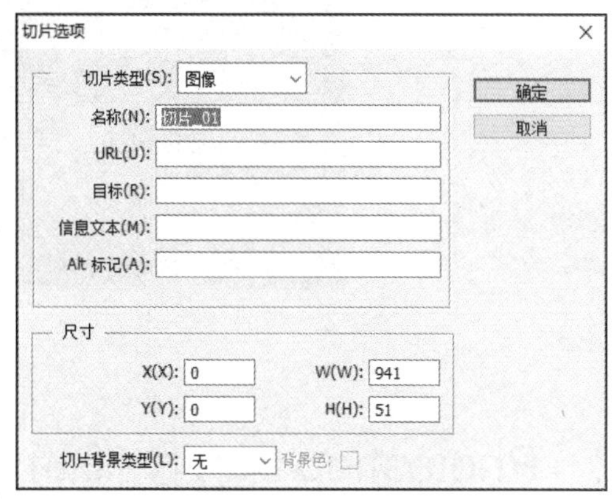

图 10-6 编辑切片选项

10.1.3 优化和输出切片

使用“存储为 Web 所用格式”命令可以导出和优化切片图像，Photoshop 会将每个切片存储为单独的文件并生成显示切片图像所需的 HTML 或 CSS 代码。具体操作步骤如下。

01 在图像上设置好切片后，选择菜单栏中的“文件”|“存储为 Web 所用格式”命令，弹出“存储为 Web 所用格式”对话框，在对话框中各个切片都作为独立文件存储，并具有各自独立的设置和颜色调板，如图 10-7 所示。

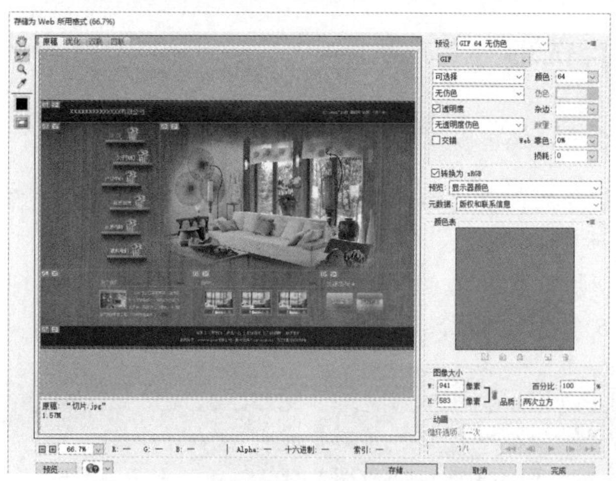

图 10-7 “存储为 Web 所用格式”对话框

02 单击“存储”按钮，弹出“将优化结果存储为”对话框，在对话框中设置保存的位置和名称，如图 10-8 所示。

03 单击“保存”按钮，同时创建一个文件夹，用于保存各个切片生成的文件。双击 index.html 文件打开 Web 页面，效果如图 10-9 所示。

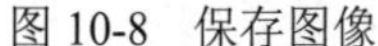

图 10-8 保存图像

图 10-9 浏览 Web 页面

10.2 Photoshop 保存图像的方式

在保存编辑过的图像时，有两种保存图像的方式——“存储为”和“存储为 Web 所用格式”。下面将介绍两种格式的区别。

10.2.1 认识网页中支持的图像格式

网站设计中会运用到图像设计，很多图像的格式处理是非常需要注意的，图像格式关系到图像的大小，而图像大小占网页大小非常大的一部分，所以网页设计中的图像大小关系到网站的打开速度，在制作网页的过程是需要严格注重的。

（1）GIF 图像格式，GIF 是一种调色板型（palette type）（或者说是索引型）的图像。它含有多达 256 种颜色。每一个像素点都有一个对应的颜色值。因为这种格式不再存在专利权的问题。

GIF 是一种无损压缩的格式，这意味着当你修改并且保存了图像的时候，它的质量不会有任何损耗。

GIF 格式也支持动画。在黑暗的 Web 1.0 时代，它导致了大量多余的昙花一现的“新”图像（blinking “new” images）、循环的@符号（rotating @ signs）、birds dropping、a email 以及其他一些让人厌烦的东西的出现。在更加文明的 Web 2.0 时代，在等待一个更新页面的 ajax 请求的时候，我们仍然会看到“loading”动画，但是也有一些比较讨人喜欢的东西，人们喜欢把它们放在自己的网络上。不管怎么说，如果你有需要，就可以使用动画支持。

GIF 也支持透明度，透明度的值是一种布尔类型数据。GIF 图像里的一个像素要么完全透明,要么完全不透明。

（2）PNG 图像格式，PNG 的图像又分为 PNG-8、PNG-24 两种，其中，PNG-8 与 GIF 类似，支持 256 色调色板 ，而 PNG-24 只支持 48 位真彩色，凡是 GIF 拥有的优势 PNG-8 都拥有，GIF 所没有的优势 PNG-8 也有。同样的文件，PNG-8 格式比 GIF 要小，PNG-8 的特点使得它在网站设计切图环节深受网站设计师的喜爱。PNG 可以以任何颜色深度存储图像，也支持高级别的无损耗压缩、支持伽马校正、支持交错，受最新 Web 浏览器的支持，能够提供长度比 GIF 小 30%的无损压缩图像文件，最高支持 48 位真彩色图像以及 16 位灰度图像、渐近显示和流式读写，不足的是较旧的浏览器和程序可能不支持 PNG 文件。

（3）JPEG 图像格式，是目前网络上最流行的图像格式，是可以把文件压缩到最小的格式，在 Photoshop 软件中以 JPEG 格式储存时，提供 11 级压缩级别，以 0—10 级表示。其中 0 级压缩比最高，图像品质最差。即使采用细节几乎无损的 10 级质量保存时，压缩比也可达 5:1。以 BMP 格式保存时得到 4.28MB 的图像文件，在采用 JPG 格式保存时，其文件仅为 178KB，压缩比达到24:1。经过多次比较，采用第 8 级压缩为存储空间与图像质量兼得的最佳比例。JPEG 格式的应用非常广泛，特别是在网络和光盘读物上，都能找到它的身影。目前各类浏览器均支持 JPEG 这种图像格式，因为 JPEG 格式的文件尺寸较小，下载速度快。

（4）BMP 图像格式，BMP 是英文 Bitmap（位图）的简写，它是 Windows 操作系统中的标准图像文件格式，在 Windows 环境下运行的所有图像处理软件都支持 BMP 图像文件格式。Windows 系统内部各图像绘制操作都是以 BMP 为基础的。随着 Windows 操作系统的流行与丰富的 Windows 应用程序的开发，BMP 位图格式理所当然地被广泛应用。这种格式的特点是包含的图像信息较丰富，几乎不进行压缩，但由此导致了它与生俱来的缺点——占用磁盘空间过大。所以，目前 BMP 在单机上比较流行。BMP 位图文件默认的文件扩展名是 BMP 或者 bmp（有时它也会以.DIB 或.RLE 作扩展名）。

（5）TGA 图像格式，TGA 的结构比较简单，属于一种图形、图像数据的通用格式，在多媒体领域有着很大影响，在做影视编辑时经常使用，例如 3DS MAX 输出 TGA 图像序列导入到 AE 里面进行后期编辑。

10.2.2 保存网页图像

优化图像就是在提高图像质量的同时，使图像存储所占用的空间尽可能地小。可以选择菜

单栏中的“文件”|“存储为 Web 所用格式”命令来完成对图像的优化工作。

“存储为 Web 所用格式”没有像“存储为”命令那样提供很多种保存图像文件的格式选择，但是它为每种支持的格式提供了更灵活的设置，如图 10-10 所示。

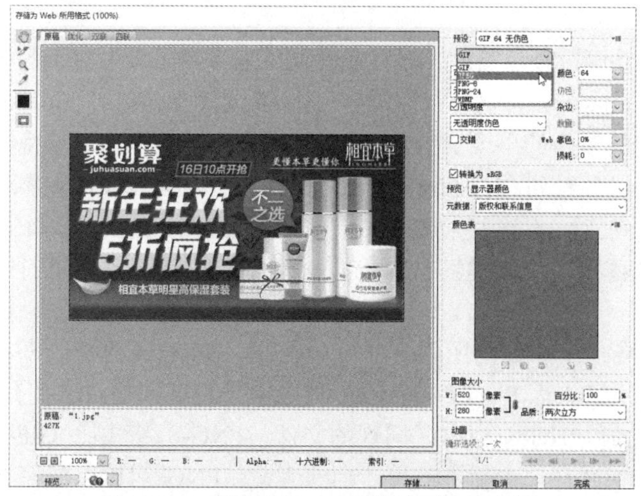

图 10-10 “存储为 Web 所用格式”对话框

“存储为 Web 所用格式”目的是输出展示在网页上的图像，保存的主要目的之一是在维持图像质量的同时尽可能地缩小文件体积。

10.3 创建 GIF 动画

动画是在一段时间内显示的一系列图像或帧，当每一帧较前一帧都有轻微的变化时，连续快速地显示帧，就会产生运动或其他变化的视觉效果。

10.3.1 认识“动画”面板

GIF 动画制作相对较为简单。打开“动画”面板后，会发现有帧动画模式和时间轴动画两种模式可以选择。

帧动画相对来说直观很多，在“动画（帧）”面板中会看到每一帧的缩略图。制作之前需要先设定好动画的展示方式，然后用 Photoshop 做出分层图。再在“动画（帧）”面板新建帧，把展示的动画分帧设置好，再设定好时间和过渡等即可播放预览。

在帧动画的所有元素都放置在不同的图层中。通过对每一帧隐藏或显示不同的图层可以改变每一帧的内容，而不必一遍又一遍地复制和改变整个图像。每个静态元素只需创建一个图层即可，而运动元素则可能需要若干个图层才能制作出平滑过渡的运动效果。如图 10-11 所示为帧“动画（帧）”面板。

时间轴动画相对来说要专业很多，有点类似 Flash 及一些专业影视制作软件。同样，在制作之前，需要设定好动画的展示方式，再做出分层图层。然后在时间轴设置各层的展示位置及动画时间等。如图 10-12 所示为“动画（时间轴）”面板。

图 10-11　“动画（帧）”面板

图 10-12　“时间轴”面板

10.3.2　创建动画

GIF 动画是较为常见的网页动画。这种动画的特点：它是以一组图像的连续播放来产生动态效果，该动画是没有声音的。当然制作 GIF 动画的软件有很多，最常用的就是 Photoshop，下面使用 Photoshop 制作如图 10-13 所示的 3 帧动画，具体操作步骤如下。

图 10-13　3 帧动画

01 选择菜单栏中的“文件”|“打开”命令，将素材 h1.jpg 打开，如图 10-14 所示。

02 选择菜单栏中的“窗口”|“时间轴”命令，打开“时间轴”面板，在“时间轴”面板中自动生成一帧动画，选择菜单栏中的“窗口”|“图层”命令，打开“时间轴”面板，如图 10-15 所示。

图 10-14　打开文件

图 10-15　打开“时间轴”面板

03 单击“图层”面板中的背景，双击“背景”图层，将“背景”图层转为“图层0”，如图10-16所示。

04 单击“时间轴”面板底部的“复制所选帧”按钮，复制当前帧，如图10-17所示。

图10-16 将“背景”图层转为“图层0”

图10-17 复制当前帧

05 使用同样的方法再复制一个帧，“时间轴”面板如图10-18所示。

图10-18 再复制一个帧

06 选择菜单栏中的“文件”|“置入”命令，弹出“置入”对话框，在对话框中选择要置入的文件h2.jpg，如图10-19所示。单击“置入”命令，将h2文件置入，并调整置入文件的大小与原来的背景图像一样，如图10-20所示。

图10-19 选择文件h2

图10-20 置入文件并调整大小

07 使用同样的方法置入h3.jpg，如图10-21所示。

08 在“时间轴”面板中选择第1帧，单击该帧右下角的三角按钮设置延迟时间为1秒，在“图层”面板中，将h2和h3图层隐藏，图层0可见，如图10-22所示。

图 10-21　置入文件 h3

图 10-22　设置第 1 帧状态

09 用同样的方法设置第 2 帧的延迟为 1 秒，在“图层”面板中，将图层 0 和 h3 图层隐藏，h2 可见，如图 10-23 所示。

10 设置第 3 帧的延迟为 1 秒，在“图层”面板中，将图层 0 和 h2 图层隐藏，h3 可见，如图 10-24 所示。

图 10-23　设置第 2 帧状态

图 10-24　设置第 3 帧状态

11 单击“动画（帧）”面板底部的“播放动画”按钮▶播放动画，将播放方式设置为“永远”，效果如图 10-25 所示。

图 10-25　播放动画

10.3.3 存储动画

01 选择菜单栏中的“文件”|“存储为Web所用格式”命令，弹出“存储为Web所用格式”对话框，选择GIF方式输出图像，如图10-26所示。

02 单击“存储”按钮，弹出“将优化结果存储为”对话框，在对话框中设置名称为“donghua.gif”，格式选择“仅限图像”，单击“保存”按钮即可保存图像，如图10-27所示。

图10-26 选择GIF方式输出图像

图10-27 保存图像

10.4 技能训练——企业网站首页

技能训练1——企业网站首页

下面使用Photoshop制作企业网站首页，如图10-28所示，具体操作步骤如下。

图10-28 企业网站首页

01 选择菜单栏中的“文件”|“新建”命令，打开“新建”对话框，在该对话框中将“宽度”设置为1000，“高度”设置为600，如图10-29所示。

02 单击“确定”按钮，新建空白文档，如图10-30所示。

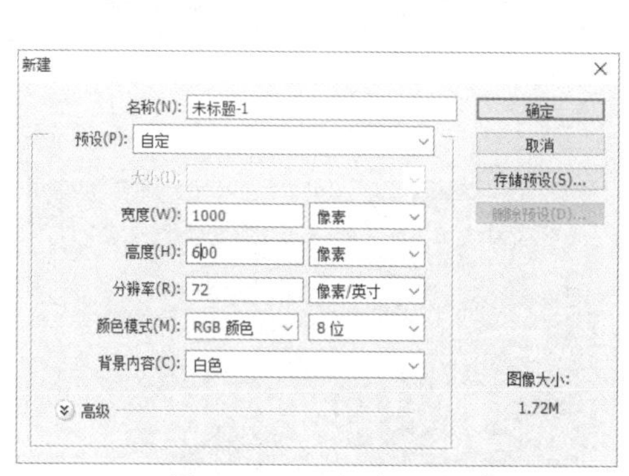

图 10-29 “新建”对话框

图 10-30 新建空白文档

03 选择工具箱中的矩形工具，在舞台中绘制矩形，如图 10-31 所示。

04 选择菜单栏中的“图层”|“图层样式”|“渐变叠加”命令，打开“图层样式”对话框，设置渐变叠加颜色，如图 10-32 所示。

图 10-31 绘制矩形

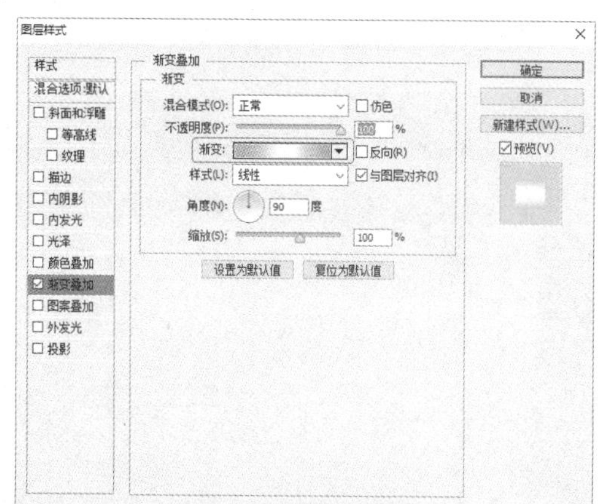

图 10-32 选择样式

05 单击“确定”按钮，设置图层样式，如图 10-33 所示。

06 选择工具箱中的横排文字工具，在舞台中输入文本“设置为首页|家人收藏”，如图 10-34 所示。

图 10-33 设置图层样式

图 10-34 输入文本

07 选择矩形工具，在选项栏中将填充颜色设为#34381d，绘制矩形，如图 10-35 所示。

08 选择工具箱中的自定义形状工具，在选项栏中将“填充颜色”设置为# ffffff，单击“形状”右边的下拉按钮，在弹出的列表中选择形状，如图 10-36 所示。

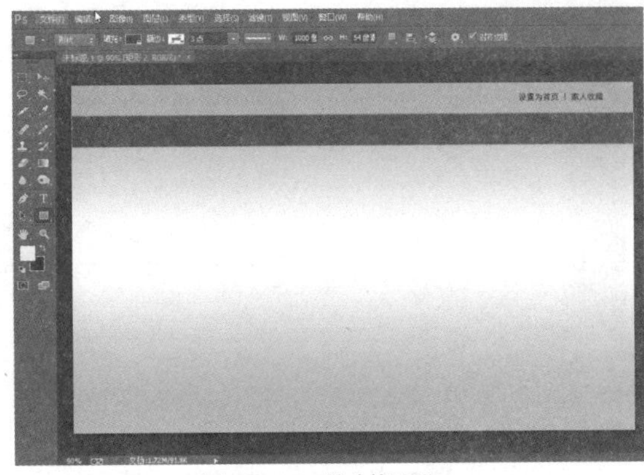

图 10-35 绘制矩形

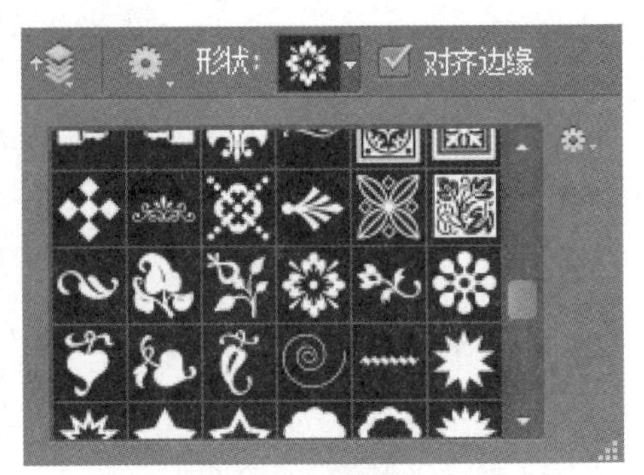

图 10-36 选择形状

09 在舞台中按住鼠标左键绘制形状，如图 10-37 所示。

10 选择工具箱中的横排文字工具，在舞台中输入相应的文本，如图 10-38 所示。

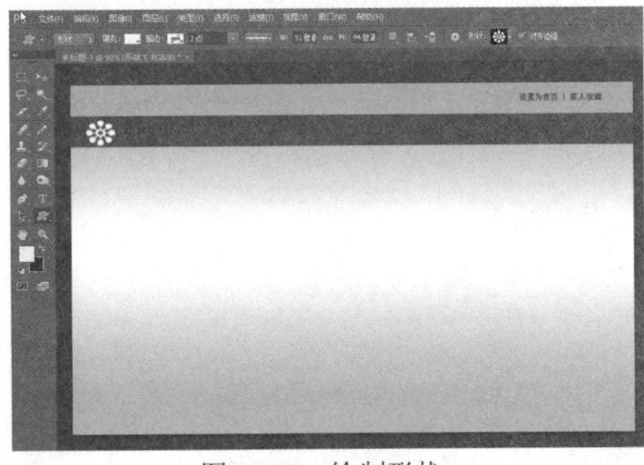

图 10-37 绘制形状

图 10-38 输入文本

11 选择“文件”|“置入”命令，打开“置入”对话框，选择文件 2.jpg，如图 10-39 所示。

12 单击“置入”按钮，置入图像文件，效果如图 10-40 所示。

图 10-39 “置入”对话框

图 10-40 置入图像文件

13 选择工具箱中的矩形工具，在选项栏中将“描边”设置为1，在舞台中绘制矩形，如图10-41所示。

14 选择菜单栏中的“图层”|“图层样式”|“渐变叠加”命令，弹出“图层样式“对话框，在该对话框中设置渐变颜色，效果如图10-42所示。

图10-41 绘制矩形

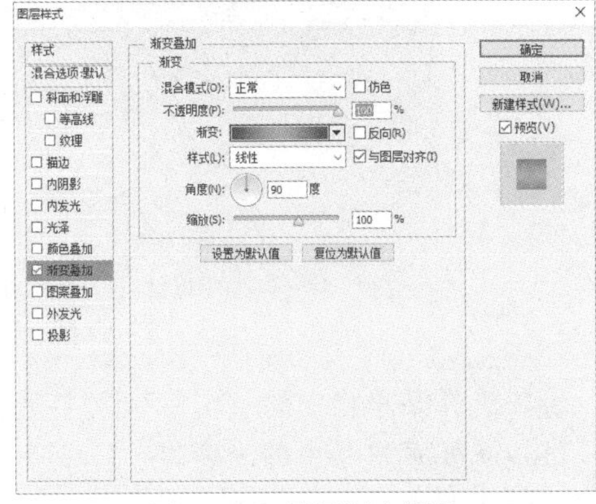

图10-42 设置渐变颜色

15 单击“确定”按钮，设置图层样式。选择工具箱中的“直线”工具，在选项栏中将“粗细”设置为1，在舞台中绘制直线，如图10-43所示。

16 同步骤15绘制其余的直线，效果如图10-44所示。

图10-43 绘制矩形

图10-44 绘制其余的直线

17 选择工具箱中的横排文字工具，在舞台中输入相应的文本，效果如图10-45所示。

图10-45 输入文本

技能训练 2——创建网页 Banner 动画

本实例使用 Photoshop 制作 Banner 动画，如图 10-46 所示，具体操作步骤如下。

图 10-46　Banner 动画

01 选择菜单栏中的“文件”|“打开”命令，将素材 pic1.jpg 打开，如图 10-47 所示。

02 选择菜单栏中的“窗口”|“时间轴”命令，打开“时间轴”面板，在“时间轴”面板中自动生成一帧动画，选择菜单栏中的“窗口”|“图层”命令，打开“时间轴”面板，如图 10-48 所示。

图 10-47　打开文件

图 10-48　打开“时间轴”面板

03 单击“图层”面板中的背景，双击“背景”图层，将“背景”图层转为“图层 0”，如图 10-49 所示。

04 单击“时间轴”面板底部的“复制所选帧”按钮，复制当前帧，如图 10-50 所示。

图 10-49　将“背景”图层转为“图层 0”

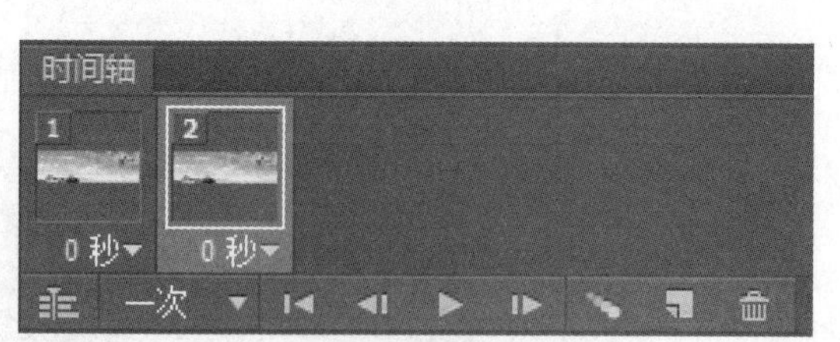

图 10-50　复制当前帧

05 选择菜单栏中的“文件”|“置入”命令，弹出“置入”对话框，在对话框中选择要置入的文件 pic2.jpg，如图 10-51 所示。

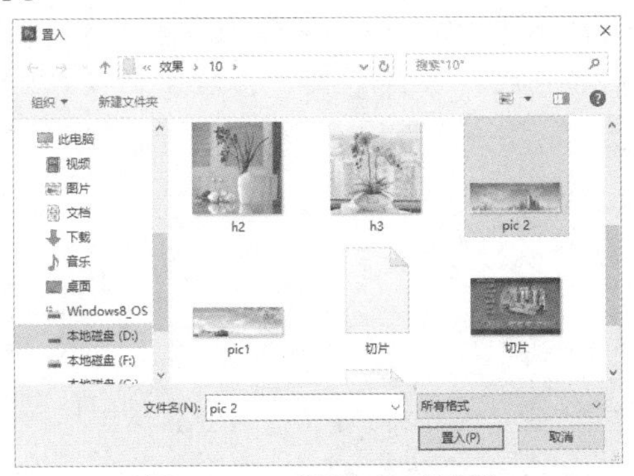

图 10-51　“置入”对话框

06 单击“置入”命令，将 pic2 文件置入，并调整置入文件的大小与原来的背景图像一样大小，如图 10-52 所示。

07 在“时间轴”面板中选择第 1 帧，单击该帧右下角的三角按钮设置延迟时间为 0.5 秒，在“图层”面板中，将 pic 2.jpg 图层隐藏，图层 0 可见，如图 10-53 所示。

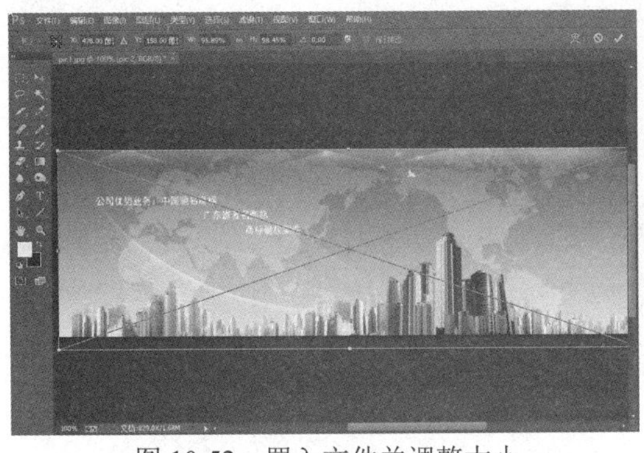

图 10-52　置入文件并调整大小

打造中国最大的物流服务平台

图 10-53　设置第 1 帧状态

08 用同样的方法设置第 2 帧的延迟为 0.5 秒，在“图层”面板中，将图层 0 隐藏，pic 2.jpg 图层可见，如图 10-54 所示。

09 单击“动画（帧）”面板底部的“播放动画”按钮 ▶ 播放动画，将播放方式设置为“永久”，如图 10-55 所示。

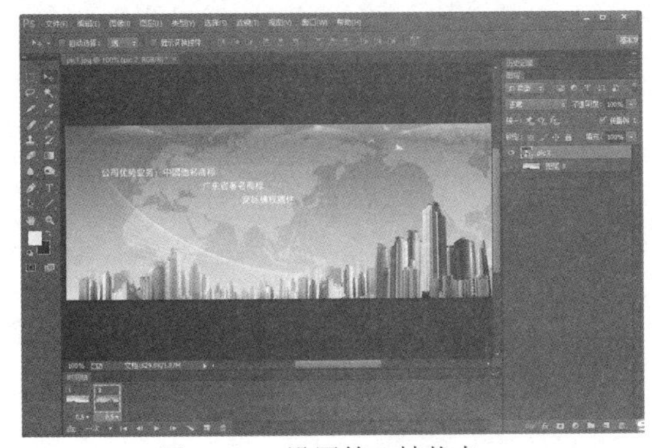

图 10-54　设置第 2 帧状态

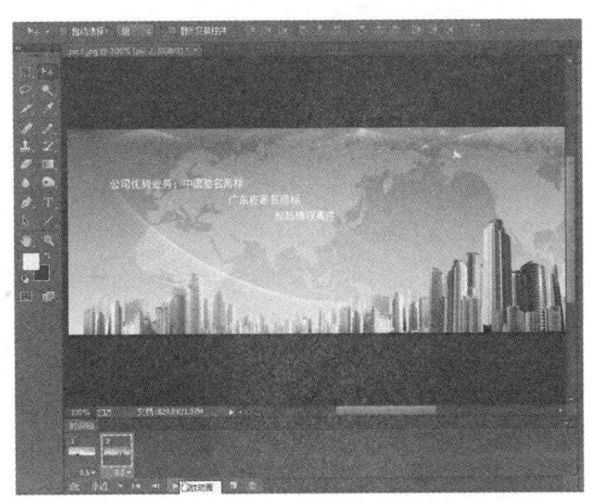

图 10-55　播放动画

10 选择菜单栏中的“文件”|“存储为Web所用格式”命令，弹出“存储为Web所用格式”对话框，选择GIF方式输出图像，如图10-56所示。

11 单击“存储”按钮，弹出“将优化结果存储为”对话框，在对话框中设置名称为“banner.gif”，格式选择“仅限图像”，单击“保存”按钮即可保存图像，如图10-57所示。

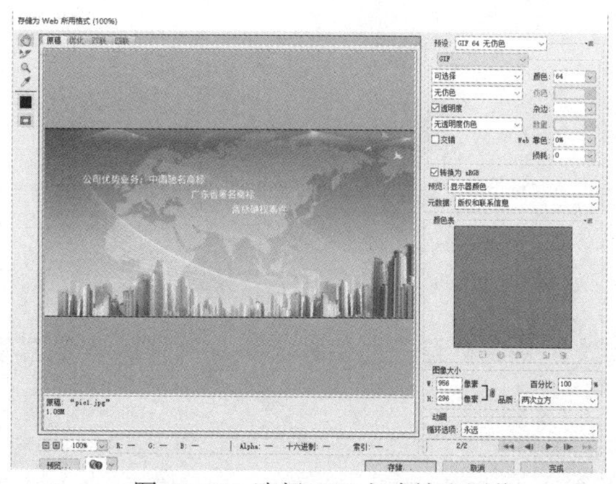

图10-56 选择GIF方式输出图像

图10-57 保存图像

第11章 Photoshop 网页图像设计

Photoshop 用得最广泛的领域就是图形和图像的处理，这里所说的图形是指自己绘制出来的；而图像的处理指的是对一幅已经有的图片进行处理。这一章中的每个实例都使用了 Photoshop 不同的功能，希望读者在学习的时候能够不断总结，以最快的速度进步和提高。此外，Photoshop 所提供的应用于网页图片的切片工具，能够将图像分割为具有链接功能的图像区。本章主要讲述了网页中的 Logo 制作、网络 Banner 制作和网站导航按钮的制作，以及常见文字特效的设计。

本章重点

- 网站 Logo 的制作
- 网站 Banner 的制作
- 网站按钮的制作
- 导航条的制作
- 常见的文字特效设计

11.1 网站 Logo 的制作

网站 Logo，即网站标志，一般出现在站点的每一个页面上，是网站给人的第一印象。Logo 是吸引流量的法宝之一，一个成功有效的 Logo 能很轻松地让网友记住你的网站，当网友在浏览同类网站的时候，脑海里会自然浮现你的网站 Logo。到那时，网友便会不自觉地去寻找你的网站。

下面利用 Photoshop 设计如图 11-1 所示的网站 Logo，具体操作步骤如下。

图 11-1　网站 Logo

01 打开 Photoshop CC，选择菜单栏中的“文件”|“新建”命令，弹出“新建”对话框，在该对话框中将“宽度”设置为 500 像素，“高度”设置为 400 像素，“背景内容”设置为“白色”，如图 11-2 所示。

02 单击“确定”按钮，新建文档，如图 11-3 所示。

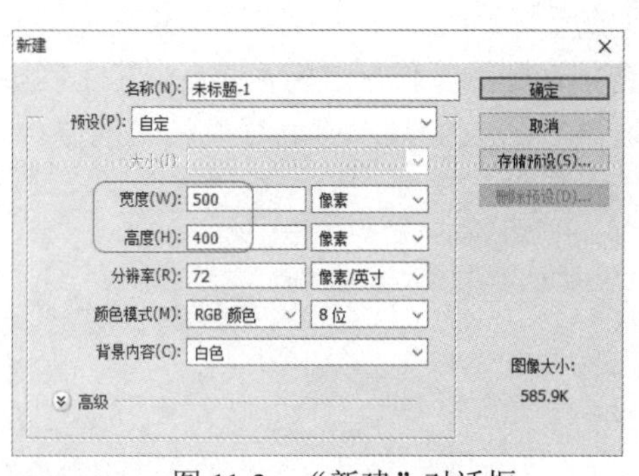

图 11-2　“新建”对话框

图 11-3　新建文档

03 选择工具箱中的“椭圆”工具，在工具选项栏中将填充颜色设置为#79c471，在文档中绘制一个椭圆，如图 11-4 所示。

04 选择菜单栏中的“图层”|“图层样式”|“投影”命令，打开“图层样式”对话框，如图 11-5 所示的形状。

05 单击“确定”按钮，设置图层样式，如图 11-6 所示。

06 选择工具箱中的“自定义形状”工具，在选项栏中单击“形状”右边的下拉按钮，在弹出的列表中选择相应的形状，如图 11-7 所示。

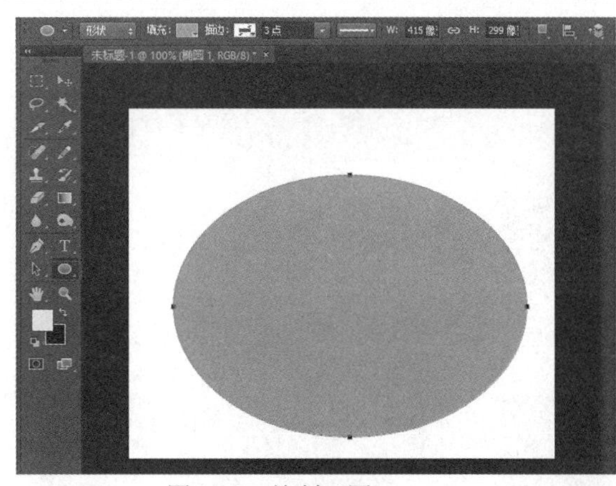

图 11-4　绘制正圆

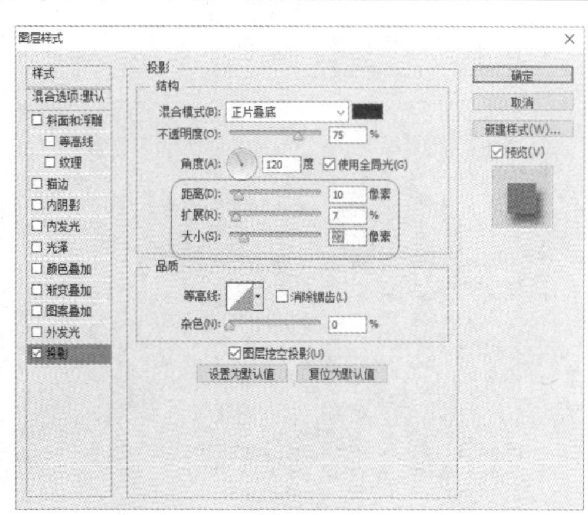

图 11-5　“图层样式”对话框

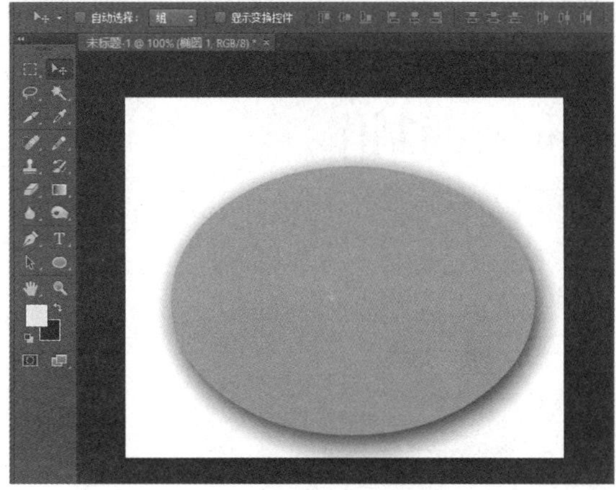

图 11-6　设置图层样式

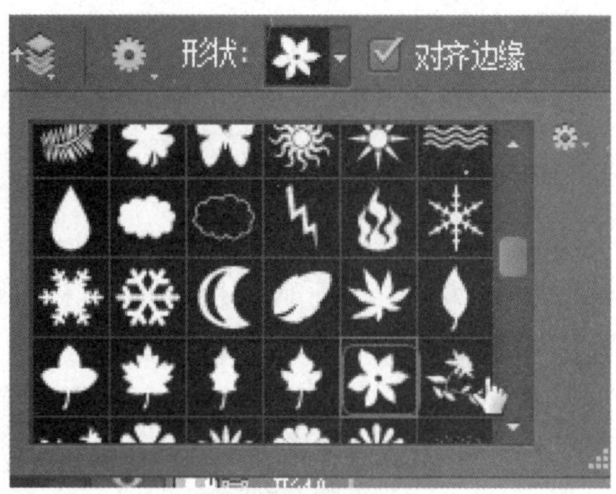

图 11-7　选择形状

07 在选项栏中将填充颜色设置为#005414，将描边颜色设置为白色，描边大小设置为5，在舞台中绘制形状，效果如图 11-8 所示。

08 选择工具箱中的横排文字工具，在舞台中输入文字“温馨家园”，如图 11-9 所示。

图 11-8　绘制形状

图 11-9　输入文本

09 选择菜单栏中的“图层”|“图层样式”|“混合选项”命令，弹出“图层样式”对话框，在对话框中单击“样式”，在弹出的列表中选择合适的样式，如图 11-10 所示。

10 单击“确定”按钮，设置图层样式，如图 11-11 所示。

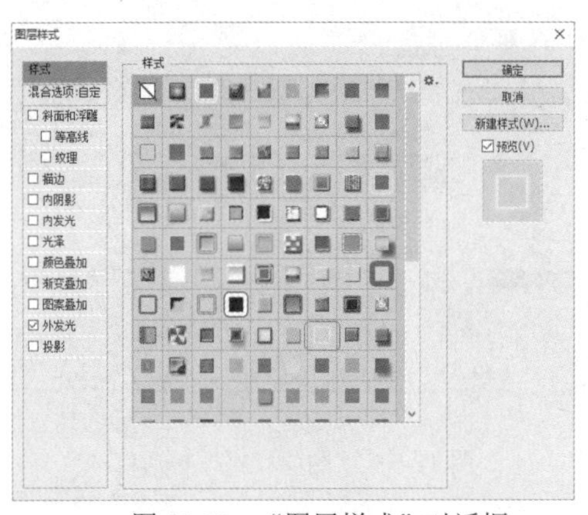

图 11-10 “图层样式”对话框

图 11-11 设置图层样式

11.2 网站 Banner 的制作

Banner 是网站页面的横幅广告，Banner 主要体现中心意旨，形象鲜明地表达最主要的情感思想或宣传中心。下面讲述如何使用 Photoshop 制作 GIF 格式的 Banner 动画，效果如图 11-12 所示，具体操作步骤如下。

图 11-12 Banner 动画

01 选择菜单栏中的“文件”|“打开”命令，打开素材 t4.jpg，如图 11-13 所示。

02 在“图层”面板中双击“背景”图层，将“背景”图层转为“图层 0”，如图 11-14 所示。

图 11-13 打开文件

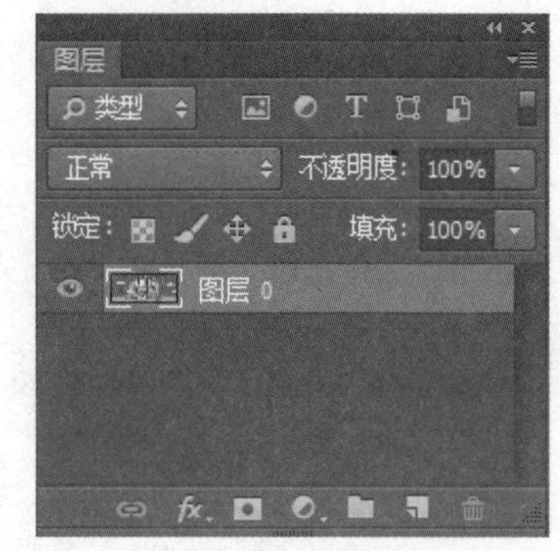

图 11-14 将“背景”图层转为“图层 0”

03 选择菜单栏中的“窗口”|“时间轴”命令，打开“时间轴”面板，在“时间轴”面板中自动生成一帧动画，单击面板底部的“复制所选帧”按钮，复制当前帧，如图 11-15 所示。

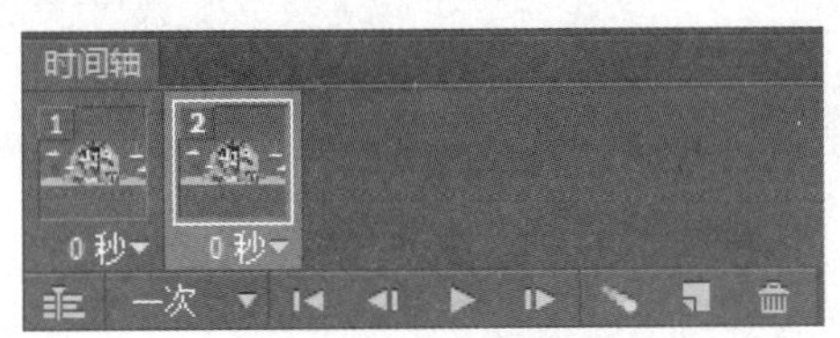

图 11-15　复制当前帧

04 选择菜单栏中的“文件”|“置入”命令，弹出“置入”对话框，在对话框中选择要置入的文件 t5.jpg，如图 11-16 所示。

05 单击“置入”命令，将图像文件置入，并调整置入文件的大小与原来的图像同样大，如图 11-17 所示。

图 11-16　选择文件 t5

图 11-17　置入文件并调整大小

06 在“时间轴”面板中选择第 1 帧，单击该帧右下角的三角按钮设置延迟时间为 0.5 秒，在“图层”面板中，将 t5 图层隐藏，图层 0 可见，如图 11-18 所示。

07 在“时间轴”面板中选择第 2 帧，单击该帧右下角的三角按钮设置延迟时间为 0.5 秒，在“图层”面板中，将图层 t5 可见，图层 0 隐藏，如图 11-19 所示。

图 11-18　图层 0 可见

图 11-19　设置第 2 帧状态

08 单击“动画（帧）”面板底部的“播放动画”按钮播放动画，即可预览动画，单击“一次”，在弹出的列表中选择“永远”选项，如图 11-20 所示。

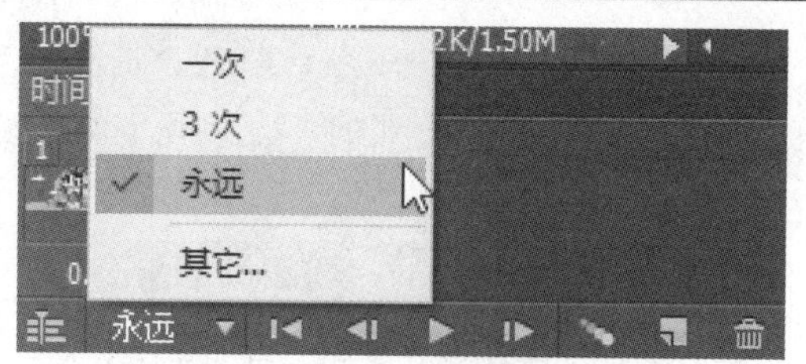

图 11-20　选择“永远”选项

09 选择菜单栏中的“文件”|“存储为 Web 所用格式”命令，弹出“存储为 Web 所用格式”对话框，选择 GIF 方式输出图像，如图 11-21 所示。

10 单击“存储”按钮，弹出“将优化结果存储为”对话框，在对话框中设置名称为 banner.gif，格式选择“仅限图像”，单击“保存”即可保存图像，如图 11-22 所示。

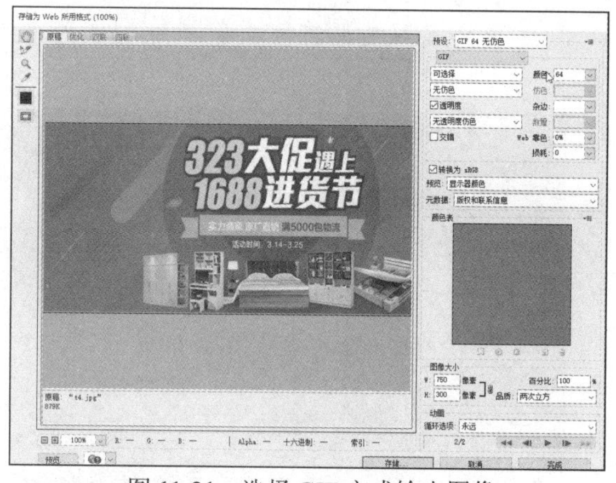

图 11-21　选择 GIF 方式输出图像

图 11-22　保存图像

11.3　网站按钮的制作

漂亮的按钮可以修饰网页，能够使得网页图像更加美观、更富立体感。按钮是网站路标，它是十分重要的。按钮应放置到明显的页面位置，让浏览者在第一时间内看到它并做出判断，确定要进入哪个栏目中去搜索他们所要的信息。

下面使用 Photoshop 设计如图 11-23 所示的按钮，具体操作步骤如下。

图 11-23　按钮

01 打开素材文件，如图 11-24 所示。

02 在工具箱中选择圆角矩形工具 ，按住鼠标左键同时拖动鼠标绘制一个圆角矩形，如图 11-25 所示。

图 11-24　打开图像文件

图 11-25　绘制圆角矩形

03 选择菜单栏中的“窗口”|“样式”命令，打开“样式”面板，如图 11-26 所示。

04 在“样式”面板中选择一种样式，对椭圆按钮应用该样式，如图 11-27 所示。

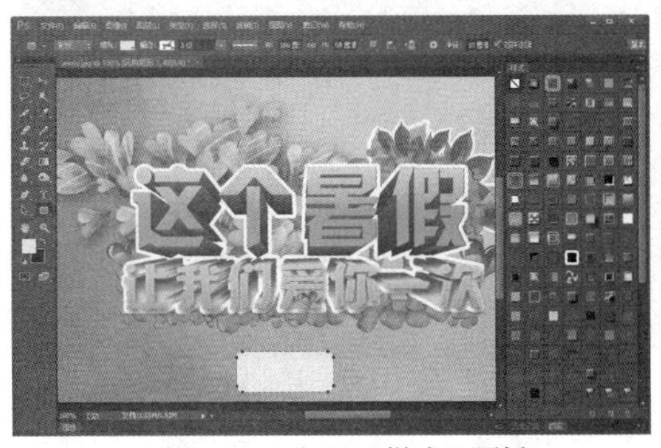

图 11-26　打开“样式”面板

图 11-27　应用样式

05 选择工具箱中的横排文字工具 ，在椭圆上输入中文文字，在工具栏中将“字体”设置为“黑体”，“大小”设置为 24 点，如图 11-28 所示。

06 选择菜单栏中的“文件”|“存储为”命令，弹出“另存为”对话框，存储文件，如图 11-29 所示。

图 11-28　输入文本

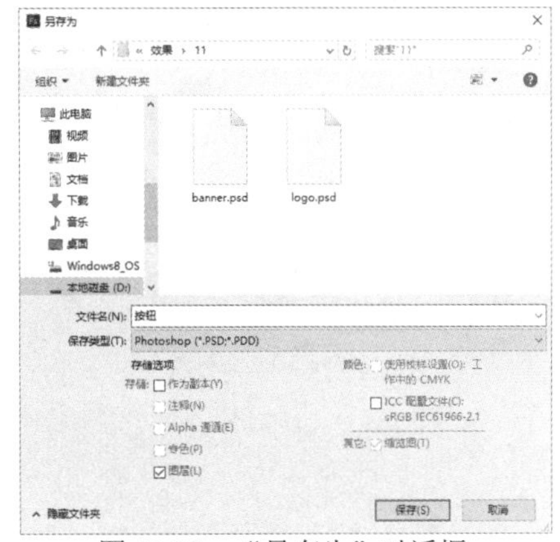

图 11-29　“另存为”对话框

11.4 导航条的制作

在网页设计中，经常用到导航按钮进行超链接，由于导航按钮形式多样，因此只要合理应用，就会极大地美化网页。

下面使用 Photoshop 设计如图 11-30 所示的导航按钮，具体操作步骤如下。

图 11-30 导航按钮

01 打开 Photoshop CC，选择菜单栏中的“文件”|“新建”命令，弹出“新建”对话框，设置完后单击“确定”按钮，如图 11-31 所示。

02 在工具箱中选择矩形工具，并按住鼠标左键不放在工作区拖出一个矩形，如图 11-32 所示。

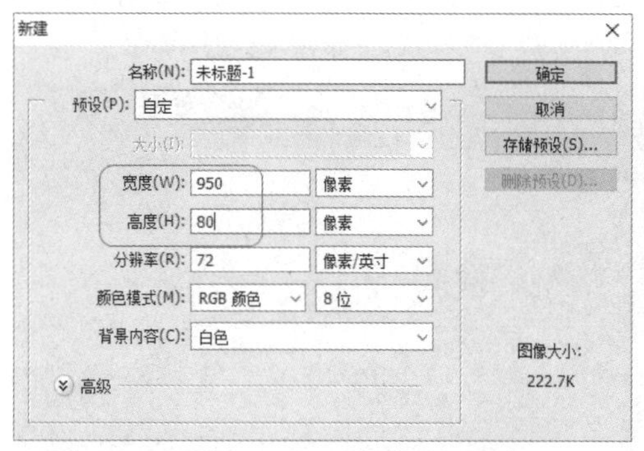

图 11-31 “新建”对话框

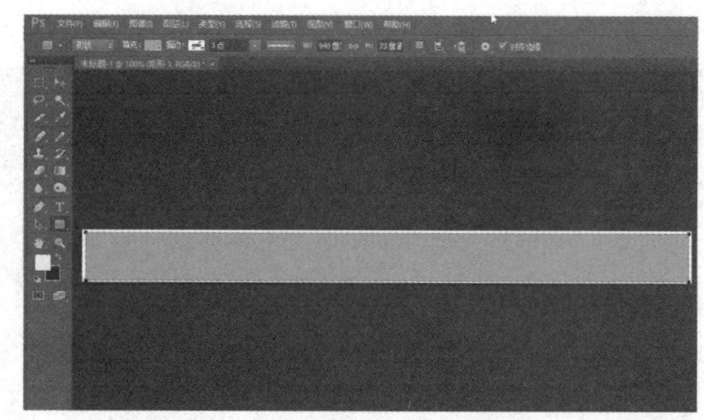

图 11-32 绘制矩形

03 选择菜单栏中的“图层”|“图层样式”|“投影”命令，弹出“图层样式”对话框，如图 11-33 所示。

04 在“图层样式”对话框中单击勾选左侧的“渐变叠加”选项，在该对话框中单击“点按可编辑渐变”按钮，打开“渐变编辑器”对话框，在该对话框中设置渐变颜色，设置完毕单击“确定”按钮，如图 11-34 所示。

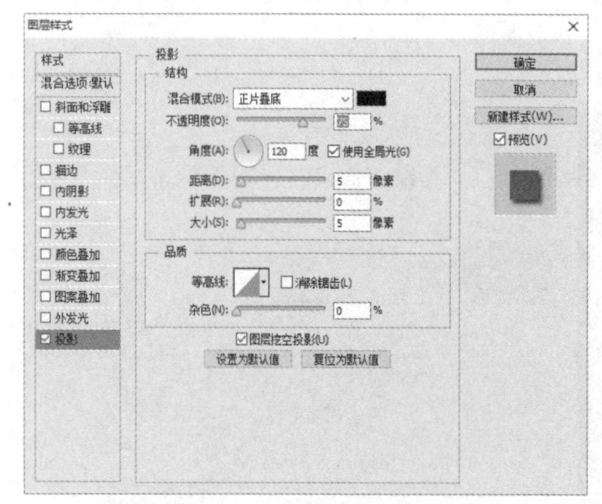

图 11-33 “图层样式”对话框

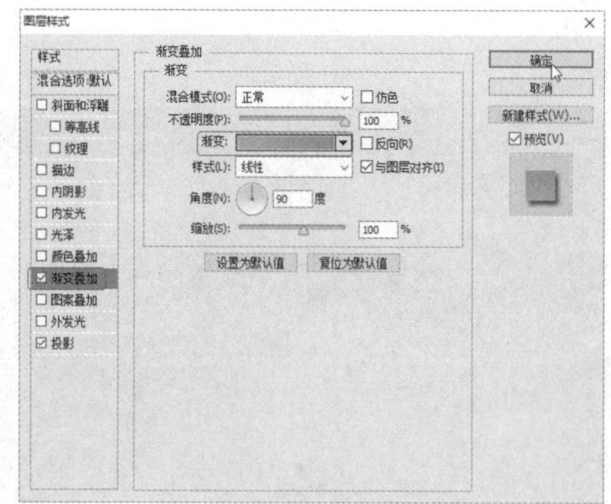

图 11-34 设置渐变颜色

05 单击“确定”按钮，设置渐变颜色，如图 11-35 所示。

06 选择工具箱中的“直线”工具，在选项栏中将填充颜色设置为白色，在矩形上面绘制直线，如图 11-36 所示。

图 11-35　设置渐变颜色

图 11-36　绘制直线

07 同步骤 6 绘制出另外 5 条直线，如图 11-37 所示。

08 选择工具箱中的横排文字工具，在选项栏中设置文本的大小和颜色，在舞台中输入相应的导航文本，如图 11-38 所示。

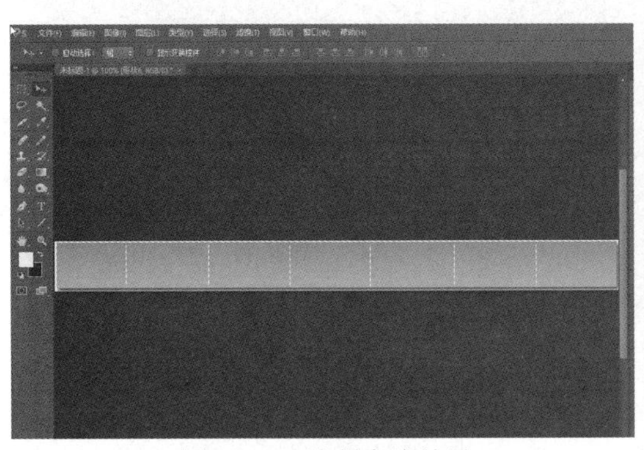

图 11-37　绘制直线效果

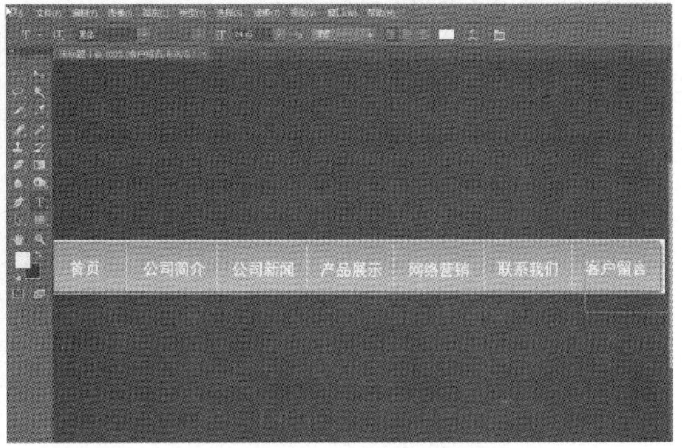

图 11-38　输入文字

11.5　技能训练——常见的文字特效设计

网页特效文字就是将文字图形化，即把文字作为图形元素来表现。作为网页设计者，既可以按照常规的方式来设置字体，也可以对字体进行艺术化的设计。将文字图形化，以更富创意的形式表达出深层的设计思想，能够克服网页的单调与平淡，从而打动人心。

技能训练 1——绚彩果冻字

本例制作的浮雕文字如图 11-39 所示。具体操作如下。

图 11-39　浮雕文字

01 选择菜单栏中的“文件”|“打开”命令，打开图片文件“wz.jpg”，如图 11-40 所示。

02 选择工具箱中的横排文字工具，输入文字“全场 3 折”，然后在工具选项栏上设置字体为微软雅黑，字号为 120，如图 11-41 所示。

图 11-40　打开果冻字.jpg

图 11-41　输入文字

03 选中字体图层，选择菜单栏中的“图层”|“图层样式”|“投影”命令，弹出“图层样式”对话框，在对话框中进行如图 11-42 所示设置。

04 给文字添加内阴影样式，参数设置如图 11-43 所示。

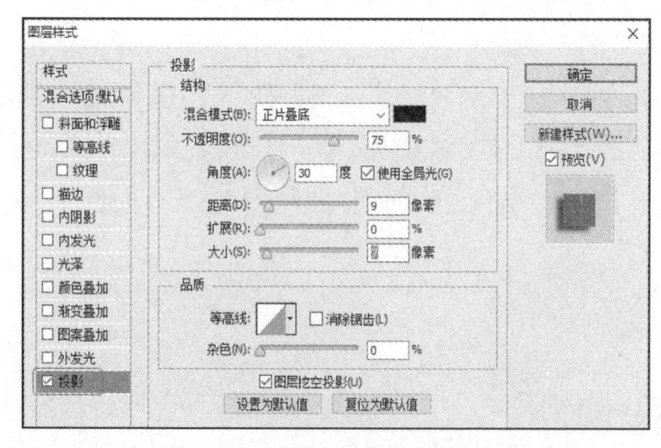

图 11-42　设置投影样式

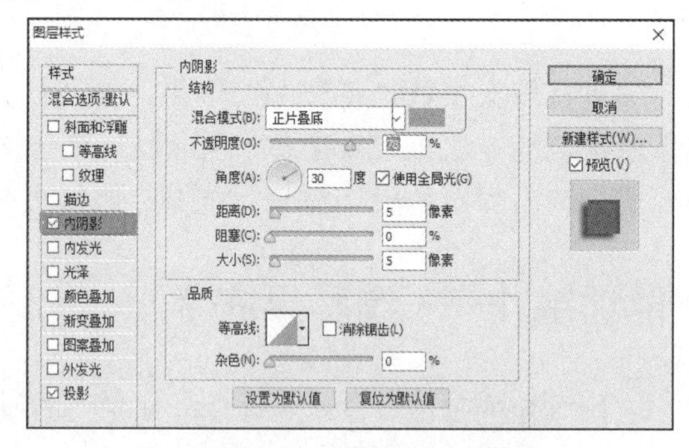

图 11-43　设置内阴影样式

05 给文字添加外发光样式，参数设置如图 11-44 所示。

06 给文字添加渐变叠加样式，参数设置如图 11-45 所示。

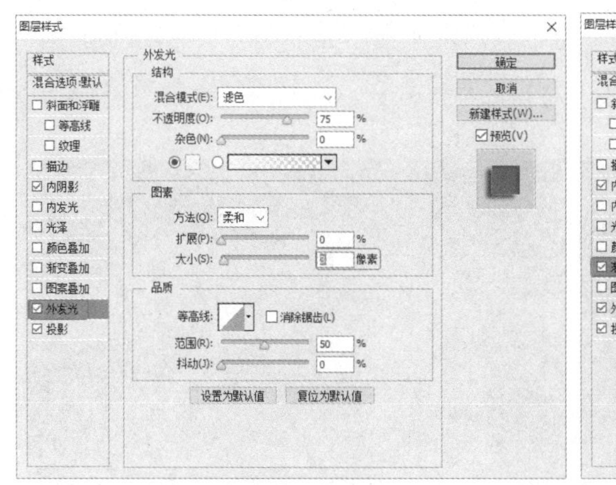

图 11-44　设置外发光样式

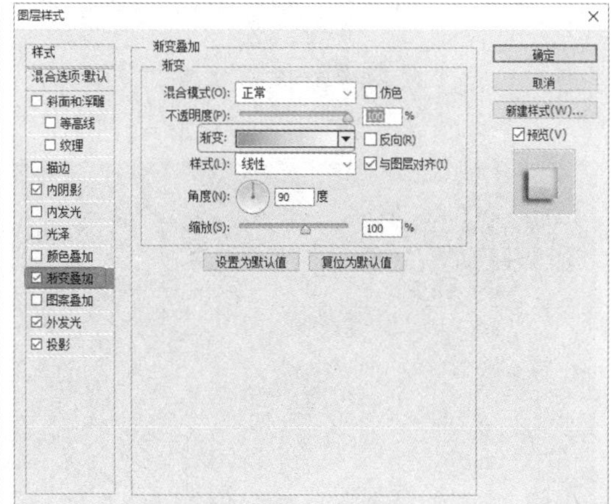

图 11-45　添加渐变叠加样式

07 给文字添加斜面和浮雕样式，参数设置如图 11-46 所示。

08 单击“确定”按钮，设置文字浮点效果，如图 11-47 所示。

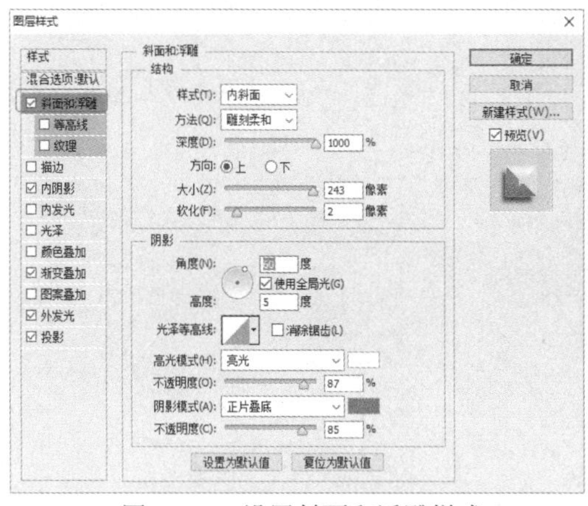

图 11-46　设置斜面和浮雕样式

图 11-47　添加发光样式

技能训练 2——立体多彩字

立体字在文字制作中有着独特的视觉效果，而立体字在网页中又独具魅力。下面制作一个立体多彩字，如图 11-48 所示。具体操作步骤如下。

图 11-48　立体字

01 选择菜单栏中的“文件”|“打开”命令，打开图片文件 lt.jpg，如图 11-49 所示。

02 选择工具箱中的横排文字工具，输入文字“年货盛惠”，然后在工具选项栏上设置字体为“黑体”，字号为 72，如图 11-50 所示。

图 11-49　打开图片文件

图 11-50　输入文字

03 在“图层”面板中将文本图层拖动到“创建新图层”按钮上，生成“年货盛惠 拷贝”图层，如图 11-51 所示。

04 选择底层“年货盛惠”，选择菜单栏中的“图层”|“图层样式”|“投影”命令，弹出“图层样式”对话框，如图 11-52 所示。

图 11-51　复制图层

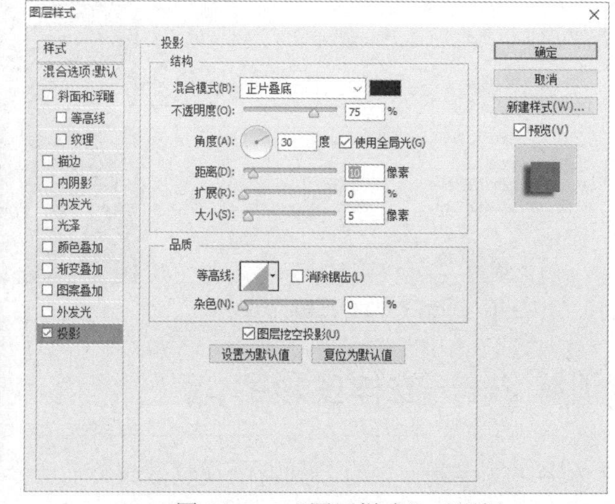

图 11-52　“图层样式”对话框

05 单击“确定”按钮，设置图层样式，如图 11-53 所示。

06 选择底层“年货盛惠 拷贝”，选择菜单栏中的“图层”|“图层样式”|“渐变叠加”命令，弹出“图层样式”对话框，如图 11-54 所示。

图 11-53　设置图层样式

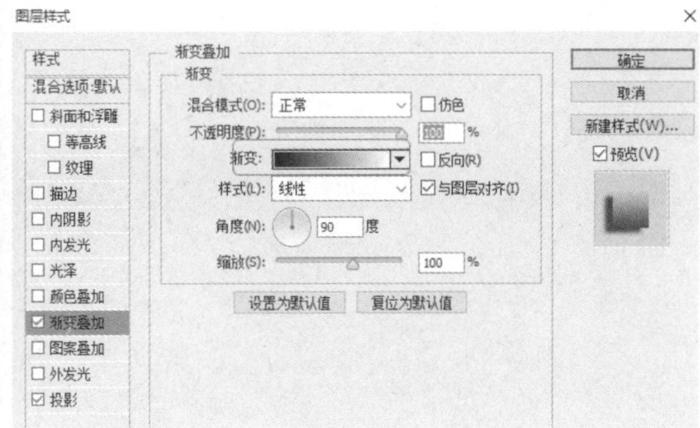

图 11-54　“图层样式”对话框

07 在该对话框中单击“渐变”按钮，弹出“渐变编辑器”对话框，在该对话框中设置渐变颜色，如图 11-55 所示。

08 单击“确定”按钮，设置图层样式，将文本向右移动一段时间，如图 11-56 所示。

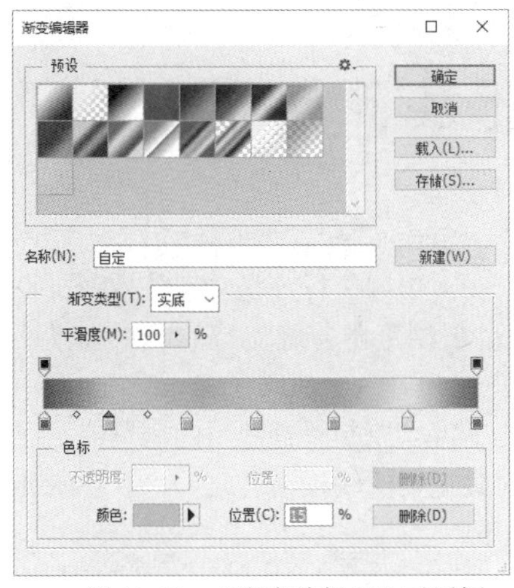

图 11-55　“渐变编辑器”对话框

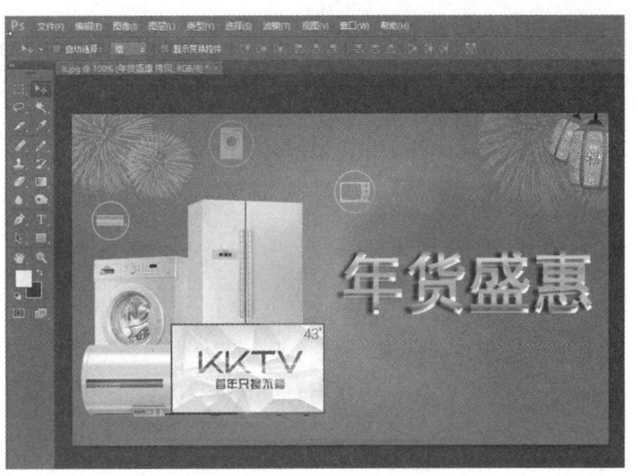

图 11-56　移动文本

第12章 JavaScript 基础知识

在网页制作中，JavaScript 是常见的脚本语言，它可以嵌入到 HTML 中，在客户端执行，是动态特效网页设计的最佳选择，同时也是浏览器普遍支持的网页脚本语言。几乎每个普通用户的计算机上都存在 JavaScript 程序的影子。JavaScript 几乎可以控制所有常用的浏览器，而且 JavaScript 是世界上最重要的编程语言之一，学习 Web 技术必须学会 JavaScript。

本章重点

- JavaScript 的历史
- JavaScript 特点
- JavaScript 的添加方法
- 基本数据类型
- 常量和变量

12.1 JavaScript 简介

JavaScript 是一种解释性的，基于对象的脚本语言（an interpreted，object-based scripting language）。

HTML 网页在互动性方面能力较弱，例如下拉菜单，就是用户点击某一菜单项时，自动会出现该菜单项的所有子菜单，用纯 HTML 网页无法实现；又如验证 HTML 表单（Form）提交信息的有效性，用户名不能为空，密码不能少于 4 位，邮政编码只能是数字之类，用纯 HTML 网页也无法实现。要实现这些功能，就需要用到 JavaScript。

JavaScript 是一种脚本语言，比 HTML 要复杂。不过即便不懂编程，也不用担心，因为 JavaScript 写的程序都是以源代码的形式出现的，也就是说在一个网页里看到一段比较好的 JavaScript 代码，恰好也用得上，就可以直接复制，然后放到网页中去。

12.1.1 JavaScript 的历史

JavaScript 是 Netscape 公司与 Sun 公司合作开发的。在 JavaScript 出现之前，Web 浏览器不过是一种能够显示超文本文档的软件的基本部分；而在 JavaScript 出现之后，网页的内容不再局限于枯燥的文本，它们的可交互性得到了显著的改善。JavaScript 的第一个版本，即 JavaScript 1.0 版本，出现在 1995 年推出的 Netscape Navigator 2 浏览器中。

在 JavaScript 1.0 发布时，Netscape Navigator 主宰着浏览器市场，微软的 IE 浏览器则扮演着追赶者的角色。微软在推出 IE3 的时候发布了自己的 VBScript 语言并以 JScript 为名发布了 JavaScript 的一个版本，以此很快跟上了 Netscape 的步伐。

面对微软公司的竞争，Netscape 和 Sun 公司联合 ECMA（欧洲计算机制造商协会）对 JavaScript 语言进行了标准化。其结果就是 ECMAScript 语言，这使得同一种语言又多了一个名字。虽说 ECMAScript 这个名字没有流行开来，但人们现在谈论的 JavaScript 实际上就是 ECMAScript。

到了 1996 年，JavaScript、ECMAScript、JScript——随便你们怎么称呼它，已经站稳了脚跟。Netscape 和微软公司在它们各自的第 3 版浏览器中都不同程度地提供了对 JavaScript 1.1 语言的支持。

这里必须指出的是，JavaScript 与 Sun 公司开发的 Java 程序语言没有任何联系。人们最初给 JavaScript 起的名字是 LiveScript，后来选择“JavaScript”作为其正式名称的原因，大概是想让它听起来有系出名门的感觉，但令人遗憾的是，这一选择反而更容易让人们把这两种语言混为一谈，而这种混淆又因为各种 Web 浏览器确实具备这样或那样的 Java 客户端支持功能的事实被进一步放大和加剧。事实上，虽说 Java 在理论上几乎可以部署在任何环境中，但 JavaScript 却只局限于 Web 浏览器。

12.1.2 JavaScript 特点

JavaScript 具有以下语言特点。

- JavaScript 是一种脚本编写语言，采用小程序段的方式实现编程，也是一种解释性语言，提供了一个简易的开发过程。它与 HTML 标识结合在一起，从而方便用户的使用操作。
- JavaScript 是一种基于对象的语言，同时也可以看作是一种面向对象的语言。这意味着它能运用自己已经创建的对象，因此许多功能可以来自于脚本环境中对象的方法与脚本的相互作用。
- JavaScript 具有简单性。首先它是一种基于 Java 基本语句和控制流之上的简单而紧凑的设计，其次它的变量类型采用弱类型，并未使用严格的数据类型。
- JavaScript 是一种安全性语言，它不允许访问本地硬盘，并且不能将数据存入到服务器上，不允许对网络文档进行修改和删除，只能通过浏览器实现信息浏览或动态交互，从而有效地防止数据丢失。
- JavaScript 是动态的，它可以直接对用户或客户输入做出响应，无须经过 Web 服务程序。它对用户的反映响应，是采用以事件驱动的方式进行的。所谓事件驱动，就是指在网页中执行了某种操作所产生的动作，就称为“事件”。比如按下鼠标、移动窗口、选择菜单等都可以视为事件。当事件发生后，可能会引起相应的事件响应。
- JavaScript 具有跨平台性。JavaScript 是依赖于浏览器本身，与操作环境无关，只要能运行浏览器的计算机，并支持 JavaScript 的浏览器就可正确执行。从而实现了“编写一次，走遍天下”的梦想。

12.1.3 JavaScript 注释

我们经常要在一些代码旁做一些注释，这样做的好处很多，比如：方便查找、方便比对、方便项目组里的其他程序员了解你的代码，而且可以方便以后你对自己代码的理解与修改等。

单行注释以“//”开头，下面的例子使用单行注释来解释代码。

```
var x=5;    // 声明 x 并把 5 赋值给它
var y=x+2;  // 声明 y 并把 x+2 赋值给它
```

多行注释以“/*”开始，以“*/”结尾，下面的例子使用多行注释来解释代码。

```
/*
下面的这些代码会输出
一个标题和一个段落
并将代表主页的开始
*/
document.getElementById("myH1").innerHTML="Welcome to my Homepage";
document.getElementById("myP").innerHTML="This is my first paragraph.";
```

过多的 JavaScript 注释会降低 JavaScript 的执行速度与加载速度，因此应在发布网站时，尽量不要使用过多的 JavaScript 注释。

12.2 JavaScript 的添加方法

JavaScript 程序本身不能独立存在，它是依附于某个 HTML 页面在浏览器端运行的。本身 JavaScript 作为一种脚本语言可以放在 HTML 页面中的任何位置，但是浏览器解释 HTML 时是按先后顺序的，所以放在前面的程序会被优先执行。

12.2.1 内部引用

在 HTML 中输入 JavaScript 时，需要使用<script>标签。在<script>标签中，language 特性声明要使用的脚本语言，language 特性一般被设置为 JavaScript，不过也可用它声明 JavaScript 的确切版本，如 JavaScript 1.3。

当浏览器载入网页 Body 部分的时候，就执行其中的 JavaScript 语句，执行之后输出的内容就显示在网页中。

实例代码：

```
<!doctype html>
<html>
<head>
<meta charset="utf-8">
<title>JavaScript 语句</title>
</head>
<body>
<script type="text/javascript1.3">
<!--
var gt = unescape('%3e');
var popup = null;
var over = "Launch Pop-up Navigator";
popup=window.open('','popupnav','width=225,height=235,resizable=1,scrollbars=auto')
;
if (popup != null) {
if (popup.opener == null) {
popup.opener = self;
}
popup.location.href = 'tan.htm';
}
 -->
</script>
</body>
</html>
```

浏览器通常忽略未知标签，因此在使用不支持 JavaScript 的浏览器阅读网页时，JavaScript 代码也会被阅读。<!-- -->里的内容对于不支持 JavaScript 的浏览器来说就等同于一段注释，而对于支持 JavaScript 的浏览器，这段代码仍然会执行。

通常 JavaScript 文件可以使用 script 标签加载到网页的任何一个地方，但是标准的方式是加载在 head 标签内。为防止网页加载缓慢，也可以把非关键的 JavaScript 放到网页底部。

12.2.2 外部调用 js 文件

如果很多网页都需要包含一段相同的代码，最好的方法，是将这个 JavaScript 程序放到一个后缀名为.js 的文本文件里。此后，任何一个需要该功能的网页，只需要引入这个 js 文件就可以了。

这样做，可以提高 JavaScript 的复用性，减少代码维护的负担，不必将相同的 JavaScript 代码复制到多个 HTML 网页里，将来一旦程序有所修改，也只要修改.js 文件就可以。

在 HTML 文件中可以直接输入 JavaScript，还可以将脚本文件保存在外部，通过<script>中的 src 属性指定 URL 来调用外部脚本语言。外部 JavaScript 语言的格式非常简单。事实上，它们只包含 JavaScript 代码的纯文本文件。在外部文件中不需要<script/>标签，引用文件的<script/>标签出现在 HTML 页中，此时文件的后缀为“.js”。

```
<script type="text/javascript" src="URL"></script>
```

通过指定 script 标签的 src 属性，就可以使用外部的 JavaScript 文件了。在运行时，这个 js 文件的代码全部嵌入到包含它的页面内，页面程序可以自由使用，这样就可以做到代码的复用。

JavaScript 文件外部调用的好处：

- 如果浏览器不支持JavaScript，将忽略script标签里面的内容，可以避免使用<!-- ... //-->。
- 统一定义 JavaScript 代码，方便查看，方便维护。
- 使代码更安全，可以压缩，加密单个 JavaScript 文件。

实例代码：

```
<!doctype html>
<html>
<head>
<meta charset="utf-8">
<title>JavaScript 语句</title>
<script src="http://www.baidu.com/common.js"></script>
</head>
```

```
<body>
</body>
</html>
```

示例里的 common.js 其实就是一个文本文件，内容如下：

```
function clickme()
{
alert("You clicked me!")
}
```

12.2.3 添加到事件中

一些简单的脚本可以直接放在事件处理部分的代码中。如下所示直接将 JavaScript 代码加入到 OnClick 事件中。

```
<input type="button" name="FullScreen" value="全屏显示"
onClick="window.open(document.location, 'big', 'fullscreen=yes')">
```

这里，使用<input/>标签创建一个按钮，单击它时调用 onClick()方法。onClick 特性声明一个事件处理函数，即响应特定事件的代码。

12.3 基本数据类型

JavaScript 脚本语言同其他语言一样，有它自身的基本数据类型、表达式和算术运算符以及程序的基本框架结构。在 JavaScript 中四种基本的数据类型：数值（整数和实数）、字符串型、布尔型和空值。

12.3.1 使用字符串型数据

字符串是存储字符的变量，可以表示一串字符，字符串可以是引号中的任意文本，可以使用单引号或双引号，如下代码所示。

基本语法：

```
var  str="字符串";          // 使用双引号定义字符串
var  str='字符串';          // 使用单引号定义字符串
```

可以通过 length 属性获得字符串长度。例如：

```
var sStr=" How are you ";
alert(sStr.length);
```

下面使用引号定义字符串变量，使用 document.write 输出相应的字符串，代码如下所示。

```
<script>
var hao1="你好呀";
var hao2="我的名字叫丽丽";
var hao3='他的名字叫小明';
document.write(hao1 + "<br>")
document.write(hao2 + "<br>")
document.write(hao3 + "<br>")
</script>
```

打开网页文件，运行效果如图 12-1 所示。

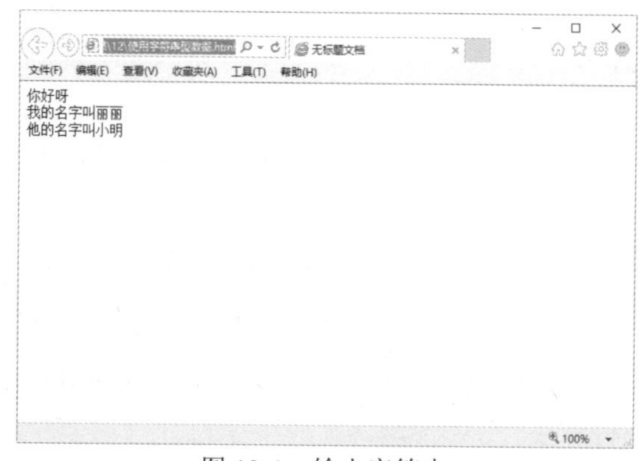

图 12-1　输出字符串

本来代码中 var hao1="你好呀"、var hao3="他的名字叫小明"分别使用单引号和双引号定义字符串，最后使用 document.write 输出定义中的字符串。

12.3.2　使用数值型数据

JavaScript 数值类型表示一个数字，比如 5、12、-5、2e5。数值类型有很多值，最基本的当然就是十进制。除了十进制，整数还可以通过八进制或十六进制。还有一些极大或极小的数值，可以用科学计数法表示。

```
var num1=10.00;      // 使用小数点来写
var num2=10;         // 不使用小数点来写
```

下面将通过实例讲述常用的数值型数据的使用方法，代码如下所示。

```
<script>
var x1=10.00;
var x2=10;
var y=12e5;
var z=12e-5;
document.write(x1 + "<br />")
document.write(x2 + "<br />")
document.write(y + "<br />")
document.write(z + "<br />")
```

```
</script>
```

运行效果如图 12-2 所示。

图 12-2 输出数值

本例代码中 var x1=10.00、var x2=10 行分别定义十进制数值，var y=12e5、var z=12e-5 用科学计数定义，最后使用 document.write 输出十进制数字。

12.3.3 使用布尔型数据

JavaScript 布尔类型只包含两个值：真（true），假（false），它用于判断表达式的逻辑条件。每个关系表达式都会返回一个布尔值。布尔类型通常用于选择程序设计的条件判断中，比如 if...else 语句。

基本语法：

```
var x=true
var y=false
```

下面将通过实例讲述布尔型数据的使用方法，代码如下所示。

```
<script>
 var message = '你好';
   if(message)
   {
      alert("这个是正确值");
   }
</script>
```

运行这个示例，就会显示一个警告框，如图 12-3 所示。因为字符串 message 被自动转换成了对应的 Boolean 值（true）。

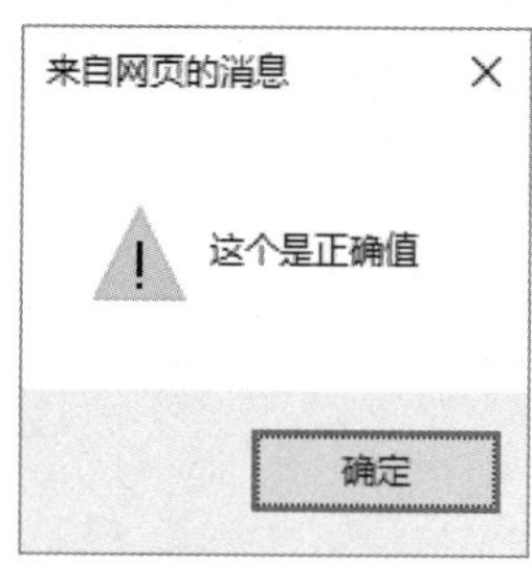

图 12-3　警告框

12.3.4　使用 Undefined 和 Null 类型

在某种程度上，null 和 undefine 都是具有“空值”的含义，因此容易混淆。实际上二者具有完全不同的含义。null 是一个类型为 null 的对象，可以通过将变量的值设置为 null 来清空变量。而 Undefined 这个值表示变量不含有值。

如果定义的变量准备在将来用于保存对象，那么最好将该变量初始化为 null 而不是其他值。这样一来，只要直接检测 null 值就可以知道相应的变量是否已经保存了一个对象的引用了，例如：

```
if(car != null)
    {
        // 对 car 对象执行某些操作
    }
```

实际上，undefined 值是派生自 null 值的，因此 ECMA-262 规定对它们的相等性测试要返回 true。

```
alert(undefined == null); //true
```

下面将通过实例讲述 Undefined 和 Null 的使用，代码如下：

```
<script>
var person;
var car="hai";
document.write(person + "<br />");
document.write(car + "<br />");
var car=null;
document.write(car + "<br />");
</script>
```

var person 代码变量不含有值，document.write(person + "<br />")输出代码即为 undefined 值，运行代码效果如图 12-4 所示。

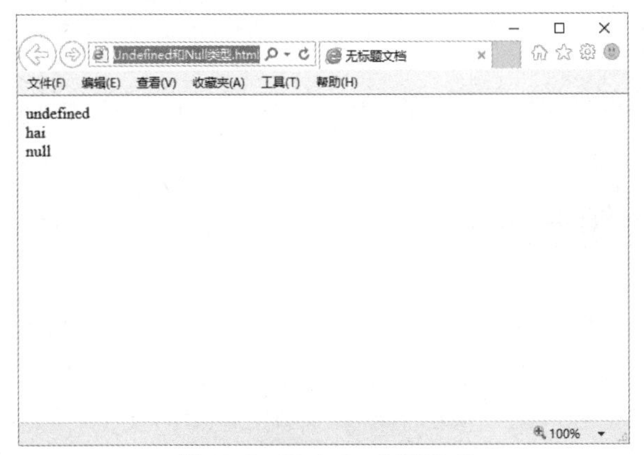

图 12-4 Undefined 和 Null

12.4 常量

常量也称常数，是执行程序时保持常数值、永远不变的命名项目。常量可以是字符串、数值、算术运算符或逻辑运算符的组合。

12.4.1 常量的种类

在 JavaScript 中，常量有以下 6 种基本类型：

1. 整形常量

JavaScript 的常量通常又称字面常量，它是不能改变的数据。其整形常量可以使用十六进制、八进制和十进制表示其值。

2. 布尔值

布尔常量只有两种状态：True 或 False。它主要用来说明或代表一种状态或标志，以说明操作流程。它与 C++是不一样的，C++可以用 1 或 0 表示其状态，而 JavaScript 只能用 True 或 False 表示其状态。

3. 字符型常量

使用单引号(')或双引号("")括起来的一个或几个字符，如"this a book " "1234"等。

4. 空值

JavaScript 中有一个空值 Null，表示什么也没有，如试图引用没有定义的变量，则返回一个 Null 值。

5. 特殊字符

同 C 语言一样，JavaScript 中同样有些以反斜杠（/）开头的不可显示的特殊字符，通常称为控制字符，例如:/n /r 等。

6．实型常量

实型常量是由整数部分加小数部分表示，如 12.32、193.98，可以使用科学或标准方法表示，如 4e6、5e4 等。

12.4.2　常量的使用方法

在程序执行过程中，其值不能改变的量称为常量。常量可以直接用一个数来表示，称为常数（或称为直接常量），也可以用一个符号来表示，称为符号常量。

下面通过实例讲述字符常量、布尔型常量和数值常量的使用，输入如下代码。

```
<script language="javascript">
<!--
document.write( "<li>常量的使用方法<br>" );                    // 使用字符串常量
document.write( "<li>" + 7 + "一星期 7 天" );                  // 使用数值常量
if( true )                                                    // 使用布尔型常量 true
{
document.write( "<br><li>布尔常量：" + true );
}
document.write( "<li>八进制数值常量 012 输出为十进制：" + 012);    // 使用 8 进制常量和十进制常量
-->
</script>
```

document.write("<li>常量的使用方法
")代码使用字符串常量，document.write("<li>" + 7 + "一星期 7 天")代码使用数值常量 7，if（true）在 if 语句块中使用布尔型常量 true，document.write("<li>八进制数值常量 012 输出为十进制：" + 012)代码使用八进制数值常量输出为十进制，运行代码效果如图 12-5 所示。

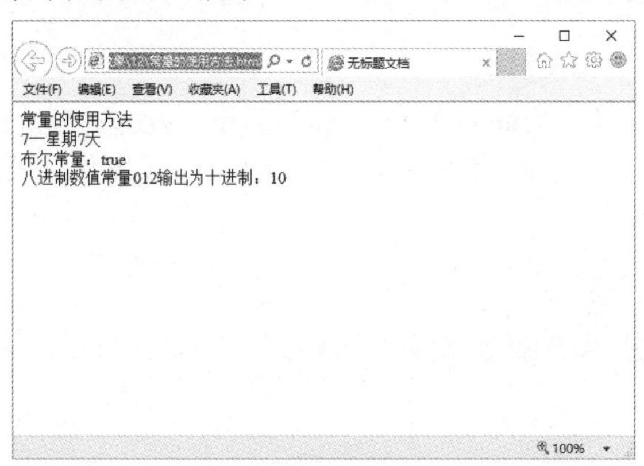

图 12-5　常量的使用方法

12.4.3　变量的含义

变量是存取数字、提供存放信息的容器。正如代数一样，JavaScript 变量用于保存值或表达式。可以给变量起一个简短名称，比如 x。

```
x=4
y=5
z=x+y
```

在代数中，使用字母（比如 x）来保存值（比如 4）。通过上面的表达式 z=x+y，能够计算出 z 的值为 9。在 JavaScript 中，这些字母被称为变量。

12.4.4 变量的定义方式

JavaScript 中定义变量有两种方式：

（1）使用 var 关键字定义变量，如“var book;”。

该种方式可以定义全局变量，也可以定义局部变量，这取决于定义变量的位置。在函数体中使用 var 关键字定义的变量为局部变量；在函数体外使用 var 关键字定义的变量为全局变量。例如：

```
var my=5;
var mysite="baidu";
```

var 代表声明变量，var 是 variable 的缩写。my 与 mysite 都为变量名（可以任意取名），必须使用字母或者下划线(_)开始。5 与"baidu"都为变量值，5 代表一个数字，"baidu"是一个字符串，因此应使用双引号。

（2）不使用 var 关键字，而是直接通过赋值的方式定义变量，如“param="hello"”。而在使用时再根据数据的类型来确其变量的类型。

实例代码：

```
<!doctype html>
<html>
<head>
<meta charset="utf-8">
<title>test</title>
<script type="text/javascript">
function test() {
param = "你好";
alert(param);
}
alert(param);
</script>
</head>
<body onload="test()"></body>
</html>
```

param = "你好"代码直接定义变量，alert(param)代码是页面弹出提示框"你好"，运行代码效果如图 12-6 所示。

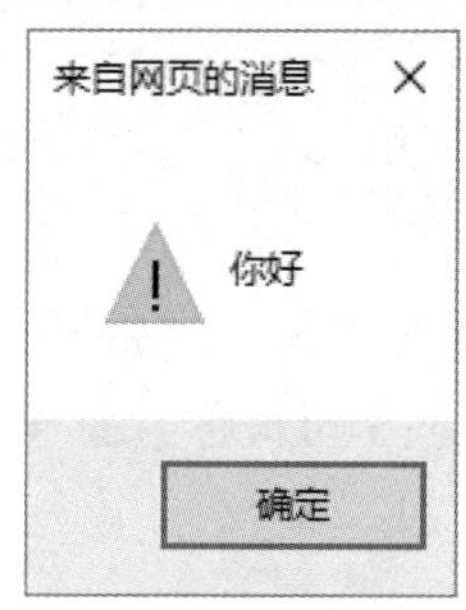

图 12-6　提示框

12.4.5　变量的命名规则

大家都知道变量定义统一都是 var，变量命名也有相应规范。首先 JavaScript 是一种区分大小写的语言，即变量 myVar、myVAR 和 myvar 是不同的变量。

另外，变量名称的长度是任意的，但必须遵循以下规则：

- 只包含字母、数字和/或下划线并区分大小写。
- 最好以字母开头，注意一定不能用数字开头。
- 变量名称不能有空格、+、-、，或其他符号。
- 最好不要太长，到时候看起来不方便。
- 不能使用 JavaScript 中的关键字作为变量。在 JavaScript 中定义了 40 多个关键字，这些关键字是 JavaScript 内部使用的，不能作为变量的名称。如 Var、int、double、true 不能作为变量的名称。

下面给出合法的命名，也是合法的变量名：

```
total
_total
total10
total_10
total_n
```

下面是不合法的变量名：

```
12 total
$ total
$# total
```

建议为了方便阅读，变量名可以定义简单而且容易记忆的名称。

12.4.6　变量的作用范围

在 JavaScript 中有全局变量和局部变量。全局变量是定义在所有函数体之外，其作用范围是整个函数；而局部变量是定义在函数体之内，只对该函数是可见的，而对其他函数则是不可得。

例如：

```
<!doctype html>
<html>
<head>
<meta charset="utf-8">
<title>变量的作用范围</title>
<Script Language ="JavaScript">
 <!--
greeting="<h1>Nice to meet you</h1>";
welcome="<p>Good morning <cite> to you</cite>.</p>";
-->
</Script>
</head>
 <body>
 <Script language="JavaScript">
 <!--
document.write(greeting);
document.write(welcome);
 -->
 </Script>
</body>
 </html>
```

greeting="<h1>Nice to meet you</h1>" 和 welcome="<p>Good morning<cite>to you</cite>.</p>"声明了两个字符串变量，最后使用 document.write 语句将两个页面分别显示在页面中，运行代码效果如图 12-7 所示。

图 12-7　变量的作用

12.5　运算符介绍

在任何一种语言中，处理数据是必不可少的一个功能，而运算符就是处理数据中所不能缺少的一种符号。

12.5.1 算术运算符

JavaScript 算术运算符负责算术运算，JavaScript 算术运算符包括+，-，*，/，%。用算术运算符和运算对象连接起来，符合规则 JavaScript 语法的式子，称 JavaScript 算术表达式。

加法运算符（+）是一个二元运算符，可以对两个数字型的操作数进行相加运算，返回值是两个操作数之和。例如：

```
<script language="javascript">
<!--
    var i=10;
    var x=i+3;
    document.write( x );
-->
</script>
```

这里将 10 赋值给 i，运行加法运算 x=i+3，使用 document.write(x)输出结果 x 为 13，如图 12-8 所示。

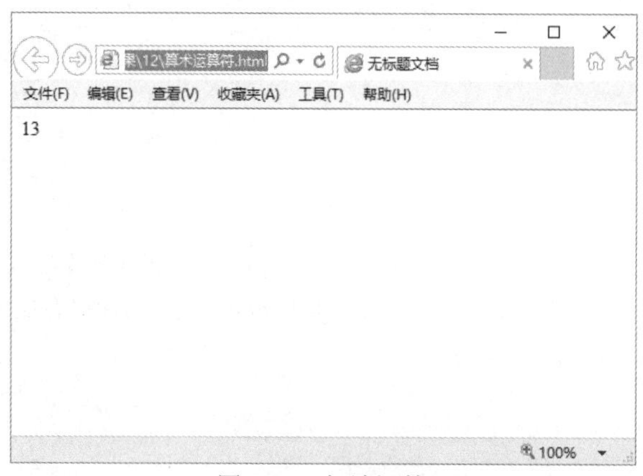

图 12-8　加法运算

12.5.2 关系运算符

关系运算符是把左操作数和右操作数作比较，然后返回一个逻辑值：true 或 false。关系运算符包含相等运算符、等同运算符、不等运算符、不等同运算符、小于运算符、大于运算符、小于或等于运算符和大于或等于运算符。

相等运算符（==）是先进行类型转换再测试是否相等，如果左操作数等于右操作数，则返回 true，否则返回 false。例如：

基本语法：

```
<script language="javascript">
<!--
   var a = "6";
```

```
    var b = 6;
     var c = 8;
    if ( a == b )                           //a、b 发生类型转换
    {
      document.write("a 等于 b<br>");          //如果 a=b 输出 a 等于 b
    }
     else
   {document.write("a 不等于 b<br>");  }         //否则输出 a 不等于 b
    if ( b == c)
    {
      document.write("b 等于 c<br>");          //如果 b=c 输出 b 等于 c
    }
     else
   {document.write("b 不等于 c<br>");  }         //否则输出 b 不等于 c
-->
</script>
```

语法说明：

相等运算符并不要求两个操作数的类型都一样，相等运算符会将字符串"6"与数字 6 认为是两个相等的操作数，运行代码效果 12-9 所示。

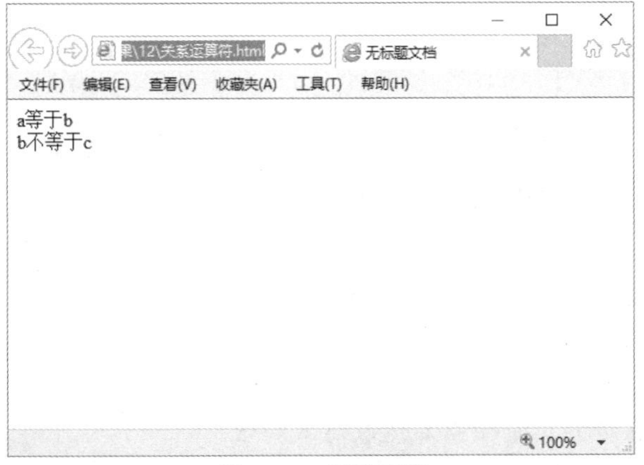

图 12-9　相等运算

12.5.3　字符串运算符

字符串运算符除了比较操作符，可应用于字符串值的操作符还有连接操作符（+），它会将两个字符串连接在一起，并返回连接的结果。

+运算符用于把文本值或字符串变量加起来（连接起来）。如需把两个或多个字符串变量连接起来，即可使用+运算符。要想在两个字符串之间增加空格，需要把空格插入一个字符串之中，例如：

```
<script language="javascript">
<!--
```

```
    var txt1="大家好";
    var txt2="我是新来的学生";
    var txt3=txt1+" "+txt2;
    document.write( "输出变量txt3: " + txt3 );
-->
</script>
```

在以上语句执行后，变量 txt3 包含的值是“大家好 我是新来的学生”，如图 12-10 所示。

图 12-10　字符串运算符

12.5.4　赋值运算符

赋值运算符（=）的作用是给一个变量赋值，即将某个数值指定给某个变量。JavaScript 的赋值运算符不仅可用于改变变量的值，还可以和其他一些运算符联合使用，构成混合赋值运算符。

- = 将右边的值赋给左边的变量。
- += 将运算符左边的变量递增右边表达式的值。
- -= 将运算符左边的变量递减右边表达式的值。
- *= 将运算符左边的变量乘以右边表达式的值。
- /= 将运算符左边的变量除以右边表达式的值。
- %= 将运算符左边的变量用右边表达式的值求模。
- &= 将运算符左边的变量与右边表达式的值按位与。
- != 将运算符左边的变量与右边表达式的值按位或。
- ^= 将运算符左边的变量与右边表达式的值按位异或。
- <<= 将运算符左边的变量左移，具体位数由右边表达式的值给出。
- >>= 将运算符左边的变量右移，具体位数由右边表达式的值给出。
- >>>= 将运算符左边的变量进行无符号右移，具体位数由右边表达式的值给出。

赋值表达式的值也就是所赋的值。例如，x=(y+=z) 就相当于 x=(y=y+z)，相当于 x=y+z，x 的值由于赋值语句的变化而不断发生变化，而 y 的值始终不变。

下面举一些例子来说明赋值运算符的用法：

设 a=3 b=2

a+=b=5 a-=b=1

a*=b=6 a/=b=1.5

a%=b=1 a&=b=2

12.5.5 逻辑运算符

程序设计语言还包含一种非常重要的运算，逻辑运算。逻辑运算符比较两个布尔值（真或假），然后返回一个布尔值。逻辑运算符包括“&&” 逻辑与运算、“||”逻辑或运算符和“!”逻辑非运算符。

逻辑与运算符（&&）要求左右两个操作数的值都必须是布尔值。逻辑与运算符可以对左右两个操作数进行 AND 运算，只有左右两个操作数的值都为真（true）时，才会返回 true。如果其中一个或两个操作数的值为假（false），其返回值都为 false。例如：

```
<script  language="javascript">
var x= 8;                    //将 8 赋值给 x
var y= 8;                    //将 8 赋值给 y
var z= 3;                     //将 3 赋值给 z
if(x==y &&y==z)
    {
      document.write( "true" )
    }
     else
{ document.write  ( "false" ) }
</script>
```

x 和 y 都等于 8，z 等于 3，所以 y 并不等于 z，运行代码效果如图 12-11 所示。

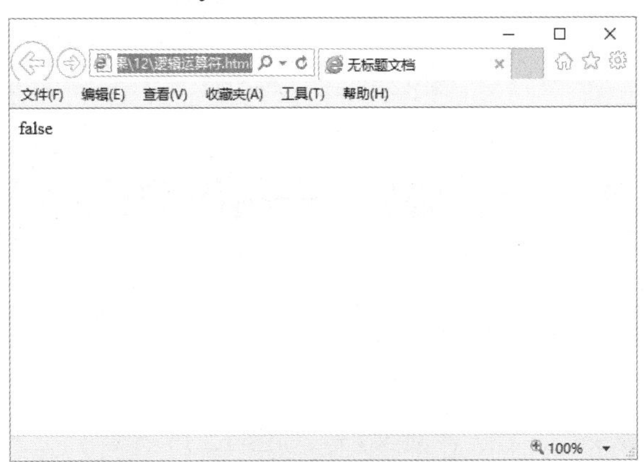

图 12-11 逻辑与运算符

12.5.6 位运算符

位操作符执行位操作时，操作符会将操作数看作一串二进制位（1 和 0），而不是十进制、十六进制或八进制数字。例如，十进制的 9 就是二进制的 1001。位操作符在执行的时候会以二进制形式进行操作，但返回的值仍是标准的 JavaScript 数值。

位与运算符（&）是一个二元运算符，该运算符可以将左右两个操作数逐位执行 AND 操作，即只有两个操作数中相对应的位都为 1 时，该结果中的这一位才为 1，否则为 0。例如：

```
<script language="javascript">
<!--
var expr1 = 8;
var expr2 = 10;
var result = expr1 & expr2;
document.write(result);
-->
</script>
```

在进行位与操作时，位与运算符会先将十进制的操作数转化为二进制，再将二进制中的每一位数值逐位进行 AND 操作，得出结果将转化为十进制，8 对应的二进制数是 1000，10 对应的二进制数是 1010（1000&1010=1000），所以运行代码效果结果为 8，如图 12-12 所示。

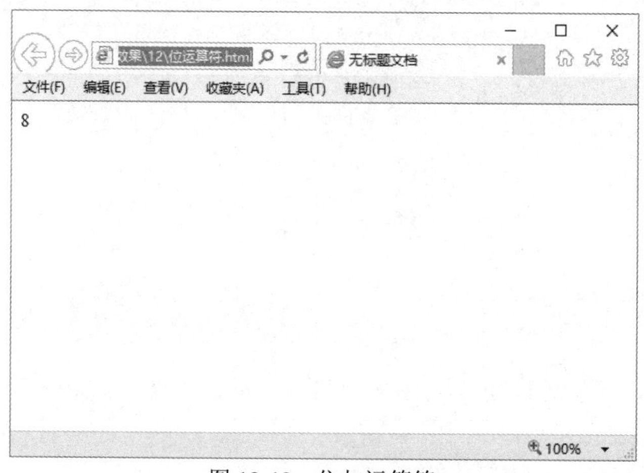

图 12-12　位与运算符

12.6　技能训练——制作倒计时特效

倒计时特效可以让用户明确知道到某个日期剩余的时间，制作倒计时特效的具体操作步骤如下。

01 使用 Dreamweaver CC 打开网页文档，如图 12-13 所示。

02 在<body >与</body>之间相应的位置输入以下代码，如图 12-14 所示。

```
<Script Language="JavaScript">
   var timedate= new Date("October 1,2017");
   var times="元旦";
   var now = new Date();
   var date = timedate.getTime() - now.getTime();
```

```
    var time = Math.floor(date / (1000 * 60 * 60 * 24));
    if (time >= 0) ;
  document.write("现在离 2017 年"+times+"还有: <font color=red><b>"+time +"</b></font>天
");
  </Script>
```

提示

- 利用 var date = timedate.getTime() - now.getTime()可以获得剩余时间，由于时间是以毫秒为单位的，因此根据时间单位的换算率如下。

  1 天=24 小时
  1 小时=60 分钟
  1 分钟=60 秒
  1 秒=1000 毫米

- 利用 var time = Math.floor(date / (1000 * 60 * 60 * 24))将剩余时间转为剩余天数。

图 12-13 打开网页文档

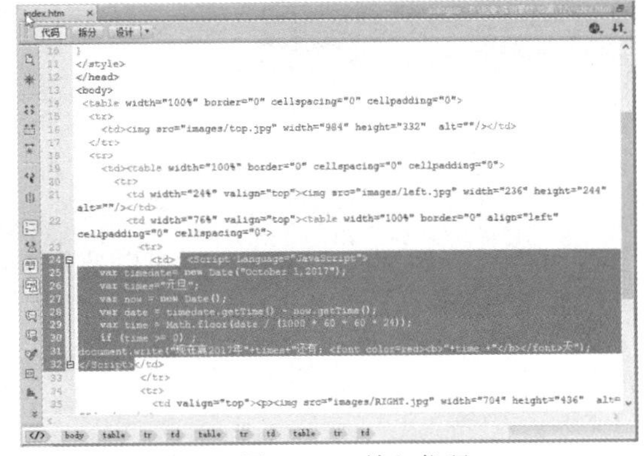

图 12-14 输入代码

03 保存文档，在浏览器中浏览效果，如图 12-15 所示。

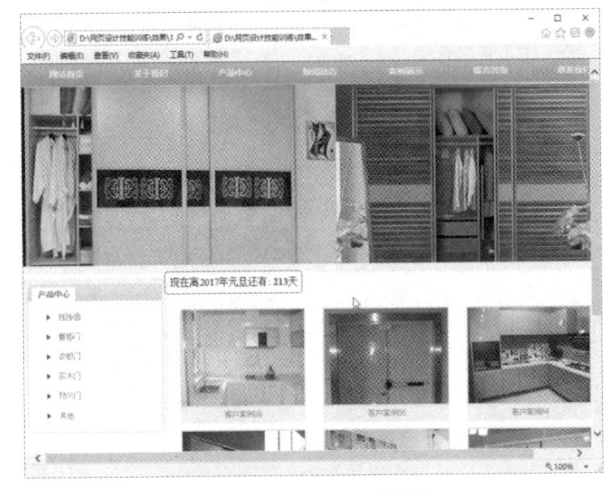

图 12-15 倒计时效果

第13章

JavaScript 程序核心语法

JavaScript 中的函数本身就是一个对象，而且可以说是最重要的对象。之所以称之为最重要的对象，一方面它可以扮演像其他语言中的函数同样的角色，可以被调用，可以被传入参数；另一方面他还被作为对象的构造器来使用，可以结合 new 操作符来创建对象。

JavaScript 中提供了多种用于程序流程控制的语句，这些语句可以分为选择和循环两大类。选择语句包括 if、switch 系列，循环语句包括 while、for 等。

本章重点

- 什么是函数
- 函数的参数传递
- 函数中变量的作用域和返回值
- 函数的定义
- 使用选择语句
- 使用循环语句

13.1 函数

函数是 JavaScript 中最灵活的一种对象，函数是由事件驱动的或者当它被调用时执行的可重复使用的代码块。JavaScript 提供了许多函数供开发人员使用。

13.1.1 什么是函数

JavaScript 中的函数是可以完成某种特定功能的一系列代码的集合，在函数被调用前函数体内的代码并不执行，即独立于主程序。编写主程序时不需要知道函数体内的代码如何编写，只需要使用函数方法即可。可把程序中大部分功能拆解成一个个函数，使程序代码结构清晰，易于理解和维护。函数代码的执行结果不一定是一成不变的，可以通过向函数传递参数，以解决不同情况下的问题，函数也可返回一个值。

函数是进行模块化程序设计的基础，编写复杂的应用程序，必须对函数有更深入的了解。JavaScript 中的函数不同于其他的语言，每个函数都是作为一个对象被维护和运行的。通过函数对象的性质，可以很方便地将一个函数赋值给一个变量或者将函数作为参数传递。在继续讲述之前，先看一下函数的使用语法：

```
function func1(…){…}
var func2=function(…){…};
var func3=function func4(…){…};
var func5=new Function();
```

这些都是声明函数的正确语法。

可以用 function 关键字定义一个函数，并为每个函数指定一个函数名，通过函数名来进行调用。在 JavaScript 解释执行时，函数都是被维护为一个对象，这就是要介绍的函数对象（Function Object）。

函数对象与其他用户所定义的对象有着本质的区别，这一类对象被称之为内部对象，例如日期对象（Date）、数组对象（Array）、字符串对象（String）都属于内部对象。这些内置对象的构造器是由 JavaScript 本身所定义的：通过执行 new Array()这样的语句返回一个对象，JavaScript 内部有一套机制来初始化返回的对象，而不是由用户来指定对象的构造方式。

函数就是包裹在花括号中的代码块，下面是使用关键词 function 的语法：

```
function functionname()
{
这里是要执行的代码
}
```

当调用该函数时，会执行函数内的代码。

可以在某事件发生时直接调用函数（比如当用户单击按钮时），并且可由 JavaScript 在任何位置进行调用。

JavaScript 对大小写敏感。关键词 function 必须是小写的，并且必须以与函数名称相同的大小写来调用函数。

13.1.2 函数的参数传递

在调用函数时，可以向其传递值，这些值被称为参数。这些参数可以在函数中使用，可以发送任意多的参数，由逗号分隔：

```
myFunction(argument1,argument2)
```

当声明函数时，需要把参数作为变量来声明：

```
function myFunction(var1,var2)
{
这里是要执行的代码
}
```

变量和参数必须以一致的顺序出现。第一个变量就是第一个被传递的参数的给定的值，以此类推。例如：

```
<body>
<button onclick="myFunction('丽丽','小姐')">点击这里</button>
<script>
function myFunction(name,job)
{
alert("欢迎 " + name + ", 崔 " + job);
}
</script>
```

上面的函数会当按钮被点击时提示"欢迎 丽丽，崔 小姐"，运行代码效果如图 13-1 所示。

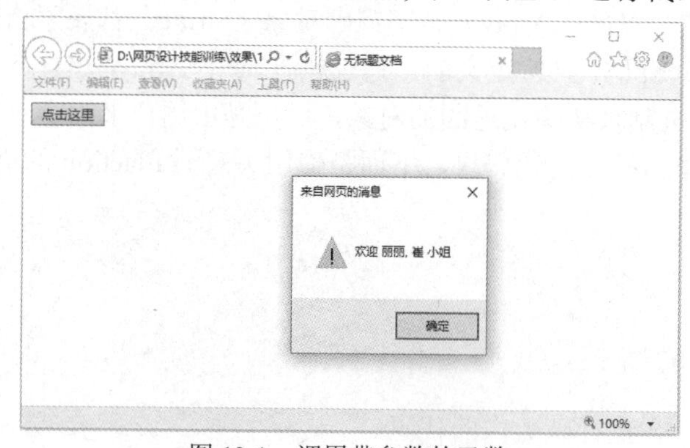

图 13-1　调用带参数的函数

13.1.3 函数中变量的作用域和返回值

有时，我们会希望函数将值返回调用它的地方。通过使用 return 语句就可以实现。在使用 return 语句时，函数会停止执行，并返回指定的值。

基本语法：

```
function myFunction()
{
var x=5;
return x;
}
```

整个 JavaScript 并不会停止执行，仅仅是函数。JavaScript 将继续从调用函数的地方执行代码，函数调用将被返回值 5 取代。

实例代码：

```
<!doctype html>
<html>
<head>
<meta charset="utf-8">
<title>无标题文档</title>
</head>
<body>
<p>返回结果：</p>
<p id="for"></p>
<script>
function myFunction(a,b)
{
return a*b;
}
document.getElementById("for").innerHTML=myFunction(3,3);
</script>
</body>
</html>
```

本例调用的函数会执行一个乘法计算，然后返回运行结果 9，效果如图 13-2 所示。

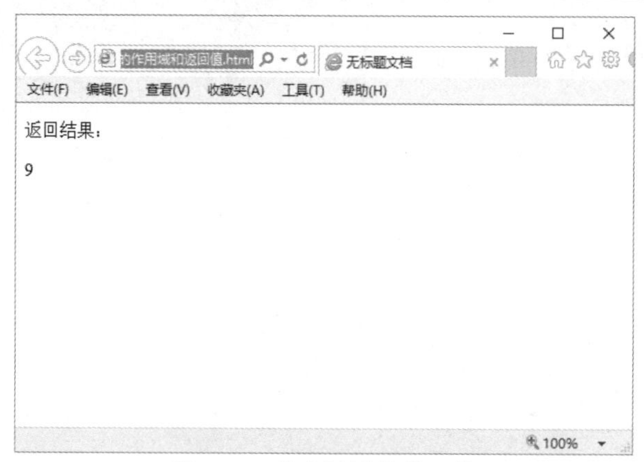

图 13-2 带有返回值的函数

13.2 函数的定义

使用函数首先要学会如何定义，JavaScript 的函数属于 Function 对象，因此可以使用 Function 对象的构造函数来创建一个函数。同时也可以使用 Function 关键字以普通的形式来定义一个函数。下面就讲述函数的定义方法。

13.2.1 函数的普通定义方式

普通定义方式使用关键字 function，也是最常用的方式，形式上跟其他的编程语言一样，语法格式如下。

基本语法：

```
Function 函数名 (参数 1，参数 2，……)
{  [语句组]
Return  [表达式]
}
```

语法解释：

- function：必选项，定义函数用的关键字。
- 函数名：必选项，合法的 JavaScript 标识符。
- 参数：可选项，合法的 JavaScript 标识符，外部的数据可以通过参数传送到函数内部。
- 语句组：可选项，JavaScript 程序语句，当为空时函数没有任何动作。
- return：可选项，遇到此指令函数执行结束并返回，当省略该项时函数将在右花括号处结束。
- 表达式：可选项，其值作为函数返回值。

实例代码：

```
<!doctype html>
```

```
<html>
<head>
<meta charset="utf-8">
<title>无标题文档</title>
<script type="text/javascript">
function displaymessage()
{
alert("欢迎您！");
}
</script>
</head>
<body>
<form>
<input type="button" value="点我!" onClick="displaymessage()" />
</form>
</body>
</html>
```

这段代码首先在 JavaScript 内建立一个 displaymessage()显示函数。在正文文档中插入一个按钮，当点击按钮时，显示“欢迎您！”。运行代码在浏览器中预览效果如图 13-3 所示。

图 13-3 函数的应用

13.2.2 函数的变量定义方式

在 JavaScript 中，函数对象对应的类型是 Function，正如数组对象对应的类型是 Array，日期对象对应的类型是 Date 一样，可以通过 new Function()来创建一个函数对象，语法如下。

基本语法：

```
Var 变量名=new Function([参数1, 参数2, ……], 函数体);
```

语法解释：

- 变量名：必选项，代表函数名，是合法的 JavaScript 标识符。
- 参数：可选项，作为函数参数的字符串，必须是合法的 JavaScript 标识符，当函数没有参数时可以忽略此项。

- 函数体：可选项，一个字符串。相当于函数体内的程序语句系列，各语句使用分号隔开。

用 new Function()的形式来创建一个函数不常见，因为一个函数体通常会有多条语句，如果将它们以一个字符串的形式作为参数传递，代码的可读性差。

实例代码：

```
<script language="javascript">
  var circularityArea = new Function( "r", "return r*r*Math.PI" );  // 创建一个函数对象
  var rCircle = 3;                              // 给定圆的半径
  var area = circularityArea(rCircle);          // 使用求圆面积的函数求面积
  document.write( "半径为 3 的圆面积为：" + area );  // 输出结果
</script>
```

该代码使用变量定义方式定义一个求圆面积的函数，设定一个半径为 3 的圆并求其面积。运行代码在浏览器中预览效果如图 13-4 所示。

图 13-4　函数的应用

13.2.3　函数的指针调用方式

前面的代码中，函数的调用方式是最常见的，但是 JavaScript 中函数调用的形式比较多，非常灵活。有一种重要的，在其他语言中也经常使用的调用形式叫做回调，其机制是通过指针来调用函数。回调函数按照调用者的约定实现函数的功能，由调用者调用。通常使用在自己定义功能而由第三方去实现的场合，下面举例说明。

实例代码：

```
<script language="javascript">
   function SortNumber( obj, func )           // 定义通用排序函数
   { // 参数验证，如果第一个参数不是数组或第二个参数不是函数则抛出异常
      if( !(obj instanceof Array) || !(func instanceof Function))
      {
         var e = new Error();                       // 生成错误信息
```

```
            e.number = 100000;                  // 定义错误号
            e.message = "参数无效";              // 错误描述
            throw e;                            // 抛出异常
        }
        for( n in obj )                         // 开始排序
        {
            for( m in obj )
            { if( func( obj[n], obj[m] ) )      // 使用回调函数排序，规则由用户设定
                {
                    var tmp = obj[n];
                    obj[n] = obj[m];
                    obj[m] = tmp;
                }
            }
        }
        return obj;                             // 返回排序后的数组
    }
    function greatThan( arg1, arg2 )            // 回调函数，用户定义的排序规则
    {  return arg1 < arg2;                      // 规则：从小到大
    }
    try
    {   var numAry = new Array(7,10,58,33,20,55,80,66 );  // 生成一数组
        document.write("<li>排序前："+numAry);      // 输出排序前的数据
        SortNumber( numAry, greatThan )             // 调用排序函数
        document.write("<li>排序后："+numAry);      // 输出排序后的数组
    }
    catch(e)
    {  alert( e.number+"："+e.message );            // 异常处理
    }
</script>
```

这段代码演示了回调函数的使用方法。首先定义一个通用排序函数 SortNumber(obj, func)，其本身不定义排序规则，规则交由第三方函数实现。接着定义一个 greatThan(arg1, arg2)函数，其内创建一个以小到大为关系的规则。document.write("<li>排序前："+numAry)输出未排序的数组。接着调用 SortNumber(numAry, greatThan)函数排序。运行代码在浏览器中预览效果如图 13-5 所示。

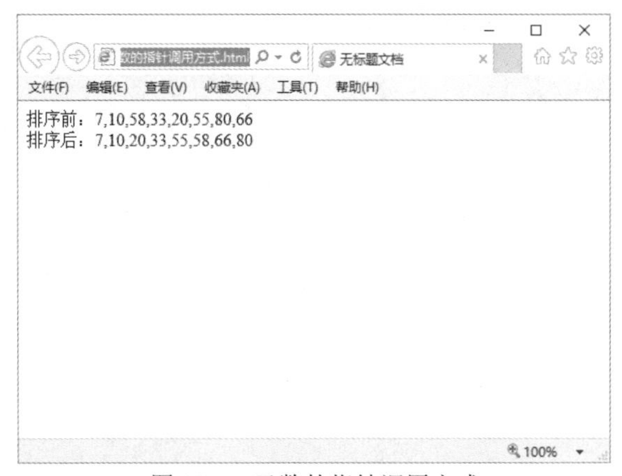

图 13-5　函数的指针调用方式

13.3　使用选择语句

选择语句就是通过判断条件来选择执行的代码块。JavaScript 中选择语句有 if 语句、switch 语句两种。

13.3.1　if 选择语句

if 语句只有当指定条件为 true 时，该语句才会执行代码。

基本语法：

```
if (条件)
  {
  只有当条件为 true 时执行的代码
  }
```

提示　请使用小写的 if。使用大写字母（IF）会生成 JavaScript 错误！

实例代码：

```
<!doctype html>
<html>
<head>
<meta charset="utf-8">
<title>无标题文档</title>
</head>
<body>
<script type="text/javascript">
var vText = "Good morning!";
var vLen = vText.length;
if (vLen < 20)
{
document.write("<p> 该字符串长度小于 20。</p>")
}
</script>
</body>
</html>
```

本实例用到了 JavaScript 的 if 条件语句。首先用 length 计算出字符串 Good morning!的长度，然后使用 if 语句进行判断，如果该字符串长度<20，就显示“该字符串长度小于 20”，运行代码效果 13-6 所示。

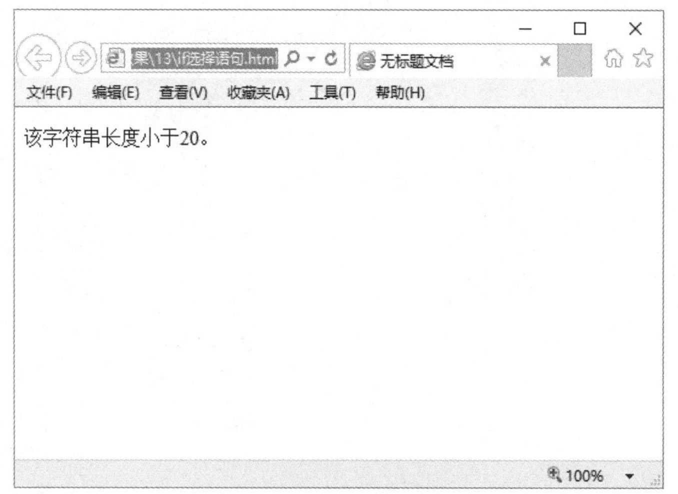

图 13-6　if 选择语句

13.3.2　if-else 选择语句

如果希望条件成立时执行一段代码，而条件不成立时执行另一段代码，那么可以使用 if....else 语句。if …else 语句是 JavaScript 中最基本的控制语句，通过它可以改变语句的执行顺序。

基本语法：

```
if (条件)
{
条件成立时执行此代码
}
else
{
条件不成立时执行此代码
}
```

这句语法的含义是，如果符合条件，则执行 if 语句中的代码；反之，则执行 else 代码。

实例代码：

```
<!doctype html>
<html>
<head>
<meta charset="utf-8">
<title>无标题文档</title>
</head>
<body>
<p>单击按钮，获得基于时间的问候。</p>
<button onclick="myFunction()">点击这里</button>
<p id="demo"></p>
<script>
```

```
function myFunction()
{
var x="";
var time=new Date().getHours();
if (time<20)
  {
  x="白天好";
  }
else
  {
  x="晚上好";
  }
document.getElementById("demo").innerHTML=x;
}
</script>
</body>
</html>
```

使用 var time=new Date().getHours();定义一个变量表示当前时间。接着使用一个 if 语句判断变量 time 的值是否小于 20，小于 20 则执行 if 块花括号中的语句白天好，否则的话运行晚上好，运行代码效果如图 13-7 所示。

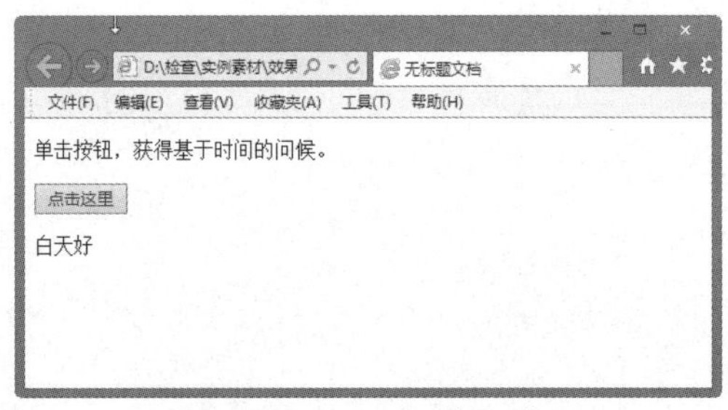

图 13-7　if-else 选择语句

13.3.3　If...else if...else 选择语句

当需要选择多套代码中的一套来运行时，那么可以使用 if....else if...else 语句。

基本语法：

```
if (条件 1)
  {
  当条件 1 为 true 时执行的代码
  }
else if (条件 2)
  {
  当条件 2 为 true 时执行的代码
  }
```

```
else
  {
  当条件 1 和 条件 2 都不为 true 时执行的代码
  }
```

实例代码：

```
<!doctype html>
<html>
<head>
<meta charset="utf-8">
<title>无标题文档</title>
</head>
<body>
<script type="text/javascript">
var d = new Date();
var time = d.getHours();
if (time<12)
{
document.write("<b>早上好! </b>");
}
else if (time>12 && time<18)
{
document.write("<b>中午好</b>");
}
else
{
document.write("<b>下午好!</b>");
}
</script>
</body>
</html>
```

如果时间小于 12 点，则将发送问候“早上好”；如果时间小于 18 点大于 12 点，则发送问候“中午好”；否则发送问候“下午好”，运行代码效果如图 13-8 所示。

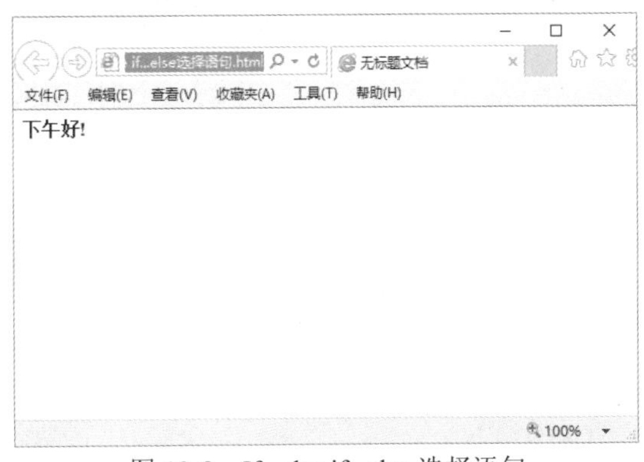

图 13-8 If...else if...else 选择语句

13.3.4 switch 多条件选择语句

当判断条件比较多时，为了使程序更加清晰，可以使用 switch 语句。使用 switch 语句时，表达式的值将与每个 case 语句中的常量作比较。如果相匹配，则执行该 case 语句后的代码；如果没有一个 case 的常量与表达式的值相匹配，则执行 default 语句。当然，default 语句是可选的。如果没有相匹配的 case 语句，也没有 default 语句，则什么也不执行。

基本语法：

```
switch(n)
  {
  case 1:
    执行代码块 1
    break
  case 2:
    执行代码块 2
    break
  default:
    如果 n 即不是 1 也不是 2，则执行此代码
  }
```

语法解释：

switch 后面的（n）可以是表达式，也可以（并通常）是变量，然后表达式中的值会与 case 中的数字作比较，如果与某个 case 相匹配，那么其后的代码就会被执行。

Switch 语句通常使用在有多种出口选择的分支结构上，例如信号处理中心可以对多个信号进行响应。针对不同的信号均有相应的处理，下面举例帮助理解。

实例代码：

```
<!doctype html>
<html>
<head>
<meta charset="utf-8">
<title>无标题文档</title>
</head>
<body>
<script type="text/javascript">
var d = new Date()
theDay=d.getDay()
switch (theDay)
{
case 5:
document.write("<b>今天是周五了！</b>")
break
case 6:
document.write("<b>今天周六！</b>")
break
case 0:
document.write("<b>明天又要上班喽。</b>")
```

```
break
default:
document.write("<b>周末过得真快! </b>")
}
</script>
</body>
</html>
```

本实例使用了 switch 条件语句，根据星期天数的不同，显示不同的输出文字。运行代码效果如图 13-9 所示。

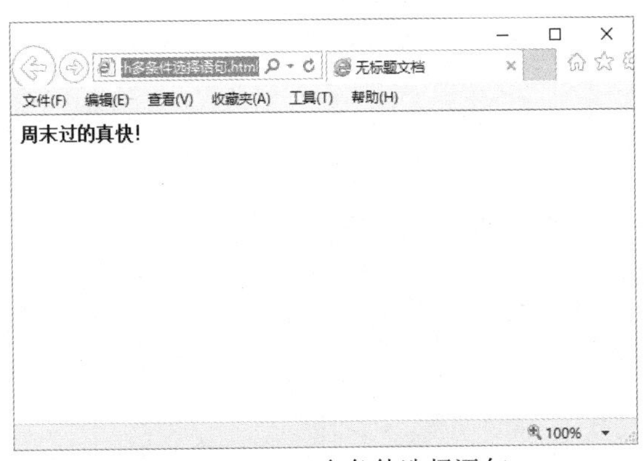

图 13-9　switch 多条件选择语句

13.4　使用循环语句

循环语句是指当条件为 true 时，反复执行某一个代码块的功能。JavaScript 中有 while、do…while、for、for..in 4 种循环语句。如果事先不确定需要执行多少次循环时一般使用 while 或者 do…while 循环，而确定使用多少次循环时一般使用 for 循环。for…in 循环只对数组类型或者对象类型使用。

循环语句的代码块中也可以使用 break 语句来提前跳出循环，使用方法跟 switch 中的相同。还可以用 continue 语句来提前跳出本次循环，进行下一次循环。

13.4.1　for 循环语句

遇到重复执行指定次数的代码时，使用 for 循环比较合适。在执行 for 循环体中的语句前，有三个语句将得到执行，这三个语句的运行结果将决定是否要进入 for 循环体。

基本语法：

```
for（初始化；条件表达式；增量）
{
语句集；
……
```

```
}
```

语法说明：

初始化总是一个赋值语句，它用来给循环控制变量赋初值；条件表达式是一个关系表达式，它决定什么时候退出循环；增量定义循环控制变量每循环一次后按什么方式变化。这三个部分之间用";"分开。

例如：for(i=1; i<=10; i++) 语句；上例中先给" i "赋初值 1，判断" i "是否小于等于 10，若是则执行语句，之后值增加 1。再重新判断，直到条件为假，即 i>10 时，结束循环。

实例代码：

```
<!doctype html>
<html>
<head>
<meta charset="utf-8">
<title>无标题文档</title>
</head>
<body>
<p>循环次数：</p>
<button onclick="myFunction()">点击</button>
<p id="demo"></p>
<script>
function myFunction()
{
var x="";
for (var i=0;i<8;i++)
  {
  x=x + "The number is " + i + "<br>";
  }
document.getElementById("demo").innerHTML=x;
}
</script>
</body>
</html>
```

在循环开始之前设置变量（var i=0），接着定义循环运行的条件（i 必须小于 8），在每次代码块已被执行后增加一个值(i++)，运行代码效果如图 13-10 所示。

for 循环的写法非常灵活，圆括号中的语句可以用来写出技巧性很强的代码，读者可以自行实验。

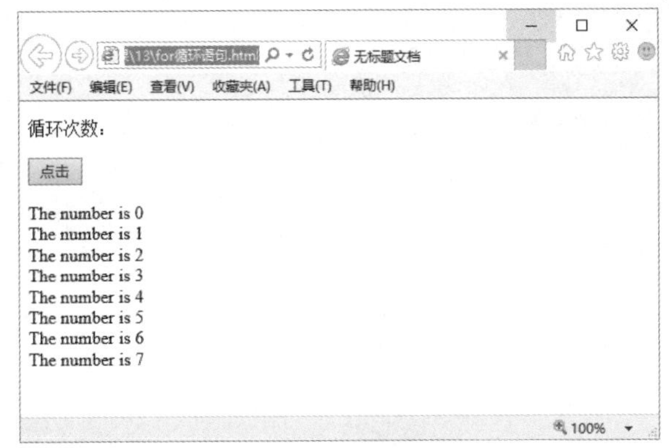

图 13-10　for 循环语句

13.4.2　while 循环语句

当重复执行动作的情形比较简单时，就不需要用 for 循环，可以使用 while 循环代替。while 循环在执行循环体前测试一个条件，如果条件成立则进入循环体，否则跳到循环体后的第一条语句。

基本语法：

```
while（条件表达式）{
语句组;
......
}
```

语法解释：

- 条件表达式：必选项，以其返回值作为进入循环体的条件。无论返回什么样类型的值，都被作为布尔型处理，为真时进入循环体。
- 语句组：可选项，一条或多条语句组成。

在 while 循环体重复操作 while 的条件表达，使循环到该语句时就结束。

实例代码：

```
<script language="javascript">
    var num = 1;
    while( num < 50 )
    {
        document.write( num + " " );
        num++;
    }
</script>
```

使用 num 是否小于 50 来决定是否进入循环体，num++递增 num，当其值达到 50 后循环将结束，运行结果如图 13-11 所示。

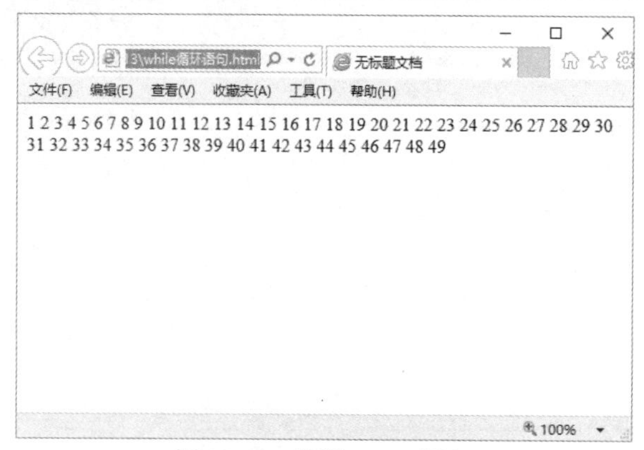

图 13-11　使用 While 语句

13.4.3　do-while 循环语句

Do-while 循环是 while 循环的变体。该循环会执行一次代码块，在检查条件是否为真之前，然后如果条件为真的话，就会重复这个循环。

基本语法：

```
do
  {
  语句组;
  }
while (条件);
```

实例代码：

```
<!doctype html>
<html>
<head>
<meta charset="utf-8">
<title>无标题文档</title>
</head>
<body>
<p>只要 i 小于 8 就一直循环代码块。</p>
<button onclick="myFunction()">点击这里</button>
<p id="demo"></p>
<script>
function myFunction()
{
var x="",i=0;
do
  {
  x=x + "The number is " + i + "<br>";
  i++;
```

```
  }
while (i<8)
document.getElementById("demo").innerHTML=x;
}
</script>
</body>
</html>
```

使用 do-while 循环。该循环至少会执行一次，即使条件是 false，隐藏代码块会在条件被测试前执行，只要 i 小于 8 就一直循环代码块，运行代码效果如图 13-12 所示。

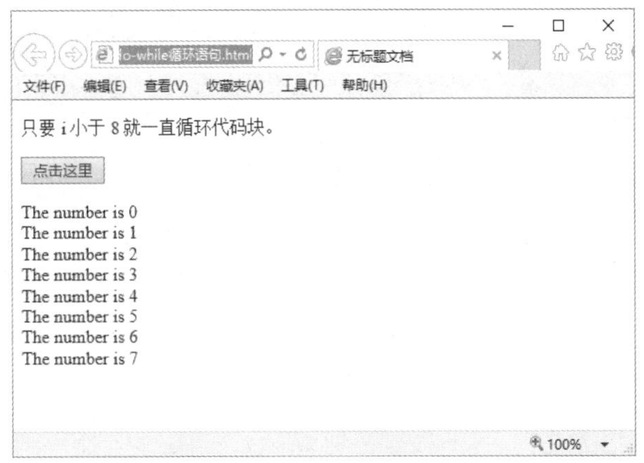

图 13-12　do-while 循环语句

13.4.4　break 和 continue 跳转语句

continue 与 break 的区别是：break 是彻底结束循环，而 continue 是结束本次循环。

1. Break 语句

break 语句可用于跳出循环，break 语句跳出循环后，会继续执行该循环之后的代码。

实例代码：

```
<!doctype html>
<html>
<head>
<meta charset="utf-8">
<title>无标题文档</title>
</head>
<body>
<p>带有 break 语句的循环。</p>
<button onclick="myFunction()">点击这里</button>
<p id="demo"></p>
<script>
function myFunction()
```

```
{
var x="",i=0;
for (i=0;i<5;i++)
  {
  if (i==3)
    { break; }
  x=x + "The number is " + i + "<br>";
  }
document.getElementById("demo").innerHTML=x;
}
</script>
</body>
</html>
```

当 i==3 时，使用 break 语句停止循环，运行代码效果如图 13-13 所示。

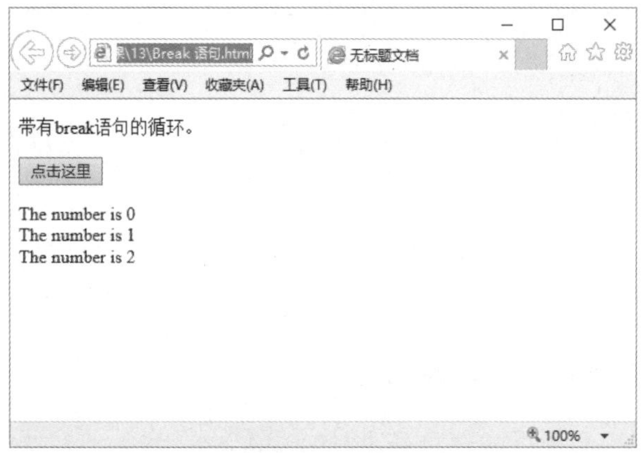

图 13-13　break 语句

2．continue 跳转语句

continue 语句的作用为结束本次循环，接着进行下一次是否执行循环的判断。continue 语句只能用在 while 语句、do/while 语句、for 语句，或者 for-in 语句的循环体内，在其他地方使用都会引起错误。

实例代码：

```
<!doctype html>
<html>
<head>
<meta charset="utf-8">
<title>无标题文档</title>
</head>
<body>
<p>单击下面的按钮来执行循环，该循环会跳过 i=4。</p>
<button onclick="myFunction()">点击这里</button>
<p id="demo"></p>
```

```
<script>
function myFunction()
{
var x="",i=0;
for (i=0;i<10;i++)
  {
  if (i==4)
    { continue; }
  x=x + "The number is " + i + "<br>";
  }
document.getElementById("demo").innerHTML=x;
}
</script>
</body>
</html>
```

本实例跳过了值 4，运行代码效果如图 13-14 所示。

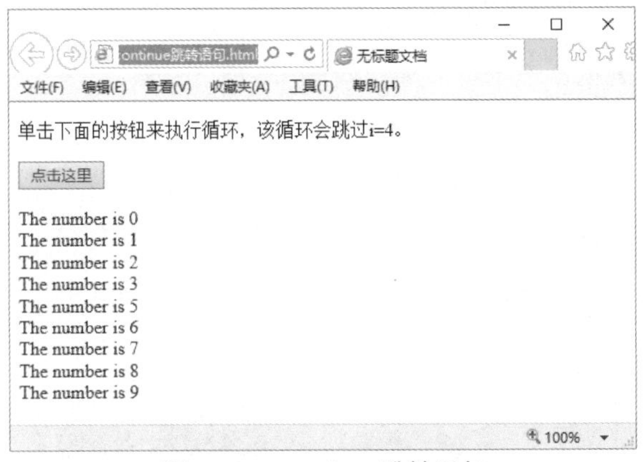

图 13-14　continue 跳转语句

13.5　技能训练——禁止右击

在一些网页上，当用户右击时会弹出警告窗口或者直接没有任何反应。禁止右击的具体操作步骤如下。

01 使用 Dreamweaver CC 打开网页文档，如图 13-15 所示。

02 打开拆分视图，在<head>和</head >之间相应的位置输入以下代码，如图 13-16 所示。

```
<script language=javascript>
function click() {
if (event.button==2) {
alert('禁止右击！') }}
function CtrlKeyDown(){
```

```
if (event.ctrlKey) {
alert('禁止使用右键复制! ') }}
document.onkeydown=CtrlKeyDown;
document.onmousedown=click;
</script>
```

图 13-15　打开网页文档

图 13-16　输入代码

03 保存文档，在浏览器中浏览效果，如图 13-17 所示。

图 13-17　禁止鼠标右击效果

第14章 JavaScript中的对象和事件

对象就是一种数据结构，包含了各种命名好的数据属性，而且还可以包含对这些数据进行操作的方法函数，一个对象将数据与方法组织到一个灵巧的对象包中，这样就大大增强了代码的模块性和重用性，从而使程序设计更加容易，更加轻松。

本章重点

- 对象应用
- 浏览器对象
- 内置对象
- 常见事件

14.1 对象应用

对象可以是一段文字、一幅图片、一个表单（Form）等。每个对象有它自己的属性、方法和事件。对象的属性是反映该对象某些特定的性质的，例如字符串的长度、图像的长宽、文字框里的文字等；对象的方法能对该对象做一些事情，例如表单的“提交”（Submit），窗口的“滚动”（Scrolling）等；而对象的事件能响应发生在对象上的事情，例如提交表单产生表单的“提交事件”，点击连接产生的“点击事件”。不是所有的对象都有以上三个性质，有些没有事件，有些只有属性。

14.1.1 声明和实例化

JavaScript 中的对象是由属性（properties）和方法（methods）两个基本的元素构成的。前者是对象在实施其所需要行为的过程中，实现信息的装载单位，从而与变量相关联；后者是指对象能够按照设计者的意图而被执行，从而与特定的函数相关联。

例如要创建一个 student（学生）对象，每个对象又有这些属性：name（姓名）、address（地址）、phone（电话）。则在 JavaScript 中可使用自定义对象，下面分步讲解。

（1）首先定义一个函数来构造新的对象 student，这个函数成为对象的构造函数。

```
function student(name,address,phone)  // 定义构造函数
{
    this.name=name;                  //初始化姓名属性
    this.address=address;             //初始化地址属性
    this.phone=phone;               //初始化电话属性
}
```

（2）在 student 对象中定义一个 printstudent 方法，用于输出学生信息。

```
Function printstudent()                      // 创建 printstudent 函数的定义
{
    line1="name:"+this.name+"<br>\n";     //读取 name 信息
    line2="address:"+this.address+"<br>\n";  //读取 address 信息
    line3="phone:"+this.phone+"<br>\n"     //读取 phone 信息
    document.writeln(line1,line2,line3);      //输出学生信息
}
```

（3）修改 student 对象，在 student 对象中添加 printstudent 函数的引用。

```
function student(name,address,phone)    //构造函数
{
    this.name=name;                    //初始化姓名属性
    this.address=address;               //初始化地址属性
```

```
    this.phone=phone;                //初始化电话属性
    this.printstudent=printstudent;       //创建 printstudent 函数的定义
}
```

（4）实例化一个 student 对象并使用。

```
tom=new student("芳芳","南京路 56 号","010-1234567";    // 创建芳芳的信息
tom.printstudent()                              // 输出学生信息
```

上面分步讲解时为了更好地说明一个对象的创建过程，但真正的应用开发则一气呵成，灵活设计。

实例代码：

```
<script language="javascript">
function student(name,address,phone)
{
    this.name=name;                   // 初始化学生信息
    this.address=address;
    this.phone=phone;
    this.printstudent=function()             // 创建 printstudent 函数的定义
    {
        line1="Name:"+this.name+"<br>\n";  // 输出学生信息
        line2="Address:"+this.address+"<br>\n";
        line3="Phone:"+this.phone+"<br>\n"
        document.writeln(line1,line2,line3);
    }
}
tom=new student("小林","金雀山路 56 号","010-12222222");    // 创建芳芳的信息
tom.printstudent()                              // 输出学生信息
</script>
```

该代码是声明和实例化一个对象的过程。首先使用 function student()定义了一个对象类构造函数 student，包含三种信息，即三个属性姓名、地址和电话。最后两行创建一个学生对象并输出其中的信息。This 关键字表示当前对象即由函数创建的那个对象。运行代码在浏览器中预览效果如图 14-1 所示。

图 14-1 实例效果

14.1.2 对象的引用

JavaScript 为我们提供了一些非常有用的常用内部对象和方法。用户不需要用脚本来实现这些功能。这正是基于对象编程的真正目的。

对象的引用其实就是对象的地址，通过这个地址可以找到对象的所在。对象的来源有如下几种方式。通过取得它的引用即可对它进行操作，例如调用对象的方法或读取或设置对象的属性等。

- 引用 JavaScript 内部对象。
- 由浏览器环境中提供。
- 创建新对象。

这就是说一个对象在被引用之前，这个对象必须存在，否则引用将毫无意义，而出现错误信息。从上面的分析我们可以看出 JavaScript 引用对象可通过三种方式获取。要么创建新的对象，要么利用现存的对象。

实例代码：

```
<script language="javascript">
var date;                        // 声明变量
date=new date();                  // 创建日期对象
date=date.toLocaleString( );       // 将日期转换为本地格式
alert( date );                    // 输出日期
</script>
```

这里变量 date 引用了一个日期对象，使用 date=date.toLocaleString( )通过 date 变量调用日期对象的 tolocalestring 方法将日期信息以一个字符串对象的引用返回，此时 date 的引用已经发生了改变，指向一个 string 对象。运行代码在浏览器中预览效果如图 14-2 所示。

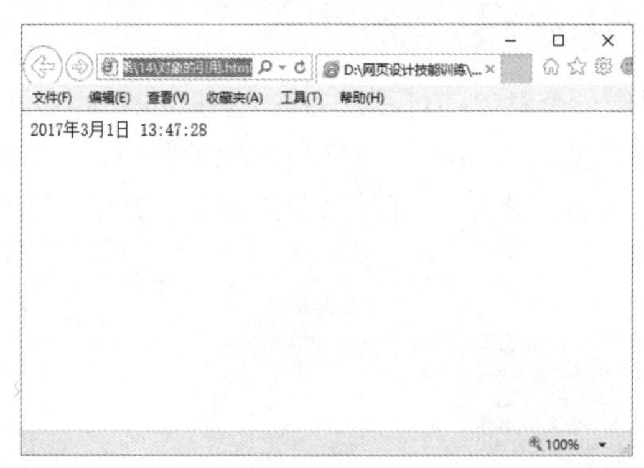

图 14-2 对象的引用

14.1.3 对象的废除

把对象的所有引用都设置为 null，可以强制性地废除对象。例如：

```
Var Object=new Object();
// 程序逻辑
Object=null;
```

当变量 Object 设置为 null 后，对第一个创建的对象的引用就不存在了。这意味着下次运行无用存储单元收集程序时，该对象将被销毁。

每用完一个对象后，就将其废除，来释放内存，这是个好习惯。这样还确保不再使用已经不能访问的对象，从而防止程序设计错误的出现。

14.1.4　对象的绑定

所谓绑定，即把对象的接口与对象实例结合在一起的方法。

早绑定是指在实例化对象之前定义它的特性和方法，这样编译器或解释程序能提前转换其代码。JavaScript 不是强类型语言，不支持早绑定。

晚绑定（late binding）指的是编译器或解释程序在运行之前不知道对象的类型。使用晚绑定，无须检查对象的类型，只需要检查对象是否支持特性和方法即可。JavaScript 所有变量都是使用晚绑定方法。

在函数的作用域中，所有变量都是“晚绑定”的， 即声明是顶级的。例如：

```
<script language="javascript">
var a = 'global';
(function () {
var a;
alert(a);
a = 'local';
})();
</script>
```

在 alert(a)之前只对 a 作了声明而没有赋值，所以预览代码效果如图 14-3 所示。

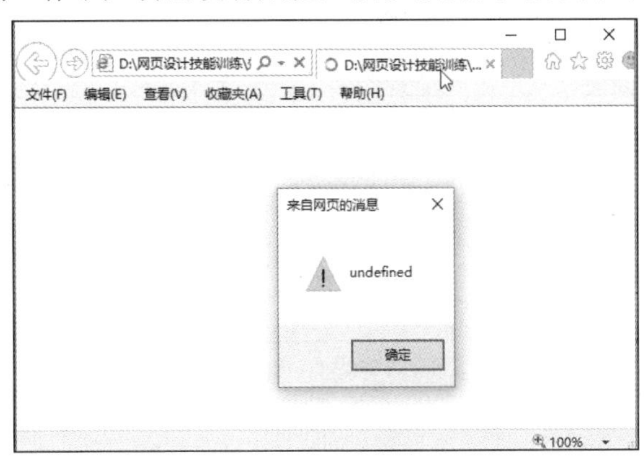

图 14-3　对象的绑定

14.2 浏览器对象

使用浏览器的内部对象系统，可实现与 HTML 文档进行交互。它的作用是将相关元素组织包装起来，提供给程序设计人员使用，从而减轻编程人的劳动，提高设计 Web 页面的能力。浏览器的内部对象主要包括以下几个。

- 浏览器对象（navigator）：提供有关浏览器的信息。
- 文档对象（document）：包含了与文档元素一起工作的对象。
- 窗口对象（windows）：处于对象层次的最顶端，它提供了处理浏览器窗口的方法和属性。
- 位置对象（location）：提供了与当前打开的 URL 一起工作的方法和属性，它是一个静态的对象。
- 历史对象（history）：提供了与历史清单有关的信息。

编程人员利用这些对象，可以对 WWW 浏览器环境中的事件进行控制并处理。在 JavaScript 中提供了非常丰富的内部方法和属性，从而减轻了编程人员的工作，提高编程效率。这正是基于对象与面向对象的根本区别所在。在这些对象系统中，文档对象属于非常重要的，它位于最低层，但对于我们实现 Web 页面信息交互起着关键作用，因而它是对象系统的核心部分。

14.2.1 Navigator 对象

Navigator 对象包含的属性描述了正在使用的浏览器。可以使用这些属性进行平台专用的配置。虽然这个对象的名称显而易见的是 Netscape 的 Navigator 浏览器，但其他实现了 JavaScript 的浏览器也支持这个对象。其常用的属性如表 14-1 所示。

表 14-1 navigator 对象的常用属性

属性	说明
appName	浏览器的名称
appVersion	浏览器的版本
appCodeName	浏览器的代码名称
browserLanguage	浏览器所使用的语言
plugins	可以使用的插件信息
platform	浏览器系统所使用的平台，如 Win32 等
cookieEnabled	浏览器的 cookie 功能是否打开

实例代码：

```
<!doctype html>
<html>
<head>
```

```
<meta charset="utf-8">
<title>浏览器信息</title>
</head>
<body onload=check()>
<script language=javascript>
function check()
{
name=navigator.appName;
if(name=="Netscape"){
   document.write("您现在使用的是 Netscape 网页浏览器<br>");}
else if(name=="Microsoft Internet Explorer"){
   document.write("您现在使用的是 Microsoft Internet Explorer 网页浏览器<br>");}
else{
   document.write("您现在使用的是"+navigator.appName+"网页浏览器<br>");}
}
</script>
</body>
</html>
```

这段代码判断浏览器的类型，在浏览器中预览效果，如图 14-4 所示。

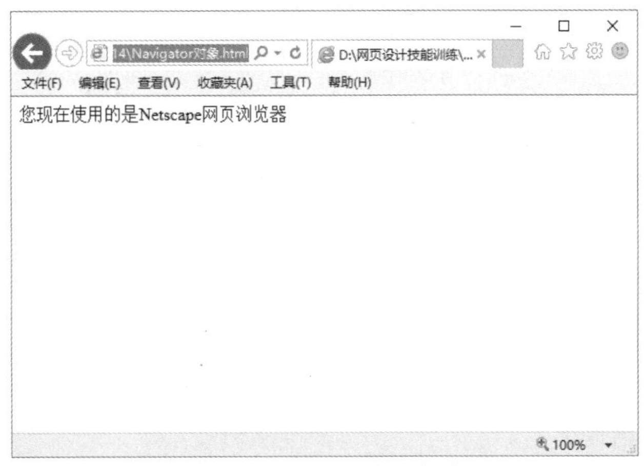

图 14-4　判断浏览器类型

14.2.2　windows 对象

windows 对象处于对象层次的最顶端，它提供了处理 navigator 窗口的方法和属性。JavaScript 的输入可以通过 window 对象来实现。使用 window 对象产生的用于客户与页面交互的对话框主要有三种：警告框、确认框和提示框等，这三种对话框使用 window 对象的不同方法产生，功能和应用场合也不大相同。

windows 对象常用的方法主要如表 14-2 所示。

表 14-2　windows 对象常用的方法

方法	方法的含义及参数说明
Open(url,windowName,parameterlist)	创建一个新窗口，3 个参数分别用于设置 URL 地址、窗口名称和窗口打开属性（一般可以包括宽度、高度、定位、工具栏等）
Close()	关闭一个窗口
Alert(text)	弹出式窗口，text 参数为窗口中显示的文字
Confirm(text)	弹出确认域，text 参数为窗口中的文字
Promt(text,defaulttext)	弹出提示框，text 为窗口中的文字，defaulttext 参数用来设置默认情况下显示的文字
moveBy(水平位移，垂直位移)	将窗口移至指定的位移
moveTo(x,y)	将窗口移动到指定的坐标
resizeBy(水平位移,垂直位移)	按给定的位移量重新设置窗口大小
resizeTo(x,y)	将窗口设定为指定大小
Back()	页面的后退
Forward()	页面前进
Home()	返回主页
Stop()	停止装载网页
Print()	打印网页
status	状态栏信息
location	当前窗口 URL 信息

实例代码：

```
<!doctype html>
<html>
<head>
<meta charset="utf-8">
<title>打开浏览器窗口</title>
<script type="text/JavaScript">
<!--
function MM_openBrWindow(theURL,winName,features) { //v2.0
  window.open(theURL,winName,features);
}
//-->
</script>
</head>
<body onLoad="MM_openBrWindow('ch.html','','width=400,height=350')">打开浏览器窗口
</body>
</html>
```

在代码中加粗部分代码应用 windows 对象，在浏览器中预览效果，弹出一个宽为 400 像素，高为 350 像素的窗口，如图 14-5 所示。

图 14-5　打开浏览器窗口

14.2.3　location 对象

location 地址对象描述的是某一个窗口对象所打开的地址。要表示当前窗口的地址，只需要使用“location”就行了；若要表示某一个窗口的地址，就使用“<窗口对象>.location”。location 对象常用的属性如表 14-3 所示。

表 14-3　常用的 location 属性

属性	实现的功能
protocol	返回地址的协议，取值为 http:、https:、file:等
hostname	返回地址的主机名，例如“http: //www.microsoft.com/china/”地址的主机名为 www.microsoft.com
port	返回地址的端口号，一般 http 的端口号是 80
host	返回主机名和端口号，如 www.a.com:8080
pathname	返回路径名，如“http：//www.a.com/d/index.html”的路径为 d/index.html
hash	返回“#”以及以后的内容，如地址为 c.html#chapter4，则返回#chapter4；如果地址里没有“#”，则返回空字符串
search	返回“?”以及以后的内容；如果地址里没有“?”，则返回空字符串
href	返回整个地址，即返回在浏览器的地址栏上显示的内容

location 对象常用的方法主要包括：

- reload()：相当于 Internet Explorer 浏览器上的“刷新”功能。
- replace()：打开一个 URL，并取代历史对象中当前位置的地址。用这个方法打开一个 URL 后，单击浏览器的“后退”按钮将不能返回到刚才的页面。

属于不同协议或不同主机的两个地址之间不能互相引用对方的 location 对象，这是出于安全性的需要。

14.2.4 history 对象

history 对象用来存储客户端的浏览器已经访问过的网址(URL)，这些信息存储在一个 History 列表中，通过对 History 对象的引用，可以让客户端的浏览器返回到它曾经访问过的网页。其实它的功能和浏览器工具栏上的“后退”和“前进”按钮是一样的。

history 对象常用的方法主要包括：

- back()：后退，与单击“后退”按钮是等效的。
- forward()：前进，与单击“前进”按钮是等效的。
- go()：该方法用来进入指定的页面。

实例代码：

```
<!doctype html>
<html>
<head>
<meta charset="utf-8">
<title>history 对象</title>
</head>
<body>
<p><a href="window 对象.html">history 对象</a></p>
<form name="form1" method="post" action="">
   <input name="按钮" type="button" onClick="history.back()" value="前进">
  <input type="button" value="后退" onClick="history.forward()">
</form>
</body>
</html>
```

在代码中加粗部分代码应用了 history 对象，在浏览器中预览效果，如图 14-6 所示。

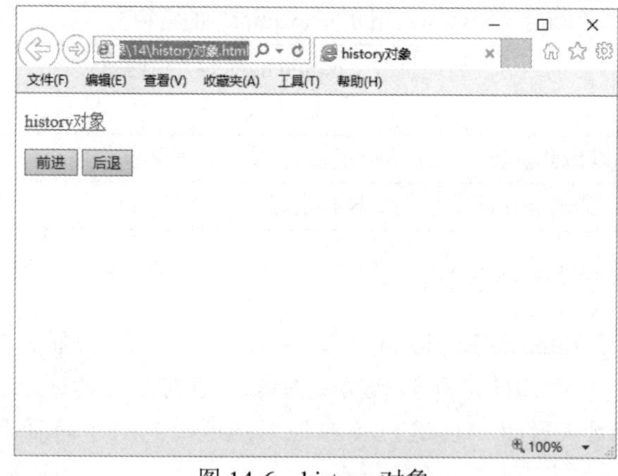

图 14-6　history 对象

14.2.5 document 对象

document 对象包括当前浏览器窗口或框架区域中的所有内容，包含文本域、按钮、单选框、复选框、下拉框、图片、链接等 HTML 页面可访问元素，但不包含浏览器的菜单栏、工具栏和状态栏。Document 对象提供多种方式获得 HTML 元素对象的引用。JavaScript 的输出可通过 document 对象实现。在 document 中主要有 links、anchor 和 form 3 个最重要的对象。

- anchor 锚对象：它是指<a name=…></a>标记在 HTML 源码中存在时产生的对象，它包含着文档中所有的 anchor 信息。
- links 链接对象：是指用<a href=…></a>标记链接一个超文本或超媒体的元素作为一个特定的 URL。
- form 窗体对象：是文档对象的一个元素，它含有多种格式的对象储存信息，使用它可以在 JavaScript 脚本中编写程序，并可以用来动态改变文档的行为。

document 对象的方法有 write()和 writeln()，主要用来实现在 Web 页面上显示输出信息。

实例代码：

```
<!doctype html>
<html>
<head>
<meta charset="utf-8">
<title>document 对象</title>
<script language=javascript>
function Links()
{
n=document.links.length;  //获得链接个数
s="";
for(j=0;j<n;j++)
s=s+document.links[j].href+"\n";  //获得链接地址
if(s=="")
s=="没有任何链接"
else
alert(s);
}
</script>
</head>
<body>
<form>
<input type="button" value="所有链接地址" onClick="Links()"><br>
</form>
<p><a href="#">效果 1</a><br>
<a href="#">效果 2</a><br>
<a href="#">效果 3</a><br>
```

```
</p>
</body>
</html>
```

在代码中加粗部分代码应用 document 对象，在浏览器中预览效果，如图 14-7 所示。

图 14-7　Document 对象

14.3　内置对象

JavaScript 中提供了一些非常有用的内部对象作为该语言规范的一部分，每一个内部对象都有一些方法和属性。JavaScript 中提供的内部对象按使用方式可以分为动态对象和静态对象。这些常见的内置对象包括时间对象 Date、数学对象 math、字符串对象 String、数组对象 Array 等，下面就详细介绍这些对象的使用。

14.3.1　Date 对象

Date 对象是一个经常要用到的对象，在做时间输出、时间判断等操作时都离不开这个对象。date 对象类型提供了使用日期和时间的共用方法集合。用户可以利用 date 对象获取系统中的日期和时间并加以使用。

基本语法：

```
var myDate=new Date ([arguments]);
```

date 对象会自动把当前日期和时间保存为其初始值，参数的形式有以下 5 种：

```
new Date("month dd,yyyy hh:mm:ss");
new Date("month dd,yyyy");
new Date(yyyy,mth,dd,hh,mm,ss);
new Date(yyyy,mth,dd);
new Date(ms);
```

需要注意最后一种形式，参数表示的是需要创建的时间和 GMT 时间 1970 年 1 月 1 日之间相差的毫秒数。各种参数的含义如下。

- month：用英文表示的月份名称，从 January ~ December。
- mth：用整数表示的月份，从 0（1 月）~ 11（12 月）。
- dd：表示一个月中的第几天，从 1 ~ 31。
- yyyy：四位数表示的年份。
- hh：小时数，从 0（午夜）~ 23（晚 11 点）。
- mm：分钟数，从 0 ~ 59 的整数。
- ss：秒数，从 0 ~ 59 的整数。
- ms：毫秒数，为大于等于 0 的整数。

下面是使用上述参数形式创建日期对象的例子：

```
new Date("May 12,2007 14:18:32");
new Date("May 12,2007");
new Date(2007,4,12,14,18,32);
new Date(2007,4,12);
new Date(1148899200000);
```

表 14-4 列出了 date 对象的常用方法。

表 14-4　date 对象的常用方法

方法	描述
getYear()	返回年，以 0 开始
getMonth()	返回月值，以 0 开始
getDate()	返回日期
getHours()	返回小时，以 0 开始
getMinutes()	返回分钟，以 0 开始
getSeconds()	返回秒，以 0 开始
getMilliseconds()	返回毫秒(0~999)
getUTCDay()	依据国际时间来得到现在是星期几(0~6)
getUTCFullYear()	依据国际时间来得到完整的年份
getUTCMonth()	依据国际时间来得到月份(0~11)
getUTCDate()	依据国际时间来得到日(1~31)
getUTCHours()	依据国际时间来得到小时(0~23)
getUTCMinutes()	依据国际时间来返回分钟(0~59)
getUTCSeconds()	依据国际时间来返回秒(0~59)
getUTCMilliseconds()	依据国际时间来返回毫秒(0~999)
getDay()	返回星期几，值为 0~6
getTime()	返回从 1970 年 1 月 1 号 0:0:0 到现在一共花去的毫秒数
setYear()	设置年份.2 位数或 4 位数
setMonth()	设置月份(0~11)

(续表)

方法	描述
setDate()	设置日(1~31)
setHours()	设置小时数(0~23)
setMinutes()	设置分钟数(0~59)
setSeconds()	设置秒数(0~59)
setTime()	设置从 1970 年 1 月 1 日开始的时间，毫秒数
setUTCDate()	根据世界时设置 Date 对象中月份的一天 (1 ~ 31)
setUTCMonth()	根据世界时设置 Date 对象中的月份 (0 ~ 11)
setUTCFullYear()	根据世界时设置 Date 对象中的年份（四位数字）
setUTCHours()	根据世界时设置 Date 对象中的小时 (0 ~ 23)
setUTCMinutes()	根据世界时设置 Date 对象中的分钟 (0 ~ 59)
setUTCSeconds()	根据世界时设置 Date 对象中的秒钟 (0 ~ 59)
setUTCMilliseconds()	根据世界时设置 Date 对象中的毫秒 (0 ~ 999)
toSource()	返回该对象的源代码
toString()	把 Date 对象转换为字符串
toTimeString()	把 Date 对象的时间部分转换为字符串
toDateString()	把 Date 对象的日期部分转换为字符串
toGMTString()	使用 toUTCString()方法代替
toUTCString()	根据世界时，把 Date 对象转换为字符串
toLocaleString()	根据本地时间格式，把 Date 对象转换为字符串
toLocaleTimeString()	根据本地时间格式，把 Date 对象的时间部分转换为字符串
toLocaleDateString()	根据本地时间格式，把 Date 对象的日期部分转换为字符串
UTC()	根据世界时返回 1997 年 1 月 1 日到指定日期的毫秒数
valueOf()	返回 Date 对象的原始值

实例代码：

```
<!doctype html>
<html>
<head>
<meta charset="utf-8">
<title>无标题文档</title>
<style type="text/css">
<!--
body { background-color: #ffffff; }
-->
</style>
</head>
<body>
*显示年、月、日、时、分、秒
```

```
<p>
<script type="text/javascript">
<!--
now = new Date();
    if ( now.getYear() >= 2000 ){ document.write(now.getYear(),"年") }
    else { document.write(now.getYear()+1900,"年") }
    document.write(now.getMonth()+1,"月",now.getDate(),"日");
    document.write(now.getHours(),"时",now.getMinutes(),"分");
    document.write(now.getSeconds(),"秒");
//-->
</script>
</p>
</body></html>
```

在浏览器中预览效果如图 14-8 所示。

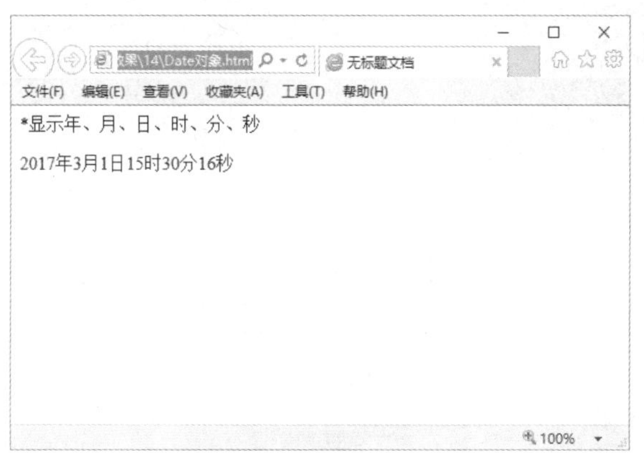

图 14-8　显示具体时间

本实例创建了一个 now 对象，从而使用 now = new Date()从电脑系统时间中获取当前时间，并利用相应方法，获取与时间相关的各种数值。getYear()方法获取年份，getMonth()方法获取月份，getDate()方法获取日期，getHours()方法获取小时，getMinutes()获取分钟，getSeconds()获取秒数。

14.3.2　数学对象 math

作为一门编程语言，进行数学计算是必不可少的。在数学计算中经常会使用到数学函数，如取绝对值、开方、取整、求三角函数值等，还有一种重要的函数是随机函数。JavaScript 将所有这些与数学有关的方法、常数、三角函数以及随机数都集中到一个对象里面——math 对象。math 对象是 JavaScript 中的一个全局对象，不需要由函数进行创建，而且只有一个。

基本语法：

```
math.属性
math.方法
```

实例代码：

```
<!doctype html>
<html>
<head>
<meta charset="utf-8">
<title>math 数字对象</title>
<script language="JavaScript" type="text/javascript">
function roundTmp(x,y)
{
var _pow=Math.pow(15,y);
x*=_pow;x=Math.round(x);
return x/_pow;
}
alert(roundTmp (65.645345654,2));
</script>
</head>
<body>
</body>
</html>
```

在浏览器中预览效果如图 14-9 所示。

图 14-9 数学对象

math.round(x)函数实际上等价于 math.floor(x+0.5)。但 round 函数仅能够将小数四舍五入为整数，而在实际开发中，经常需要四舍五入到指定位数。要实现这个功能可用如下思想：将原有小数扩到 10 的指定次方倍数，再四舍五入，最后将小数恢复到原来的数量级。代码的最后以“65.645345654,2”四舍五入到第 2 位小数为例说明了函数的执行，输出结果为“65.64444444444444”。

14.3.3 字符串对象 String

String 对象是动态对象，需要创建对象实例后才可以引用它的属性或方法，可以把用单引号或双引号括起来的一个字符串当作一个字符串的对象实例来看待，也就是说可以直接在某个字符串后面加上（.）去调用 string 对象的属性和方法。String 类定义了大量操作字符串的方法，例如从字符串中提取字符或子串，或者检索字符或子串。需要注意的是，JavaScript 的字符串是不可变的，String 类定义的方法都不能改变字符串的内容。

实例代码：

```
<head>
<meta http-equiv="Content-Type" content="text/html; charset=utf-8" />
<title>string 字符串对象 String</title>
</head>
<body>
<script type="text/javascript">
var string="What's your name? "
document.write("<p>大字号显示: " + string.big() + "</p>")
document.write("<p>小字号显示: " + string.small() + "</p>")
document.write("<p>粗体显示: " + string.bold() + "</p>")
document.write("<p>斜体显示: " + string.italics() + "</p>")
document.write("<p>以打字机文本显示字符串: " + string.fixed() + "</p>")
document.write("<p>使用删除线来显示字符串: " + string.strike() + "</p>")
document.write("<p>使用红色来显示字符串: " + string.fontcolor("Red") + "</p>")
document.write("<p>使用 18 号字来显示字符串: " + string.fontsize(18) + "</p>")
document.write("<p>把字符转换为小写: " + string.toLowerCase() + "</p>")
document.write("<p>把字符转换为大写: " + string.toUpperCase() + "</p>")
document.write("<p>显示为下标: " + string.sub() + "</p>")
document.write("<p>显示为上标: " + string.sup() + "</p>")
document.write("<p>将字符串显示为链接: " + string.link("http://www.xxx.com") + "</p>")
</script>
</body>
</html>
```

String 对象用于操纵和处理文本串，可以在程序中获得字符串长度、提取子字符串，以及将字符串转换为大写或小写字符。这里通过 string 的方法，为字符串添加了各种各样的样式，如图 14-10 所示。

图 14-10　字符串对象 String

14.3.4　数组对象 Array

在程序中数据是存储在变量中的，但是，如果数据量很大，比如几百个学生的成绩，此时再逐个定义变量来存储这些数据就显得异常烦琐，如果通过数组来存储这些数据就会使这一过程大大简化。在编程语言中，数组是专门用于存储有序数列的工具，也是最基本、最常用的数据结构之一。在 JavaScript 中，Array

对象专门负责数组的定义和管理。

每个数组都有一定的长度，表示其中所包含的元素个数，元素的索引总是从 0 开始，并且最大值等于数组长度减 1，本节将分别介绍数组的创建和使用方法。

基本语法：

数组也是一种对象，使用前先创建一个数组对象。创建数组对象使用 Array 函数，并通过 new 操作符来返回一个数组对象，其调用方式有以下 3 种。

```
new Array()
new Array(len)
new Array([item0,[item1,[item2,…]]]
```

语法解释：

其中第 1 种形式创建一个空数组，它的长度为 0；第 2 种形式创建一个长度为 len 的数组，len 的数据类型必须是数字，否则按照第 3 种形式处理；第 3 种形式是通过参数列表指定的元素初始化一个数组。下面是分别使用上述形式创建数组对象的例子：

```
var objArray=new Array();   //创建了一个空数组对象
var objArray=new Array(6);   //创建一个数组对象，包括 6 个元素
var objArray=new Array("x","y","z"); //以"x","y","z"3 个元素初始化一个数组对象
```

在 JavaScript 中，不仅可以通过调用 Array 函数创建数组，而且可以使用方括号“[]”的语法直接创造一个数组，它的效果与上面第 3 种形式的效果相同，都是以一定的数据列表来创建一个数组。这样表示的数组称为一个数组常量，是在 JavaScript1.2 版本中引入的。通过这种方式就可以直接创建仅包含一个数字类型元素的数组了。例如下面的代码：

```
var objArray=[];      //创建了一个空数组对象
var objArray=[2];     //创建了一个仅包含数字类型元素“2”的数组
var objArray=["a","b","c"]; //以"a","b","c"3 个元素初始化一个数组对象
```

实例代码：

```
<!doctype html>
<html>
<head>
<meta charset="utf-8">
<title>数组对象 Array</title>
</head>
<body>
<script type="text/javascript">
function sortNumber(a, b)
{
return a - b
}
var arr = new Array(6)
```

```
arr[0] = "8"
arr[1] = "23"
arr[2] = "10"
arr[3] = "20"
arr[4] = "500"
arr[5] = "100"
document.write(arr + "<br />")
document.write(arr.sort(sortNumber))
</script>
</body>
</html>
```

本例使用 sort() 方法从数值上对数组进行排序。原来数组中的数字顺序是“8,23,10,20,500,100”，使用 sort 方法重新排序后的顺序是“8,10,20,23,100,500”。最后使用 document.write 方法分别输出排序前后的数字，如图 14-11 所示。

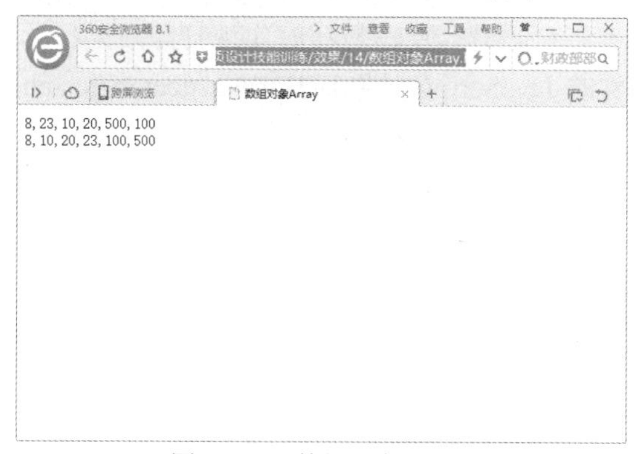

图 14-11 数组对象 Array

14.4 常见事件

事件的产生和响应，都是由浏览器来完成的，而不是由 HTML 或 JavaScript 来完成的。使用 HTML 代码可以设置哪些元素响应什么事件，使用 JavaScript 可以告诉浏览器怎么处理这些事件。然而，不同的浏览器所响应的事件有所不同，相同的浏览器在不同版本中所响应的事件也会有所不同。前面介绍了事件的大致分类，下面通过实例具体剖析常用的事件：它们怎样工作的、在不同的浏览器中有着怎样的差别、怎样使用这些事件制作各种交互特效网页。

14.4.1 onClick 事件

Click 单击事件是常用的事件之一，此事件是在一个对象上按下然后释放一个鼠标按钮时发生，它也会发生在一个控件的值改变时。这里的单击是指完成按下鼠标键并释放这一个完整的过程后产生的事件。使用单击事件的语法格式如下：

基本语法：

```
onClick=函数或是处理语句
```

实例代码：

```
<!doctype html>
<html>
<head>
<meta charset="utf-8">
<title>无标题文档</title>
</head>
<body><input type="submit" name="Submit" value="打印本页"
onClick="javascript:window.print()">
</body>
</html>
```

本段代码运用 Click 事件，设置当单击按钮时实现打印效果。运行代码如图 14-12 所示和图 14-13 所示。支持该事件的 JavaScript 对象有 Button、document、checkbox、link、radio、reset、submit。

图 14-12　浏览效果

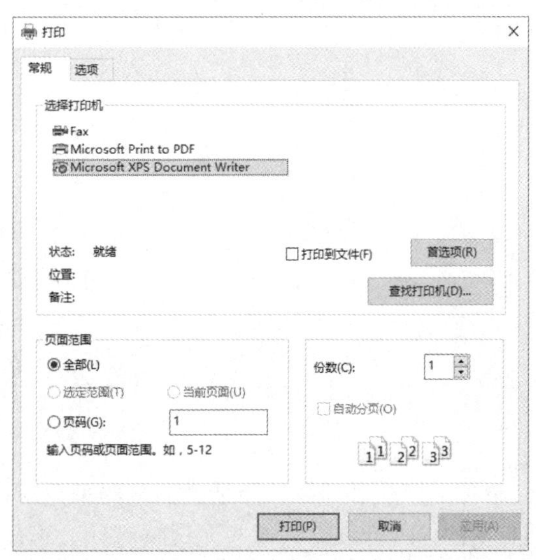

图 14-13　打印页面

14.4.2　onchange 事件

改变事件（change）通常在文本框或下拉列表框中激发。在下拉列表框中，只要修改了可选项，就会激发 change 事件；在文本框中，只有修改了文本框中的文字并在文本框失去焦点时才会被激发。

基本语法：

```
on change=函数或是处理语句
```

实例代码：

```
<!doctype html>
<html>
<head>
<meta charset="utf-8">
<title>无标题文档</title>
</head>
<body><FORM name=SearchForm  action= >
<TBODY>
<TR>
<TD align=middle width="100%">
<input name="textfield" type="text" size="20" onchange=alert("输入搜索内容")>
</TD>
</TR>
<TR>
<TD align=middle width="100%"><SELECT size=1 name=Search> <OPTION value=Name selected>
按名称</OPTION>  <OPTION  value=Singer>按歌手</OPTION>  <OPTION  value=Flasher>按作者
</OPTION></SELECT>
<input type="submit" name="Submit2" value="提交" /></TD>
</TR></FORM>
</body>
</html>
```

本段代码在一个文本框中使用了 onchange=alert("输入搜索内容")，来显示表单内容变化引起 change 事件执行处理效果。这里的 change 结果是弹出提示信息框。运行代码后效果如图 14-14 所示。

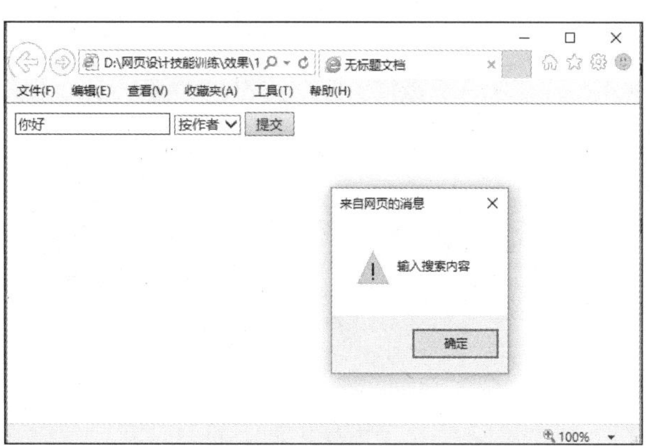

图 14-14　change 事件

14.4.3　onSelect 事件

Select 事件是指当文本框中的内容被选中时所发生的事件。

基本语法:

```
onSelect=处理函数或是处理语句
```

实例代码:

```
<script language="javascript">                    // 脚本程序开始
function strCon(str)                              // 连接字符串
{    if(str!='请选择')                             // 如果选择的是默认项
     {form1.text.value="您选择的是: "+str;              // 设置文本框提示信息  }
     else                                         // 否则
     {form1.text.value="";                        // 设置文本框提示信息 }
}
</script>
<form id="form1" name="form1" method="post" action="">
<label>
<textarea name="text" cols="50" rows="2" onSelect="alert('您想复制吗? ')"></textarea>
</label>
<p><label>
<select name="select1" onchange="strAdd(this.value)" >
<option value="请选择">请选择</option>
<option value="北京">北京</option>
<option value="上海">上海</option>
<option value="广州">广州</option>
<option value="深圳">深圳</option>
<option value="哈尔滨">哈尔滨</option>
<option value="其他">其他</option>
</select>
</label></p>
</form>
```

本段代码定义函数处理下拉列表框的选择事件，当选择其中的文本时输出提示信息。运行代码效果如图 14-15 所示。

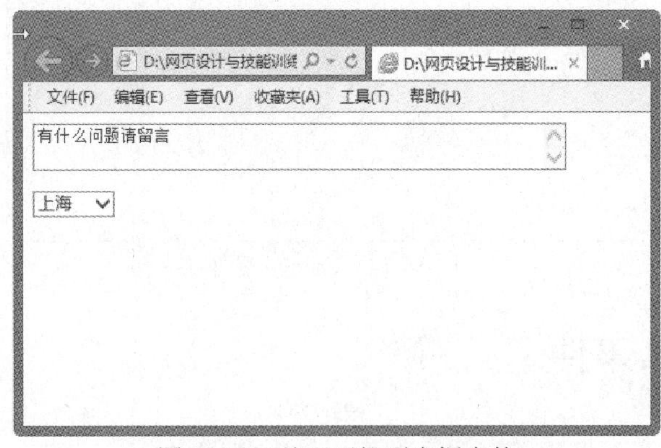

图 14-15　处理下拉列表框事件

14.4.4 onFocus 事件

得到焦点（focus）是指将焦点放在了网页中的对象之上。Focus 事件即得到焦点，通常是指选中了文本框等，并且可以在其中输入文字。

基本语法：

```
onfocus=处理函数或是处理语句
```

实例代码：

```
<!doctype html>
<html>
<head>
<meta charset="utf-8">
<title>onFocus 事件</title>
</head>
<body>
国内城市：
<form name="form1" method="post" action="">
  <p>
   <label>
   <input type="radio" name="RadioGroup1" value="北京"onfocus=alert("选择北京！")>
   北京</label>
   <br>
   <label>
   <input type="radio" name="RadioGroup1" value="天津"onfocus=alert("选择天津！")>
   天津</label>
    <br>
    <label>
   <input type="radio" name="RadioGroup1" value="上海"onfocus=alert("选择上海！")>
   上海</label>
    <br>
    <label>
    <input type="radio" name="RadioGroup1" value="深圳"onfocus=alert("选择深圳！")> 深
圳</label>
    <br>
    <label>
    <input type="radio" name="RadioGroup1" value="广州"onfocus=alert("选择广州！")>
    广州</label>
    <br>
  </p>
</form>
</body>
</html>
```

在代码中加粗部分代码应用了 focus 事件，选择其中的一项，弹出选择提示的对话框，如图 14-16 所示。

图 14-16　focus 事件

14.4.5　onLoad 事件

加载事件（load）与卸载事件（unload）是两个相反的事件。在 HTML 4.01 中，只规定了 body 元素和 frameset 元素拥有加载和卸载事件，但是大多浏览器都支持 img 元素和 object 元素的加载事件。以 body 元素为例，加载事件是指整个文档在浏览器窗口中加载完毕后所激发的事件。卸载事件是指当前文档从浏览器窗口中卸载时所激发的事件，即关闭浏览器窗口或从当前网页跳转到其他网页时所激发的事件。Load 事件语法格式如下。

基本语法：

```
onLoad=处理函数或是处理语句
```

实例代码：

```
<!doctype html>
<html>
<head>
<meta charset="utf-8">
<title>onLoad 事件</title>
<script type="text/JavaScript">
<!--
function MM_popupMsg(msg) { //v1.0
  alert(msg);
}
//-->
</script>
</head>
<body onLoad="MM_popupMsg('欢迎光临！')">
</body>
</html>
```

在代码中加粗部分代码应用了 onLoad 事件，在浏览器中预览效果时，会自动弹出提示的对话框，如图 14-17 所示。

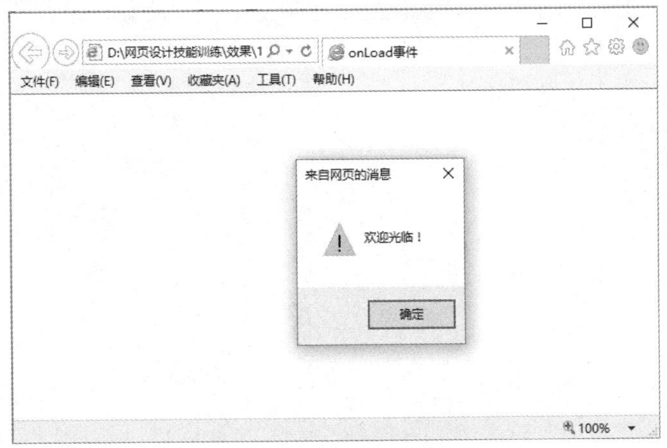

图 14-17　onLoad 事件

14.4.6　鼠标移动事件

鼠标移动事件包括三种，分别为 mouseover、mouseout 和 mousemove。其中，mouseover 是当鼠标移动到对象之上时所激发的事件，mouseout 是当鼠标从对象上移开时所激发的事件，mousemove 是鼠标在对象上移动时所激发的事件。

基本语法：

```
onMouseover=处理函数或是处理语句
onMouseout=处理函数或是处理语句
onMouseout=一个对象表达式
```

实例代码：

```
<!doctype html>
<html>
<head>
<meta charset="utf-8">
<title>onMouseOver 事件</title>
<style type="text/css">
<!--
#Layer1 {position:absolute;width:257px;height:141px;z-index:1;visibility: hidden;}
-->
</style>
<script type="text/JavaScript">
<!--
function MM_findObj(n, d) { //v4.01
  var p,i,x;  if(!d) d=document; if((p=n.indexOf("?"))>0&&parent.frames.length) {
    d=parent.frames[n.substring(p+1)].document; n=n.substring(0,p);}
```

```
    if(!(x=d[n])&&d.all) x=d.all[n]; for (i=0;!x&&i<d.forms.length;i++) x=d.forms[i][n];
    for(i=0;!x&&d.layers&&i<d.layers.length;i++) x=MM_findObj(n,d.layers[i].document);
    if(!x && d.getElementById) x=d.getElementById(n); return x;
  }
  function MM_showHideLayers() { //v6.0
    var i,p,v,obj,args=MM_showHideLayers.arguments;
    for (i=0; i<(args.length-2); i+=3) if ((obj=MM_findObj(args[i]))!=null) { v=args[i+2];
      if (obj.style) { obj=obj.style; v=(v=='show')?'visible':(v=='hide')?'hidden':v; }
      obj.visibility=v; }
  }
  //-->
  </script>
  </head>
  <body>
  <input name="Submit" type="submit"
   onMouseOver="MM_showHideLayers('Layer1','','show')" value="显示图像" />
  <div id="Layer1"><img src="3.jpg" width="600" height="400" /></div>
  </body>
  </html>
```

在代码中加粗部分代码应用了 onMouseOver 事件，在浏览器中预览效果，将光标移动到“显示图像”按钮的上方，显示图像，如图 14-18 所示。

图 14-18　onMouseOver 事件

14.4.7　onblur 事件

失去焦点事件正好与获得焦点事件相对，失去焦点（blur）是指将焦点从当前对象中移开。当 text 对象、textarea 对象或 select 对象不再拥有焦点而退到后台时，引发该事件。

```
<!doctype html>
<html>
```

```
<head>
<meta charset="utf-8">
<title>onBlur 事件</title>
<script type="text/JavaScript">
<!--
function MM_popupMsg(msg) { //v1.0
  alert(msg);
}
//-->
</script>
</head>
<body>
<p>用户注册：</p>
<p>用户名：<input name="textfield" type="text" onBlur="MM_popupMsg('文档中的“用户名”文本域失去焦点！')" />
</p>
<p>密码：<input name="textfield2" type="text" onBlur="MM_popupMsg('文档中的“密码”文本域失去焦点！')" />
</p>
</body>
</html>
```

在代码中加粗部分代码应用了 onBlur 事件，在浏览器中预览效果，将光标移动到任意一个文本框中，再将光标移动到其他的位置，就会弹出一个提示对话框，说明某个文本框失去焦点，如图 14-19 所示。

图 14-19 onBlur 事件

14.4.8 onsubmit 事件和 onreset 事件

表单提交事件（onsubmit）是在用户提交表单时（通常使用“提交”按钮，也就是将按钮的 type 属性设为 submit），在表单提交之前被触发，因此，该事件的处理程序通过返回 false 值来阻止表单的提交。该事件可以用来验证表单输入项的正确性。

表单重置事件（onreset）与表单提交事件的处理过程相同，该事件只是将表单中的各元素的值设置为原始值。它能够清空表单中的所有内容。onreset 事件和属性的使用频率远低于 onsubmit。

基本语法：

```
<form name="formname" onReset="return Funname"
onsubmit="return Funname " ></form>
```

formname：表单名称。

Funname：函数名或执行语句，如果是函数名，在该函数中必须有布尔型的返回值。

在 Web 站点中填写完表单，然后单击发送表单数据的按钮，此时将会显示一条消息告诉你没有输入某些数据或者输入错误的数据。当这种情况发生时，很可能是遇到了使用 onsubmit 属性的表单，该属性在浏览器中运行一段脚本，在表单被发送给服务器之前检查所输入数据的正确性。

实例代码：

```
<!doctype html>
<html>
<head>
<meta charset="utf-8">
<title>onsubmit 事件</title>
</head>
<body><form name="testform" action=""
onsubmit="alert('你好 ' + testform.fname.value +'!')">
请输入名字。<br />
<input type="text" name="fname" />
<input type="submit" value="提交" />
</form>
</body>
</html>
```

在本例中，当用户点击提交按钮时，会显示一个对话框，如图 14-20 所示。

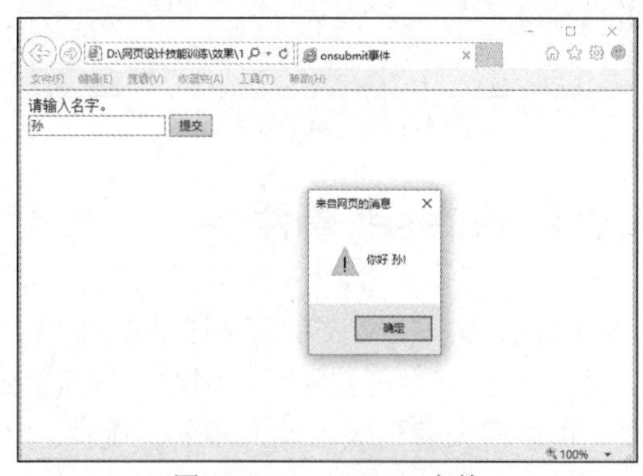

图 14-20 onsubmit 事件

14.4.9 onresize 页面大小事件

页面的大小事件（onresize）是用户改变浏览器的大小时触发事件处理程序，它主要用于固定浏览器的大小。

```
<!doctype html>
<html>
<head>
<meta charset="utf-8">
<title>固定浏览器的大小</title>
</head>
<body>
<center><img src="4.jpg"></center>
<script language="JavaScript">
function fastness(){
    window.resizeTo(850,650);
}
document.body.onresize=fastness;
document.body.onload=fastness;
</script>
</body>
</html>
```

上面的实例是在用户打开网页时，将浏览器以固定的大小显示在屏幕上，当用鼠标拖动浏览器边框改变其大小时，浏览器将恢复原始大小，如图 14-21 所示。

图 14-21　onresize 页面大小事件

14.4.10 键盘事件

鼠标和键盘事件是在页面操作中使用最频繁的操作，可以利用键盘事件来制作页面的快捷键。键盘事件包含 onkeypress、onkeydown 和 onkeyup 事件。

- onkeypress 事件是在键盘上的某个键被按下并且释放时触发此事件的处理程序，一般用于键盘上的单键操作。
- Onkeydown 事件是在键盘上的某个键被按下时触发此事件的处理程序。
- Onkeyup 事件是在键盘上的某个键被按下后松开时触发此事件的处理程序，一般用于组合键的操作。

```
<!doctype html>
<html>
<head>
<meta charset="utf-8">
<title>键盘事件</title>
</head>
<body>
<img src="5.jpg" width="688" height="486" />
<script language="javascript">
<!--
function Refurbish(){
    if (window.event.keyCode==97){  //当在键盘中按 A 键时
        location.reload();               //刷新当前页
    }
}
document.onkeypress=Refurbish;
//-->
</script>
</body>
</html>
```

上面的实例是应用键盘中的 A 键，对页面进行刷新，而无须用鼠标在 IE 浏览器中单击“刷新”按钮，如图 14-22 所示。

图 14-22　键盘事件

14.5 技能训练——改变网页背景颜色和文字颜色

Document 对象提供了几个属性，如 fgColor、bgColor 等来设置 Web 页面的显示颜色，它们一般定义在<body>标记中，在文档布局确定之前完成设置。通过改变这几个属性的值可以改变网页背景颜色和字体颜色。

实例代码：

```
<!doctype html>
<html>
<head>
<meta charset="utf-8">
<title>鼠标放上链接改变网页背景颜色</title>
<SCRIPT LANGUAGE="JavaScript">
function goHist(a)
{
  history.go(a);
}
</script>
</head>
<body>
<center>
<h2>鼠标放到相应链接上看看! </h2>
<table border=1 borderlight=green style="border-collapse: collapse"
cellpadding="5" cellspacing="0">
<tr><td align=center><a href="#" onMouseOver="document.bgColor='yellow'">
黄色</a>
<a href="#" onMouseOver="document.bgColor='red'">大红色</a>
<a href="#"onMouseOver="document.bgColor='green'">绿色</a>
</td>
</tr>
</table>
</center>
</body>
</html>
```

运行代码，在浏览器中预览效果如图 14-23 所示。

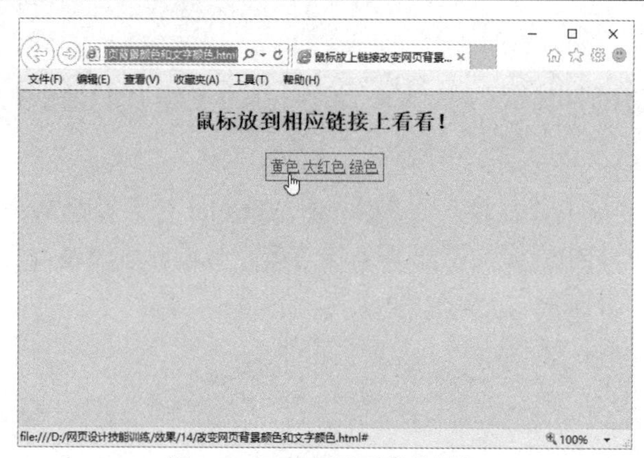

图 14-23　改变网页背景颜色

第15章 HTML 入门

在制作网页时，大都采用一些专门的网页制作软件，如 FrontPage、Dreamweaver。这些工具都是所见即所得，非常方便。使用这些编辑软件工具可以不用编写代码。在不熟悉 HTML 语言的情况下，照样可以制作网页。这是网页编辑软件的最大成功之处，但也是它们的最大不足之处，受软件自身的约束，将产生一些垃圾代码，这些垃圾代码将会增大网页体积，降低了网页的下载速度。一个优秀的网页设计者应该在掌握可视化编辑工具的基础上，进一步熟悉 HTML 语言以便清除那些垃圾代码，从而达到快速制作高质量网页的目的。这就需要对 HTML 有个基本的了解，因此具备一定的 HTML 语言的基本知识是必要的。

本章重点

- 掌握 HTML 的基本语法
- 常见的 HTML 标签

15.1 HTML 的基本语法

编写 HTML 文件时，必须遵循一定的语法规则。一个完整的 HTML 文件由标题、段落、表格和文本等各种嵌入的对象组成，这些对象统称为元素。HTML 使用标签来分隔并描述这些元素，整个 HTML 文件其实就是由元素与标签组成的。

15.1.1 网页结构

HTML 的任何标签都由“<”和“>”围起来，如<HTML>。在起始标签的标签名前加上符号“/”便是其终止标签，如</HTML>，夹在起始标签和终止标签之间的内容受标签的控制。超文本文档分为头和主体两部分，在文档头部，对文档进行了一些必要的定义，文档主体是要显示的各种文档信息。

基本语法：

```
<html>
<head>网页头部信息</head>
<body>网页主体正文部分</body>
</html>
```

语法说明：

其中<html>在最外层，表示这对标签间的内容是 HTML 文档，一个 HTML 文档总是以<html>开始，以</html>结束。<head>之间包括文档的头部信息，如文档标题等，若不需头部信息则可省略此标签。<body>标签一般不能省略，表示正文内容的开始。

下面就以一个简单的 HTML 文件来熟悉 HTML 文件的结构。

实例代码：

```
<!doctype html>
<html>
<head>
<meta charset="utf-8">
<title>HTML 的基本语法</title>
</head>
<body>
<p>简单的 HTML 文件结构!</p>
</body>
</html>
```

这一段代码是使用 HTML 中最基本的几个标签所组成的，运行代码在浏览器中预览效果，如图 15-1 所示。

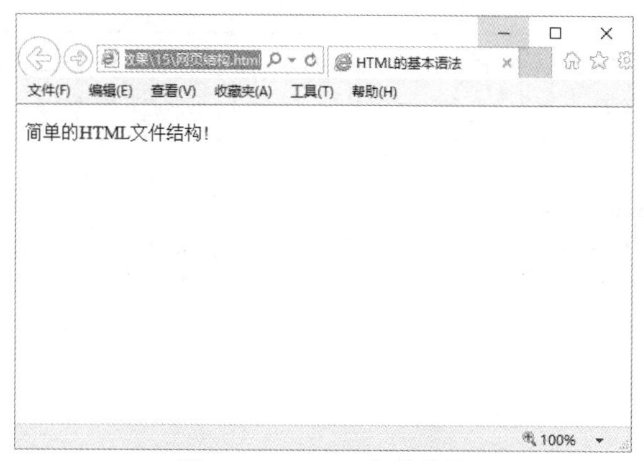

图 15-1 HTML 文件结构

下面解释一下上面的例子。

- HTML 文件就是一个文本文件。文本文件的后缀名是.txt，而 HTML 的后缀名是.html。
- <!doctype html>代表文档类型，大致的意思就是遵循严格的 XHTML 的格式书写。
- HTML 文档中，第一个标签是<html>，这个标签告诉浏览器这是 HTML 文档的开始。
- HTML 文档的最后一个标签是</html>，这个标签告诉浏览器这是 HTML 文档的终止。
- 在<head>和</head>标签之间的文本是头信息，在浏览器窗口中，头信息是不被显示在页面上的。
- 在<title>和</title>标签之间的文本是文档标题，它被显示在浏览器窗口的标题栏。
- 在<body>和</body>标签之间的文本是正文，会被显示在浏览器中。
- 在<p>和</p>标签代表段落。

15.1.2 创建 HTML 文件

HTML 是一个以文字为基础的语言，并不需要什么特殊的开发环境，可以直接在 Windows 自带的记事本中编写。HTML 文档以.html 为扩展名，将 HTML 源代码输入到记事本并保存，可以在浏览器中打开文档以查看其效果。使用记事本手工编写 HTML 页面的具体操作步骤如下。

01 在 Windows 系统中，打开记事本，在记事本中输入以下代码，如图 15-2 所示。

```
<!doctype html>
<html>
<head>
<meta charset="utf-8">
<title>创建 HTML 文件</title>
</head>
<body>
<img src="ht.jpg" width="1007" height="722" alt=""/>
</body>
</html>
```

关于还不知道怎么新建记事本的读者，在电脑桌面上或者“我的电脑”硬盘中空白地方右击，执行“新建”|“文本文档”命令。

02 当编辑完 HTML 文件后，执行“文件”|“另存为”命令，弹出“另存为”对话框，将它存为扩展名为.htm 或.html 的文件即可，如图 15-3 所示。

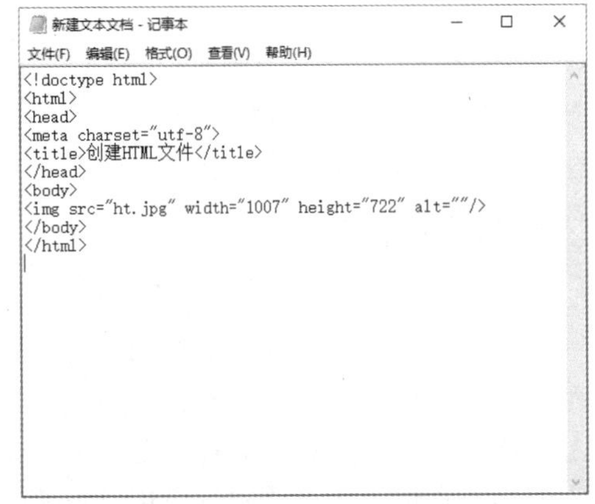

图 15-2　在记事本中输入代码

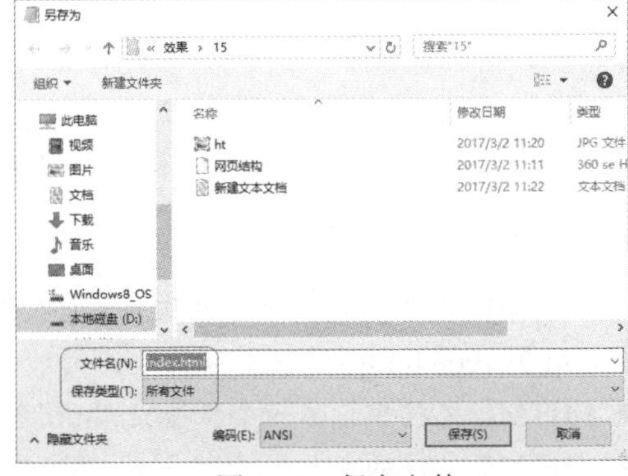

图 15-3　保存文件

注意是“另存为”，而不是“保存”，因为如果选择“保存”的话，Windows 系统会默认地把它存为.txt 记事本文件。.html 是个扩展名，注意是个点，而不是句号。

03 单击“保存”按钮，这时该文本文件就变成了 HTML 文件，在浏览器中浏览效果如图 15-4 所示。

图 15-4　浏览网页效果

15.2　常见的 HTML 标签

学习 HTML 教程最常用的是学习 HTML 标签，这里介绍一下最常用到的 HTML 标签。

15.2.1 文本类标签

<font>标记用来控制字体、字号和颜色等属性，它是 HTML 中最基本的标记之一，掌握好<font>标记的使用是控制网页文本的基础，可以用来定义文字的字体（Face）、大小（Size）和颜色（Color），也就是它的三个参数。

Face 属性规定的是字体的名称，如中文字体的“宋体”“楷体”“隶书”等。可以通过字体的 face 属性设置不同的字体，设置的字体效果必须在浏览器中安装相应的字体后才可以正确浏览，否则有些特殊字体会被浏览器中的普通字体所代替。

基本语法：

```
<font face="字体样式">……</font>
```

语法说明：

face 属性用于定义该段文本所采用的字体名称。如果浏览器能够在当前系统中找到该字体，则使用该字体显示。

实例代码：

```
<!doctype html>
<html>
<head>
<meta charset="utf-8">
<title>文本类标签</title>
</head>
<body>
<p><font face="微软雅黑">人生应该如蜡烛一样，从顶燃到底，一直都是光明的。</font></p>
<p><font Size="20">沉沉的黑夜都是白天的前奏。 </font></p>
<p><font Color="#FF0000">常求有利别人，不求有利自己。</font><br></p>
</body>
</html>
```

在代码中加粗部分的代码标记是设置文字的字体、大小、颜色，在浏览器中预览可以看到不同的字体效果，如图 15-5 所示。

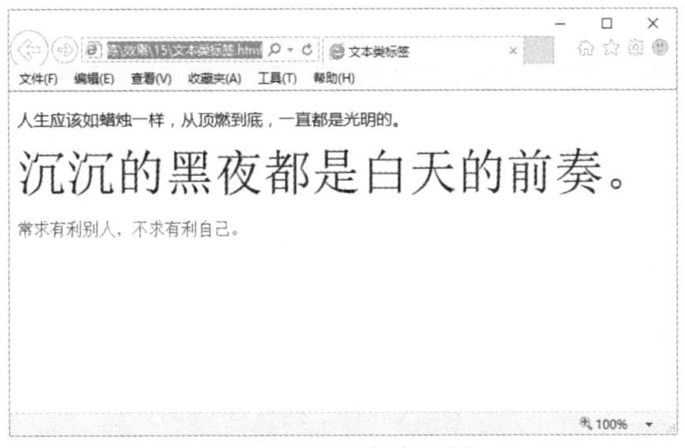

图 15-5 文本类标签

15.2.2 文本类标签：文本加粗、斜体与下划线

<b>和<strong>是 HTML 中格式化粗体文本的最基本元素。在<b>和</b>之间的文字或在<strong>和</strong>之间的文字，在浏览器中都会以粗体字体显示。该元素的首尾部分都是必需的，如果没有结尾标记，则浏览器会认为从<b>开始的所有文字都是粗体。

基本语法：

```
<b>加粗的文字</b>
<strong>加粗的文字</strong>
```

语法说明：

在该语法中，粗体的效果可以通过<b>标记来实现，还可以通过<strong>标记来实现。<b>和<strong>是行内元素，它可以插入到一段文本的任何部分。

<i>、<em>和<cite>是 HTML 中格式化斜体文本的最基本元素。在<i>和</i>之间的文字、在<em>和</em>之间的文字或在<cite>和</cite>之间的文字，在浏览器中都会以斜体字体显示。

基本语法：

```
<i>斜体文字</i>
<em>斜体文字</em>
<cite>斜体文字</cite>
```

语法说明：

斜体的效果可以通过<i>标记、<em>标记和<cite>标记来实现。一般在一篇以正体显示的文字中用斜体文字起到醒目、强调或者区别的作用。

<u>标记的使用和粗体以及斜体标记类似，它作用于需加下划线的文字。

基本语法：

```
<u>下划线的内容</u>
```

语法说明：

该语法与粗体和斜体的语法基本相同

实例代码：

```
<!doctype html>
<html>
<head>
<meta charset="utf-8">
<title>文本加粗、斜体与下划线</title>
</head>
<body>
<p><strong>志不强者智不达。</strong></p>
```

```
<p><em>穷且益坚，不坠青云之志。</em></p>
<p><u>壮心未与年俱老，死去犹能作鬼雄。</u><BR>
</p>
</body>
</html>
```

在代码中加粗部分的标记<strong>为设置文字的加粗、<em>为设置斜体、<u>为设置下划线的效果，在浏览器中预览效果，如图 15-6 所示。

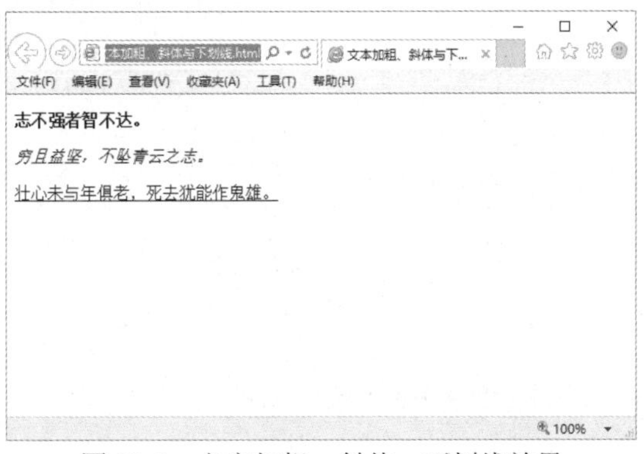

图 15-6 文字加粗、斜体、下划线效果

15.2.3 表格标签

表格由行、列和单元格 3 部分组成，一般通过 3 个标记来创建，分别是表格标记 table、行标记 tr 和单元格标记 td。表格的各种属性都要在表格的开始标记<table>和表格的结束标记</table>之间才有效。

- 行：表格中的水平间隔。
- 列：表格中的垂直间隔。
- 单元格：表格中行与列相交所产生的区域。

基本语法：

```
<table>
<tr>
<td>单元格内的文字</td>
<td>单元格内的文字</td>
</tr>
<tr>
<td>单元格内的文字</td>
<td>单元格内的文字</td>
</tr>
</table>
```

语法说明：

<table>标记和</table>标记分别表示表格的开始和结束，而<tr>和</tr>则分别表示行的开

始和结束，在表格中包含几组<tr>…</tr>就表示该表格为几行，<td>和</td>表示单元格的起始和结束。

实例代码：

```
<!doctype html>
<html>
<head>
<meta charset="utf-8">
<title>表格标签</title>
</head>
<body>
<table width="600" height="319" border="1">
<tr>
<td>第 1 行第 1 列单元格</td><td>第 1 行第 2 列单元格</td>
</tr>
<tr>
<td>第 2 行第 1 列单元格</td><td>第 2 行第 2 列单元格</td>
</tr>
</table>
</body>
</html>
```

在代码中加粗部分的代码标记是表格的基本构成，在浏览器中预览可以看到在网页中添加了一个 2 行 2 列的表格，表格没有边框，如图 15-7 所示。

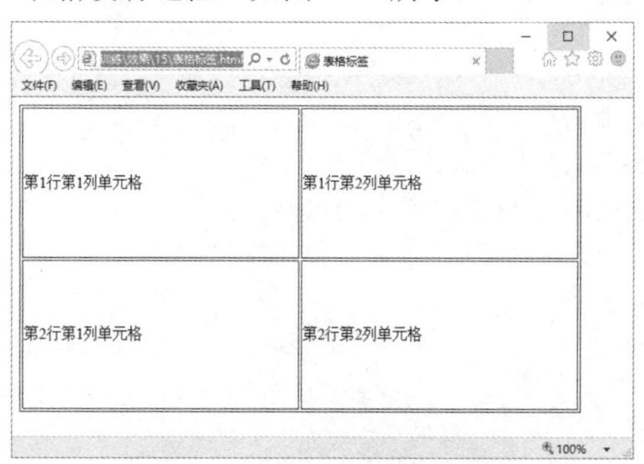

图 15-7　表格的基本构成效果

15.2.4　超链接标签

链接标记<a>在 HTML 中既可以作为一个跳转其他页面的链接，也可以作为“埋设”在文档中某处的一个“锚定位”，<a>也是一个行内元素，它可以成对出现在一段文档的任何位置。

基本语法：

```
<a href="链接目标">链接显示文本</a>
```

语法说明：

在该语法中，<a>标记的属性值如表 15-1 所示。

表 15-1　<a>标记的属性值

属性	说明
href	指定链接地址
name	给链接命名
title	给链接添加提示文字
target	指定链接的目标窗口

实例代码：

```
<!doctype html>
<html>
<head>
<meta charset="utf-8">
<title>超链接标签</title>
</head>
<body>
<p><a href="1">生活的理想，就是为了理想的生活。</a></p>
<p><a href="2">理想的人物不仅要在物质需要的满足上</a></p>
<p><a href="3">生命的全部的意义在于无穷地探索尚未知道的东西。</a></p>
<p><a href="4">燕雀戏藩柴，安识鸿鹄游。</a></p>
</body>
</html>
```

在代码中加粗部分的代码标记为设置文档中的超链接，在浏览器中预览可以看到链接效果，如图 15-8 所示。

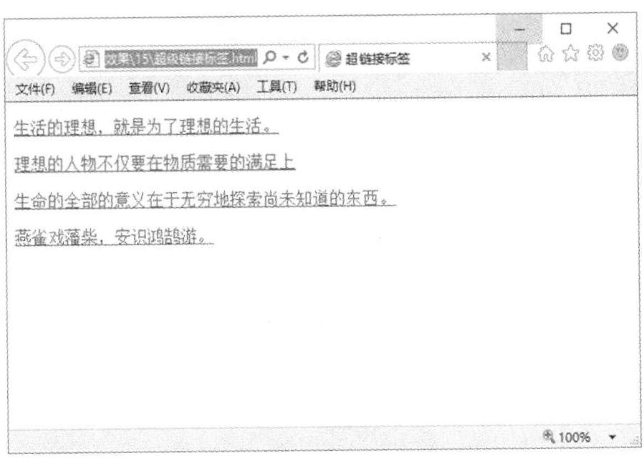

图 15-8　超链接效果

15.2.5　段落标签

HTML 标签中最常用最简单的标签是段落标签，也就是<p></p>，说它常用，是因为几乎所有的文档文件都会用到这个标签，说它简单从外形上就可以看出来，它只有一个字母。虽说是简单，但是却也非常重要，因为这是一个用来区别段落用的。

基本语法：

```
<p>段落文字<p>
```

语法说明：

段落标记可以没有结束标记</p>，而每一个新的段落标记开始的同时也意味着上一个段落的结束。

实例代码：

```
<!doctype html>
<html>
<head>
<meta charset="utf-8">
<title>段落标签</title>
</head>
<body>
<p>抱怨是最消耗正能量的无益举动，如果你真爱自己，就毫无理由向那些无力帮助你的人发出抱怨。如果你在自己（或别人的）身上发现你所不喜欢的东西，你可以积极地采取必要措施来改正。</p>
</body>
</html>
```

在代码中加粗部分的代码标记<p>为段落标记，<p>和</p>之间的文本是一个段落，效果如图 15-9 所示。

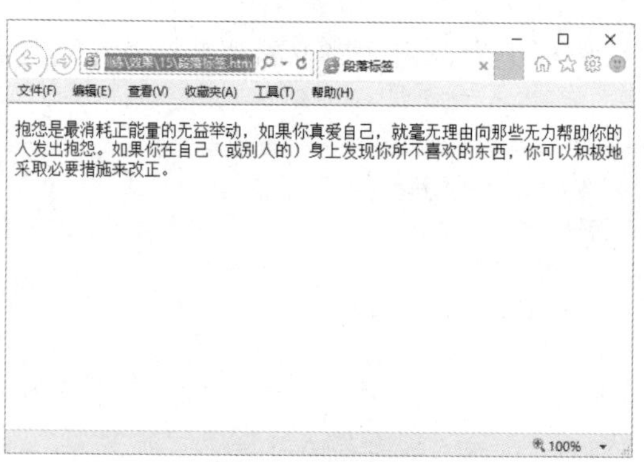

图 15-9　段落效果

15.2.6　表单与按钮标签

在网页中<form></form>标记对用来创建一个表单，即定义表单的开始和结束位置，在标记对之间的一切都属于表单的内容。在表单的<form>标记中，可以设置表单的基本属性，包括表单的名称、处理程序和传送方法等。一般情况下，表单的处理程序 action 和传送方法 method 是必不可少的参数。

action 用于指定表单数据提交到哪个地址进行处理。

基本语法：

```
<form action="表单的处理程序">
……
</form>
```

语法说明：

表单的处理程序是表单要提交的地址，也就是表单中收集到的资料将要传递的程序地址。这一地址可以是绝对地址，也可以是相对地址，还可以是一些其他形式的地址。

表单中的按钮起着至关重要的作用，它可以激发提交表单的动作，也可以在用户需要修改表单的时候，将表单恢复到初始的状态，还可以依照程序的需要，发挥其他的作用。普通按钮主要是配合 JavaScript 脚本来进行表单处理的。

提交按钮是一种特殊的按钮，单击该类按钮可以实现表单内容的提交。

基本语法：

```
<input type="submit" name="按钮的名称" value="按钮的取值" />
```

语法说明：

在该语法中，value 同样用来设置显示在按钮上的文字。type="submit"表示提交按钮。

重置按钮可以清除用户在页面中输入的信息，将其恢复成默认的表单内容。

基本语法：

```
<input type="reset" name="按钮的名称" value="按钮的取值" />
```

语法说明：

在该语法中，value 同样用来设置显示在按钮上的文字。type="reset"表示重置按钮。

实例代码：

```
<!doctype html>
<html>
<head>
<meta charset="utf-8">
<title>表单与按钮标签</title>
</head>
<body>
<form id="form1" name="form1" method="post" action="mailto:jiu@.com">
  <p>
    <label for="textfield">姓名:</label>
     <input type="text" name="textfield" id="textfield">
  </p>
  <p>
    <label for="email">邮件:</label>
```

```
      <input type="email" name="email" id="email">
    </p>
    <p>
      <label for="textarea">留言:</label>
      <textarea name="textarea" id="textarea"></textarea>
    </p>
    <p> </p>
    <p>
      <input type="submit" name="submit" id="submit" value="提交">
      <input type="reset" name="reset" id="reset" value="重置">
    </p>
  </form>
  </body>
  </html>
```

在代码中加粗的<input type="reset" name=" reset " value="重置">标记将按钮的类型设置为reset，取值设置为“重置”，在代码中加粗部分的标记 action 是程序提交标记，这里将表单提交到电子邮件。在浏览器中浏览效果如图 15-10 所示。

图 15-10　设置重置按钮

15.2.7　图片标签

有了图像文件后，就可以使用 img 标记将图像插入到网页中，从而达到美化网页的效果。img 元素的相关属性见表 15-2 所示。

表 15-2　img 元素的相关属性

属性	描述
src	图像的源文件
alt	提示文字
width，height	宽度和高度
border	边框
vspace	垂直间距
hspace	水平间距

（续表）

属性	描述
align	排列
dynsrc	设定 avi 文件的播放
loop	设定 avi 文件循环播放次数
loopdelay	设定 avi 文件循环播放延迟
start	设定 avi 文件播放方式
lowsrc	设定低分辨率图片
usemap	映像地图

基本语法：

```
<img src="图像文件的地址">
```

语法说明：

在语法中，src 参数用来设置图像文件所在的路径，这一路径可以是相对路径，也可以是绝对路径。

基本语法：

```
switch(n)
  {
  case 1:
    执行代码块 1
    break
  case 2:
    执行代码块 2
    break
  default:
    如果 n 即不是 1 也不是 2，则执行此代码
  }
```

语法解释：

switch 后面的（n）可以是表达式，也可以（并通常）是变量。然后表达式中的值会与 case 中的数字作比较，如果与某个 case 相匹配，那么其后的代码就会被执行。

switch 语句通常使用在有多种出口选择的分支结构上，例如信号处理中心可以对多个信号进行响应。针对不同的信号均有相应的处理，下面举例帮助理解。

实例代码：

```
<!doctype html>
<html>
<head>
<meta charset="utf-8">
<title>无标题文档</title>
```

```
</head>
<body>
<script type="text/javascript">
var d = new Date()
theDay=d.getDay()
switch (theDay)
{
case 5:
document.write("<b>今天是星期五！</b>")
break
case 6:
document.write("<b>今天是星期六！</b>")
break
case 0:
document.write("<b>明天又上班了。</b>")
break
default:
document.write("<b>一天一天过的真快！</b>")
}
</script>
</body>
</html>
```

本实例使用了 switch 条件语句，根据星期天数的不同，显示不同的输出文字。运行代码效果如图 15-11 所示。

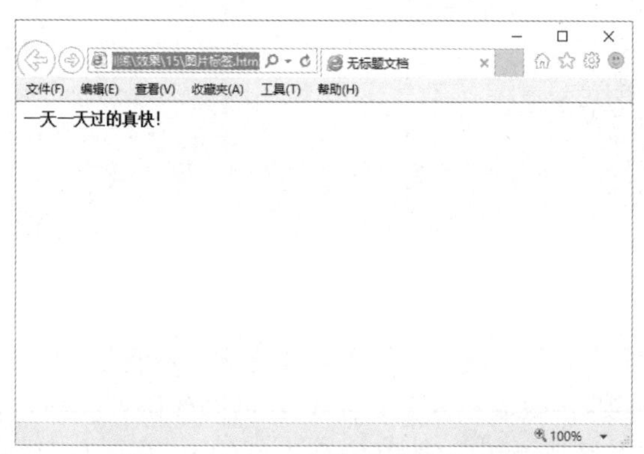

图 15-11　switch 多条件选择语句

15.2.8　换行标签

在 HTML 文本显示中，默认是将一行文字连续地显示出来，如果想将一个句子后面的内容在下一行显示就会用到换行符
。换行符号标签是个单标签，也叫空标签，不包含任何内容，在 HTML 文件中的任何位置只要使用了
标签，当文件显示在浏览器中时，该标签之后的内容将在下一行显示。

基本语法：

```
<br>
```

语法说明：

一个
标记代表一个换行，连续的多个标记可以实现多次换行。

实例代码：

```
<!doctype html>
<html>
<head>
<meta charset="utf-8">
<title>无标题文档</title>
</head>
<body>
人这一辈子可能与不可能的区别就在于一个人的决心!生活的不如意，乃修行上的一点点精进，当你在遭遇厄运的时候，坚强与懦弱那就是成败的分水岭。<br>一个生命能否去战胜厄运，去创造奇迹，那也都是取决于你是否赋予了它一种信念的力量。一个在信念力量驱动下的生命即是可创造人间的奇迹。
</body>
</html>
```

在代码中加粗部分的代码标记
为设置换行标记，在浏览器中预览，可以看到换行的效果，如图 15-12 所示。

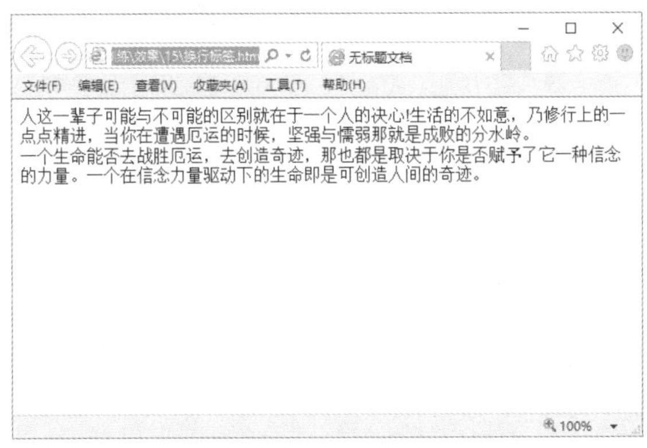

图 15-12　换行效果

是惟一可以为文字分行的方法。其他标记如<p>，可以为文字分段。

15.2.9　水平线标签

水平线标签，用于在页面中插入一条水平标尺线，使页面看起来整齐明了。

基本语法：

```
<hr>
```

语法说明：

在网页中输入一个<hr>标记，就添加了一条默认样式的水平线。

实例代码：

```
<!doctype html>
<html>
<head>
<meta charset="utf-8">
<title>水平线标签</title>
</head>
<body>
如果你能够放得下过去，过去也一定能放下你。<br>
<hr>
别因为别人说的话而放弃，把那些话当做加倍努力的动力。
</body>
</html>
```

在代码中加粗部分的标记为水平线标记，在浏览器中预览，可以看到插入的水平线效果，如图 15-13 所示。

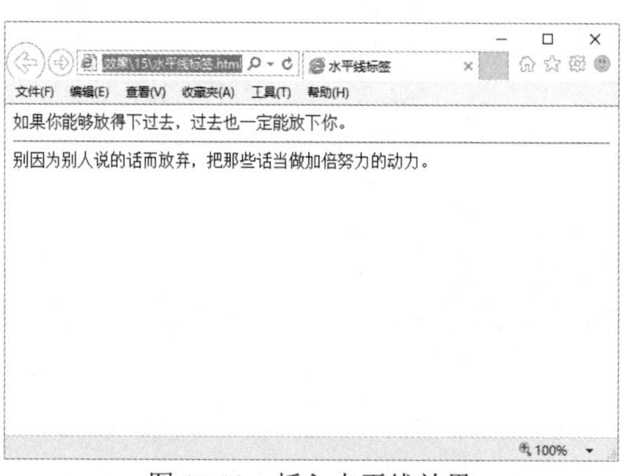

图 15-13　插入水平线效果

15.2.10　特殊标签

除了空格以外，在网页的制作过程中，还有一些特殊的符号也需要使用代码进行代替。一般情况下，特殊符号的代码由前缀“&”、字符名称和后缀“;”组成。使用特殊符号可以将键盘上没有的字符输出来。

基本语法

```
&amp;……&copy;
```

语法说明：

在需要添加特殊符号的地方添加相应的符号代码即可，常用符号及其对应代码如表 15-3 所示。

表 15-3　特殊符合

特殊符号	符号的代码
“	"
&	&
<	<
>	>
×	×
§	§
©	©
®	®
™	™

第16章

HTML5 基础

HTML5 是一种网络标准，相比现有的 HTML4.01 和 XHTML 1.0，可以实现更强的页面表现性能，同时充分调用本地的资源，实现不输于 app 的功能效果。HTML5 带给了浏览者更好的视觉冲击，同时让网站程序员更好地与 HTML 语言“沟通”。虽然现在 HTML5 还没有完善，但是对于以后的网站建设拥有更好的发展。

重点内容

- 认识 HTML5
- HTML5 与 HTML4 的区别
- HTML5 新增的元素和废除的元素
- 新增的主体结构元素
- 新增的非主体结构元素

16.1 认识 HTML5

HTML 最早是作为显示文档的手段出现的，再加上 JavaScript，它其实已经演变成了一个系统，可以开发搜索引擎、在线地图、邮件阅读器等各种 Web 应用。虽然设计巧妙的 Web 应用可以实现很多令人赞叹的功能，但开发这样的应用远非易事，多数都得手动编写大量 JavaScript 代码，还要用到 JavaScript 工具包，乃至在 Web 服务器上运行的服务器端 Web 应用。要让所有这些方面在不同的浏览器中都能紧密配合不出差错是一个挑战。由于各大浏览器厂商的内核标准不一样，使得 Web 前端开发者通常在兼容性问题而引起的 bug 上要浪费很多的精力。

HTML5 是 2016 年正式推出来的，随后就引起了世界上各大浏览器开发商（如 Fire Fox、chrome、IE9 等）的极大热情。那 HTML5 为什么会如此受欢迎呢？

在新的 HTML5 语法规则当中，部分的 JavaScript 代码将被 HTML5 的新属性所替代，部分 DIV 的布局代码也将被 HTML5 变为更加语义化的结构标签，这使得网站前端的代码变得更加的精炼、简洁和清晰，让代码的开发者也更加能一目了然代码所要表达的意思。

HTML5 是一种用设计来组织 Web 内容的语言，其目的是通过创建一种标准的和直观的标记语言来把 Web 设计和开发变得容易起来。HTML5 提供了各种切割和划分页面的手段，允许你创建的切割组件不仅能用来逻辑地组织站点，而且能够赋予网站聚合的能力。这是 HTML5 富于表现力的语义和实用性美学的基础，HTML5 赋予设计者和开发者各种层面的能力来向外发布各式各样的内容，从简单的文本内容到丰富的、交互式的多媒体无不包括在内。如图 16-1 所示 HTML5 技术用来实现动画特效。

图 16-1　HTML5 技术用来实现动画特效

HTML5 提供了高效的数据管理、绘制、视频和音频工具，其促进了 Web 上的和便携式设备的跨浏览器应用的开发。HTML5 允许更大的灵活性，支持开发非常精彩的交互式网站。其还引入了新的标签和增强性的功能，其中包括了一个优雅的结构、表单的控制、API、多媒体、数据库支持和显著提升的处理速度等。如图 16-2 所示 HTML5 制作的抽奖游戏。

图 16-2　HTML5 制作的抽奖游戏

16.2　HTML5 与 HTML4 的区别

HTML5 是最新的 HTML 标准，HTML5 语言更加精简，解析的规则更加详细。在不同的浏览器，即使语法错误也可以显示出同样的效果。下面列出的就是一些 HTML4 和 HTML5 之间主要的不同之处。

16.2.1　HTML5 的语法变化

HTML 的语法是在 SGML 语言的基础上建立起来的。但是 SGML 语法非常复杂，要开发能够解析 SGML 语法的程序也很不容易，所以很多浏览器都不包含 SGML 的分析器。因此，虽然 HTML 基本遵从 SGML 的语法，但是对于 HTML 的执行在各浏览器之间并没有一个统一的标准。

在这种情况下，各浏览器之间的兼容性和互操作性在很大程度上取决于网站或网络应用程序的开发者们在开发上所做的共同努力，而浏览器本身始终是存在缺陷的。

在 HTML5 中提高 Web 浏览器之间的兼容性是它的一个很大的目标，为了确保兼容性，就要有一个统一的标准。因此，在 HTML5 中，围绕着这个 Web 标准，重新定义了一套在现有的 HTML 的基础上修改而来的语法，使它运行在各浏览器时各浏览器都能够符合这个通用标准。

因为关于 HTML5 语法解析的算法也都提供了详细的记载，所以各 Web 浏览器的供应商们可以把 HTML5 分析器集中封装在自己的浏览器中。最新的 Firefox（默认为 4.0 以后的版本）与 WebKit 浏览器引擎中都迅速地封装了供 HTML5 使用的分析器。

16.2.2　HTML 5 中的标记方法

下面我们来看看在 HTML5 中的标记方法。

1. 内容类型（ContentType）

HTML5 的文件扩展符与内容类型保持不变。也就是说，扩展符仍然为“.HTML”或“.htm”，内容类型（ContentType）仍然为“text/HTML”。

2. DOCTYPE 声明

DOCTYPE 声明是 HTML 文件中必不可少的，它位于文件第一行。在 HTML4 中，它的声明方法如下：

```
<!doctype html>
```

DOCTYPE 声明是 HTML5 里众多新特征之一。现在你只需要写<!DOCTYPE HTML>，这就行了，HTML5 中的 DOCTYPE 声明方法不区分大小写。

3. 指定字符编码

在 HTML 中，可以使用对元素直接追加 charset 属性的方式来指定字符编码，如下所示：

```
<meta charset="utf-8">
```

16.2.3 HTML 5 语法中的 3 个要点

HTML5 中规定的语法，在设计上兼顾了与现有 HTML 之间最大程度的兼容性。下面就来看看具体的 HTML5 语法。

1. 可以省略标签的元素

在 HTML5 中，有些元素可以省略标签，具体来讲有 3 种情况：

①必须写明结束标签

area、base、br、col、command、embed、hr、img、input、keygen、link、meta、param、source、track、wbr。

②可以省略结束标签

li、dt、dd、p、rt、rp、optgroup、option、colgroup、thead、tbody、tfoot、tr、td、th。

③可以省略整个标签

HTML、head、body、colgroup、tbody。

需要注意的是，虽然这些元素可以省略，但实际上却是隐形存在的。

例如：“<body>”标签可以省略，但在 DOM 树上它是存在的，可以永恒访问到“document.body”。

2. 取得 boolean 值的属性

取得布尔值（Boolean）的属性，例如 disabled 和 readonly 等，通过默认属性的值来表达“值为 true”。

此外，在写明属性值来表达“值为 true”时，可以将属性值设为属性名称本身，也可以将值设为空字符串。

<!--以下的 checked 属性值皆为 true-->

```
<input type="checkbox" checked>
<input type="checkbox" checked="checked">
<input type="checkbox" checked="">
```

3. 省略属性的引用符

在 HTML4 中设置属性值时，可以使用双引号或单引号来引用。

在 HTML5 中，只要属性值不包含空格、“<” “>” “'” “"” “`” “=” 等字符，都可以省略属性的引用符。

实例如下：

```
<input type="text">
<input type='text'>
<input type=text>
```

16.2.4 HTML5 与 HTML4 在搜索引擎优化的对比

随着 HTML5 的到来，传统的<div id="header">和<div id="footer">无处不在的代码方法现在即将变成自己的标签，如<Header>和<footer>。

如图 16-3 所示为传统的 DIV+CSS 写法，如图 16-4 所示为 HTML5 的写法。

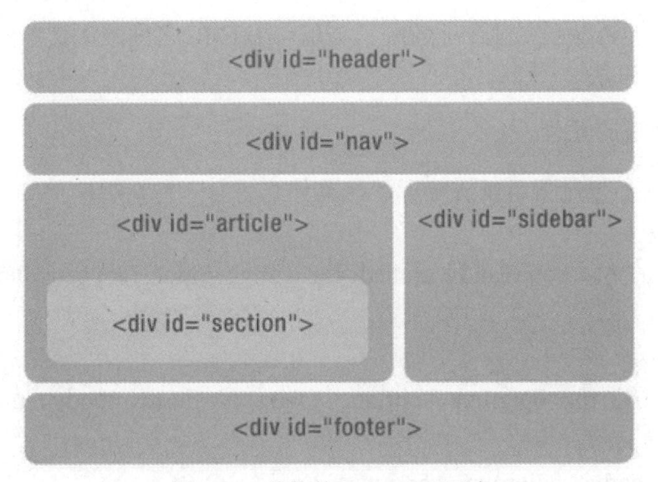

图 16-3 传统的 DIV+CSS 写法

从图 16-3 和图 16-4 可以看出 HTML5 的代码可读性更高了，也更简洁了，内容的组织相同，但每个元素有一个明确的清晰的定义，搜索引擎也可以更容易地抓取网页上的内容。HTML5 标准对于 SEO 有什么优势呢？

1. 使搜索引擎更加容易抓取和索引

对于一些网站，特别是那些严重依赖于 Flash 的网站，HTML5 是一个大福音。如果整个网站都是 Flash 的，就一定会看到转换成 HTML5 的好处。首先，搜索引擎将能够抓取站点内容。所有嵌入到动画中的内容将全部可以被搜索引擎读取。

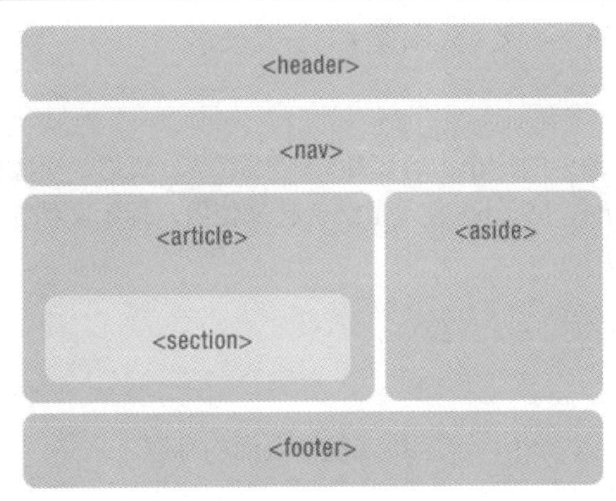

图 16-4　HTML5 的写法

2. 提供更多的功能

使用 HTML5 的另一个好处就是它可以增加更多的功能。对于 HTML5 的功能性问题，我们可以从全球几个主流站点对它的青睐就可以看出。社交网络大亨 Facebook 已经推出他们期待已久的基于 HTML5 的 iPad 应用平台，每天都有不断的基于 HTML5 的网站和 HTML5 特性的网站被推出。保持站点处于新技术的前沿，也可以很好地提高用户的友好体验。

3. 可用性的提高

最后我们可以从可用性的角度上看，HTML5 可以更好地促进用户在网站间的互动情况。多媒体网站可以获得更多的改进，特别是在移动平台上的应用，使用 HTML5 可以提供更多高质量的视频和音频流。

16.3　HTML5 新增的元素和废除的元素

本节将详细介绍 HTML5 中新增和废除了哪些元素。

16.3.1　新增的结构元素

HTML4 由于缺少结构，即使是形式良好的 HTML 页面也比较难以处理。必须分析标题的级别，才能看出各个部分的划分方式。边栏、页脚、页眉、导航条、主内容区和各篇文章都由通用的 DIV 元素来表示。HTML5 添加了一些新元素，专门用来标识这些常见的结构，不再需要为 DIV 的命名费尽心思，对于手机、阅读器等设备更有语义的好处。

HTML5 增加了新的结构元素来表达这些最常用的结构：

- section：可以表达书本的一部分或一章，或者一章内的一节。
- header：页面主体上的头部，并非 head 元素。
- footer：页面的底部（页脚），可以是一封邮件签名的所在。
- nav：到其他页面的链接集合。

- article：blog、杂志、文章汇编等中的一篇文章。

1．section 元素

section 元素表示页面中的一个内容区块，比如章节、页眉、页脚或页面中的其他部分。它可以与 h1、h2、h3、h4、h5、h6 等元素结合起来使用，标示文档结构。

HTML 5 中代码示例：

```
<section>...</section>
```

2．header 元素

header 元素表示页面中一个内容区块或整个页面的标题。

HTML5 中代码示例：

```
<header>...</header>
```

3．footer 元素

footer 元素表示整个页面或页面中一个内容区块的脚注。一般来说，它会包含创作者的姓名、创作日期以及创作者联系信息。

HTML5 中代码示例：

```
<footer></footer>
```

4．nav 元素

nav 元素表示页面中导航链接的部分。

HTML5 中代码示例：

```
<nav></nav>
```

5．article 元素

article 元素表示页面中的一块与上下文不相关的独立内容，如博客中的一篇文章或报纸中的一篇文章。

HTML5 中代码示例：

```
<article>...</article>
```

下面是一个网站的页面，用 HTML5 编写的代码如下所示。

实例代码：

```
<!doctype html>
<html>
<head>
<meta charset="utf-8">
<title>HTML5 新增结构元素</title>
</head>
<body>
```

```
<header>
<h1>兰山科技公司</h1>
</header>
<section>
<article>
<h2><a href=" " >标题 1</a></h2>
<p>内容 1...</p></article>
<article>
<h2><a href=" " >标题 2</a></h2>
<p>内容 2...</p>
</article>
</section>
<footer>
<nav>
<ul>
<li><a href=" " >二级导航 1</a></li>
<li><a href=" " >二级导航 2</a></li>
 ...</ul>
</nav>
<p>© 2017 兰山科技公司</p>
</footer>
</body>
</HTML>
```

运行代码，在浏览器中浏览效果如图 16-5 所示。这些新元素的引入，将不再使得布局中都是 div，而是通过标签元素就可以识别出来每个部分的内容定位。这种改变对于搜索引擎而言，将带来内容准确度的极大飞跃。

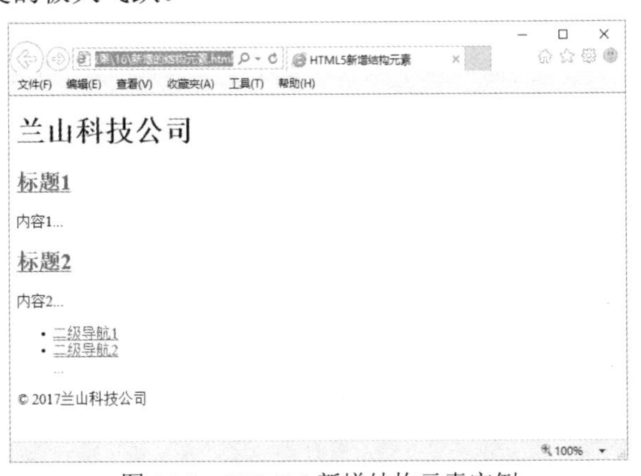

图 16-5 HTML5 新增结构元素实例

16.3.2 新增块级元素

HTML5 还增加了一些纯语义性的块级元素：aside、figure、figcaption、dialog。

- aside：定义页面内容之外的内容，比如侧边栏。
- figure：定义媒介内容的分组，以及它们的标题。
- figcaption：媒介内容的标题说明。
- dialog：定义对话（会话）。

aside 可以用以表达注记、侧栏、摘要、插入的引用等作为补充主体的内容。如下这样表达 blog 的侧栏。在浏览器中浏览如图 16-6 所示。

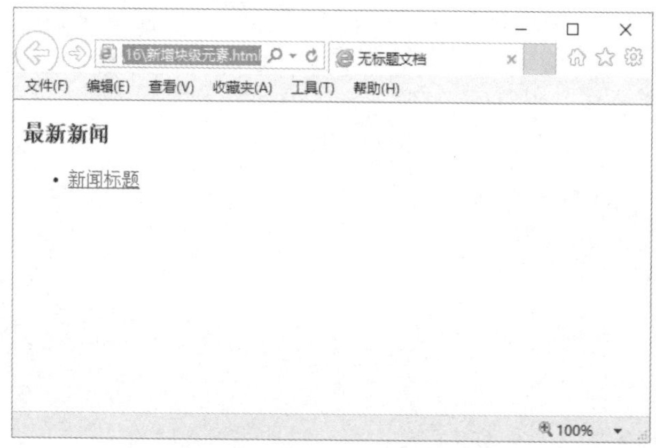

图 16-6　aside 元素

实例代码：

```
<aside>
<h3>最新新闻</h3>
<ul>
<li><a href="#" >新闻标题</a></li>
</ul>
</aside>
```

dialog 元素用于表达人们之间的对话。在 HTML5 中，dt 用于表示说话者，而 dd 则用来表示说话者的内容。

实例代码：

```
<dialog>
<dt>问题：</dt>
<dd>教师资格考试的依据是什么？ </dd>
<dt>回答：</dt>
<dd>教师资格考试是贯彻落实《国家中长期教育改革和发展规划纲要（2010-2020 年）》的重要举措，是依据《教育部关于开展中小学和幼儿园教师资格考试改革试点的指导意见》</dd>
<dt>问题：</dt>
<dd>教师资格考试的意义是什么？ </dd>
<dt>回答：</dt>
<dd>教师是实施素质教育，提高教育质量的关键。开展中小学和幼儿园教师资格考试改革试点，完善并严格实施教师职业准入制度。</dd>
</dialog>
```

运行代码，在浏览器中浏览如图 16-7 所示。

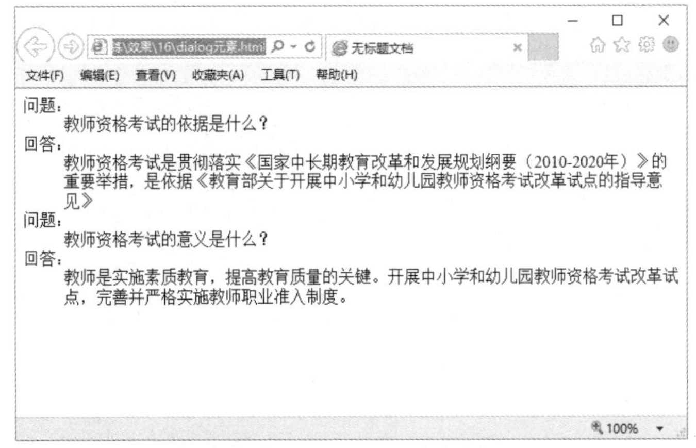

图 16-7　dialog 元素实例

16.3.3　新增的行内的语义元素

HTML5 增加了一些行内语义元素：mark、time、meter、progress。

- mark：定义有记号的文本。
- time：定义日期/时间。
- meter：定义预定义范围内的度量。
- progress：定义运行中的进度。

mark 元素用来标记一些不是特别需要强调的文本。

```
<!doctype html>
<html>
<head>
<meta charset="utf-8">
<title>mark 元素</title>
</head>
<body>
<p>今天是<mark>星期天</mark>。</p>
</body>
</HTML>
```

运行代码，在浏览器中浏览如图 16-8 所示，<mark>与</mark>标签之间的文字“星期天”添加了记号。

time 元素用于定义时间或日期。该元素可以代表 24 小时中的某一时刻，在表示时刻时，允许有时间差。在设置时间或日期时，只需将该元素的属性“datetime”设为相应的时间或日期即可。

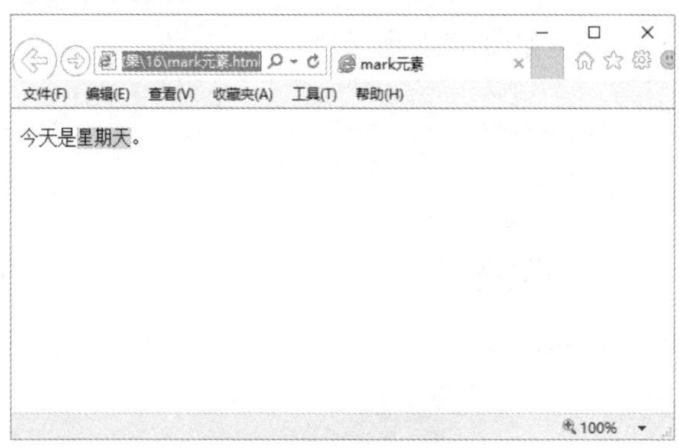

图 16-8　mark 元素实例

实例代码：

```
<p id="p1">
  <time datetime="2017-3-16">今天是 2017 年 3 月 16 日</time>
<p>
<p id="p2">
  <time datetime="2017-3-16T20:00">现在时间是 2017 年 3 月 16 日晚上 8 点</time>
</p>
<p id="p3">
  <time datetime="2017-3-16" pubdate="true">本消息发布于 2017 年 3 月 16 日</time>
</p>
</p>
```

<p>元素 id 号为“p1”中的<time>元素表示的是日期。页面在解析时，获取的是属性“datetime”中的值，而标记之间的内容只是用于显示在页面中。

<p>元素 id 号为“p2”中的<time>元素表示的是日期和时间，它们之间使用字母“T”进行分隔。

<p>元素 id 号为“p3”中的<time>元素表示的是发布日期。为了在文档中将这两个日期进行区分，在最后一个<time>元素中增加了“pubdate”属性，表示此日期为发布日期。

运行代码，在浏览器中浏览如图 16-9 所示。

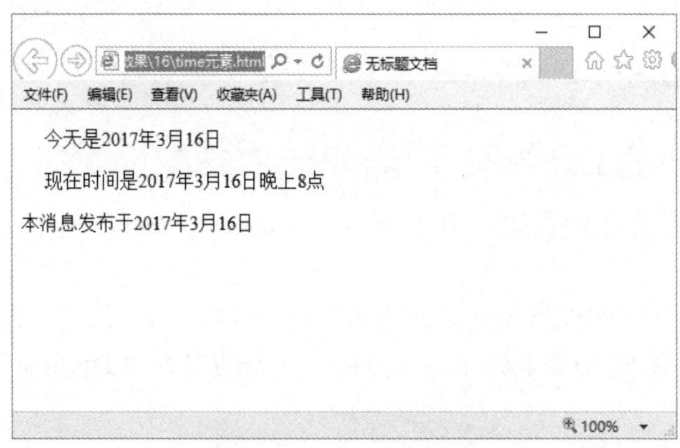

图 16-9　time 元素实例

progress 是 HTML5 中新增的状态交互元素，用来表示页面中的某个任务完成的进度（进程）。例如下载文件时，文件下载到本地的进度值，可以通过该元素动态展示在页面中，展示的方式既可以使用整数（如 1～160），也可以使用百分比（如 16%～160%）。

下面通过一个实例介绍 progress 元素在文件下载时的使用。

```
<!doctype html>
<html>
<head>
<meta charset="utf-8">
<title>无标题文档</title>
</head>
<body><title>progress 元素在下载中的使用</title>
<style type="text/css">
body { font-size:13px}
p {padding:0px; margin:0px }
.inputbtn {
border:solid 1px #ccc;
background-color:#eee;
line-height:18px;
font-size:12px
}
</style>
</head>
<body>
<p id="pTip">开始下载</p>
<progress value="0" max="160" id="proDownFile"></progress>
<input type="button" value="下载"       class="inputbtn" onClick="Btn_Click();">
<script type="text/javascript">
var intValue = 0;
var intTimer;
var objPro = document.getElementById('proDownFile');
var objTip = document.getElementById('pTip');   //定时事件
function Interval_handler() {
intValue++;
objPro.value = intValue;
if (intValue >= objPro.max) {  clearInterval(intTimer);
objTip.innerHTML = "下载完成!"; }
else {
objTip.innerHTML = "正在下载" + intValue + "%";
 }
 }  //下载按钮单击事件
function Btn_Click(){
   intTimer = setInterval(Interval_handler, 160);
   }
   </script>
```

```
</body>
</html>
```

为了使 progress 元素能动态展示下载进度，需要通过 JavaScript 代码编写一个定时事件。在该事件中，累加变量值，并将该值设置为 progress 元素的“value”属性值；当这个属性值大于或等于 progress 元素的“max”属性值时，则停止累加，并显示“下载完成！”的字样；否则，动态显示正在累加的百分比数，如图 16-10 所示。

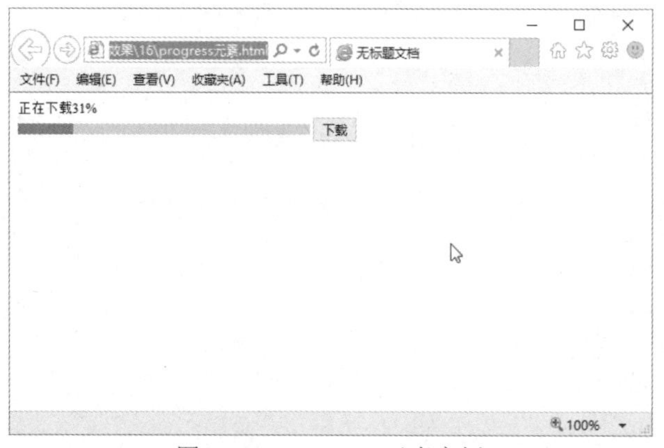

图 16-10　progress 元素实例

meter 元素用于表示在一定数量范围中的值，如投票中，候选人各占比例情况及考试分数等。下面通过一个实例介绍 meter 元素在展示投票结果时的使用。

实例代码：

```
<!doctype html>
<html>
<head>
<meta charset="utf-8">
<title>meter 元素</title>
<style type="text/css">
body {  font-size:13px }
</style>
</head>
<body>
<p>100 人参与投票，结果如下：</p>
<p>王兵：
<meter value="0.30" optimum="1" high="0.9" low="1" max="1" min="0"></meter>
<span> 30% </span>
</p>
<p>李明：
<meter value="70" optimum="100"  high="90" low="16" max="100" min="0">
</meter>
<span> 70% </span>
</p>
```

```
</body>
</HTML>
```

候选人“李明”所占的比例是百分制中的 70，如图 16-11 所示。

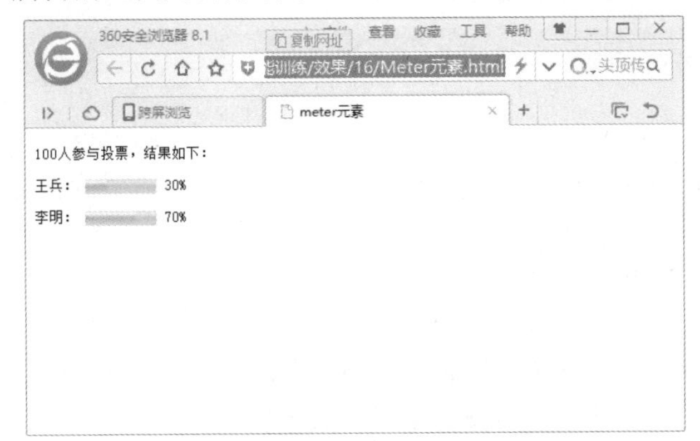

图 16-11　meter 元素实例

16.3.4　新增的嵌入多媒体元素与交互性元素

HTML5 新增了很多多媒体和交互性元素如 video、audio。在 HTML4 当中如果要嵌入一个视频或是音频的话需要引入一大段的代码，还有兼容各个浏览器，而 HTML5 只需要通过引入一个标签就可以，就像 img 标签一样方便。

1. video 元素

video 元素定义视频，如电影片段或其他视频流。

HTML5 中代码示例：

```
<video src="movie.ogg" controls="controls">video 元素</video>
```

HTML4 中代码示例：

```
<object type="video/ogg" data="movie.ogv">
<param name="src" value="movie.ogv">
</object>
```

2. audio 元素

audio 元素定义音频，如音乐或其他音频流。

HTML5 中代码示例：

```
<audio src="someaudio.wav">audio 元素</audio>
```

HTML4 中代码示例：

```
<object type="application/ogg" data="someaudio.wav">
<param name="src" value="someaudio.wav">
</object>
```

3. embed 元素

embed 元素用来插入各种多媒体，格式可以是 Midi、Wav、AIFF、AU、MP3 等。

HTML5 中代码示例：

```
<embed src="horse.wav" />
```

HTML4 中代码示例：

```
<object data="flash.swf"  type="application/x-shockwave-flash"></object>
```

16.3.5 新增的 input 元素的类型

在设计网站页面的时候，难免会碰到表单的开发，用户输入的大部分内容都是在表单中完成提交到后台的。在 HTML5 中，也提供了大量的表单功能。

在 HTML5 中，对 input 元素进行了大幅度的改进，使得我们可以简单地使用这些新增的元素来实现需要 JavaScript 才能实现的功能。

1. url 类型

input 元素里的 url 类型是一种专门用来输入 url 地址的文本框。如果该文本框中内容不是 url 地址格式的文字，则不允许提交。例如：

```
<form>
   <input name="urls" type="url" value="http://www.baidu.com "/>
    <input type="submit" value="提交"/>
</form>
```

设置此类型后，从外观上来看与普通的元素差不多，可是如果你将此类型放到表单中之后，当单击“提交”按钮，如果此输入框中输入的不是一个 URL 地址，将无法提交，如图 16-12 所示。

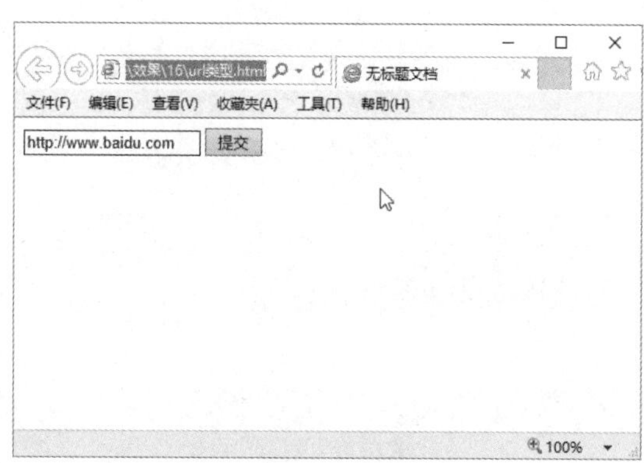

图 16-12　url 类型实例

2. email 类型

如果将上面的 URL 类型的代码中的 type 修改为 email，那么在表单提交的时候，会自动验证此输入框中的内容是否为 email 格式，如果不是，则无法提交。代码如下：

```
<form>
  <input name="email" type="email" value="sdssh@163.com/"/>
  <input type="submit" value="提交"/>
</form>
```

如果用户在该文本框中输入的不是 email 地址的话，则会提醒不允许提交，如图 16-13 所示。

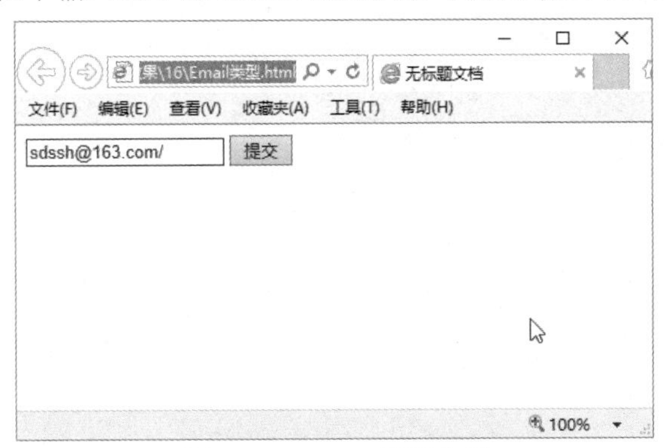

图 16-13　email 类型实例

3．date 类型

input 元素里的 date 类型在开发网页过程中是非常多见的。例如我们经常看到的购买日期、发布时间、订票时间。这种 date 类型的时间是以日历的形式来方便用户输入的。

```
<form>
  <input id="lykongtiao _date" name="linyikongtiao.com" type="date"/>
  <input type="submit" value="提交"/>
</form>
```

在 HTML4 中，需要结合使用 JavaScript 才能实现日历选择日期的效果，在 HTML5 中，只需要设置 input 为 date 类型即可，提交表单的时候也不需要验证数据了，如图 16-14 所示。

图 16-14　date 类型实例

4．time 类型

input 里的 time 类型是专门用来输入时间的文本框，并且会在提交时对输入时间的有效性进行检查。它的外观可能会根据不同类型的浏览器而出现不同表现形式。

```
<form>
  <input id=" linyikongtiao_time" name=" linyikongtiao.com" type="time"/>
  <input type="submit" value="提交"/>
</form>
```

time 类型是用来输入时间的，在提交的时候检查是否输入了有效的时间，如图 16-15 所示。

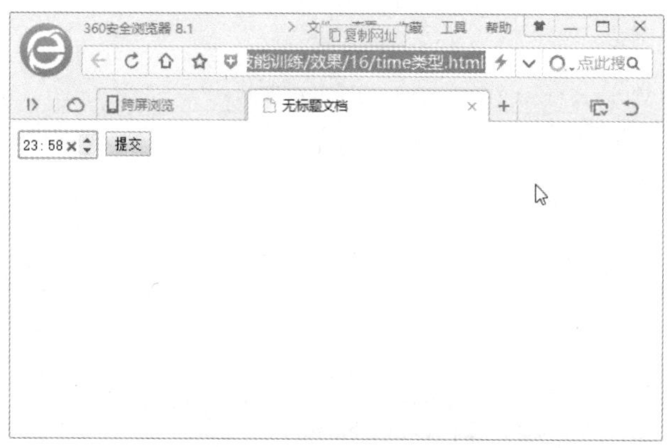

图 16-15　time 类型实例

5．DateTime 类型

Datetime 类型是一种专门用来输入本地日期和时间的文本框，同样，它在提交的时候也会对数据进行检查。目前主流浏览器都不支持 datetime 类型。

```
<form>
  <input id=" linyikongtiao_datetime" name=" linyikongtiao.com" type="datetime"/>
  <input type="submit" value="提交"/>
</form>
```

16.3.6　废除的元素

在 HTML5 中废除了很多元素，具体如下。

1．能使用 CSS 替代的元素

对于 basefont、big、center、font、s、strike、tt、u 这些元素，由于它们的功能都是纯粹为页面样式服务的，而 HTML5 中提倡把页面样式性功能放在 CSS 样式表中编辑，所以将这些元素废除了。

2．不再使用 frame 框架

对于 frameset 元素、frame 元素与 noframes 元素，由于 frame 框架对网页可用性存在负面影响，在 HTML5 中已不支持 frame 框架，只支持 iframe 框架，同时将以上三个元素废除。

3．只有部分浏览器支持的元素

对于 applet、bgsound、blink、marquee 等元素，由于只有部分浏览器支持这些元素，特别是 bgsound 元素以及 marquee 元素，只被 Internet Explorer 所支持，所以在 HTML5 中被废除。

其中 applet 元素可由 embed 元素或 object 元素替代，bgsound 元素可由 audio 元素替代，marquee 可以由 JavaScript 编程的方式所替代。

4. 其他被废除的元素

其他被废除元素还有：

- 废除 acronym 元素，使用 abbr 元素替代。
- 废除 dir 元素，使用 ul 元素替代
- 废除 isindex 元素，使用 form 元素与 input 元素相结合的方式替代。
- 废除 listing 元素，使用 pre 元素替代。
- 废除 xmp 元素，使用 code 元素替代。
- 废除 nextid 元素，使用 GUIDS 替代。
- 废除 plaintext 元素，使用“text/plian”MIME 类型替代。

16.4 新增的主体结构元素

在 HTML 5 中，为了使文档的结构更加清晰明确，容易阅读，增加了很多新的结构元素，如页眉、页脚、内容区块等结构元素。

16.4.1 article 元素

article 元素可以灵活使用，article 元素可以包含独立的内容项，所以可以包含一个论坛帖子、一篇杂志文章、一篇博客文章、用户评论等。这个元素可以将信息各部分进行任意分组，而不论信息原来的性质。

作为文档的独立部分，每一个 article 元素的内容都具有独立的结构。为了定义这个结构，可以利用前面介绍的<header>和<footer>标签的丰富功能。它们不仅仅能够用在正文中，也能够用于文档的各个节中。

下面以一篇文章讲述 article 元素的使用，具体代码如下。

```
<article>
    <header>
        <h1>人生学会随缘，才能活得自在</h1>
        <p>发表日期：<time pubdate="pubdate">2017/05/09</time></p>
    </header>
    <p>在这个世界上，凡事不可能一帆风顺，事事如意，总会有烦恼和忧愁。当不顺心的事时常萦绕着我们的时候，我们该如何面对呢？&ldquo;随缘自适，烦恼即去&rdquo;。其实，随缘是一种进取，是智者的行为，愚者的借口。何为随？随不是跟随，是顺其自然，不怨恨，不躁进，不过度，不强求；随不是随便，是把握机缘，不悲观，不刻板，不慌乱，不忘形；随是一种达观，是一种洒脱，是一份人生的成熟，一份人情的练达。</p>
    <footer>
        <p><small>版权所有@桃源文学。</small></p>
    </footer>
```

```
</article>
```

在 header 元素中嵌入了文章的标题部分，在 h1 元素中是文章的标题“人生学会随缘，才能活得自在”，文章的发表日期在 p 元素中。在标题下部的 p 元素中是文章的正文，在结尾处的 footer 元素中是文章的版权。对这部分内容使用了 article 元素。在浏览器中效果如图 16-16 所示。

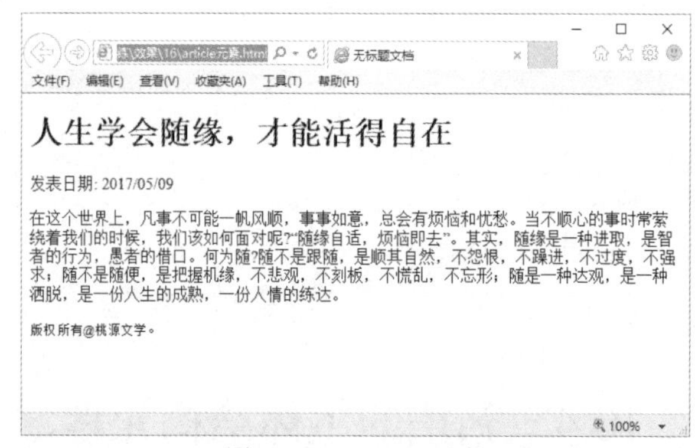

图 16-16　article 元素

另外，article 元素也可以用来表示插件，它的作用是使插件看起来好像内嵌在页面中一样。

```
<article>
<h1>article 表示插件</h1>
<object>
<param name="allowFullScreen" value="true">
<embed src="#" width="600" height="395"></embed>
</object>
</article>
```

一个网页中可能有多个独立的 article 元素，每一个 article 元素都允许有自己的标题与脚注等从属元素，并允许对自己的从属元素单独使用样式。如一个网页中的样式可能如下所示：

```
header{
display:block;
color:green;
text-align:center;
}
aritcle header{
color:red;
text-align:left;
}
```

16.4.2　section 元素

section 元素用于对网站或应用程序中页面上的内容进行分块。一个 section 元素通常由内容及其标题组成。但 section 元素也并非一个普通的容器元素，当一个容器需要被重新定义样式或者定义脚本行为的时候，还是推荐使用 Div 控制。

```
<section>
    <h1>水果</h1>
    <p>水果是指多汁且有甜味的植物果实，不但含有丰富的营养且能够帮助消化。水果有降血压、减缓衰老、减肥瘦身、皮肤保养、明目、抗癌、降低胆固醇等保健作用... ... </p>
</section>
```

下面是一个带有 section 元素的 article 元素例子。

```
<article>
    <h1>北京</h1>
    <p>故宫博物院、天坛公园、颐和园、八达岭长城</p>
    <section>
        <h2>天津</h2>
        <p>天津古文化街旅游区（津门故里）、天津盘山风景名胜区</p>
    </section>
    <section>
        <h2>上海</h2>
        <p>上海东方明珠广播电视塔、上海野生动物园</p>
    </section>
</article>
```

从上面的代码可以看出，首页整体呈现的是一段完整独立的内容，所有我们要用 article 元素包起来，这其中又可分为三段，每一段都有一个独立的标题，使用了两个 section 元素为其分段。这样使文档的结构显得清晰。在浏览器中效果如图 16-17 所示。

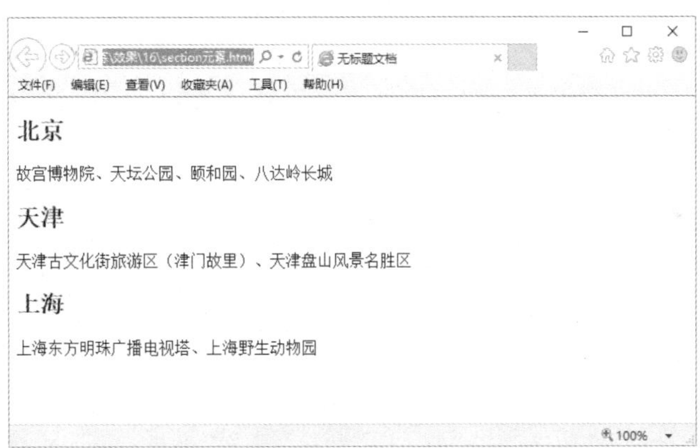

图 16-17　带有 section 元素的 article 元素实例

article 元素和 section 元素有什么区别呢？在 HTML 5 中，article 元素可以看成是一种特殊种类的 section 元素，它比 section 元素更强调独立性。即 section 元素强调分段或分块，而 article 强调独立性。如果一块内容相对来说比较独立、完整的时候，应该使用 article 元素，但是如果想将一块内容分成几段的时候，应该使用 section 元素。

section 元素使用时的注意事项如下：

（1）不要将 section 元素用作设置样式的页面容器，选用 Div。

（2）如果 article 元素、aside 元素或 nav 元素更符合使用条件，不要使用 section 元素。

（3）不要为没有标题的内容区块使用 section 元素。

16.4.3 nav 元素

nav 元素在 HTML5 中用于包裹一个导航链接组，显式地说明这是一个导航组，在同一个页面中可以同时存在多个 nav。

并不是所有的链接组都要被放进 nav 元素，只需要将主要的、基本的链接组放进 nav 元素即可。例如，在页脚中通常会有一组链接，包括服务条款、首页、版权声明等，这时使用 footer 元素最恰当。

一直以来，习惯于使用形如<div id="nav">或<ul id="nav">这样的代码来编写页面的导航，在 HTML5 中，可以直接将导航链接列表放到<nav>标签中：

```
<nav>
<ul>
<li><a href="index.html">Home</a></li>
<li><a href="#">About</a></li>
<li><a href="#">Blog</a></li>
</ul>
</nav>
```

导航，顾名思义，就是引导的路线，那么具有引导功能的都可以认为是导航。导航可以是页与页之间导航，也可以是页内的段与段之间导航。

```
<header>
  <h1>页面之间导航
    <h1>
     <nav>
       <ul>
         <li><a href="index.html">首页</a></li>
         <li><a href="about.html">关于我们</a></li>
         <li><a href="bbs.html">新闻中心</a></li>
     </ul>
     </nav>
  </h1></h1>
</header>
```

这个实例是页面之间的导航，nav 元素中包含了三个用于导航的超链接，即“首页”“关于我们”和“新闻中心”。该导航可用于全局导航，也可放在某个段落，作为区域导航。运行代码如图 16-18 所示。

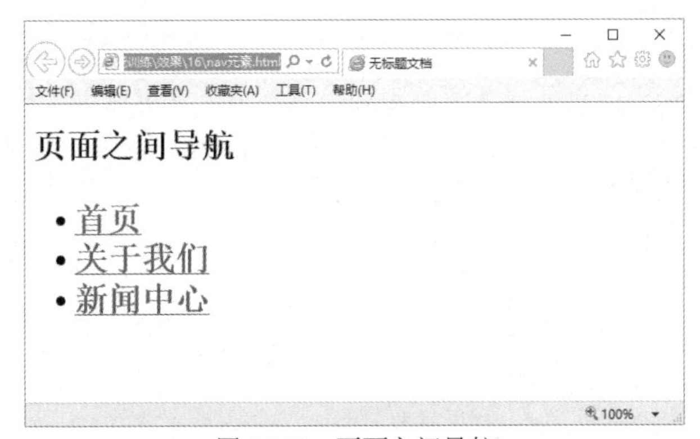

图 16-18　页面之间导航

下面的实例是页内导航，运行代码如图 16-19 所示。

```
<!doctype html>
<title>段内导航</title>
<header>
</header>
<article>
        <h2>文章的标题</h2>
        <nav>
            <ul>
               <li><a href="#p1">段一</a></li>
               <li><a href="#p2">段二</a></li>
                <li><a href="#p3">段三</a></li>
             </ul>
         </nav>
         <p id=p1>段一</p>
         <p id=p2>段二</p>
         <p id=p3>段三</p>
</article>
```

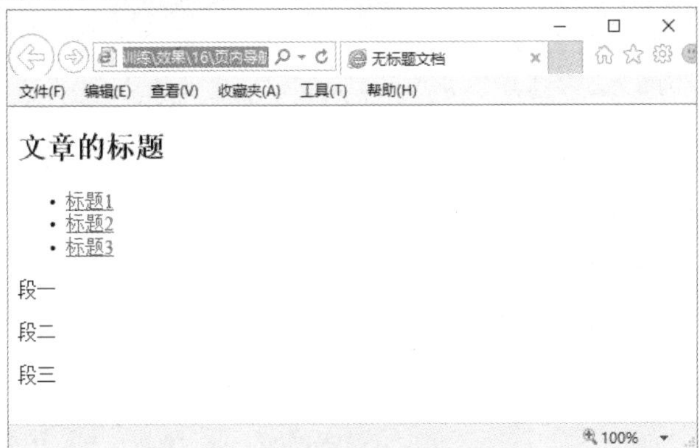

图 16-19　页内导航

16.4.4　aside 元素

aside 元素用来表示当前页面或文章的附属信息部分，它可以包含与当前页面或主要内容相关的引用、侧边栏、广告、导航条，以及其他类似的有别于主要内容的部分。

aside 元素主要有以下两种使用方法。

（1）包含在 article 元素中作为主要内容的附属信息部分，其中的内容可以是与当前文章有关的参考资料、名词解释等。

```
<article>
 <h1>…</h1>
<p>…</p>
<aside>…</aside>
</article>
```

（2）在 article 元素之外使用作为页面或站点全局的附属信息部分。最典型的是侧边栏，其中的内容可以是友情链接、文章列表、广告单元等。代码如下所示，运行代码效果如图 16-20 所示。

```
<aside>
<h2>儿童鞋</h2>
<ul>
<li>女童鞋</li>
<li>男童鞋</li>
</ul>
<h2>清仓特价</h2>
<ul>
<li>春秋季</li>
<li>夏季</li>
<li>冬季</li>
</ul>
</aside>
```

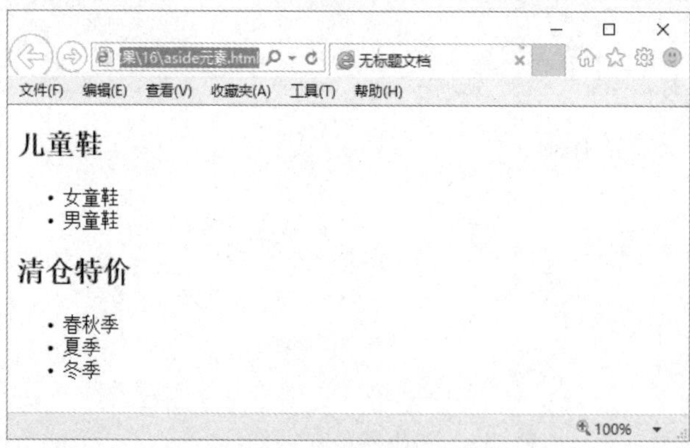

图 16-20　aside 元素实例

16.5 新增的非主体结构元素

除了以上几个主要的结构元素之外，HTML5 内还增加了一些表示逻辑结构或附加信息的非主体结构元素。

16.5.1 header 元素

header 元素是一种具有引导和导航作用的结构元素，通常用来放置整个页面或页面内的一个内容区块的标题，header 内也可以包含其他内容，例如表格、表单或相关的 Logo 图片。

在架构页面时，整个页面的标题常放在页面的开头，header 标签一般都放在页面的顶部。可以用如下所示的形式书写页面的标题：

```
<header>
<h1>页面标题</h1>
</header>
```

在一个网页中可以拥有多个 header 元素，可以为每个内容区块加一个 header 元素。

```
<header>
    <h1>网页标题</h1>
</header>
<article>
    <header>
        <h1>文章标题</h1>
    </header>
    <p>文章正文</p>
</article>
```

在 HTML5 中，一个 header 元素通常包括至少一个 headering 元素（h1-h6），也可以包括 hgroup、nav 等元素。

下面是一个网页中的 header 元素使用实例，运行代码如图 16-21 所示。

```
<header>
  <hgroup>
    <h1>小学语文词语宝典</h1>
    <p>《小学语文词语宝典（人教版适用）》针对小学生对语文学习的实际需要，依据人教版小学语文教材，分年级逐册设置了&ldquo;生字盘点&rdquo;、&ldquo;词语理解&rdquo;、&ldquo;近义词&rdquo;、&ldquo;词义辨析&rdquo;以及&ldquo;词语积累&rdquo;等主要版块。</p>
  </hgroup>
  <nav>
    <ul>
      <li>基本信息</li>
      <li>内容介绍</li>
```

```
        <li>目录</li>
      </ul>
    </nav>
  </header>
```

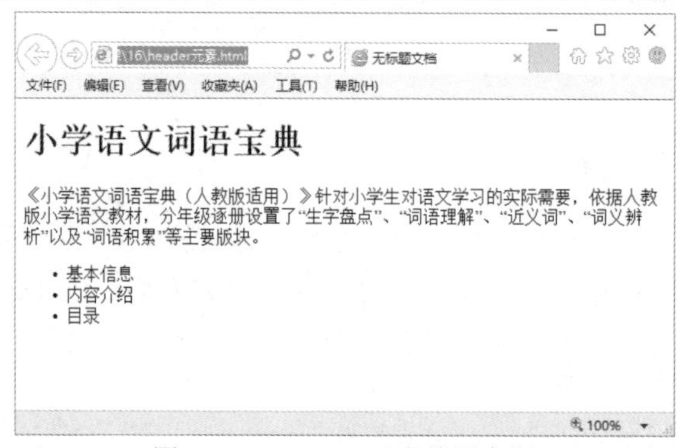

图 16-21　header 元素使用实例

16.5.2　hgroup 元素

header 元素位于正文开头，可以在这些元素中添加<h1>标签，用于显示标题。基本上，<h1>标签已经足够用于创建文档各部分的标题行。但是，有时候还需要添加副标题或其他信息，以说明网页或各节的内容。

hgroup 元素是将标题及其子标题进行分组的元素。hgroup 元素通常会将 h1～h6 元素进行分组，一个内容区块的标题及其子标题算一组。

通常，如果文章只有一个主标题，是不需要 hgroup 元素的。但是，如果文章有主标题，主标题下有子标题，就需要使用 hgroup 元素了。如下所示 hgroup 元素实例代码，运行代码效果如图 16-22 所示。

```
<article>
  <header>
        <hgroup>
            <h1>父爱，永恒</h1>
      </hgroup>
      <p>
        <time datetime="2017-05-20">2017年03月20日</time></p>
      <p>有些时间，总让你阵痛一生；有些画面，总让你影像一生；有些记忆，总让你温暖一生；有些离别，总让你寂静一生。其实，我们都不能要求明天怎么样，但明天一定会来，这或许就是人生。</p>
      </header>
</article>
```

如果有标题和副标题，或在同一个<header>元素中加入多个标题，那么就需要使用<hgroup>元素。

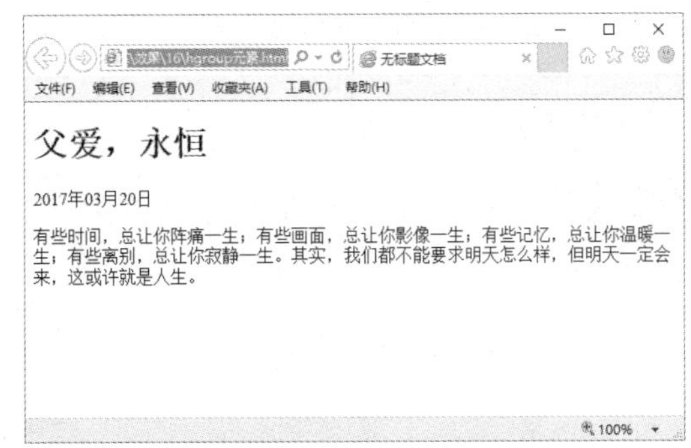

图 16-22　hgroup 元素实例

16.5.3　footer 元素

footer 通常包括其相关区块的脚注信息，如作者、相关阅读链接及版权信息等。footer 元素和 header 元素使用基本上一样，可以在一个页面中使用多次，如果在一个区段后面加入 footer 元素，那么它就相当于该区段的尾部了。

在 HTML 5 出现之前，通常使用类似下面这样的代码来写页面的页脚：

```
<div id="footer">
    <ul>
        <li>版权信息</li>
        <li>站点地图</li>
        <li>联系方式</li>
    </ul>
<div>
```

在 HTML5 中，可以不使用 div，而用更加语义化的 footer 来写：

```
<footer>
    <ul>
        <li>版权信息</li>
        <li>站点地图</li>
        <li>联系方式</li>
    </ul>
</footer>
```

footer 元素既可以用作页面整体的页脚，也可以作为一个内容区块的结尾，例如可以将<footer>直接写在<section>或是<article>中。

在 article 元素中添加 footer 元素：

```
<article>
    文章内容
    <footer>
        文章的脚注
    </footer>
```

```
</article>
```

在 section 元素中添加 footer 元素：

```
<section>
    分段内容
    <footer>
        分段内容的脚注
    </footer>
</section>
```

16.5.4 address 元素

address 元素通常位于文档的末尾，address 元素用来在文档中呈现联系信息，包括文档创建者的名字、站点链接、电子邮箱、真实地址、电话号码等。address 不只是用来呈现电子邮箱或真实地址这样的“地址”概念，而应该包括与文档创建人相关的各类联系方式。

下面是 address 元素实例。

```
<!doctype html>
<html>
<head>
<meta charset="utf-8">
<title>address 元素实例</title>
</head>
<body>
<address>
<a href="mailto:example@example.com">webmaster</a><br />
济南网站建设公司<br />
xxx 区 xxx 号<br />
</address>
</body>
</html>
```

浏览器中显示地址的方式与其周围的文档不同，IE、Firefox 和 Safari 浏览器以斜体显示地址，如图 16-23 所示。

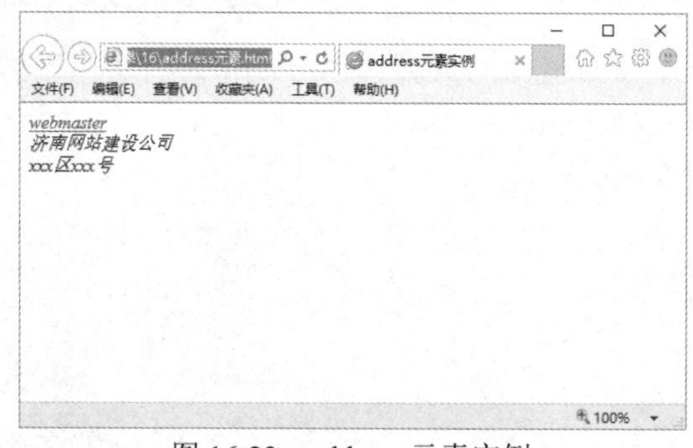

图 16-23　address 元素实例

第17章 设计企业宣传型网站

企业在互联网上拥有自己的网站将是必然趋势，网上形象的树立将成为企业宣传的关键。网站是企业在互联网上的标志，并且可以通过因特网宣传产品和服务，以及与用户及其他企业建立实时互动的信息交换。

重点内容

- 网站前期策划
- 网站的版面布局及色彩
- 设计网站首页
- 创建本地站点
- 二级模板页面的设计

17.1 网站前期策划

企业网站是以企业宣传为主题而构建的网站，域名后缀一般为.com。与一般门户型网站不同，企业网站相对来说信息量比较少。该类型网站页面结构的设计主要是从公司简介、产品展示、服务等几个方面来进行的。

17.1.1 明确企业网站建站目的

进行网站建设的第一步并不是如何开始自己的网站建设，而是要知道自己为什么要建站？建站想实现怎样的预期目标？当然，了解企业自身的发展状况、管理团队、营销渠道、产品优势、竞争对手都是必不可少的工作。

在网站建设中应该避免的是不要人云亦云，看到人家网站有个什么功能就要在自己的网站上也添加。这样一来，就会完全忽略了自身产品、企业、销售渠道、服务等各方面的情况。企业网站建设初期是一个很大的工程，需要通过自己的企业资料进行各方面的综合分析，才能真正体现企业受众的需求。

网站的功能不是越多越好，这样极容易浪费资源。因此，网站建设时不要贪图网站页面的华美，在网站上加入很多图片或者 Flash，这在一定程度上也影响速度访问，从而流失掉一部分访问客户。在注重网站外观的同时，更要注重网站的内在功能，让客户有好的体验度的网站才是成功的。

17.1.2 网站总体策划

明确建站目的后，接下来就要策划网站。对一个成功的网站而言，最重要的是前期策划，而不是技术，策划者要做的因素有很多。

（1）网站侧重点在哪里。自身的优势和劣势必须提前做一个评估，而如何通过网站建设放大优势、补充劣势，也是一个重要考察点。一个别具风格而又充分考虑到用户体验和客户需求的网站才是更多受众所需求的网站。

（2）市场调查。市场调查包括向客户和合作伙伴了解客户最需要的是什么？什么才是合作伙伴最需要的？这样网站最终呈现的才有可能是被接受并且喜欢的网站，也才能充分实现网站所追求的效益转化。

（3）收集整理质量相对比较高的内容。高质量的网站内容是吸引受众注意并且引起关注的重要因素，所以一定要尽可能多地收集和整理网站需要的内容和素材，而不是要等网站上线了才去慢慢地整理。内容为王是推广中的一个重要法宝，对于网站初期的基础框架的搭建，原创的文章也是非常必要的。

（4）明确自己的竞争优势。网上、网下竞争对手是谁？网上竞争对手可以通过搜索引擎查找，与他们相比，公司在商品、价格、服务、品牌、配送渠道等方面有什么优势？竞争对手的优势能否学习？如何根据自己的竞争优势来确定公司的营销战略？

（5）如何为客户提供信息？网站信息来源在哪里？信息是集中到网站编辑处更新、发布还是由各部门自行更新、发布？集中发布可能安全性好，便于管理，但信息更新速度可能较慢，有时还可能出现协调不力的问题。

17.2 网站的版面布局及色彩

网站作为一种媒体，首先要吸引人驻足观看。设计良好、美观、清晰、到位的网站整体结构和定位，令访问者初次浏览即对网站“一见钟情”，进而阅读细节内容。

17.2.1 确定网站的色彩

企业网站给人的第一印象是网站的色彩，因此确定网站的色彩搭配是相当重要的一步。一般来说，一个网站的标准色彩不应超过3种，太多则让人眼花缭乱。标准色彩用于网站的标志、标题、导航栏和主色块，给人以整体统一的感觉。

- 绿色企业网站

绿色在企业网站中也是使用较多的一种色彩。在使用绿色作为企业网站的主色调时，通常会使用渐变色过渡，使页面具有立体的空间感。绿色在一些食品企业网站中使用的也非常多。一方面是因为绿色能够表现出食品的自然无公害；另一方面也能够很好地提高消费者对企业的可信度。

- 蓝色企业网站

使用蓝色作为网站主色调的企业非常多。因为蓝色的沉稳、高科技和严肃的色彩内涵，使得蓝色页面能体现出企业的稳重大气与科技的主题。深蓝色与浅蓝色搭配，整体页面和谐美观，很适合高科技企业。在企业网站中，蓝色与白色或灰色等中性色彩搭配使用，能突出蓝色色彩内涵。商务企业网站，采用蓝天白云背景作为页面的视觉中心，整体页面主次分明，重点突出，具有很强的商务性。

- 红色企业网站

使用红色作为页面色彩的主色调与其他色彩搭配，能有效地衬托企业网站的庄严，红色的活力使该企业网站具有蓬勃向上的朝气。使用灰色和白色可以与红色搭配。因为这两种颜色比较中庸，能和任何色彩搭配，使对比更强烈，突出网站品质和形象。

17.2.2 草案及粗略布局

版面指的是浏览器看到的完整的一个页面。因为每个人的显示器分辨率不同，所以同一个页面的大小可能出现640×480像素，800×600像素，1024×768像素等不同尺寸。

布局，就是以最适合浏览的方式将图片和文字排放在页面的不同位置。版面布局也是一个创意的问题，但要比站点整体的创意容易、有规律得多。先来了解一下版面布局的步骤：

1．草案

新建页面就像一张白纸，没有任何表格、框架和约定俗成的东西，可以尽可能地发挥你的想象力，将想到的“景象”画上去。这属于创造阶段，不讲究细腻工整，不必考虑细节功能，只以粗陋的线条勾画出创意的轮廓即可。尽可能多画几张，最后选定一个满意的作为继续创作的脚本。

2．粗略布局

在草案的基础上，将确定需要放置的功能模块安排到页面上。注意，这里我们必须遵循突出重点、平衡谐调的原则，将网站标志、主菜单等最重要的模块放在最显眼、最突出的位置，然后在考虑次要模块的排放。

3．定案

将粗略布局精细化、具体化。在布局过程中，可以遵循以下原则：

- 正常平衡：亦称“匀称”。多指左右、上下对照形式，主要强调秩序，能达到安定诚实、信赖的效果。
- 异常平衡：即非对照形式，但也要平衡和韵律，当然都是不均整的，此种布局能达到强调性、不安性、高注目性的效果。
- 对比：所谓对比，不仅利用色彩、色调等技巧来表现，在内容上也可涉及古与今、新与旧、贫与富等对比。
- 凝视：所谓凝视是利用页面中人物视线，使浏览者仿照跟随的心理，以达到注视页面的效果，一般多用明星凝视状。
- 空白：空白有两种作用，一方面对其他网站表示突出卓越，另一方面也表示网页品位的优越感，这种表现方法对体现网页的格调十分有效。
- 尽量用图片解说：此法对不能用语言说服，或用语言无法表达的情感特别有效。图片解说的内容，可以传达给浏览者更多的心理因素。

17.3 设计网站首页

对于网站来说，重中之重的页面就是首页了，能够做好首页就相当于做好网站的一半了。

17.3.1 首页的设计

本节主要讲述企业网站首页的设计，效果如图 17-1 所示。下面使用 Photoshop 设计网站首页，具体操作步骤如下。

图 17-1 企业网站首页

1. 设计整体背景和导航

01 打开 Photoshop CC，选择菜单栏中的“文件”|“新建”命令，弹出“新建”对话框，在该对话框中将“宽度”设置为1024像素，“高度”设置为768像素，“背景内容”设置为“白色”，单击“确定”按钮，新建文档，如图17-2所示。

02 在工具箱中选择渐变工具图标，在选项栏中单击“点按可编辑渐变”按钮，在弹出的“渐变编辑器”对话框中设置渐变颜色，如图17-3所示。

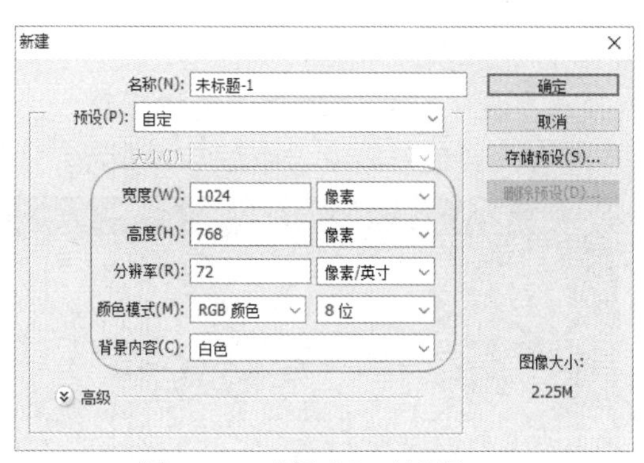

图 17-2 “新建”对话框

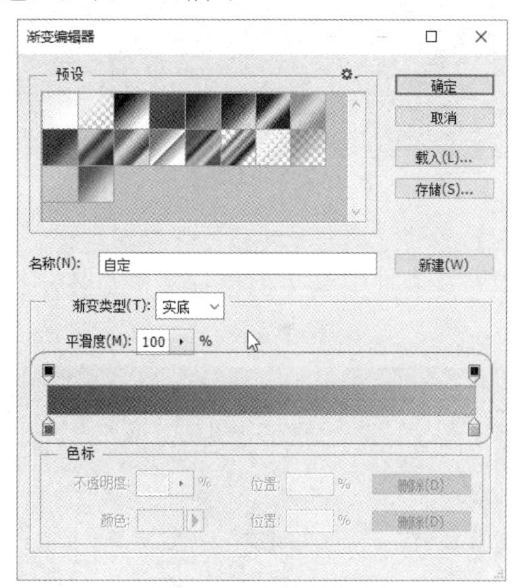

图 17-3 设置渐变颜色

03 在文档中按住鼠标左键，从上往下拖动绘制渐变背景，如图17-4所示。

04 选择工具箱中的自定义形状工具，在自定义形状工具选项栏中单击“形状”右侧的小箭头，在弹出的列表中选择相应的形状如图17-5所示。

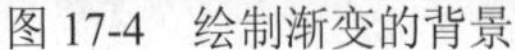

图 17-4　绘制渐变的背景

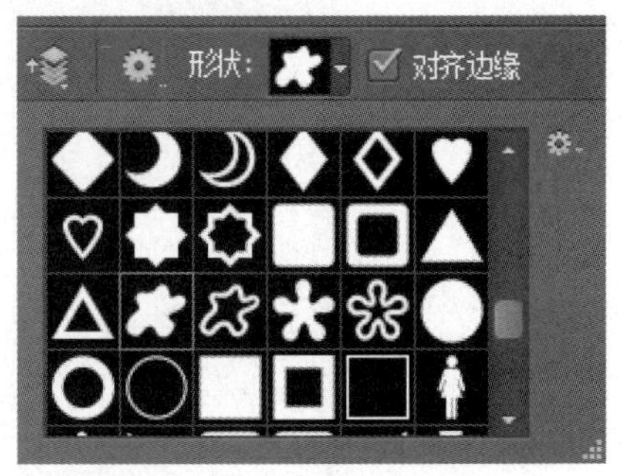

图 17-5　选择自定义形状工具

05 在文档中按住鼠标左键拖动绘制形状，如图 17-6 所示。

06 选择菜单栏中的“图层”|“图层样式”|“外发光”命令，弹出“图层样式”对话框，在对话框中设置相关参数，如图 17-7 所示。

图 17-6　绘制形状

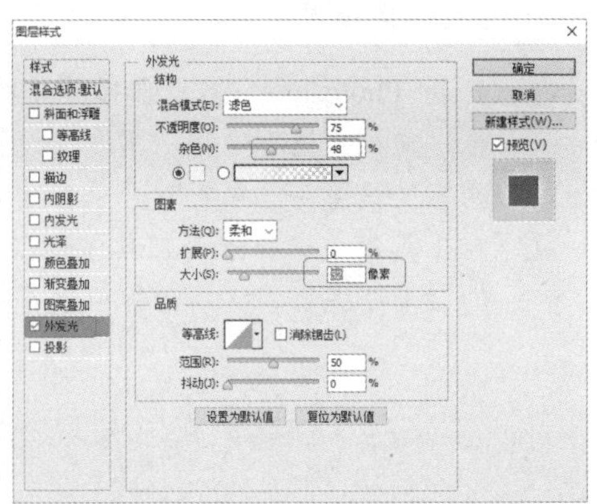

图 17-7　“图层样式”对话框

07 单击“确定”按钮，设置图层样式，如图 17-8 所示。

08 选择工具箱中的横排文字工具，在工具选项栏中设置字体为“华文新魏”，“字号”设为 72 点，颜色设置为白色，在页面左上角输入文字，如图 17-9 所示。

图 17-8　设置图层样式

图 17-9　输入文本

09 选择工具箱中的矩形工具，在选项栏中将填充颜色设置为白色，在舞台中绘制矩形，如图 17-10 所示。

10 选择菜单栏中的“文件”|“置入”命令，弹出“置入”对话框，如图 17-11 所示。

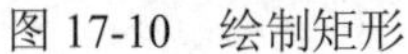
图 17-10 绘制矩形

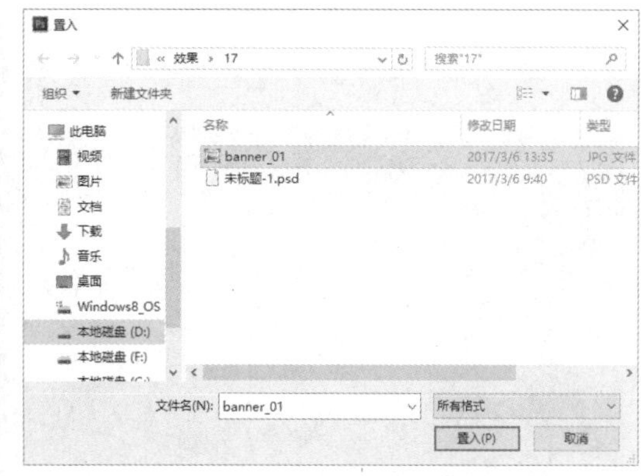

图 17-11 置入图像

11 将 banner01.jpeg 文件置入到文档中，并调整置入图像的位置，如图 17-12 所示。

12 选择工具箱中的横排文字工具，在工具选项栏中设置“字体”为华文新魏，“字号”为 72 点，输入文字，如图 17-13 所示。

图 17-12 置入图像

图 17-13 输入文本

13 选择菜单栏中的“图层”|“图层样式”|“混合选项”命令，弹出“图层样式”对话框，在对话框中单击“样式”按钮，在弹出的对话框中选择样式，如图 17-14 所示。

14 单击“确定”按钮，设置图层样式，如图 17-15 所示。

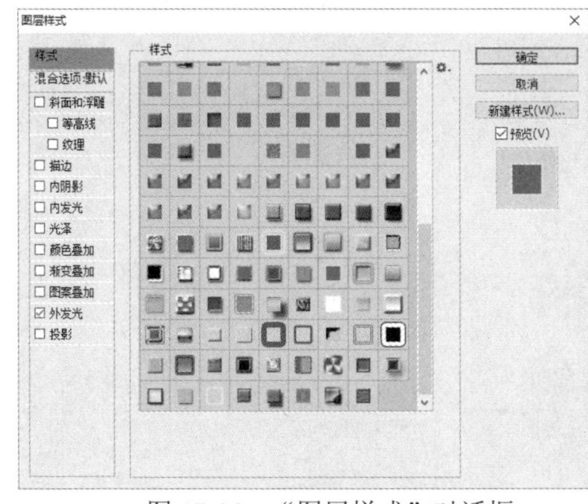

图 17-14 “图层样式”对话框

图 17-15 设置图层样式

15 单击选择工具箱中的圆角矩形工具，在舞台中绘制圆角矩形，如图 17-16 所示。

16 选择菜单中的“图层”|“图层样式”|“混合选项”命令，弹出“图层样式”对话框，单击右侧的“样式”选项，选择设置的图层样式，如图 17-17 所示。

图 17-16　绘制圆角矩形

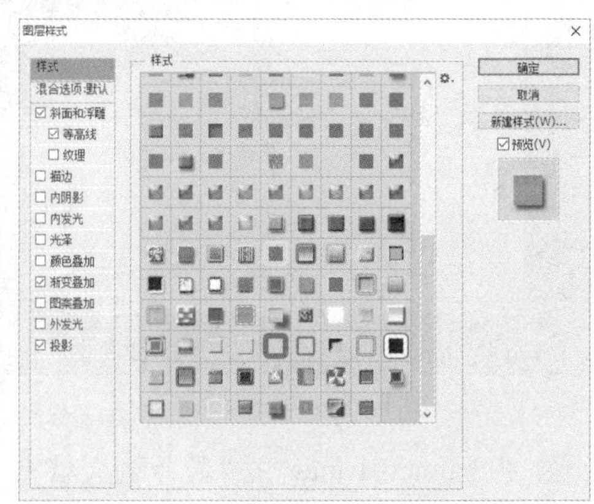

图 17-17　“图层样式”对话框

17 单击“确定”按钮，设置图层样式，如图 17-18 所示。

18 选择工具箱中的横排文字工具，在舞台中输入文本“中文版”，如图 17-19 所示。

图 17-18　设置图层样式

图 17-19　输入文本

19 同步骤 15-18 绘制圆角矩形，并输入文本 English，如图 17-20 所示。

20 选择工具箱中的横排文字工具，在舞台中输入文本，如图 17-21 所示。

图 17-20　输入文字

图 17-21　输入文字

17.3.2 切割首页

切割首页是网页设计中非常重要的一环，它可以很方便地为我们标明哪些是图片区域，哪些是文本区域。另外，合理的切图还有利于加快网页的下载速度、设计复杂造型的网页，以及对不同特点的图片进行压缩等优点。切割网站首页效果如图 17-22 所示。

图 17-22　切割网站首页

01 打开刚制作的首页图像，选择工具箱中的切片工具，在工具选项栏中设置“样式”为正常，如图 17-23 所示。

02 按住鼠标左键在舞台中拖动绘制矩形切片，如图 17-24 所示。

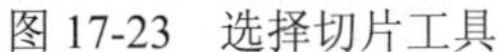

图 17-23　选择切片工具　　图 17-24　绘制矩形切片

03 使用同样的方法可以绘制更多的切片，如图 17-25 所示。

04 在图像上设置好切片后，选择菜单栏中的“文件”|“存储为 Web 所用格式”命令，弹出“存储为 Web 所用格式”对话框，如图 17-26 所示。

05 在对话框中，各个切片都作为独立文件存储，并具有各自独立的设置和颜色调板，单击“存储”按钮，弹出“将优化结果存储为”对话框，“格式”选择“HTML 和图像”选项，如图 17-27 所示。“文件名”文本框中输入“网站首页.html”，如图 17-22 所示。

图 17-25　绘制更多的切片

图 17-26　“存储为 Web 所用格式”对话框

图 17-27　“将优化结果存储为”对话框

17.4　创建本地站点

利用 Dreamweaver 可以在本地计算机上创建出网站的框架，从整体上把握网站全局，完成网站文件的管理和测试。创建本地站点具体操作步骤如下。

01 启动 Dreamweaver，选择菜单栏中的“站点”|“管理站点”命令，弹出“管理站点”对话框，在对话框中单击“新建站点”按钮，如图 17-28 所示。

02 弹出“站点设置对象”对话框，在对话框中单击“站点”选项卡，在“站点名称”文本框中输入名称，可以根据网站特点起一个名字，如图 17-29 所示。

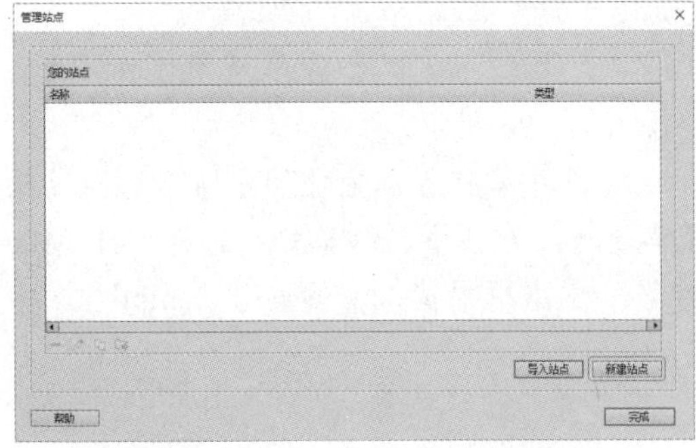

图 17-28　“管理站点”对话框

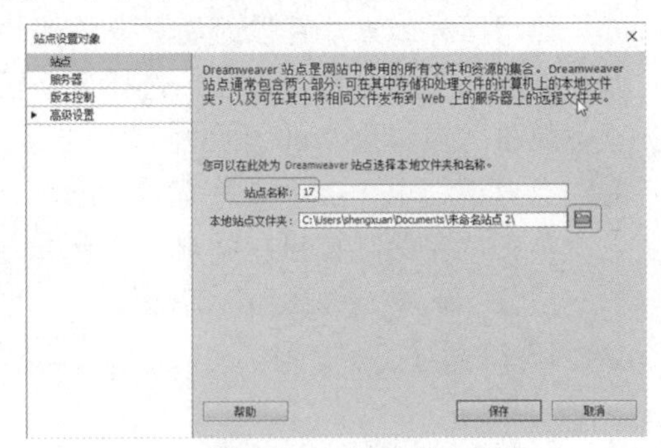

图 17-29　输入站点名称

03 单击“本地站点文件夹”文本框右边的“浏览文件夹”按钮，弹出“选择根文件夹”对话框，选择站点文件，如图 17-30 所示，单击“选择文件夹”按钮。

04 返回“站点设置对象”对话框，选择站点文件夹后如图 17-31 所示。

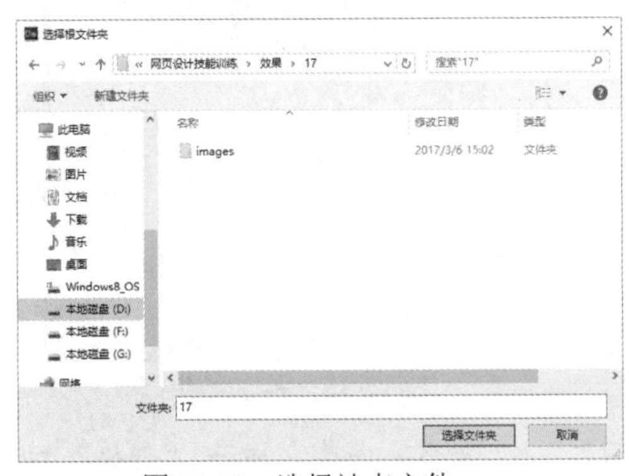

图 17-30 选择站点文件

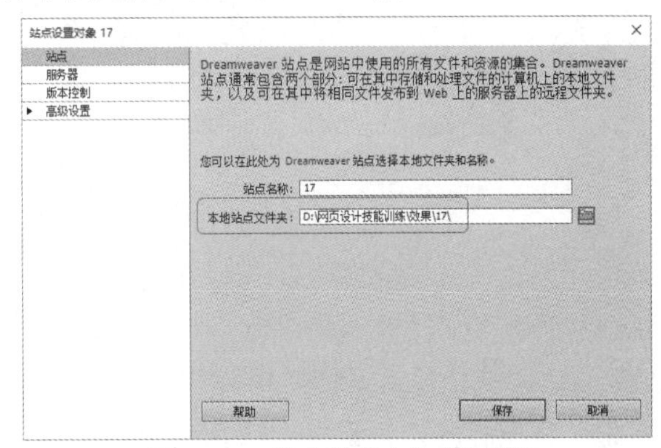

图 17-31 指定站点文件夹位置后

05 单击“保存”按钮，更新站点缓存，出现“管理站点”对话框，其中显示了新建的站点，如图 17-32 所示。

06 单击“完成”按钮，此时在“文件”面板中可以看到创建的站点文件，如图 17-33 所示。

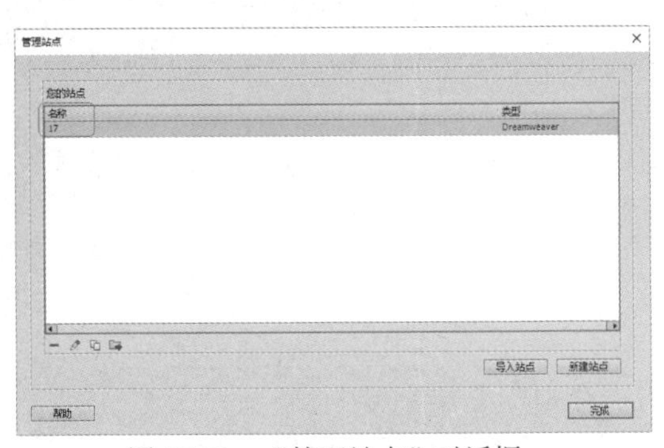

图 17-32 “管理站点”对话框

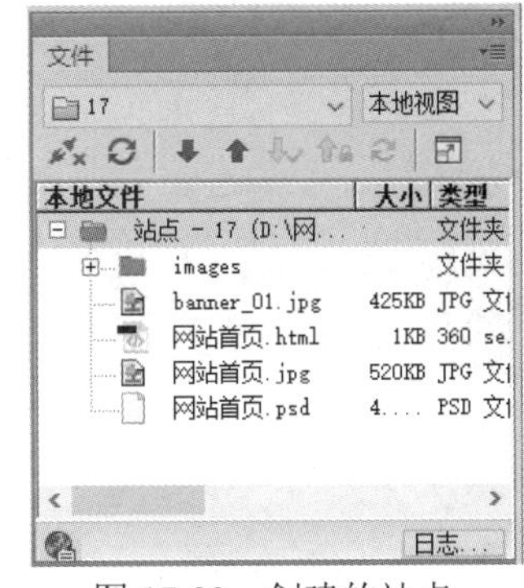

图 17-33 创建的站点

17.5 二级模板页面的设计

在企业网站中，由于二级页面风格相似。若在设计网站时，一一制作这些风格相似的网页，不仅浪费时间而且也不利于后期的网站维护，这时不妨运用 Dreamweaver 模板和库来制作网页。

17.5.1 创建库文件

库是一种用来存储要在整个站点上经常重复使用或者更新的页面元素的方法。通过库可以有效地管理和使用站点上的各种资源。具体操作步骤如下。

01 选择菜单栏中的“文件”|“新建”命令，弹出“新建文档”对话框，在对话框中选择“空白页”|“库项目”选项，如图 17-34 所示。

02 单击“创建”按钮，创建一个空白的文档，如图 17-35 所示。

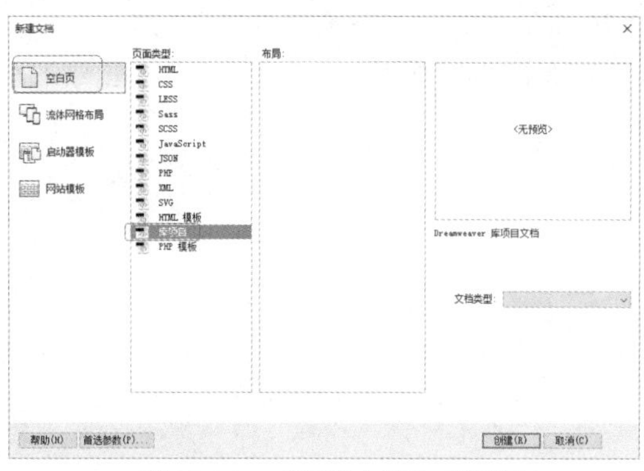
图 17-34　“新建文档”对话框

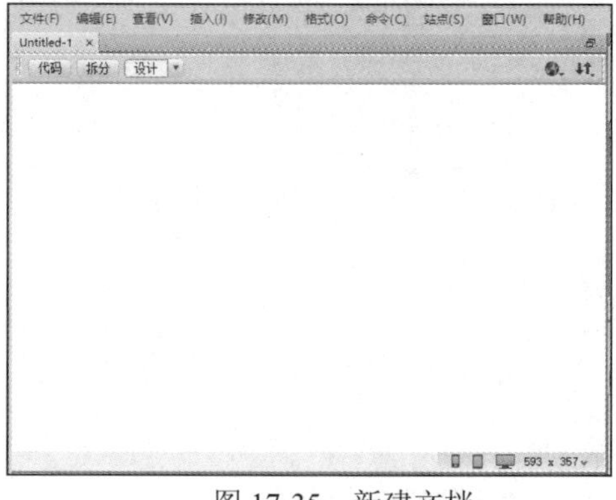
图 17-35　新建文档

03 将光标置于页面中，选择菜单栏中的“插入”|“表格”命令，弹出“表格”对话框，在对话框中将“行数”设置为 2，“列”设置为 1，“表格宽度”设置为 1024 像素，如图 17-36 所示。

04 单击“确定”按钮，插入表格，如图 17-37 所示。

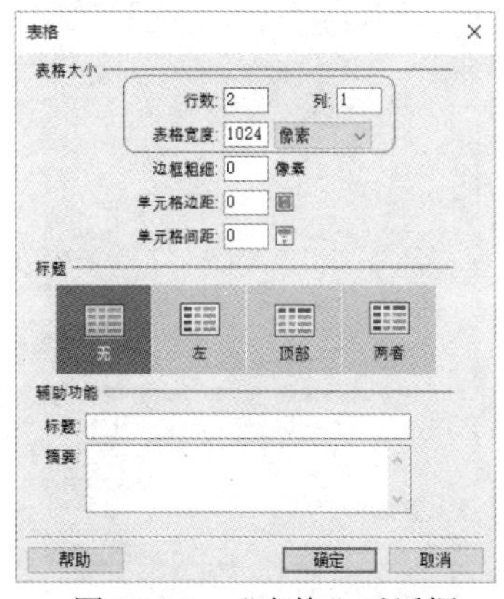
图 17-36　“表格”对话框

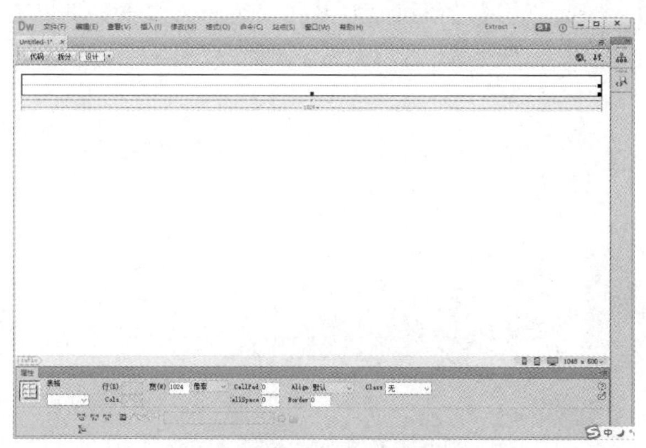
图 17-37　插入表格

05 将光标置于第 1 行单元格中，选择菜单栏中的“插入”|“图像”　|“图像”命令，弹出“选择图像源文件”对话框，在对话框中选择图像文件，图 17-38 所示。

06 单击“确定”按钮，在网页中插入图像，如图 17-39 所示。

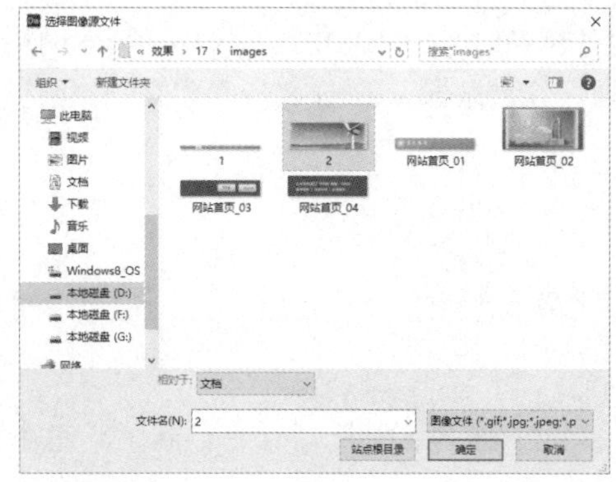
图 17-38　“选择图像源文件”对话框

图 17-39　插入图像

07 将光标置于表格的第 2 行，选择菜单栏中的“插入”|“图像” |“图像”命令，分别在第 2 行单元格中插入图像，如图 17-40 所示。

08 选择菜单栏中的“文件”|“保存”命令，弹出“另存为”对话框，在对话框中的“文件名”文本框中输入 top.lbi，如图 17-41 所示。

图 17-40 插入图像

图 17-41 “另存为”对话框

09 单击“保存”按钮，创建库，如图 17-42 所示。

图 17-42 保存库文件

17.5.2 创建模板

使用模板能够帮助设计者快速制作出一系列具有相同风格的网页。制作模板与制作普通网页相同，但是不把网页的所有部分都制作完成，而是只把导航栏和标题栏等各个网页的公有部分制作出来，把中间部分留给各个网页安排具体内容。具体操作步骤如下。

01 选择菜单栏中的“文件”|“新建”命令，弹出“新建文档”对话框，在对话框中选择“空百页”|“HTML 模板”|“无”选项，如图 17-43 所示。

02 单击“创建”按钮，即可创建一个空白模板网页，如图 17-44 所示。

03 选择菜单栏中的“文件”|“另存为”命令，弹出 Dreamweaver 提示对话框，如图 17-45 所示。

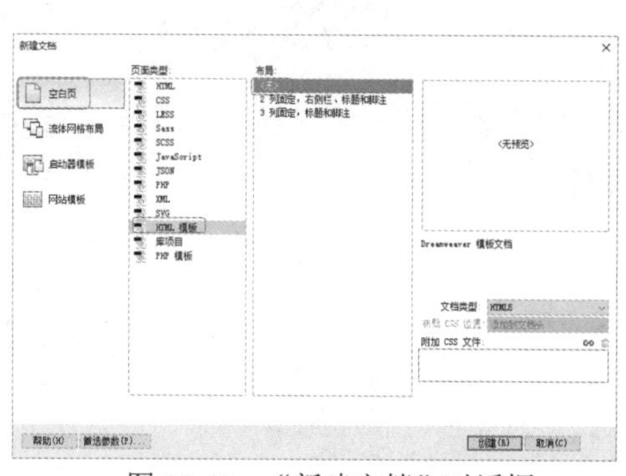
图 17-43　“新建文档”对话框

图 17-44　创建模板

04 单击“确定”按钮，弹出“另存模板”对话框，在对话框中的“另存为”文本框中输入 moban.dwt，如图 17-46 所示。单击“保存”按钮，即可完成模板的创建。

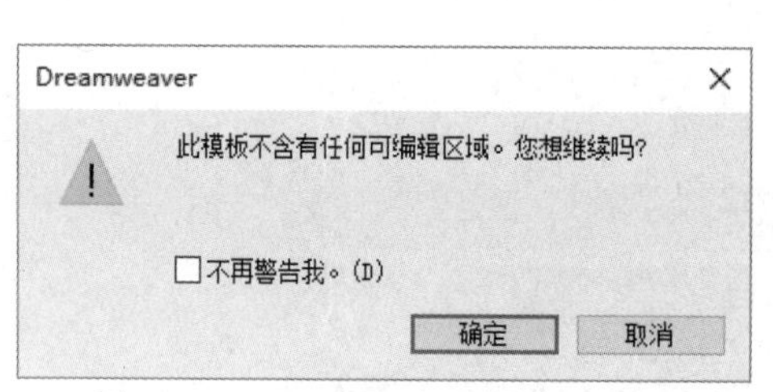

图 17-45　Dreamweaver 提示对话框

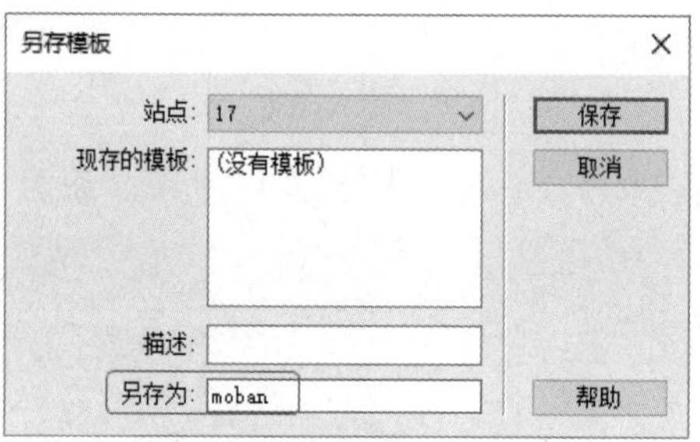

图 17-46　“另存为”对话框

05 选择菜单栏中的“修改”|“页面属性”命令，弹出“页面属性”对话框，在对话框中将“上边距”“下边距”“左边距”和“右边距”设置为 0，单击“确定”按钮，修改页面属性，如图 17-47 所示。

06 将光标置于页面中，选择菜单栏中的“插入”|“表格”命令，弹出“表格”对话框，将“行数”设置为 3，“列数”设置为 1，“表格宽度”设置为 1024 像素，如图 17-48 所示。

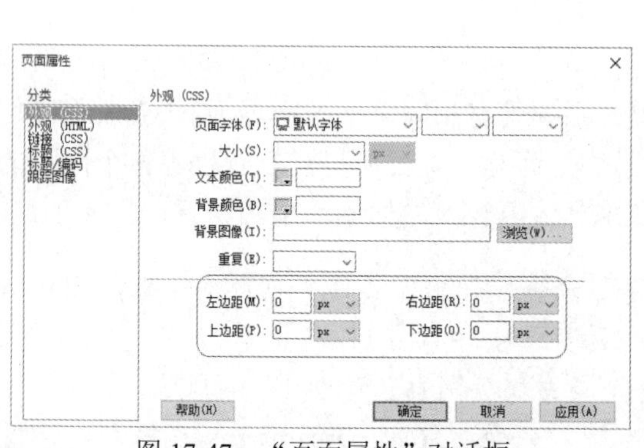
图 17-47　“页面属性”对话框

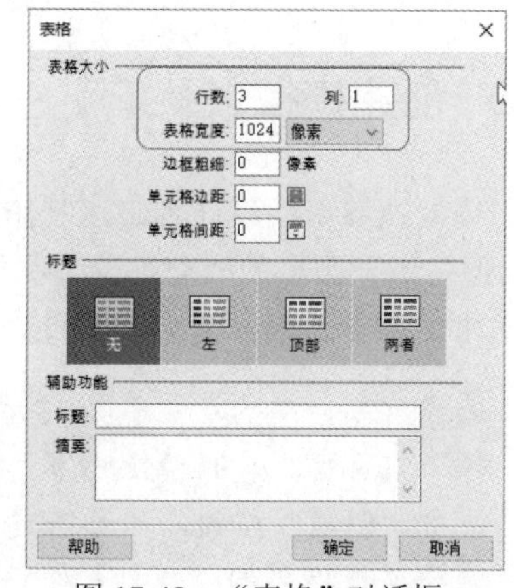

图 17-48　“表格”对话框

07 单击“确定”按钮，插入表格，此表格记为表格 1，如图 17-49 所示。

08 将光标置于表格 1 的第 1 行单元格中，选择菜单栏中的“窗口”|“资源”命令，单

击“库”按钮，如图 17-50 所示。

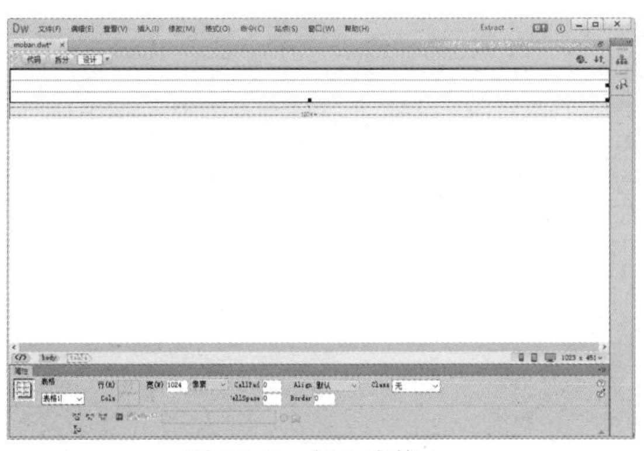

图 17-49 插入表格 1

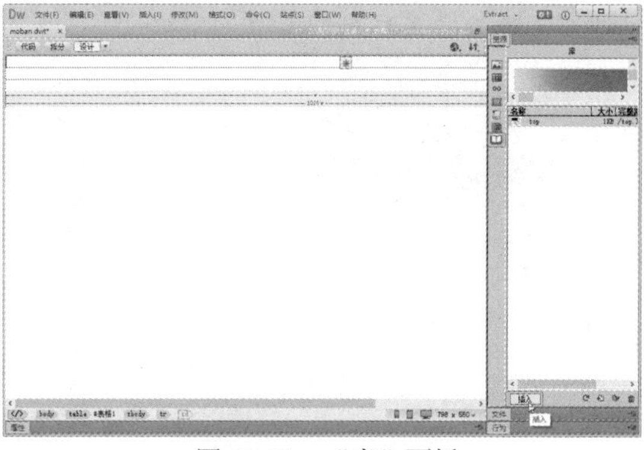

图 17-50 “库”面板

09 单击底部的“插入”按钮，插入库文件，如图 17-51 所示。

10 将光标置于表格 1 的第 2 行单元格中，插入 1 行 2 列的表格，将其属性设置为表格 2，如图 17-52 所示。

图 17-51 插入库文件

图 17-52 插入表格

11 将光标置于表格 2 第 1 列单元格中，选择菜单栏中的“插入” | “表格”命令，插入 8 行 1 列的表格，此表格记为表格 3，如图 17-53 所示。

12 将光标置于表格 3 的第 1 行列单元格中，选择菜单栏中的“插入” | “图像” | “图像”命令，插入图像文件 service.gif，如图 17-54 所示。

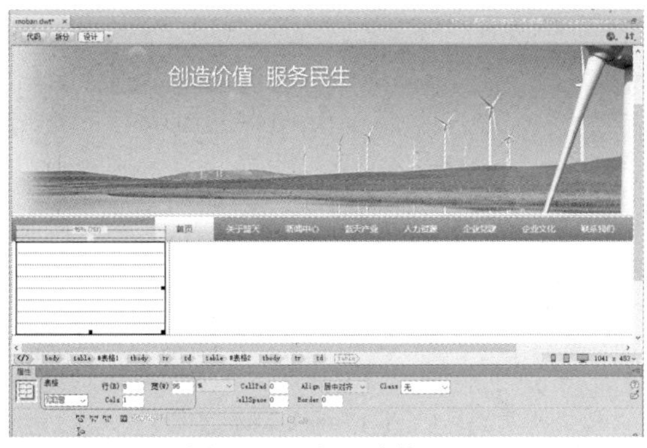

图 17-53 插入表格 2

图 17-54 插入图像文件

13 将光标置于第 2~6 行单元格中，输入导航分类文字，如图 17-55 所示。

14 将光标置于表格 3 的第 7、8 行单元格中，选择菜单栏中的“插入”|“图像” |“图像”命令，插入图像，如图 17-56 所示。

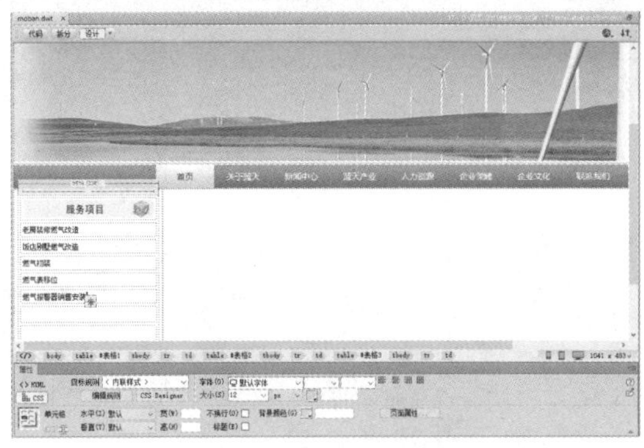

图 17-55 输入文字

图 17-56 插入图像

15 将光标置于表格 2 的第 2 列单元格中，选择菜单栏中的“插入”|“模板对象”|“可编辑区域”命令，弹出“新建可编辑区域”对话框，如图 17-57 所示。

16 保存文档，插入可编辑区，效果如图 17-58 所示。

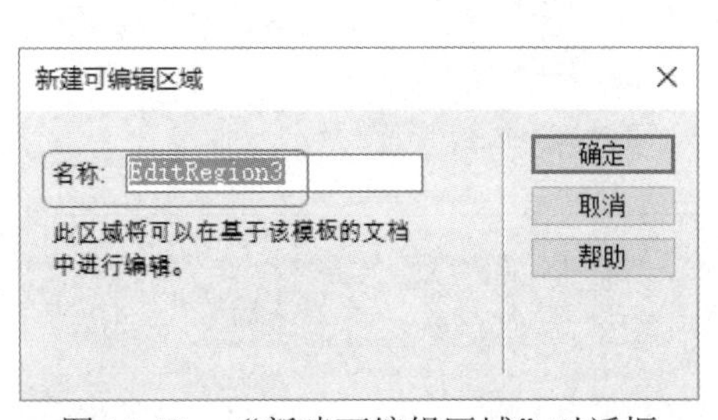

图 17-57 “新建可编辑区域”对话框

图 17-58 插入图像

17 将光标置于表格 1 第 3 行单元格中，在“属性”面板中将背景颜色设置为#0EA4A6，如图 17-59 所示。

18 保存文档，插入可编辑区，效果如图 17-60 所示。

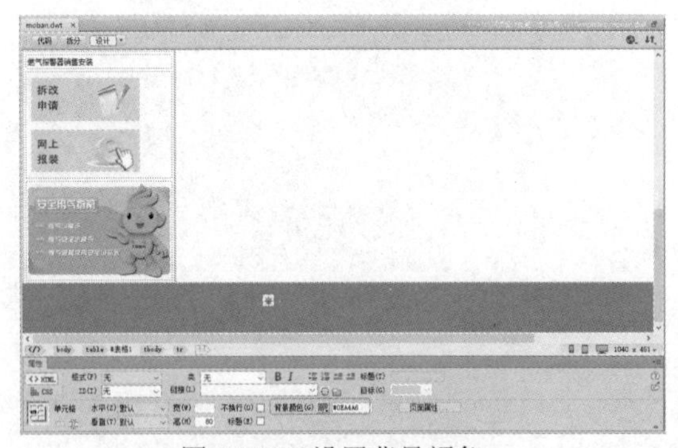

图 17-59 设置背景颜色

图 17-60 输入文本

17.5.3 利用模板创建二级页面

模板用于制作风格相同、内容并列的网页，具有统一的外观格式。将一个模板应用于多个页面后，可以通过编辑模板来达到修改所有页面的效果。利用模板创建二级页面的效果如图 17-61 所示，具体操作步骤如下。

图 17-61 利用模板创建二级页面效果

01 选择菜单栏中的“文件”|“新建”命令，弹出“新建文档”对话框，在对话框中选择“网站模板”|“站点”|“17”|moban 选项，如图 17-62 所示。

02 单击“创建”按钮，利用模板创建网页，如图 17-63 所示。

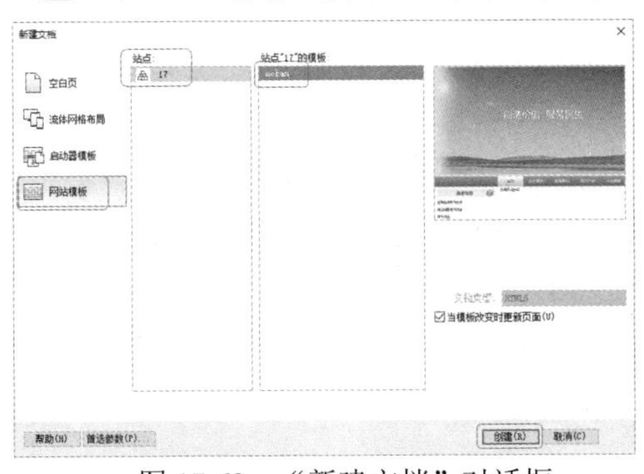

图 17-62 “新建文档”对话框

图 17-63 利用模板创建网页

03 选择菜单栏中的“文件”|“保存”命令，弹出“另存为”对话框，在对话框中的“文件名”中输入名称，如图 17-64 所示。

04 单击“保存”按钮，保存文档，将光标置于可编辑区域中，选择菜单栏中的“插入”|“表格”命令，弹出“表格”对话框，在对话框中将“行数”设置为 3，“列”设置为 1，“表格宽度”设置为 95%，如图 17-65 所示。

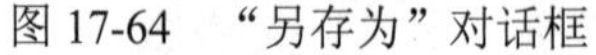

图 17-64 “另存为”对话框

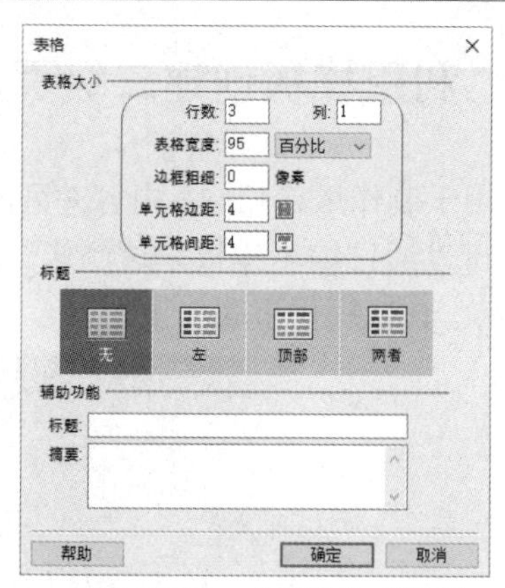

图 17-65 “表格”对话框

05 单击“确定”按钮，插入表格，此表格记为表格 5，如图 17-66 所示。

06 将光标置于表格 5 的第 1 行单元格中，输入文字“公司简介”，在“属性”面板中设置字体大小和颜色，如图 17-67 所示。

图 17-66 插入表格 5

图 17-67 输入文字

07 将光标置于第 2 行单元格中，选择菜单栏中的“插入”|“水平线”命令，插入水平线，如图 17-68 所示。

08 将光标置于第 3 行单元格中，输入公司简介文本，如图 17-69 所示。

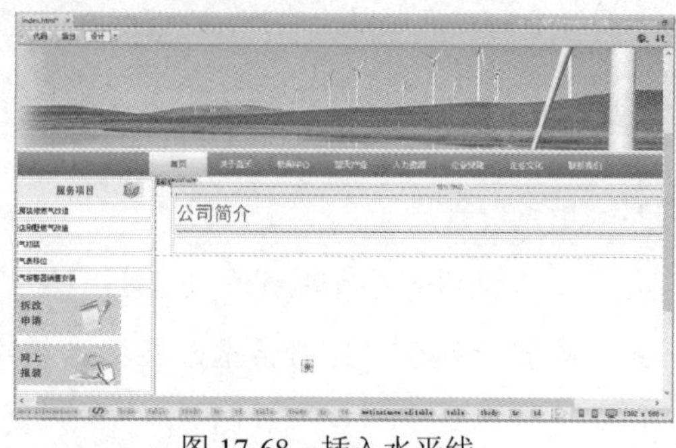

图 17-68 插入水平线

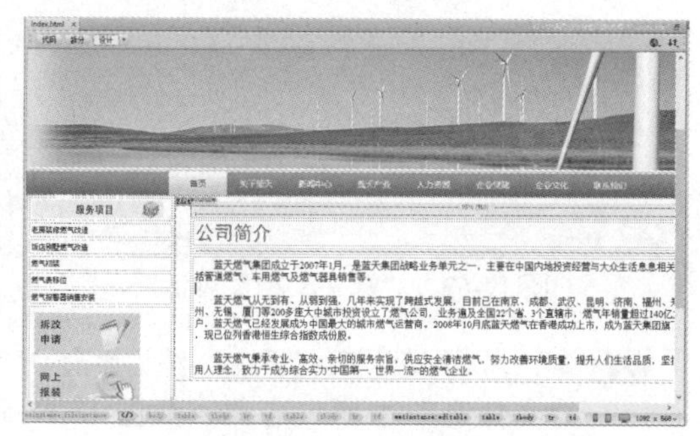

图 17-69 输入文本

09 将光标置于文本中，选择菜单栏中的“插入”|“图像” |“图像”命令，插入图像 tu.jpg，如图 17-70 所示。

10 单击选中图像文件后右击，在弹出的列表中选择“右对齐”，设置右对齐，如图 17-71 所示。

11 保存文档，按 F12 功能键进入浏览器中预览，效果如图 17-61 所示。

图 17-70　插入图像

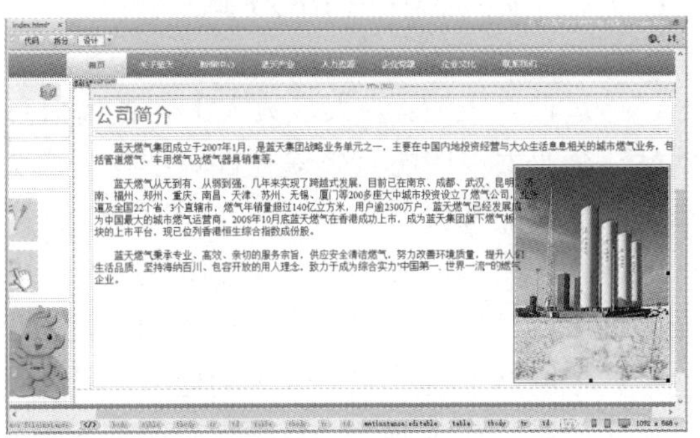

图 17-71　设置对齐方式

17.6　网站推广

网站推广就是以国际互联网为基础，利用数字化的信息和网络媒体的交互性来辅助营销目标实现的一种新型的市场营销方式。简单地说，网站推广就是以互联网为主要手段进行的，为达到一定营销目的的推广活动。

17.6.1　网站推广的目的

下面就介绍一下网站推广的基本目的。

1. 提升品牌知名度

很多网站，特别是个人网站很不重视品牌的建设，其实建立自己的网站品牌是很重要的，特别是网站流量达到一定高度时。品牌知名度说白了就是让大家都知道你的网站。

2. 提升流量

对于大部分网站来说，流量是其根本。但是不同级别的网站，提升流量的方法是不同的。对于流量推广，一定要根据自身的情况去制订符合自身情况的推广方案。如果本身的流量基数和预订指标相差不多，那常规的方法可能就能完成。如果本身的流量基数和目标相差太大，那就要有效地整合自身资源进行深入的合作推广，甚至是付费推广了。

3. 提升销售额

通常以销售额为推广目的，常见于商城及网店，这个时候可能就不是简单的推广了，还要融入销售的理念，因为这个时候让别人知道你的网站，或是登录你的网站都不是最重要的，让他产生消费行为才是关键。

4. 提高会员注册量

一般社区类网站，都是以此为主要推广目的的。应该说这个任务是比较艰巨的，因为现在很多互联网产品都需要注册，用户对此已经非常麻木了。

17.6.2　网站推广的方式

通过调查表明：绝大多数人上网查询信息使用的都是搜索引擎，访问量最大的是各大门户网站。企业供推广的有效途径都集中在一些大型 B2B 电子商务网站（如阿里巴巴、慧聪等），个人买卖商品都去一些大型 B2C 或 C2C 商务网站（如淘宝网、易趣网等），还有各种专业的行业网站（如：各种化工网站、建材网站、培训网站以及一些论坛等）。因此，我们要给网站做的推广就是要将用户的网站在各种搜索引擎中占据有利的位置，让人很容易搜索到。另外，就是要把网站信息放到人气多的地方，提高曝光率，让大家都能看到你，因此，网站才能有较高的访问量，让企业通过互联网获得最大的效益。

目前，网络推广主要有 8 种形式。这些方式各有特点，下面逐一对其介绍。

1. 登录搜索引擎

据统计，除电子邮件以外，信息搜索已成为第二大互联网应用。随着技术的进步，搜索效率不断提高，用户在查询资料时不仅越来越依赖于搜索引擎，而且对搜索引擎的信任度也日渐提高。有了如此坚实的用户基础，利用搜索引擎宣传企业形象和产品服务肯定能获得好的效果。所以对于信息提供者，尤其是对商业网站来说，目前很大程度上也都是依靠搜索引擎来扩大自己的知名度。

如图 17-72 所示在百度搜索引擎登录网站。注册时尽量详细地填写企业网站中的信息，特别是关键词，尽量写得普遍化、大众化一些，如“公司资料”最好写成“公司简介”。

图 17-72　在百度搜索引擎登录网站

在搜索引擎中检索信息都是通过输入关键词来实现的。因此，在登录搜索引擎时一定要填写好关键词。那么如何才能找到最适合你的关键词呢？

首先，要仔细揣摩潜在客户的心理，绞尽脑汁设想他们在查询与网站有关的信息时最可能使用的关键词，并一一将这些词记下来。不必担心列出的关键词会太多，相反你找到的关键词越多，覆盖面也越大，也就越有可能从中选出最佳的关键词。

搜索引擎上的信息针对性都很强。用搜索引擎查找资料的人都是对某一特定领域感兴趣的群体。

2. 电子邮件推广

电子邮件推广是利用邮件地址列表，将信息通过 E-mail 发送到对方邮箱，来达到宣传推广的目的。电子邮件是目前使用最广泛的互联网应用。它方便快捷，成本低廉，不失为一种有效的联络工具。如图 17-73 所示为使用电子邮件推广网站。

图 17-73　使用电子邮件推广网站

相比其他网络营销手法，电子邮件营销速度非常快。搜索引擎优化需要几个月，甚至几年的努力，才能充分发挥效果。博客营销更是需要时间，以及大量的文章。而电子邮件营销只要有邮件数据库在手，发送邮件后几小时之内就可能看到效果，产生订单。互联网使商家可以立即与成千上万潜在的和现有的顾客取得联系。

由于发送 E-mail 的成本极低且具有即时性，因此，相对于电话或邮寄，是顾客更愿意响应的营销活动。相关调查报告显示，E-mail 的点击率比网络横幅广告和旗帜广告的点击率平均高约 5%~15%，E-mail 的转换率比网络横幅广告和旗帜广告的转换率平均高约 10%~30%。

3. 在新闻组和论坛上发布网站信息

互联网上有大量的新闻组和论坛，人们经常就某个特定的话题在上面展开讨论和发布消息，其中当然也包括商业信息。实际上专门的商业新闻组和论坛数量也很多，不少人利用它们来宣传自己的产品。但是，由于多数新闻组和论坛是开放性的，几乎任何人都能在上面随意发布消息，所以其信息质量比起搜索引擎来要逊色一些，而且在将信息提交到这些网站时，一般都被要求提供电子邮件地址，这往往会给垃圾邮件提供可乘之机。当然，在确定能够有效控制垃圾邮件前提下，企业不妨也可以考虑利用新闻组和论坛来扩大宣传面。如图 17-74 所示为在淘宝网的论坛中发布信息推广网站。

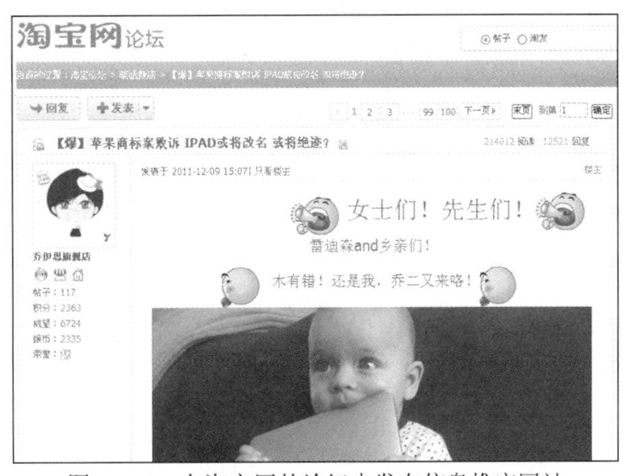

图 17-74　在淘宝网的论坛中发布信息推广网站

4. 网络广告

网络广告就是在网络上做的广告。利用网站上的广告横幅、文本链接、多媒体的方法，在互联网刊登或发布广告，通过网络传递到互联网用户的一种高科技广告运作方式。一般形式是各种图形广告，称为旗帜广告。网络广告本质上还是属于传统宣传模式，只不过载体不同而已。如图 17-75 所示为使用网络广告推广网站。

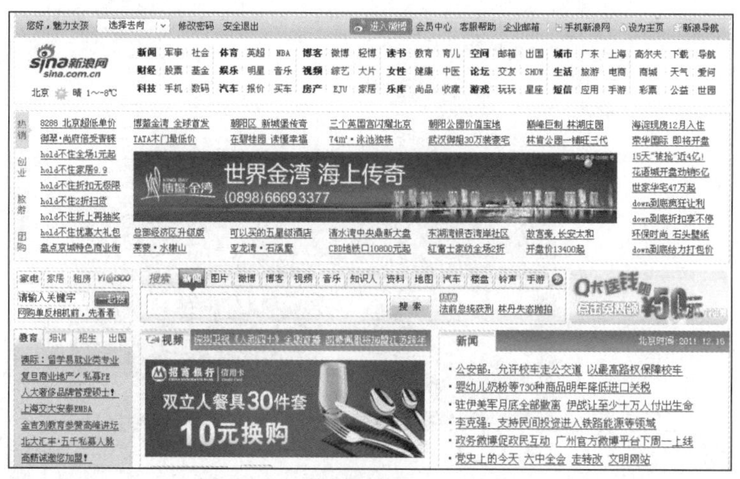

图 17-75　使用网络广告推广网站

5. 交换链接/广告互换

网站之间互相交换链接和旗帜广告有助于增加双方的访问量。

如果网站提供的是某种服务，而其他网站的内容刚好和你形成互补，这时不妨考虑与其建立链接或交换广告，一来增加了双方的访问量，二来可以给客户提供更加周全的服务，同时也避免了直接的竞争。

此外，还可以考虑与门户或专业站点建立链接，不过这项工作负担很重。首先要逐一确定链接对象的影响力，其次要征得对方的同意。

6. 登录导航网站

现在国内有大量的网址导航类站点，如 http://www.hao123.com/、http://www.265.com/等。在这些网址导航类做上链接，也能带来大量的流量，不过现在想登录像 hao123 这种流量特别大的站点并不是件容易的事。

7. 软文炒作推广

顾名思义，软文是相对于硬性广告而言，由企业的市场策划人员或广告公司的人员来负责撰写的“文字广告”。与硬广告相比，精妙之处就在于一个“软”字，好似绵里藏针，收而不露，克敌于无形，等到发现这是一篇软文的时候，已经冷不丁地掉入了被精心设计过的“软文广告”陷阱。

通过软文可以把自己的一些需要宣传或广告的事件主动暴露给报纸、杂志、网站等媒体，以达到做广告的效果和提高知名度的目的。软文在当前已成为一种非常实用的宣传方法，常能取得做硬性广告达不到的效果。

在软文里加网址是最常见的一种广告形式，但是大部分软文都会被管理员删除，因为管理员一看就知道这是一篇软文。如果是可读性并不强的文章，网址与文章内容关系不大，那么这篇软文就不会被继续转载。所以要想使带网址的软文具有传播性，必须要让文章具有可读性、震撼性、名人性、关联性。名人写的与某一个网站有关系的文章，一般都会不断地被转载。

8. 其他网站推广方式

传单广告的一个最大的优点是派发简单易行。发单人员只要用手袋拎一袋传单就可以随时随地派发了，其简单的体力劳动无须派发人员具备一定要求的知识和技能。

现在有各种沙龙、俱乐部。如果你是卖化妆品的，可以选择参加一些白领的活动，或女性沙龙等，这样你参加活动时发出去的名片就更有针对性了。

第18章

申请域名和空间

网站制作完毕，需要发布到 Web 服务器上，才能够让别人浏览，为了将自己的网站上传到互联网，需要有作为网址的域名以及作为上传网页的网址空间——服务器。申请完域名和空间后，再利用 FTP 软件上传网页文件即可。

重点内容

- 域名选择
- 服务器空间选择
- 网站备案
- 完整备案基本流程

18.1 域名选择

域名英文名为Domain Name，是Internet上某台服务器的名称，通过域名可以访问到这台服务器上的内容。

18.1.1 域名概述

互联网之所以成为网，是因为互联网具有网的特性，网上有很多的节点和网格，每一个节点上都有一台服务器，每台服务器都有地址，这个地址用IP地址表示，例如：127.0.0.1就是一个IP地址，它是由4个小于256的数字加上“.”组成的。我们看到这个IP地址是不容易记忆和书写的，所以人类就发明了域名这个名词来代替，这就是域名一词的由来。

sina.com就是一个完整的域名，它包含域名主体部分和域名后缀两个部分，主体部分是我们购买域名的时候自己注册的，就像现实中我们每个公司或商店的商标一样。这样的域名还有很多，例如：baidu.com、163.com、taobao.com等。

域名后缀有很多，有哪些域名后缀是我们经常用到的呢，每一个域名后缀又代表什么意思呢？我们看下常见的域名后缀：.com、.net、.org、.edu、.gov、.ac、.cn、.info，这些都是我们经常遇到并使用的域名后缀，并且每一个域名后缀都有独立的含义，例如：.ac是用于科研机构的，一般个人是无法注册的；.com是用于企业网站的；.edu是用于教育机构的，例如北京大学和清华大学的网址都带有.edu这个域名后缀；政府的英文单词是government，所以政府的域名后缀为.gov；还有.net用于互联网络信息中心和运行中心，.info提供信息服务的企业等。

18.1.2 域名的分类

这么多的域名后缀，为了更好地记忆，我们从不同的地域和域名形式上对域名进行了分门别类，从地域上可分为：国际域名和国家域名。

- 国际域名：顾名思义，就是能够在国际流通而不受地域的限制，世界上任何国家和地区都可以使用，上面我们提到的很多域名后缀大多属于国际域名的范畴，例如：.com、.ac、.info、.net、.org、.edu、.gov ……
- 国家域名：和国际域名是相对的，它是针对国家和地域进行分配的域名后缀，其中常用的包括：中国是cn，美国是us，日本是jp，香港地区是hk。

18.1.3 选择域名的方法

好域名的基本原则是好记，基本要求是网友一想起你的网站，脑海里就会同时浮现出你的网站的域名，例如想起“搜狐”脑海里就浮现出“sohu.com”。

好记的域名第一要简短（以不超过6个字符为宜），第二要有意义。这其实和人的名字一样，显然，三个字的名字比十个字的名字要好记，有意义的名字比无意义的名字要好记，对此我们或多或少都有体验。

好域名还要求易输入、易辨别，域名是由数字、字母和“-”“_”组成的，数字、字母和“-”都可以直接输入，“_”则需借助“Shift”键；另外，“-”和“_”也不易于辨别——所以，除非没有别的选择，否则域名里最好不要出现“-”或“_”。

以下是几种起域名的办法。

1．英文单词

应该说，最好的域名就是英文单词了，像“buy.com”“love.com”“china.com”这样的域名个个价值万金，不过，现在这样的域名已经很难申请到了。

2．汉语拼音

对中国人来说，一个好记的汉语拼音域名也许是不错的选择，尤其是网站仅面向国内。火热的淘宝（taobao.com）就是用的汉语拼音域名，还有 dangdang.com，suning.com 等都是采用汉语拼音来作为域名的。

3．数字

自 163 后，纯数字域名逐渐被世人所接受，后来的 263、3721、8848 等都取得了成功；不过这类域名现在也很难申请了，或者申请到，但没什么意义。

4．缩写

（1）多个单词（或者汉语拼音）的一般取每个单词（或者汉语拼音）的首字母，例如美国在线的域名 aol.com，其中 aol 就是 Americanon line 的缩写。

（2）一个长单词一般取单词的前几个字母，实际上国际顶级域名的后缀就是这么得来的，像 com、edu、org 分别是 commpany、education、organize 的缩写。

5．组合

英文单词、汉语拼音、数字，两两组合可以组合出很多适合的域名，例如数字和英文，此类最著名的域名是 51job。

6．谐音

这类网站一般是先有中文名，然后根据谐音，生造出英文或者英文和数字的组合，例如国内著名的电子商务站点爱购物（igo5）和好又多（hoyodo）就是代表，新浪、搜狐也可以归入此类。

18.1.4 怎样选择最佳的域名

前面介绍了域名的概念以及分类，下面介绍怎样选择最佳的域名。域名购买时需要注意哪些技巧？

1．选择知名域名供应商

知名品牌公司，无论是从服务，还是从产品质量上来说，都是购买域名时首选的供应商，因为这样后期的域名维护会非常省心和省力，这里给大家列出国内比较著名的域名供应商，如

表 18-1 所示。

表 18-1 著名域名供应商

域名商	国别	域名商	国别
中国万网	中国	商务中国	中国
新网	中国	时代互联	中国
新网互联	中国	西部数码	中国
35 互联	中国	美橙互联	中国
中资源	中国	你好万维网	中国

2．挑选符合自己品牌的域名

选购的域名要把网站相关的品牌词考虑进去，因为这样做能使网站后期在搜索引擎中有个好的表现。当然有的时候不能尽如人意，也许注册的域名已经被别人抢注了，因为域名是具有唯一性的，所以如果遇到这种情况，只能更换域名了。

3．选择常用域名后缀

这个是必需的，虽然.edu 和.org 本身就具有很高的权重，但是个人是无法直接注册的，需要从其他方面进行补充，用户习惯就是一个很好的方面，例如.com 域名后缀由于本身就是用于企业单位的，所以一般企业可以直接使用这样的域名后缀。

4．购买老域名

这也是一个很好的方法，因为老的域名会因为年限原因，积累一定的权重，权重即为 PR 值，这个可以直接影响到网站排名，所以能找到一个老域名而且又和你的行业相关也是很好的。

5．域名简单易记

域名简单易记毫无疑问能为你的网站加分，一个简单易记的网站域名可以让用户很容易记住，也可以方便用户再次光临你的网站。

6．域名尽量包含关键词

如果想让网站在搜索引擎中有个很好的表现，域名中带有关键词，能够让百度等搜索引擎更容易识别你的网站是做什么的。

购买域名就像是公司或商店在国家工商局注册商标一样，非常重要，所以选购的时候一定要注意以上所提到的技巧，不然会影响到后期网站推广和网站营销的。

18.1.5 域名申请流程

万网是中国最大的域名服务商，拥有多年域名注册管理经验。注册域名仅需简单五步：查询域名—购买域名—填写域名注册信息—支付—购买成功。下面就讲述在万网的域名申请流程，具体操作步骤如下。

01 首先进入万网的域名注册页面查询域名有没有被注册，如图 18-1 所示。

图 18-1　查询域名

02 进入域名查询结果页面，勾选所要注册的域名，单击“加入清单”按钮，如图 18-2 所示。

图 18-2　单击“加入清单”按钮

03 单击“去结算”按钮，进入查看购物车页面，进入核对确认订单页面，填写完注册信息页面，单击底部的“立即购买”按钮，如图 18-3 所示。

图 18-3　核对确认订单页面

18.2 服务器空间选择

建好一个网站，只要找个网站服务器空间把网站文件上传到空间，绑定域名后就可以通过域名访问我们的网站了。

18.2.1 服务器空间的几种类型

一个空间的稳定与否直接影响着网站后期的发展。做网站如果选不对空间的话，那后期带来的麻烦事是一堆接一堆的，例如今天的网站打开速度慢，明天的网站根本打不开，后天网站一会能打开一会打不开。所以，不要在空间的选择上节省钱，选个好空间是重中之重。一般有下面几种空间类型。

1. 虚拟主机

虚拟主机是使用特殊的软硬件技术，把一台运行在因特网上的服务器主机分成一台台“虚拟”的主机，每一台虚拟主机都具有独立的域名，具有完整的Internet服务器（WWW、FTP、Email等）功能，虚拟主机之间完全独立，并可由用户自行管理，在外界看来，每一台虚拟主机和一台独立的主机完全一样。

好处：价格便宜，使用最简单。这种空间是三种之中最便宜的一种，而且使用也是最简单的。只要在控制面板后台绑定自己的域名，等解析成功就可以使用了，解析时间要看空间商的不同而有所差别。

不足之处：流量有所限制，大家都知道虚拟主机就是在一个服务器分出来的若干个版块，那么如果自己的网站流量相对来说比较大的话，也会影响带宽，而导致同服务器的其他网站受到访问速度的困扰，所以很多空间商都限制了每台虚拟主机的流量。即使不限流量，如果你的网站流量大的话，那么访问速度也会有所下降。

2. VPS主机

VPS（Virtual Private Server，虚拟专用服务器）技术，将一部服务器分割成多个虚拟专享服务器的优质服务。每个VPS都可分配独立公网IP地址、独立操作系统、独立超大空间、独立内存、独立CPU资源、独立执行程序和独立系统配置等。用户除了可以分配多个虚拟主机及无限企业邮箱外，更具有独立服务器功能，可自行安装程序，单独重启服务器。

好处：价格实惠，服务态度好。价格相对三种来说算是中等水平。虚拟主机实际上提供的是服务器硬盘特定空间服务，而VPS主机采用先进的虚拟化技术，为用户提供一个虚拟专用的服务器，所以从隔离、安全、资源保障、用户自主管理等多个方面优势明显。

不足之处：操作性比较麻烦。特别是对于新手来说，要花几天或一个星期来熟悉才可以自己随心所欲地操作起来。

3. 独立主机服务器

独立主机是指客户独立租用一台服务器来展示自己的网站或提供自己的服务，比虚拟主机空间更大，速度更快，CPU计算独立等优势，当然价格也更贵。

好处：对排名有较好的提升。这就是为什么越来越多的人宁愿花点钱选独立服务器，而不选价格最便宜的虚拟主机，而且独立服务器还有独立IP。

不足之处：价格太贵了，一般小站长都支撑不了。所以，如果没足够的资金还是考虑前面两种。一定要对服务器安全有一定的认识才行，否则出了安全漏洞，损失就很大了。

18.2.2 如何来选择网站的服务器空间

一个网站是否能够健康地成长，选择一个合适的服务器空间也是非常重要的，下面就来介绍下如何选择网站的服务器空间。

1. 空间的类型要依据本人的需求来定

目前的空间类型很丰厚，虚拟主机、VPS、独立主机，选择很多。对普通用户来说虚拟主机和合租是性价比最高。关于大型网站，由于规模和安全等要素的思索，可以运用主机托管的方式；VPS则是介于虚拟主机与托管之间比较好的选择。云主机，对速度有很高要求的企业，或许有很多分站的企业可以思索，采用这种集群主机的方式。

2. 注意同IP站点的数目

很多空间都是几十人甚至几百人共用的，必须要留意同一个服务器里面网站的数目，网站数目当然是越少越好，网站越多服务器的速度会越慢。网站太多，在安全方面也存在很大的问题，千里之堤毁于蚁穴，只需一个网站安全有问题，也许整个服务器就瘫痪了。

3. 同IP站点的质量要注重

我们无法控制空间商将服务器空间卖给谁，也控制不了他人买了空间会用来做什么，我们能控制的只有本人的选择。假如一个服务器内，存在很多的垃圾站，我们将站点建立在这样一个服务器上，那根本上就别想做好了，由于一个站点作弊，连带整个服务器的网站被黑的事例也很多，所以在选择空间的时候，最好要查查同IP站点的质量和类型。

4. 稳定性

服务器的稳定性也是非常重要的，如果服务器空间经常隔三岔五地打不开，对于网站必然是巨大的打击。当搜索引擎蜘蛛正在爬行你的网站的时候经常出现突然无法爬行的情况，这样肯定会让你的网站不被搜索引擎信任。这样会大大减少搜索引擎蜘蛛的爬行与抓取，对于网站页面的收录肯定是会受到影响的， 特别是一个没有任何权重的新站，搜索引擎会一直认为你的网站没有准备好，甚至是认为你关闭了网站。所以我们在选择空间的时候不能什么便宜买什么，一定要考量一下主机的稳定性，看一看口碑如何，最好有一段试用时间。

5. 访问速度

很多劣质的服务器空间打开的速度实在是太慢，这个就严重影响到了网站的用户体验。当我们打开一个网页反应太慢的时候我们往往会选择直接关闭这个网站，这样就大大地增加了网站的跳出率。同时搜索引擎蜘蛛来抓取我们的网页的时候也是以一个游客的身份来访问我们的网站的，当蜘蛛爬行抓取网页受到阻挠的时候可能就放弃了继续爬行，这个时候我们的网站的收入也会受到影响，搜索引擎的最终目的就是服务于用户，访问速度慢跳出率增高对于网站肯定是不利的。所以我们在选择服务器空间的时候一定要选择访问速度快的优质空间。

6. 能否供应数据备份

备份方法分为两种，一种是空间商备份，一种是本人打包下载到当地备份。数据备份可以在网站受到毁坏的时候，最大限度地挽回损失，这个功用十分适用。假如空间商不供应，也不必太在意， 我们可以本人进行备份。然而要留意一个问题，很多空间商限制 FTP 的流量，假如我们自行打包下载备份的次数很频繁，可能会将 FTP 流量用完，今后真正想要添加文件的时候，没有流量可用了，需要额定付费去提高流量限制。

7. 功能支持

服务器的功能支持还包含了很多方面，当然是越完善越好，是否支持 URL 静态化就是一个非常重要的功能，无论是 Linux 主机还是 Windows 主机都是可以支持这个功能的，做好 URL 静态化对于 SEO 来说也是非常有帮助的。同时有的主机也会支持 301 跳转和 404 页面，直接可以在主机后台设置，使用起来非常方便，同时还发现有些主机是不支持服务器日志的，最好是选择能够支持服务器日志的，这样我们就可以通过查看服务器日志了解到网站准确的状况。

总而言之一个好的服务器空间对于网站的影响是非常大的，一个稳定的空间可以让网站平稳地不断发展，一个劣质的空间可能让你前面做出的很多努力全部白费，所以我们在选择服务器空间的时候一定要慎重。

18.2.3 空间申请流程

下面以虚拟主机的申请流程为例，讲述在万网申请空间的过程，具体操作步骤如下。

01 进入万网主机页面，单击“主机服务”超链接，如图 18-4 所示。

图 18-4 进入万网主机页面

02 在这里选择主机类型和型号，如图 18-5 所示。

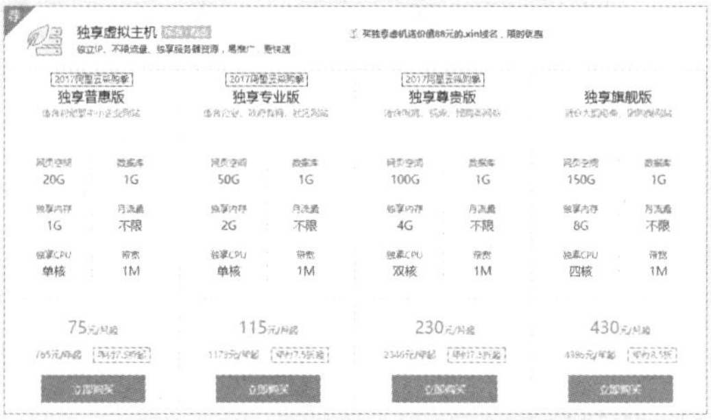

图 18-5 选择主机类型和型号

03 选择一款虚拟主机类型，单击底部的“立即购买”按钮，进入购物车页面如图 18-6 所示。

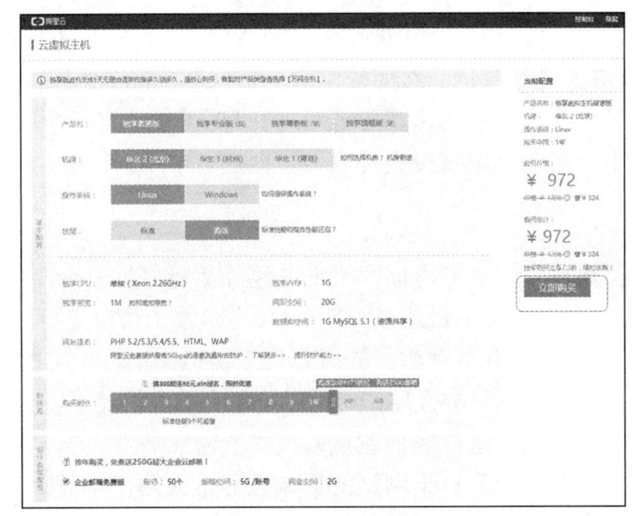

图 18-6　加入购物车

04 单击“立即购买”按钮，进入核对确认订单信息页面，如图 18-7 所示。单击“去支付”按钮，付款后即可成功申请空间。

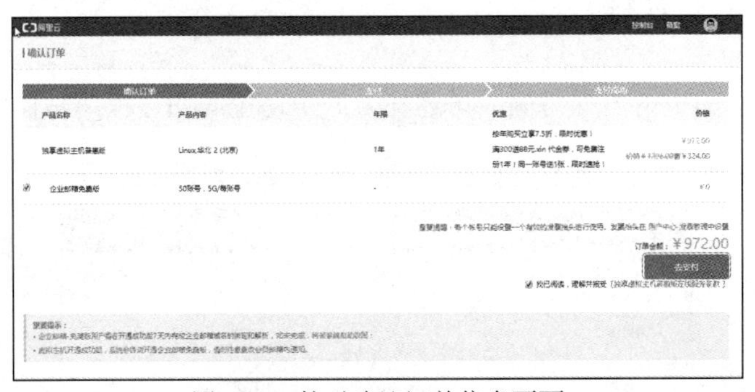

图 18-7　核对确认订单信息页面

18.3　网站备案

为了规范网络经济秩序，增加网站经营主体的透明度，保护消费者和经营者的合法权益，每个网站均需备案。

18.3.1　什么是网站备案

网站备案是根据国家法律法规，需要网站的所有者向国家有关部门申请的备案，现在主要有 ICP 备案和公安局备案。ICP 备案可以自主通过官方备案网站 http://www.miibeian.gov.cn 在线备案或者通过当地电信部门两种方式来进行备案。

互联网信息服务可分为经营性信息服务和非经营性信息服务两类。

经营性信息服务，是指通过互联网向上网用户有偿提供信息或者网页制作等服务活动。凡从事经营性信息服务业务的企事业单位应当向省、自治区、直辖市电信管理机构或者国务院信息产业主管部门申请办理互联网信息服务增值电信业务经营许可证。申请人取得经营许可证后，应当持经营许可证向企业登记机关办理登记手续。

非经营性互联网信息服务，是指通过互联网向上网用户无偿提供具有公开性、共享性信息的服务活动。凡从事非经营性互联网信息服务的企事业单位，应当向省、自治区、直辖市电信管理机构或者国务院信息产业主管部门申请办理备案手续。非经营性互联网信息服务提供者不得从事有偿服务。

18.3.2 为什么要备案

为了规范互联网信息服务活动，促进互联网信息服务健康有序发展，根据规定，国家对经营性互联网信息服务实行许可制度，对非经营性互联网信息服务实行备案制度。未取得许可或者未履行备案手续的，不得从事互联网信息服务，否则就属于违法行为。

网站备案的目的就是为了防止在网上从事非法的网站经营活动，打击不良互联网信息的传播，如果网站不备案的话，很有可能被查处以后关停，非经营性网站自主备案是不收任何手续费的，可以自行到备案官方网站去备案。

18.3.3 哪些网站需要 ICP 备案

根据国家有关规定，在中华人民共和国境内提供非经营性互联网信息服务，应当办理备案。未经备案，不得在中华人民共和国境内从事非经营性互联网信息服务。而对于没有备案的网站将予以罚款或关闭。

（1）如果你有一个具有独立域名的非经营性的网站，必须办理备案手续。

（2）网站备案用户依照注册所在地进行填写，公司填写注册所在地，个人填写户籍所在地。

（3）网站只有独立的 IP 地址，没有域名也需要办理网上备案。只要是能访问到这个网站方式都要备案，所有绑定的域名、二级域名、IP 地址都需要登记。

（4）网站没做好之前，暂不需要网上备案，要在网站开通之前进行备案即可。

（5）同一用户拥有多个域名，并放在同一服务器上，将只针对主体进行备案，即对网站主办者进行备案，多个域名应在“域名列表”中全部列出。

（6）审核需要的时间将按照流程尽快完成审核手续。时间长短由同时报备单位数量多少而决定。可经常浏览自己的邮箱，如审核通过后会将电子证书发送到你自己的邮箱里。

18.4 完整备案基本流程

怎样进行网站的备案呢？网站备案具体有哪些流程呢？下面以使用万网备案为例讲述备案的流程。具体操作步骤如下。

01 登录万网 https://wanwang.aliyun.com，进入用户中心，单击导航“更多”菜单下的

“备案”按钮，如图 18-8 所示。

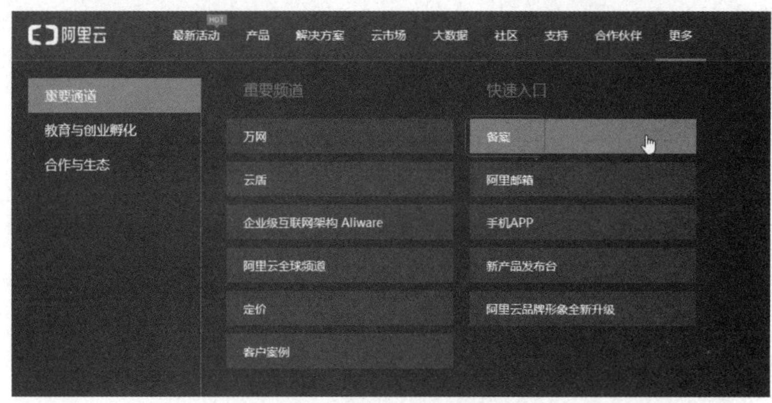

图 18-8　单击“备案”按钮

02 进入备案流程页面，单击“开始备案”按钮，如图 18-9 所示。

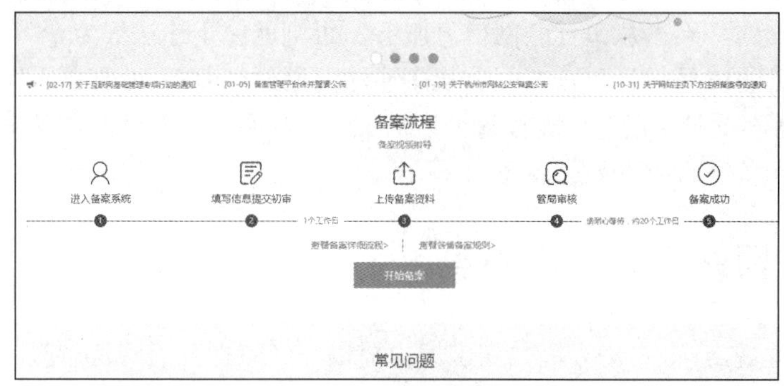

图 18-9　单击“开始备案”按钮

03 验证基本信息，请按照提示输入信息，系统会验证信息是否有效，如图 18-10 所示验证基本信息，填写主办者信息、网站信息等，填写完成后，提交备案信息即可。通过审核后，备案成功。

图 18-10　验证基本信息

18.5 经营性网站备案

ICP备案是属于网站的，每个网站均需备案，备案是免费的。而ICP经营许可证是属于公司的，是证明本公司利用网站经营，取得合法性收入的证件，和网站没有必然的关系。

18.5.1 经营性网站备案须知

ICP经营许可证必须直接在省通信管理局或信产部递交可行性报告等资料，需要交纳一定的行政费用，受理以后拿到证件。

（1）通信地址要详细，明确能够找到该网站主办者。

（2）证件地址要详细，按照网站主办者证件上的注册地址填写。

（3）网络购物、WAP、即时通信、网络广告、搜索引擎、网络游戏、电子邮箱、有偿信息、短信彩信服务为经营性质，需在当地通信管理局办理增值电信业务许可证后报备以上网站。非经营性主办者勿随意报备。

（4）综合门户为企业性质，网站主办者以企业名义报备。个人只能报备个人性质网站。

（5）博客、BBS等电子公告，目前通信管理局没有得到上级主管部门明确文件，暂不受理，请勿随意选择以上服务内容。

（6）网站名称：不能为域名、英文、姓名、数字、三个字以下。

网站主办者为个人的，不能开办“国字号”“行政区域规划地理名称”和“省会”命名的网站。

网站主办者为企业的，不能开办“国字号”命名的网站，如“中国XX网”，且报备的公司名称不能超范围，如公司营业执照上的公司名称为“成都XX网”请勿报备“四川XX网”。

（7）网站名称或内容若涉及新闻、文化、出版、教育、医疗保健、药品和医疗器械、影视节目等，请提供省级以上部门出示的互联网信息服务前置审批文件，通信管理局未看到前置审批批准文件前将不再审核以上类型网站的备案申请。

18.5.2 经营性网站备案名称规范

（1）每个经营性网站只能申请一个网站名称。

（2）经营性网站备案名称以通信管理部门批准文件核准为主要依据。

（3）经营性网站名称不得含有下列内容和文字：

- 有损于国家和社会公共利益的。
- 可能对公众造成欺骗或者使公众误解的。
- 有害于社会主义道德风尚或者有其他不良影响的。
- 其他具有特殊意义的不宜使用的名称。
- 法律、法规有禁止性规定的。

（4）使用以下名称的经营性网站备案申请不予受理：

- 网站名称与已备案的经营性网站名称重复的。
- 使用备案失效后未满 1 年的网站名称的。
- 违反本办法第三条规定的。
- 备案经营性网站名称含有驰名商标和著名商标的文字部分（含中、英文及汉语拼音或其缩写），应当提交相关证明材料。

第19章 网站的测试、上传与维护

网页制作完毕要发布到网站服务器上，才能让别人观看。现在上传用的工具有很多，既可以采用专门的FTP工具，也可以采用网页制作工具本身带有的FTP功能。由于市场在不断地变化，网站的内容也需要随之调整，给人常新的感觉，网站才会更加吸引访问者，给访问者很好的印象。这就要求对站点进行长期不间断地维护和更新。

重点内容

- 站点的测试
- 网页的上传
- 网站的维护
- 网站安全维护

19.1 站点的测试

在真正构建远端站点之前，应该在本地先对站点进行完整的测试。检测站点中是否存在错误和断裂的链接等，以找出其他可能存在的问题。

19.1.1 检查链接

如果网页中存在错误链接，这种情况是很难察觉的。采用常规的方法，只有打开网页，单击链接时，才可能发现错误。而 Dreamweaver 可以帮助你快速检查站点中网页的链接，避免出现链接错误，具体操作步骤如下。

01 打开已创建的站点地图，选中一个文件，选择菜单栏中的“站点”|“改变站点链接范围的链接”命令，选择命令后，弹出“更改整个站点链接”对话框，如图 19-1 所示。

02 在“变成新链接”文本框中输入链接的文件，单击“确定”按钮，弹出“更新文件”对话框，单击“更新”按钮，完成更改整个站点范围内的链接，如图 19-2 所示。

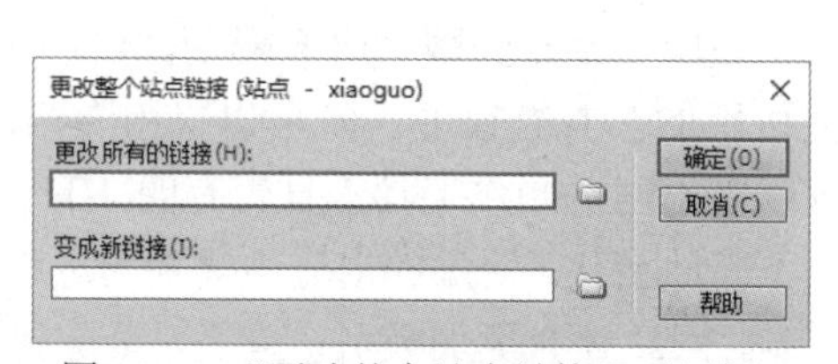

图 19-1 “更改整个站点链接”对话框

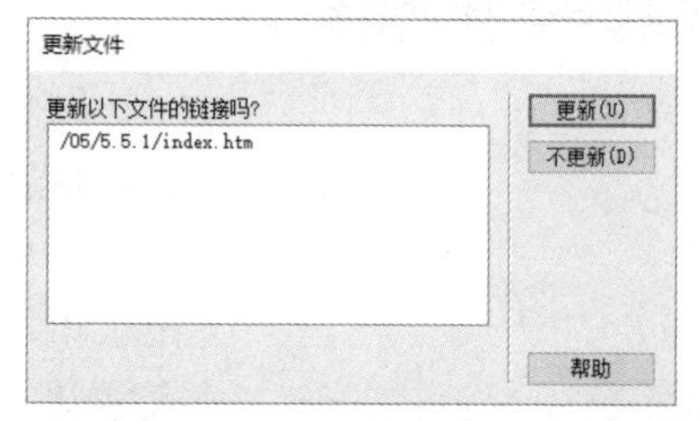

图 19-2 “更新文件”对话框

03 选择菜单栏中的“站点”|“检查站点范围的链接”命令，打开“链接检查器”面板，在“显示”选项中选择“断掉的链接”，如图 19-3 所示。

04 在“显示”下拉列表中选择“外部链接”，可以检查出与外部网站链接的全部信息，如图 19-4 所示。

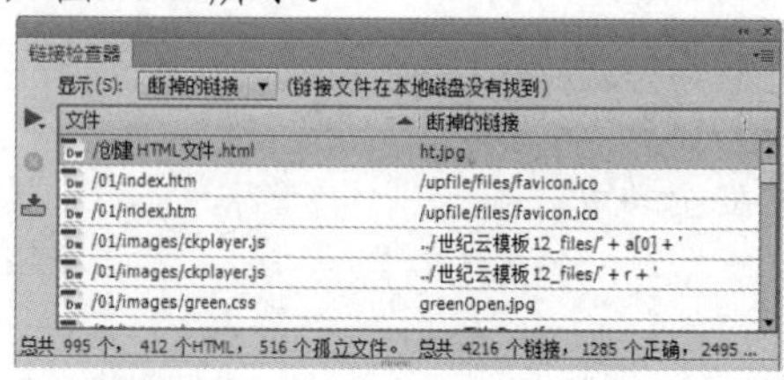

图 19-3 选择“断掉的链接”

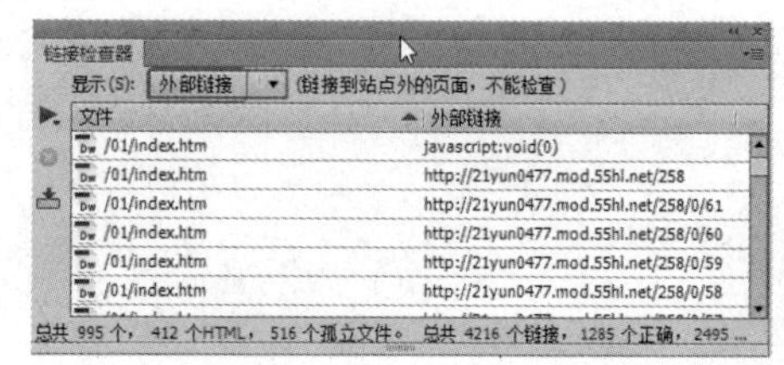

图 19-4 选择“外部链接”

19.1.2 站点报告

可以对当前文档、选定的文件或整个站点的工作流程或 HTML 属性（包括辅助功能）运行站点报告。使用站点报告可以检查可合并的嵌套字体标签、辅助功能、遗漏的替换文本、冗余的嵌套标签、可删除的空标签和无标题文档，具体操作步骤如下。

01 选择菜单栏中的“站点”|“报告”命令，弹出“报告”对话框，如图19-5所示。在对话框中的“报告在”下拉列表中选择“整个当前本地站点”选项，“选择报告”列表框中勾选“多余的嵌套标签”“可移除的空标签”和“无标题文档”复选框。

02 单击“运行”按钮，Dreamweaver会对整个站点进行检查。检查完毕后，将会自动打开“站点报告”面板，在面板中显示检查结果，如图19-6所示。

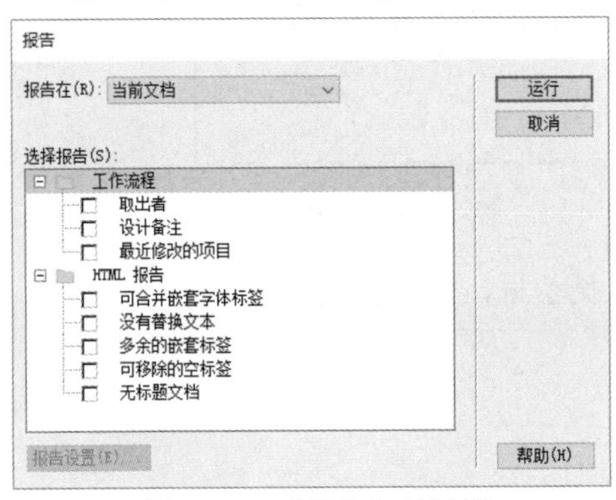

图19-5 “报告”对话框

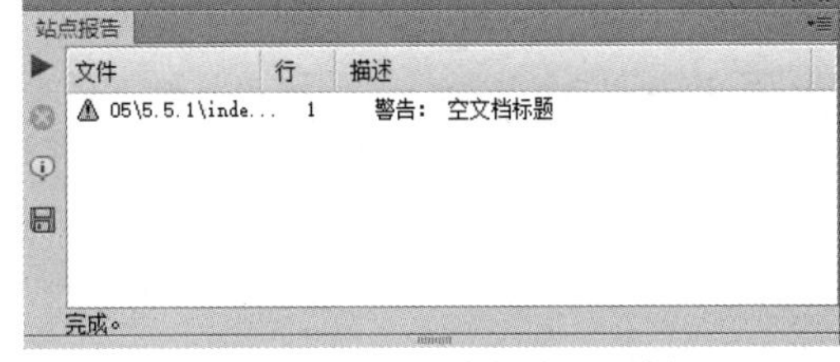

图19-6 “站点报告”面板

19.1.3 清理文档

清理文档就是清理一些空标签或者在Word中编辑时所产生的一些多余的标签，具体操作步骤如下。

01 打开需要清理的网页文档。选择菜单栏中的“命令”|“清理HTML”命令，弹出“清理HTML/XHTML”对话框，在对话框中“移除”选项中勾选“空标签区块”和“多余的嵌套标签”复选框，或者在“指定的标签”文本框中输入所要删除的标签，并在“选项”中勾选“尽可能合并嵌套的<font>标签”和“完成时显示动作记录”复选框，如图19-7所示。

02 单击“确定”按钮，Dreamweaver自动开始清理工作。清理完毕后，弹出一个提示框，在提示框中显示清理工作的结果，如图19-8所示。

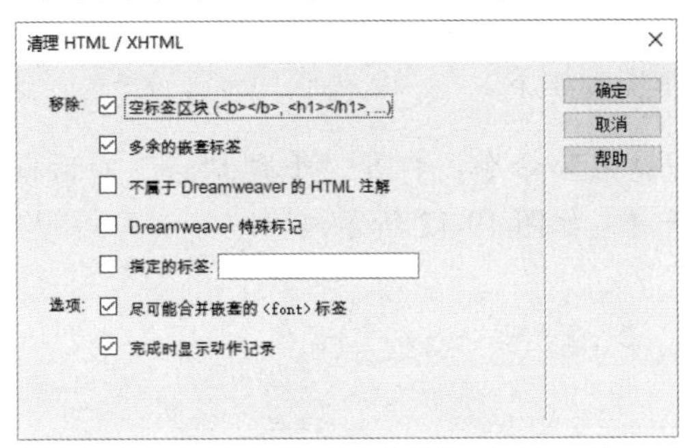

图19-7 “清理HTML/XHTML”对话框

图19-8 显示清理工作的结果

03 选择菜单栏中的“命令”|“清理Word生成的HTML”命令，弹出“清理Word生成的HTML”对话框，如图19-9所示。

04 在对话框中切换到“详细”选项卡，勾选需要的选项，如图19-10所示。

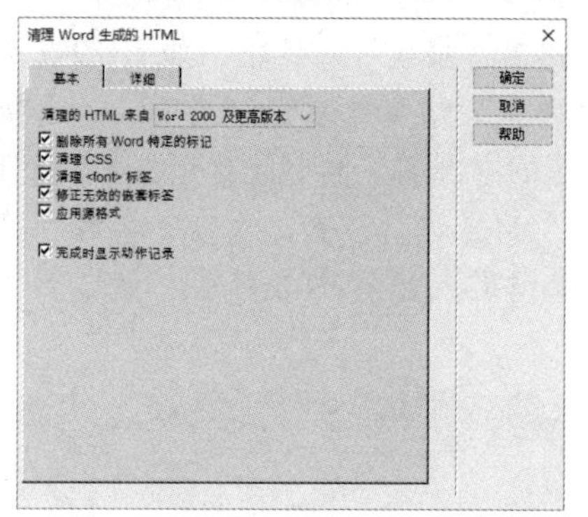

图 19-9　“清理 Word 生成的 HTML”对话框

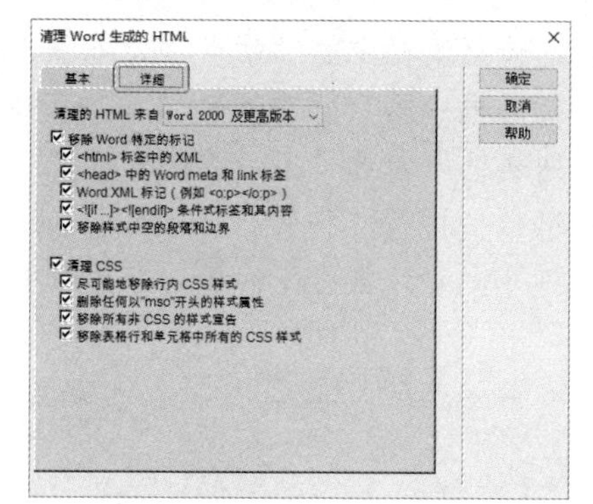

图 19-10　“详细”选项卡

05 单击“确定”按钮，清理工作完成后显示提示框，如图 19-11 所示。

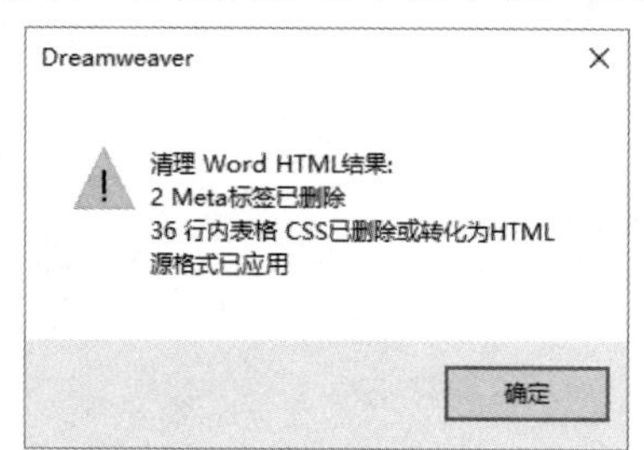

图 19-11　提示框

19.2　网页的上传

网页测试好以后，接下来最重要的就是上传网页。只有将网页上传到远程服务器上，才能让浏览者浏览。设计者可以利用 Dreamweaver 软件自带的上传功能，也可以利用专门的 FTP 软件上传网页。

19.2.1　利用 Dreamweaver 上传网页

利用 Dreamweaver 上传网页具体操作步骤如下。

01 选择菜单栏中的“站点”|“管理站点”命令，打开“管理站点”对话框，单击底部的“编辑当前选定的站点”按钮，如图 19-12 所示。

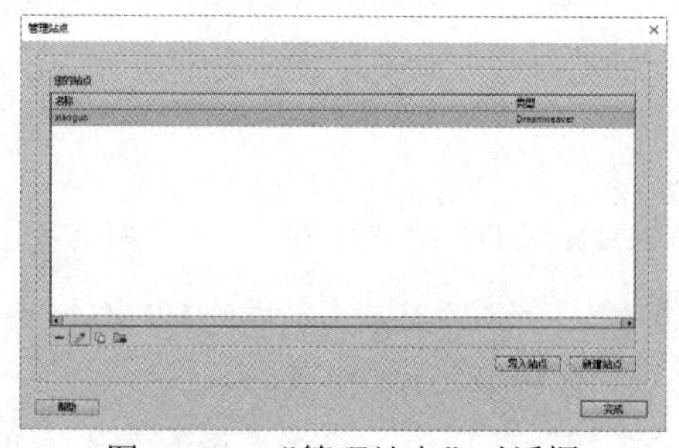

图 19-12　“管理站点”对话框

02 在打开的对话框中单击左侧的“服务器”选项，再单击“添加新服务器”按钮，如图 19-13 所示。打开“基本”选项卡，如图 19-14 所示。

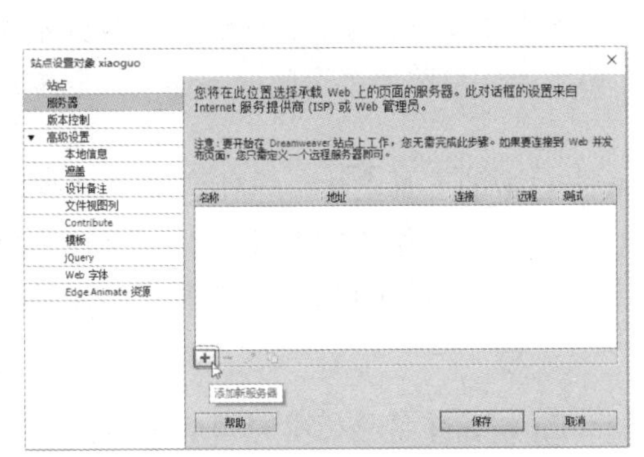

图 19-13　“站点设置对象”对话框

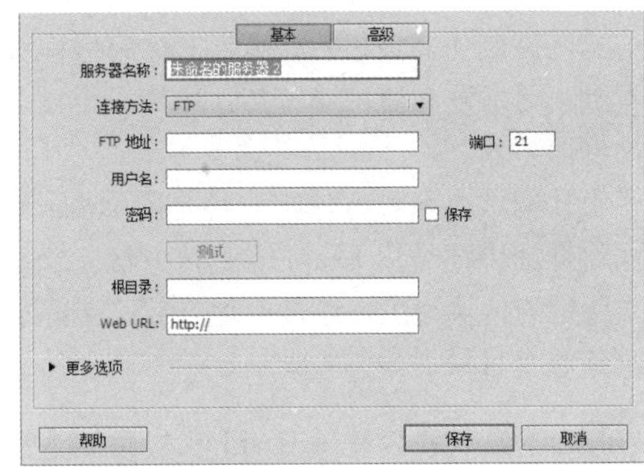

图 19-14　设置“基本”选项卡

“基本”选项卡中有以下参数。

- 服务器名称：输入服务器的名称。
- 连接方法：选择要连接的方法，这里选择连接 FTP 选项。
- FTP 地址：输入远程站点的 FTP 主机的 IP 地址。
- 用户名：输入用于连接到 FTP 服务器的登录名。
- 密码：输入用于连接到 FTP 服务器的密码。
- 保存：Dreamweaver 保存连接到远程服务器时输入的密码。
- 测试：测试连接到 FTP 是否成功。
- 根目录：设置服务器的根目录。
- Web URL：输入 Internet 信息服务器的 IP 地址。

03 设置完相关的参数后，单击“保存”按钮完成远程信息设置。

04 连接到服务器后，按钮会自动变为闭合状态，并在一旁亮起一个小绿灯，列出远端网站的接收目录，右侧窗口显示为“本地信息”，在本地目录中选择要上传的文件，单击“上传文件”按钮，上传文件，如图 19-15 所示。

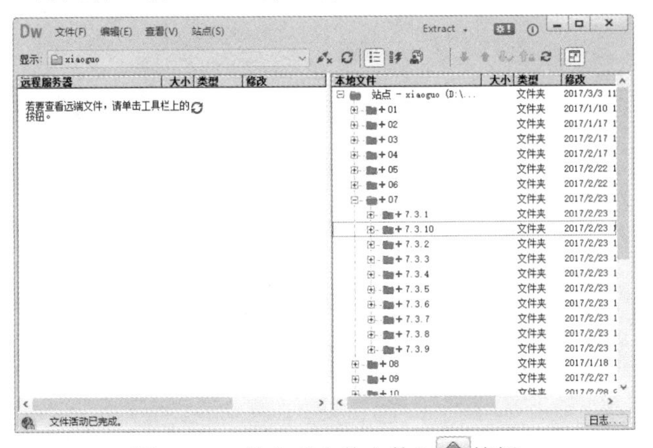

图 19-15　单击“上传文件”按钮

19.2.2 使用 LeapFtp 软件上传文件

当网站制作完成以后，就要上传到远程服务器上供浏览者预览，这样所做的网页才会被别人看到。网站发布流程第一步：申请一个域名；第二步：申请一个空间服务器；第三步：上传网站到服务器。

上传网站有两种方法，一种是用 Dreamweaver 自带的工具上传，一种是 FTP 软件上传，下面将详细讲述使用 LeapFtp 上传方法。LeapFtp 是一款功能强大的 FTP 软件，友好的用户界面，稳定的传输速度，连接更加方便。支持断点续传功能，可以下载或上传整个目录，也可直接删除整个目录。

01 下载并安装最新 LeapFtp 软件，运行 LeapFtp，选择菜单栏中的“站点”|“站点管理器”命令，如图 19-16 所示。

02 弹出“站点管理器”对话框，在对话框中执行“站点”|“新建”|“站点”命令，如图 19-17 所示。

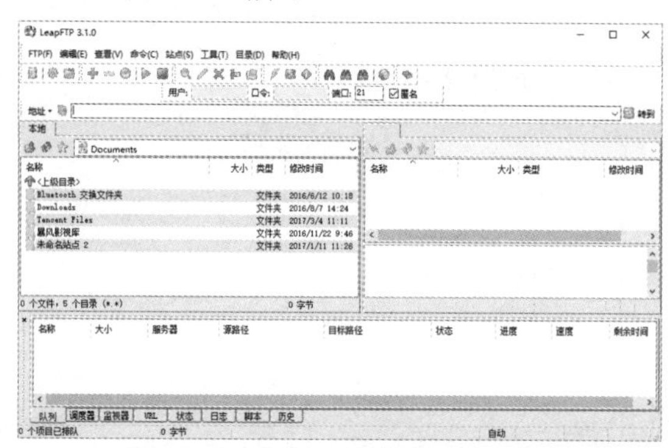

图 19-16　执行“站点管理器”命令

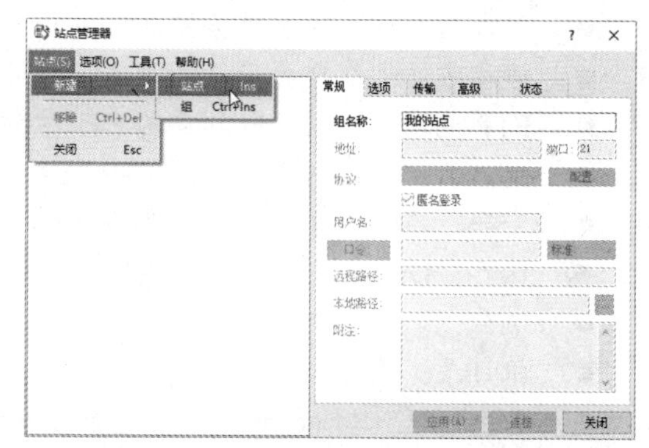

图 19-17　执行“新建站点”命令

03 在弹出的窗口中输入你喜欢的站点名称，如图 19-18 所示。

04 单击“确定”按钮后，出现以下界面。在“地址”处输入站点地址，将“匿名登录”前的选钩去掉，在“用户名”处输入 FTP 用户名，在“口令”处输入 FTP 密码，如图 19-19 所示。

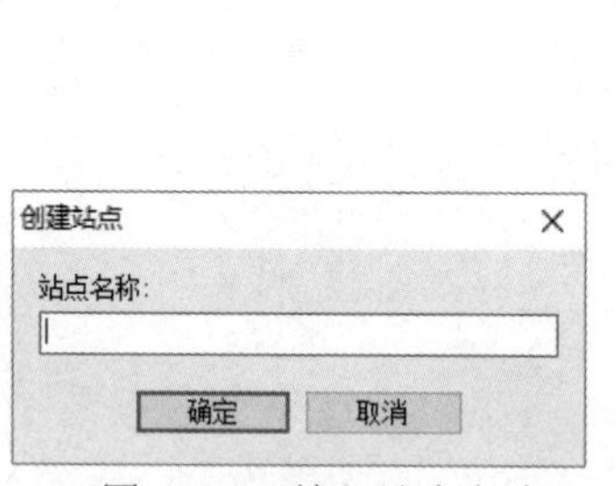

图 19-18　输入站点名称

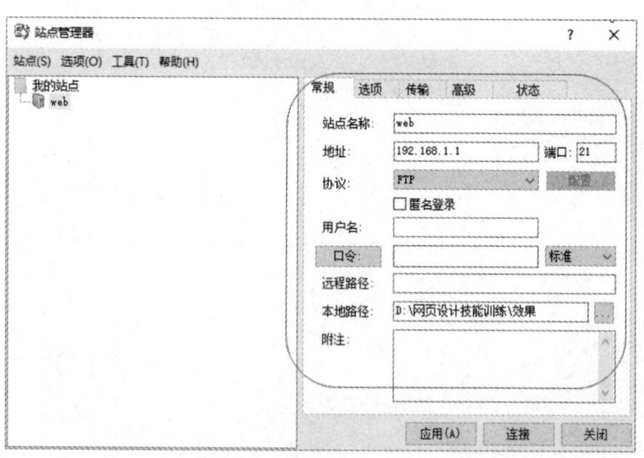

图 19-19　输入站点地址密码

05 单击“连接”按钮，直接进入连接状态，左框为本地目录，可以通过下拉菜单选择你要上传文件的目录，选择要上传的文件，并右击，在弹出菜单中选择“上传”命令，如图19-20所示。

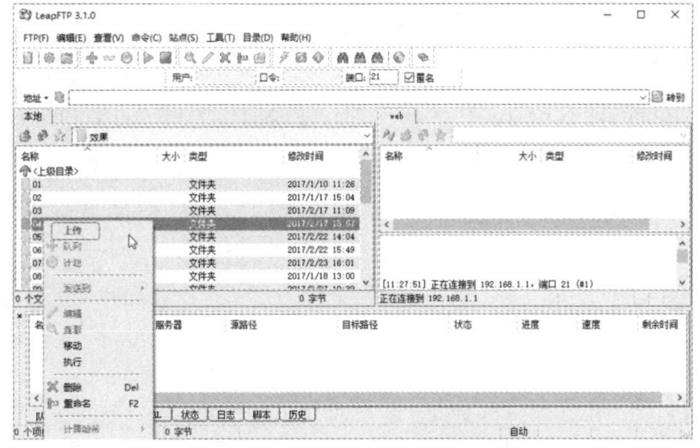

图19-20 选择“上传”命令

06 这时在队列栏里会显示正在上传及未上传的文件，当文件上传完成后，此时在右侧的远程目录栏里就可以看到你上传的文件了。

19.3 网站的维护

网站维护，一个好的网站需要定期或不定期地更新内容，才能不断地吸引更多的浏览者，增加访问量。网站维护是为了让您的网站能够长期稳定地运行在Internet上。

19.3.1 网站内容维护

对于网站来说，只有不断地更新内容，才能保证网站的生命力，否则网站不仅不能起到应有的作用，反而会对企业自身形象造成不良影响。如何快捷方便地更新网页，提高更新效率，是很多网站面临的难题。现在网页制作工具不少，但为了更新信息而日复一日地编辑网页，对网站维护人员来说，疲于应付是普遍存在的问题。

内容更新是网站维护过程中的重要一环。可以考虑从以下5个方面入手，使网站能长期顺利地运转。

第一，在网站建设初期，就要对后续维护给予足够的重视，要保证网站后续维护所需资金和人力。很多网站建设时很舍得投入资金。可是网站发布后，维护力度不够，信息更新工作迟迟跟不上。网站建成之时，便是网站死亡的开始。

第二，要从管理制度上保证信息渠道的通畅和信息发布流程的合理性。网站上各栏目的信息往往来源于多个业务部门，要进行统筹考虑，确立一套从信息收集、信息审查到信息发布的良性运转的管理制度。既要考虑信息的准确性和安全性，又要保证信息更新的及时性。要解决好这个问题，领导的重视是前提。

第三，在建设过程中要对网站的各个栏目和子栏目进行尽量细致的规划，在此基础上确定哪些是经常要更新的内容，哪些是相对稳定的内容。根据相对稳定的内容设计网页模板，在以后的维护工作中，这些模板不用改动，这样既省费用，又有利于后续维护。

第四，对经常变更的信息，尽量建立数据库管理，以避免数据杂乱无章的现象。如果采用基于数据库的动态网页方案，则在网站开发过程中，不但要保证信息浏览的方便性，还要保证信息维护的方便性。

第五，要选择合适的网页更新工具。信息收集起来后，如何制作网页，采用不同的方法，效率也会大大不同。比如使用 Notepad 直接编辑 HTML 文档与用 Dreamweaver 等可视化工具相比，后者的效率自然高得多。若既想把信息放到网页上，又想把信息保存起来以备以后再用，那么采用能够把网页更新和数据库管理结合起来的工具效率会更高。

19.3.2　网站备份

作为一个网站的拥有着和管理者，网站是我们最大的财富，在面对错综复杂的网络环境时，必须保证网站的正常运作，但很多的情况是我们无法掌控和预测的，如黑客的入侵、硬件的损坏、人为的误操作等，都可能对网站产生毁灭性的打击。所以，我们应该定期备份网站数据，在遇到上述意外时能将损失降低到最小。网站备份并不复杂，可以通过网站系统自带的一些备份功能轻松实现备份，最重要的就是建立起网站备份的观念和习惯。

1．整站的备份

对于网站文件的备份，或者说整站目录的备份。一般网站文件有变动的情况下，肯定是要备份一次的，如网站模板的变更、网站功能的增删，这类备份的目的主要是担心网站文件的变动引起整站的不稳定或造成网站其他功能和文件的丢失。一般来说，由于文件的变动频率较小，备份的周期相对较长，可以在每次变动网站相关文件前，进行网站文件的备份。对于网站文件或者说整站目录的备份，一般可以通过远程目录打包的方式，将整站目录打包并且下载到本地，这种方式是最简便的。而对于一些大型网站，网站目录包含大量的静态页面、图片和其他的一些应用程序，可以通过 FTP 数据备份工具，将网站目录下的相关文件直接下载本地，根据备份时间在本地实现定期打包和替换。这样可以最大限度地保证网站的安全性和完整性。

2．数据库的备份

数据库对于一个网站来说，其重要性不言而喻。网站文件损坏，可以通过一些技术还原手段实现，如模板文件丢失，我们换一套模板；网站文件丢失，我们可以再重新安装一次网站程序；但如果数据库丢失，相信技术再强的站长也是无力回天。相对于网站数据库而言，变动的频率就很大了，备份的频率相对来说会更频繁一些。一般一些服务较好的 IDC，通常是每周帮忙备份一次数据库。对于一些运用建站 CMS 做网站的站长来说，在后台都有非常方便的数据库一键备份，通过自动备份到指定的网站文件夹当中，如果你还不放心，可以使用 FTP 工具，将远程的备份数据库下载到本地，真正实现数据库的本地、异地双备份。

19.4　网站安全维护

Web 应用的发展，使网站产生越来越重要的作用，而越来越多的网站在此过程中也因为存在安全隐患而遭受到各种攻击，例如网页被挂马、网站 SQL 注入导致网页被篡改、网站被查封，甚至被利用成为传播木马给浏览网站用户的一个载体。

19.4.1 NTFS 权限的设置

NTFS 是随着 Windows NT 操作系统而产生的，并随着 Windows NT4 跨入主力分区格式的行列，它的优点是安全性和稳定性很好，在使用中不易产生文件碎片。NTFS 分区对用户权限做出了非常严格的限制，每个用户都只能按着系统赋予的权限进行操作，任何试图越权的操作都将被系统禁止。同时 NTF 提供了容错结构日志，可以将用户的操作全部记录下来，从而保护了系统的安全。与 FAT 文件系统相比，NTFS 文件系统最大的特点是安全。可以为 NTFS 分区或文件夹指定权限，来避免受到本地或远程的非法访问。也可以对位于 NTFS 分区中的文件单独设置权限，避免本地或远程用户的非法使用。

下面将介绍如何设置文件夹“Web”的权限，解决在编辑、更新或删除操作时，网页出现的数据库被占用或用户权限不足的问题，具体操作步骤如下。

01 选中文件夹“04”，右击，在弹出的快捷菜单中选择“属性”命令，打开“04 属性”对话框，切换至“安全”选项卡，如图 19-21 所示。

02 打开“04 的权限”对话框，单击“添加”按钮，如图 19-22 所示。

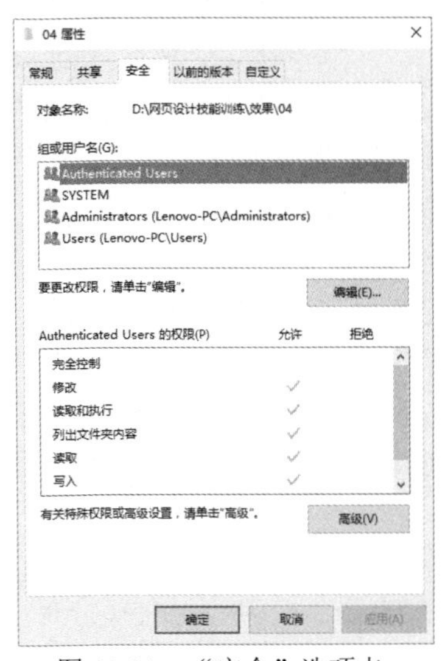

图 19-21 “安全”选项卡

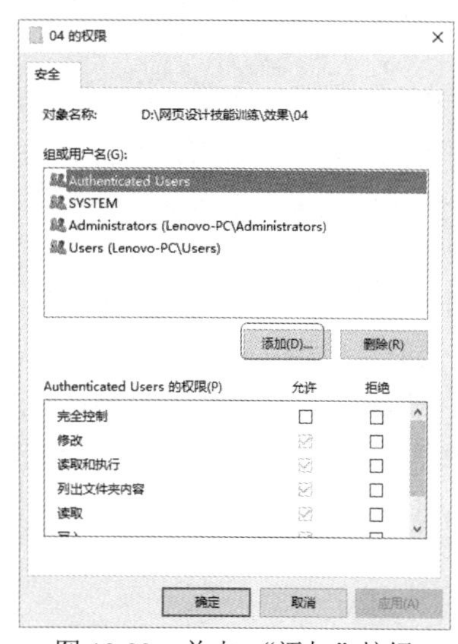

图 19-22 单击“添加”按钮

03 在弹出的“选择用户或组”对话框中，添加 Everyone 用户组，如图 19-23 所示。

04 单击“确定”按钮，返回到“04 的权限”对话框，选中“组或用户名”列表中的 Everyone 用户组，并在其下的权限列表中，选中“修改”选项，单击“确定”按钮即可，如图 19-24 所示。

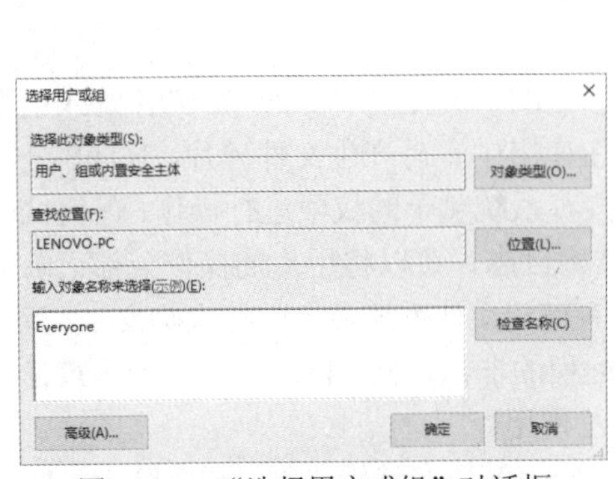

图 19-23 “选择用户或组”对话框

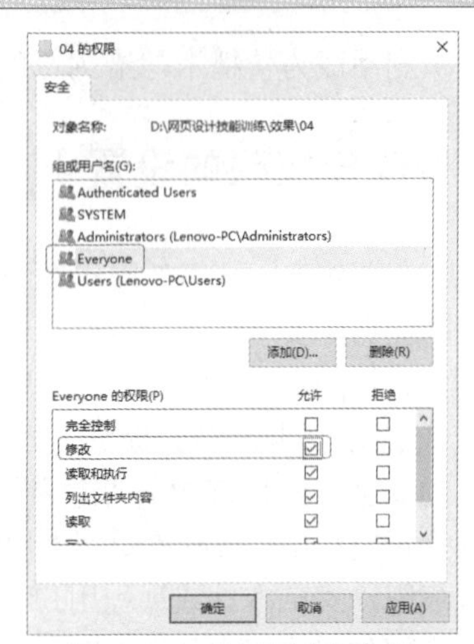

图 19-24 设置用户组权限

19.4.2 安装必要的安全软件

除了通过各种手动方式来保护服务器操作系统外，还应在计算机中安装并使用必要的防黑软件、杀毒软件和防火墙。在上网时打开它们，这样即便有黑客进攻服务器，系统的安全也是有保证的。

病毒的发作给全球计算机系统造成巨大损失，令人们谈“毒”色变。上网的人中，很少有谁没被病毒侵害过。对于一般用户而言，首先要做的就是为电脑安装一套正版的杀毒软件。

现在不少人对防病毒有个误区，就是对待电脑病毒的关键是“杀”，其实对待电脑病毒应当是以“防”为主。

因此应当安装杀毒软件的实时监控程序，应该定期升级所安装的杀毒软件（如果安装的是网络版，在安装时可先将其设定为自动升级），给操作系统打相应补丁、升级引擎和病毒定义码。每周要对电脑进行一次全面的杀毒、扫描工作，以便发现并清除隐藏在系统中的病毒。当用户不慎感染上病毒时，应该立即将杀毒软件升级到最新版本，然后对整个硬盘进行扫描操作，清除一切可以查杀的病毒。